高等职业院校教学改革创新示范教材·网络开发系列

计算机网络技术基础

（第2版）

章春梅　主　编

王　莉　陈晓刚　副主编

電子工業出版社

Publishing House of Electronics Industry

北京·BEIJING

内 容 简 介

本书是按照高职高专的教学要求，以岗位职业技能培养为目的而编写的教材。系统地讲述了计算机网络的基本原理和基本技术。全书共分为两大部分，第一部分是理论篇，主要讲述计算机网络基础知识，共 10 章，包括计算机网络概述、数据通信基础、网络体系结构、局域网技术、广域网技术、无线网络技术、网络操作系统、Internet 应用技术、网络安全和网络规划与设计。第二部分是实训篇，包括 10 个实训内容。本书为任课老师提供多媒体电子课件。

本书既注重计算机网络基础理论的讲解又注重实践和应用，适合作为高职高专计算机信息类各专业和计算机网络专业的教材，还可供广大网络管理人员和技术人员参考。

图书在版编目（CIP）数据

计算机网络技术基础 / 章春梅主编. —2 版. —北京：电子工业出版社，2017.8

ISBN 978-7-121-31907-5

Ⅰ. ①计… Ⅱ. ①章… Ⅲ. ①计算机网络—高等职业教育—教材 Ⅳ. ①TP393

中国版本图书馆 CIP 数据核字（2017）第 137080 号

策划编辑：程超群
责任编辑：裴　杰
印　　刷：北京七彩京通数码快印有限公司
装　　订：北京七彩京通数码快印有限公司
出版发行：电子工业出版社
　　　　　北京市海淀区万寿路 173 信箱　邮编　100036
开　　本：787×1 092　1/16　印张：16.75　字数：428.8 千字
版　　次：2011 年 8 月第 1 版
　　　　　2017 年 8 月第 2 版
印　　次：2019 年 6 月第 6 次印刷
定　　价：39.00 元

凡所购买电子工业出版社图书有缺损问题，请向购买书店调换。若书店售缺，请与本社发行部联系，联系及邮购电话：（010）88254888，88258888。

质量投诉请发邮件至 zlts@phei.com.cn，盗版侵权举报请发邮件至 dbqq@phei.com.cn。

本书咨询联系方式：（010）88254577，ccq@phei.com.cn。

前　言

随着计算机和通信技术的发展，人类社会已经进入了信息时代。计算机网络技术是信息技术的核心内容之一，而计算机网络的应用，尤其是互联网应用的普及，以及延伸到各行各业，并给人们的生活、工作和学习方式带来了巨大的变革。计算机网络技术不仅成为计算机专业人员必须掌握的知识，也成为广大用户尤其是青年人必须掌握的知识。

本书是按照高职高专的教学要求，以岗位职业技能培养为目的而编写的教材，是一门综合性的计算机网络基础和网络技术相结合的教材。本书系统全面地介绍了计算机网络技术所涉及的基本概念、工作原理和技术应用，为网络编程、网络操作系统、组网技术、网络工程及网络综合布线等课程提供理论依据。它是计算机网络技术及相关专业的各门专业课程的先导课程配套教材，为学习和掌握计算机网络专业知识和技能奠定基础。本书适用于高职高专计算机信息类各专业和计算机网络专业，还可供广大网络管理人员和技术人员参考。

全书共分为两大部分，第一部分是理论篇，主要讲述计算机网络基础知识，共 10 章，包括计算机网络概述、数据通信基础、网络体系结构、局域网技术、广域网技术、无线网络技术、网络操作系统、Internet 应用技术、网络安全和网络规划与设计。第二部分是实训篇，包括 10 个实训内容。

本书由章春梅担任主编，王莉、陈晓刚担任副主编，全书由章春梅统稿和定稿。本书在编写过程中得到了许多领导和同事以及南京嘉环科技有限公司工程师们的大力支持和帮助，在此表示衷心的感谢。

由于计算机网络技术发展迅速，编者的学识和水平有限，书中难免有疏漏和不妥之处，真诚希望使用本书的师生和其他读者批评指正。

本教材配套多媒体课件可发邮件至主编邮箱（zhangcm@njcit.cn）索取，或登录华信教育资源网（www.hxedu.com.cn）免费注册下载。

编　者

目　　录

第一部分　理论篇

第二部分 实训篇

第一部分

理 论 篇

第 1 章　计算机网络概述

本章学习目标：

◆ 掌握计算机网络的定义；
◆ 了解计算机网络的形成与发展过程；
◆ 了解计算机网络的主要功能；
◆ 掌握计算机网络的分类；
◆ 掌握计算机网络的结构与组成；
◆ 掌握计算机网络的基本拓扑结构类型。

21 世纪是一个以网络为核心的信息时代，其重要特征就是数字化、网络化和信息化。网络现已成为信息社会和知识经济发展的重要基础。这里所说的网络是指“三网”，即电信网络、有线电视网络和计算机网络。这三种网络在信息化过程中都起到了重要的作用，其中，发展最快并起到核心作用的是计算机网络。

计算机网络是现代计算机技术与通信技术密切结合的产物。它代表了当代计算机体系结构发展的一个极其重要的方向。

1.1　计算机网络的基本概念

1.1.1　计算机网络的定义

什么是计算机网络？多年来一直没有一个严格的定义，并且随着计算机技术和通信技术的发展而具有不同的内涵。目前，一些较为权威的看法认为：所谓计算机网络，就是指以能够相互共享资源的方式互联起来的自治计算机系统的集合。这一定义是基于资源共享的观点，符合目前计算机网络的基本特征，主要表现在以下几个方面。

（1）计算机网络建立的主要目的是为了实现计算机资源的共享。

计算机资源主要指计算机硬件、软件与数据资源。网络用户不但可以使用本地计算机资源，而且可以通过网络访问联网的远程计算机资源，还可以调用网中几台不同的计算机共同完成某项任务。

（2）互联的计算机是分布在不同地理位置的多台独立的“自治计算机”。

互联的计算机之间可以没有明确的主从关系。每台计算机既可以联网工作，也可以脱网独立工作；联网计算机可以为本地用户提供服务，也可以为远程网络用户提供服务。

（3）联网计算机之间的通信必须遵循共同的网络协议。

计算机网络由多台计算机互联而成，网络中的计算机之间需要不断地交换数据。要保证网络中的计算机能有条不紊地交换数据，就必须要求网络中的每台计算机在交换数据的过程中遵守事先约定好的通信规则。

1.1.2 计算机网络的形成与发展

计算机网络技术的发展速度与应用的广泛程度是惊人的。计算机网络从形成、发展到广泛应用大致可以分为四个阶段。

1. 第一阶段：雏形阶段（计算机终端网络）

从 20 世纪 50 年代中期开始，计算机技术与通信技术初步结合，形成了计算机网络的雏形。此时的计算机网络，是指以单台计算机为中心的远程联机系统。这个阶段的特点与标志性成果主要表现在：

（1）数据通信的研究与技术的日趋成熟，为计算机网络的形成奠定了技术基础。

（2）分组交换概念的提出为计算机网络的研究奠定了理论基础。

2. 第二阶段：形成阶段（计算机通信网络）

从 20 世纪 60 年代中期开始，计算机网络完成了计算机网络体系结构与协议的研究，形成了初级计算机网络。ARPANET 是这一阶段的代表网络，它将一个计算机网络划分为“通信子网”和“资源子网”两大部分，当今的计算机网络仍沿用这种组织方式。ARPANET 是计算机网络发展中的一个重要的里程碑，被人们公认为 Internet 的起源。这个阶段的特点与标志性成果主要表现在：

（1）ARPANET 的成功运行证明了分组交换理论的正确性。

（2）TCP/IP 协议的广泛应用为更大规模的网络互联奠定了坚实的基础。

（3）DNS、E-mail、FTP、TELNET、BBS 等应用展现了网络技术广阔的应用前景。

3. 第三阶段：互联互通阶段（开放式的标准化计算机网络）

中后期从 20 世纪 70 年代初期至 80 年代中期。在这一时期，国际上广域网、局域网与公用分组交换技术发展迅速，各个计算机生产商纷纷发展自己的计算机网络，提出了各自的网络协议标准。如果不能推进网络体系结构与协议的标准化，则未来更大规模的网络互联将面临巨大的阻力。国际标准化组织（ISO）提出了开放系统互联（OSI）参考模型，从而促进了符合国际标准化的计算机网络技术的发展。这个阶段的特点与标志性成果主要表现在：

（1）OSI 参考模型的研究对网络理论体系的形成与发展以及在推进网络协议标准化方面起到了重要的推动作用。

（2）TCP/IP 协议经受了市场和用户的检验，吸引了大量的投资，推动了互联网应用的发展，成为业界事实上的标准。

4. 第四阶段：高速网络技术阶段（新一代计算机网络）

从 20 世纪 90 年代中期开始。这个阶段是计算机网络飞速发展的阶段，由于局域网技术发展成熟，出现光纤及高速网络技术，多媒体网络，智能网络，整个网络就像一个对用户透明的大的计算机系统，发展为以 Internet 为代表的互联网。计算机的发展已经完全与网络融为一体，体现了“网络就是计算机”的口号。目前，计算机网络已经真正进入社会各行各业，为社会各行各业所采用。

1.1.3 计算机网络的功能

随着计算机网络技术的飞速发展，其应用领域越来越广泛，计算机网络的功能也在不断地得到拓展。它不再仅仅局限于数据通信和资源共享，而是逐渐地渗入社会的各个方面和领域，对世界各国的政治、经济、文化、军事、教育、科学研究和社会生活都产生了极大影响，改变了人们的工作方式和生活方式，引起世界范围内产业结构的变化，进一步促进了全球信息产业的发展。现在计算机网络不但在人类社会各个领域发挥着越来越重要的作用，而且功能强大的计算机网络也为人们的日常生活提供了便利、快捷的新型服务。

不同环境中计算机网络应用的侧重点不同，表现出的主要功能也有差别。总的来说，计算机网络应具备以下几个基本功能。

1. 资源共享

资源共享是计算机网络的基本功能。网络的基本资源包括硬件资源、软件资源和数据资源。共享资源即共享网络中的硬件、软件和数据资源。网络内多个用户可共享的硬件资源一般是指那些特别昂贵的或一些特殊的硬件设备，如大容量的存储器、绘图仪、高档打印机等。网络上用户可共享其他用户或主机的软件资源，避免在软件建设上的重复劳动和重复投资。可以共享的软件包括系统软件和应用软件。计算机网络技术可以使大量分散的数据被迅速集中、分析和处理，同时也为充分利用这些数据资源提供了方便。分散在不同地点的网内计算机用户可以共享网络上的大型数据库，而不必再去单独重新设计和构建这些数据库。

2. 数据通信

数据通信也是计算机网络的基本功能。在网络中，通过通信线路可实现主机与主机、主机与终端之间数据和程序的快速传递。典型的应用有网络电话、视频点播、电子邮件等。

3. 实时控制

在网络上可以把已存在的许多联机系统有机地连接起来，进行实时的集中管理，使各部件协同工作、并行处理，提高系统的处理能力。实时控制的典型应用集中于工农业自动化控制、国防安全监控等领域。

4. 均衡负载和分布式处理

网络中包括很多子处理系统，当网络内的某个子处理系统的负荷过重时，新的作业可以通过网络上的结点和线路分送给较为空闲的子系统进行处理。分布式计算就是指将若干台计算机通过网络连接起来，将一个程序分散到几台计算机上同时运行，然后把每一台计算机计算的结果汇总到一起，整理得出一个结果。均衡负载和分布式处理多应用于数据处理量较大、安全性可靠性要求较高的场合，如电子商务、金融期货等一些在线交易系统。

5. 其他综合服务

通过计算机网络可以为用户提供更为全面、方便的服务，如网上远程教育、电子政务、信息发布以及检索、企事业单位和家庭的办公自动化等。

1.2 计算机网络的分类

计算机网络的分类方法很多，可以从不同的角度对计算机网络进行分类。

1.2.1 按网络覆盖的地理范围分类

按网络覆盖的地理范围来分类是目前网络分类最为常用的方法，可以将网络分为局域网、城域网和广域网。

1. 局域网（Local Area Network，LAN）

局域网是计算机通过高速线路相连组成的网络，一般限定在较小的区域内。局域网的分布范围通常在几十米至几千米不等。例如，一个实验室、一栋大楼、一个社区、一个校园、一个单位，将各种计算机、终端及外部设备互联成网。局域网的特点是联网范围较小、数据传输速率高和误码率低。由于传输距离较近，因而网络速率较高，它的传输速率范围为 10Mbps～10Gbps。此外。还具有成本低、应用广、组网灵活、使用方便等特点。

2. 城域网（Metropolitan Area Network，MAN）

城域网规模局限在一座城市的范围内，覆盖的地理范围从几十千米至数百千米。城域网是对局域网的延伸，用于局域网之间的连接，在局域网的基础上增加网络互联功能并提供多种增值服务。通常采用光纤作为传输介质，因此网络速率也较高。在实际应用中人们通常使用广域网或局域网的技术去构建城域网规模的网络。因此，本书将不对城域网做更为详细的介绍。

3. 广域网（Wide Area Network，WAN）

广域网覆盖的地理范围从数百千米至数千千米，甚至上万千米，且可以是一个国家或几个国家，甚至覆盖全世界。在广域网中，通常是利用电信部门提供的各种公用交换网，将分布在不同地区的计算机系统互联起来，达到资源共享的目的。

1.2.2 按网络的传输介质分类

按网络的传输介质来分类，可以将网络分为有线网络和无线网络。

1. 有线网络

有线网络使用有形的传输介质，如双绞线、同轴电缆和光纤等，连接通信设备和计算机。有线网络主要应用于办公室等固定的工作场所。

2. 无线网络

无线网络是指使用电磁波作为传输介质的计算机网络。就应用层面来讲，它与有线网络的用途完全相似，两者最大的不同在于传输信息的介质不同。但无线网络与有线网络相比，有着无可比拟的机动性和灵活性。

在无线网络中，计算机之间的通信是通过大气空间进行的。无线网络最主要的优势是无须布线，安装周期短，后期维护容易，网络用户容易迁移和增加，它可以在有线网络难以实现的情况下大展身手。因此，无线网络非常适合移动办公用户的需要，具有广阔的市场前景。

1.2.3 按网络的使用范围分类

按网络的使用范围分类，可以将网络分成公用网和专用网。

1. 公用网

所谓公用网，一般是指电信部门或其他提供通信服务的经营部门组建、管理和控制的网络。网络中的传输和交换设备可以提供给任何部门和个人使用，它为全社会所有的人提供服务，通常这种服务是收费的。公用网常用于广域网络的构造，支持用户的远程通信。公用网分为公用电话交换网（PSTN）、公用数据网（PDN）、数字数据网（DDN）和综合业务数字网（ISDN）等类型。

2. 专用网

专用网是由某个单位或部门组建的，不允许其他用户和部门使用。例如，金融、军队、铁路等行业都有自己的专用网。专用网可以租用公用网的传输线路，也可以是自己铺设的线路，但后者的成本非常高。

1.2.4 按网络的管理方式分类

网络按照其管理方式可分为客户机/服务器网络和对等网络。

1. 客户机/服务器结构（Client/Server）

在客户机/服务器（简称 C/S 结构）网络中，有一台或多台高性能的计算机专门为其他计算机提供服务，这类计算机称为服务器；而其他与之相连的用户计算机通过向服务器发出请求可获得相关服务，这类计算机称为客户机。

C/S结构是最常用、最重要的一种网络类型。在这种网络中，多台客户机可以共享服务器提供的各种资源，可以实现有效的用户安全管理及用户数据管理，网络的安全性容易得到保证，计算机的权限、优先级易于控制，监控容易实现，网络管理能够规范化。但由于绝大多数操作都需通过服务器来进行，因而存在工作效率低、客户机上的资源无法实现直接共享等缺点。

根据服务器提供的服务，又可以将服务器分为文件服务器、打印服务器、应用服务器和通信服务器等。

2. 对等网络

对等网络是最简单的网络，网络中不需要专门的服务器，接入网络的每台计算机没有工作站和服务器之分，都是平等的。每台计算机分别管理自己的资源和用户，可以使用其他计算机上的资源，也可以为其他计算机提供共享资源。对等网络比较适合部门内部协同工作的小型网络。

对等网络组建简单，不需要专门的服务器，各用户分散管理自己计算机的资源，因而网络维护容易；但较难实现数据的集中管理与监控，整个系统的安全性也较低。

1.3　计算机网络的结构与组成

1.3.1　早期计算机网络的结构与组成

本节主要讨论计算机广域网的结构，这是因为最初出现的计算机网络是广域网。计算机网络技术是计算机技术和通信技术的结合，因此，从传统观点看，计算机网络按其逻辑功能可以划分为资源子网和通信子网两部分，如图1-1所示，该图表示了传统计算机网络的基本结构。

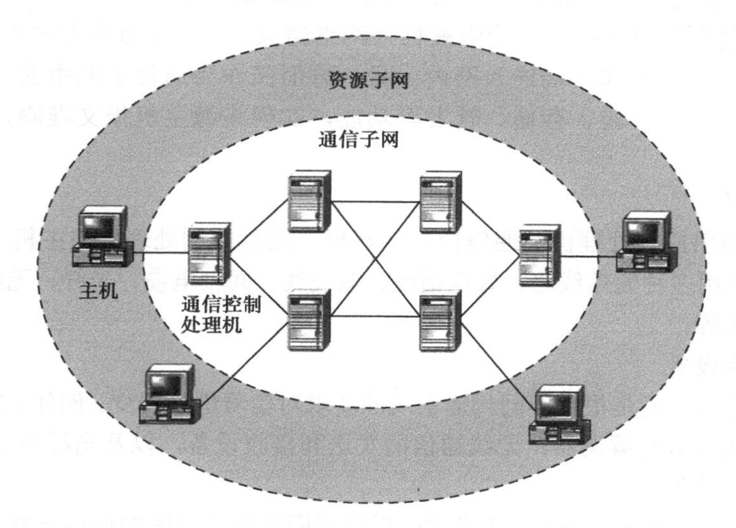

图1-1　传统计算机网络的基本结构

1. 资源子网的功能及组成

资源子网是指计算机网络中实现资源共享的设备和软件的集合。资源子网负责网络的数据处理业务，向网络用户提供各种网络资源与网络服务。

资源子网由拥有资源（软件资源、硬件共享资源和数据资源）的主机系统、请求资源与服务的用户终端、终端控制器、通信子网的接口设备等组成。

（1）主机（Host）

在计算机网络中的主机可以是大型机、中型机、小型机、工作站或者微型机（PC）。主机是资源子网的主要组成单元，它通过高速通信线路与通信子网的通信控制处理机（CCP）相连接。普通用户终端通过主机系统连入网内。主机系统为本地用户访问网络其他主机设备与资源提供服务，同时为网中远程用户共享本地资源提供服务。

（2）终端（Terminal）

终端是用户访问网络的界面。终端可以是简单的输入、输出终端，也可以是带有微处理机的智能终端。智能终端除具有输入、输出信息的功能外，本身还具有存储与处理信息的能力。终端可以通过主机系统连入网内，也可以通过终端控制器、报文分组组装与拆卸装置或通信控制处理机连入网内。

（3）网络中的共享设备

网络共享设备一般指计算机的外部设备，例如高速网络打印机、绘图仪、扫描仪等。

2. 通信子网的功能及组成

通信子网提供网络通信功能，完成全网主机之间的数据传输、交换、控制转换等通信任务，即通信子网负责完成网络数据传输、转发等通信处理任务。

通信子网按功能分类可以分为数据交换和数据传输两个部分；从硬件角度看，通信子网由通信控制处理机、通信线路和其他通信设备组成。

（1）通信控制处理机（Communication Control Processor，CCP）

通信控制处理机在网络拓扑结构中被称为网络结点。它一方面作为与资源子网的主机、终端连接的接口，将主机和终端连入网内；另一方面又作为通信子网中的分组存储转发结点，完成分组的接收、校验、存储、转发等功能，实现将源主机报文准确发送到目的主机的作用。

（2）通信线路

通信线路为通信控制处理机与通信控制处理机、通信控制处理机与主机之间提供通信信道。计算机网络采用多种通信线路，如电话线、双绞线、同轴电缆、光纤、无线通信信道、微波与卫星通信信道等。

（3）信号变换设备

信号变换设备的功能是根据不同传输系统的要求对信号进行转变。例如，实现数字信号与模拟信号之间变换的调制解调器，无线通信的发送和接收设备，以及光纤中使用的光-电信号之间的交换和收发设备等。

通信子网为资源子网提供信息传输服务，资源子网上用户之间的通信建立在通信子网的基础上。没有通信子网，网络不能工作；而没有资源子网，通信也就失去了意义。通信子网和资源子网的结合组成了统一的资源共享的完善的网络。

3. 实际应用中的计算机网络结构

在计算机网络发展的早期，计算机网络的结构如图1-1所示。但是，随着计算机技术的飞速发展，更多的用户选择通过局域网接入广域网，进而接入Internet，而不是通过大型主机接入广域网，因此，计算机网络的实际结构如图1-2所示。

计算机网络的实际结构，依然由通信子网和资源子网组成。但是，其通信子网从硬件角度看，是由路由器、通信线路和其他通信设备组成。其中路由器是实现多个网络之间互联的设备，也是局域网、大型主机接入广域网的主要设备。路由器一方面作为资源子网中局域网、主机、终端的接口结点，将它们联入广域网中；另一方面又作为通信子网中的网络结点，担负了通信子网中报文分组的数据通信、传输、控制、最佳路径的选择任务，从而将源主机的报文、分组快速地通过通信子网发送到目的主机。

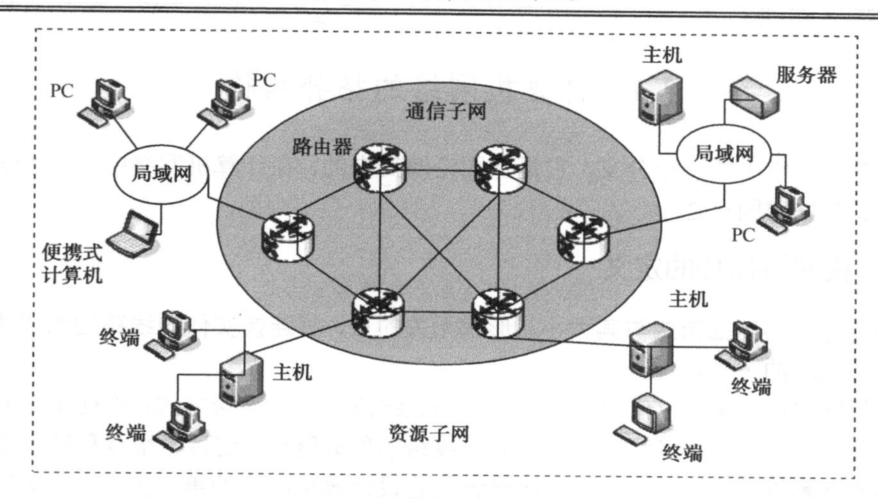

图 1-2　计算机网络的实际结构

1.3.2　现代计算机网络结构

随着微型计算机的广泛应用，大量的个人计算机（Personal Computer，PC）通过局域网、电话网、电视网、电力网或无线网等联入广域网，进而接入 Internet。在 Internet 中，各种网络之间的互联，例如局域网与广域网、广域网与广域网等，都是通过路由器进行的。在 Internet 中，个人计算机往往先通过校园网、企业网或 ISP（Internet 服务商）的网络联入地区主干网。地区主干网再通过国家主干网联入国家间的高速主干网。这样逐级连接后，就形成了如图 1-3 所示的由路由器和 TCP/IP 协议互联而成的大型的、有层次结构的 Internet 网络结构。

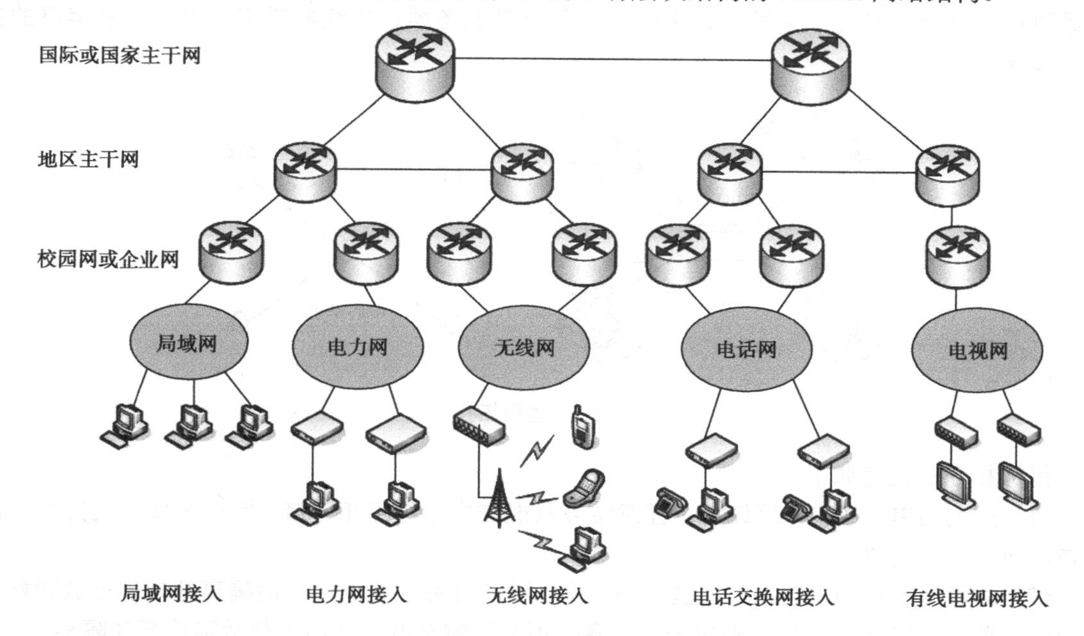

图 1-3　现代计算机网络的基本结构

现代网络结构主要指 Internet 网络的物理结构。Internet 又称“网络的网络”，它是由各种类型的网络通过路由器以及 TCP/IP 协议互联而成的、世界范围内的公用网络。

1.4 计算机网络的拓扑结构

拓扑学是几何学中的一个分支，它是从图论演变来的。在计算机网络中，拓扑结构是决定通信网络性质的关键因素之一。

1.4.1 计算机网络拓扑的定义

拓扑学首先把实体抽象成与其大小、形状无关的点，将连接实体的线路抽象成线，进而研究点、线、面之间的关系。

在计算机网络中，通常也借用这种方法来描述结点之间的连接方式：将处于网络中的计算机和通信设备抽象成结点，将结点之间的通信线路抽象成链路，这种由结点和链路连接组成的几何图形称为计算机网络拓扑结构。拓扑设计是建设计算机网络的第一步，也是实现各种网络协议的基础，它对网络性能、系统可靠性与通信费用都有重大影响。计算机网络拓扑结构主要是指通信子网的拓扑结构。

1.4.2 计算机网络拓扑结构的分类及其特点

网络的拓扑结构主要有星形拓扑、总线型拓扑、环形拓扑、树形拓扑和网状拓扑。

1. 星形拓扑

星形结构是局域网中最常用的物理拓扑结构，它由一个功能较强的中心结点以及一些通过点到点链路连到中心结点的从结点组成。各个从结点间不能直接通信，从结点间的通信必须经过中间结点，如图 1-4 所示。中心结点可以是服务器、集线器或交换机，负责信息的接收和发送。

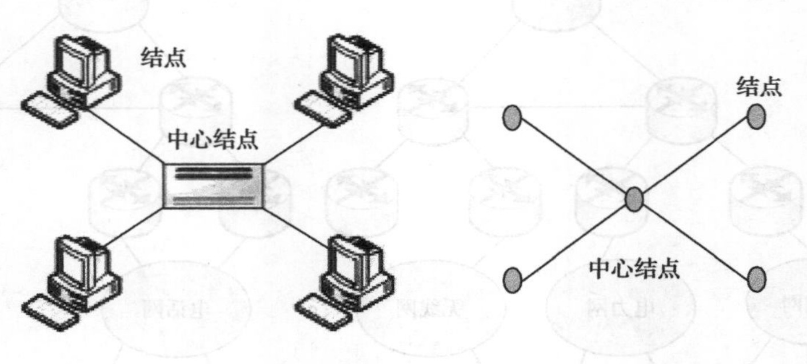

图 1-4 星形拓扑

星形拓扑的优点如下：

（1）控制简单。在星形网络中，任意结点只能与中心结点相连接，因而媒体访问控制方法和访问协议十分简单。

（2）故障诊断和隔离容易。在星形网络中，可以将每个结点逐一地隔离开来进行故障检测和定位，单个连接点的故障只影响一个设备，不会影响全网，从而方便故障诊断和隔离。

（3）服务方便。在星形网络中，中心结点可以方便地对各个结点提供服务和网络重新配置。

星形拓扑的缺点如下：

（1）电缆需量大和安装工作量大。因为每个结点都要和中心结点直接连接，需要耗费大量的电缆，安装和维护的工作量也剧增。

（2）中心结点的负担较重，容易形成瓶颈。一旦中心结点发生故障，则全网受影响，因此对中心结点的可靠性和冗余度方面的要求很高。

（3）各结点的分布处理能力较低。

2. 树形拓扑

树形拓扑形状像一棵倒置的树，顶端是树根，树根以下带分支，每个分支还可再带子分支，如图 1-5 所示。树根接收各结点发送的数据，然后再广播发送到整个网络。

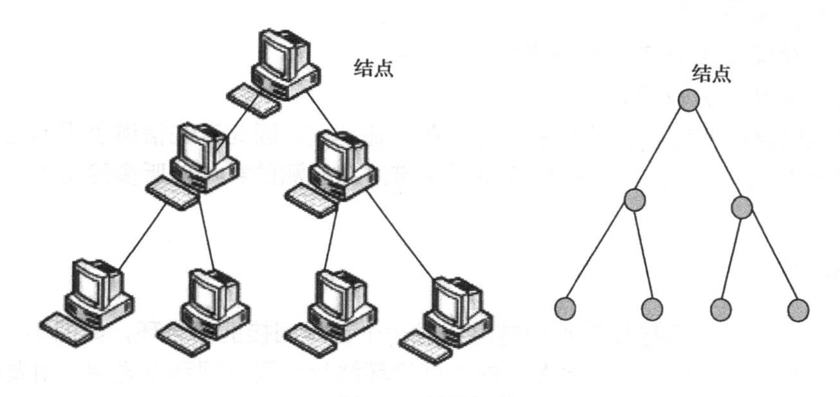

图 1-5　树形拓扑

树形拓扑的优点如下：

（1）易于扩展。这种结构可以延伸出很多分支和子分支，这些新结点和新分支都能容易地加入网络。

（2）故障隔离较容易。如果某一分支的结点或线路发生故障，很容易将故障分支与整个系统隔离开来。

树形拓扑的缺点是各个结点对根的依赖性太大，如果根结点发生故障，则整个网络都不能正常工作。从这一点来看，树形拓扑结构的可靠性有些类似于星形拓扑结构。

3. 总线型拓扑

总线型拓扑采用一个信道作为传输介质，所有结点都通过相应的硬件接口直接连到这一公共传输介质上，该公共传输介质即称为总线。结点间通过广播进行通信，即任何一个结点发送的信号都沿着传输介质传播，而且能被所有其他结点所接收，因此，在某一时间内只允许一个结点传送信息。总线型拓扑结构如图 1-6 所示。

总线型拓扑的优点如下：

（1）总线结构所需要的电缆数量少。

（2）总线结构简单，又是无源工作，有较高的可靠性。

（3）易于扩充，增加或减少用户比较方便。

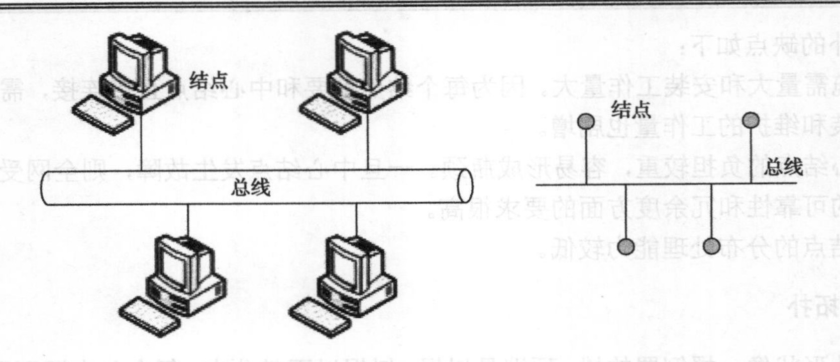

图 1-6　总线型拓扑

总线型拓扑的缺点如下：

（1）总线的传输距离有限，通信范围受到限制。

（2）故障诊断和隔离较困难。

（3）总线型网络中所有设备共享总线这一条传输信道，因此存在信道争用问题，为了减少信道争用带来的冲突，在总线型拓扑结构中采用带冲突检测的载波监听多路访问（CSMA/CD）协议。

4. 环形拓扑

环形拓扑网络由结点和连接结点的链路组成一个首尾相接的闭合环，如图 1-7 所示。在环路中，数据沿一个方向传输，发送端发出的数据沿环绕行一周后回到发送端，由发送端将其从环上删除。由此可见，环形结构的网络中通信线路共享，任何一个结点发出的数据都可以被环上的其他结点接收到。

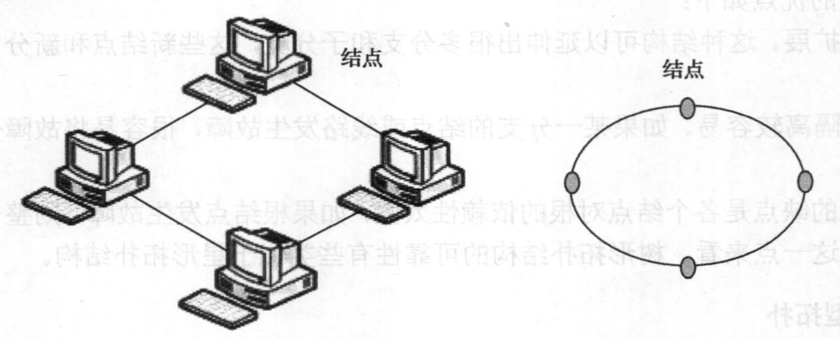

图 1-7　环形拓扑

环形拓扑的优点如下：

（1）拓扑结构简单，传输延时确定。

（2）电缆长度短。环形拓扑网络所需的电缆长度和总线型拓扑网络相似，比星形拓扑网络所需的电缆短。

（3）可使用光纤。光纤的传输速率很高，十分适合于环形拓扑的单方向传输。

环形拓扑的缺点如下：

（1）结点的故障会引起全网的故障。因为环上的数据传输要通过连接在环上的每一个结点，一旦环中某一结点发生故障，就会引起全网的故障。

（2）故障检测困难。这与总线型拓扑相似，因为不是集中控制，故障检测需在网上的各个结点进行，因此不容易进行故障检测和隔离。

（3）信道利用率低。环形拓扑结构的媒体访问控制协议都采用令牌传递的方式，在负载很轻时，信道利用率相对来说就比较低。

5. 网状拓扑

网状拓扑结构广泛应用于广域网中，分为全互连网状拓扑和部分互连网状拓扑。

全互连网状拓扑结构中，所有结点都两两相连以提供冗余性和可靠性，如图 1-8 所示。从一个结点出发到达另一个结点，有多条路径可达，因此当某一条线路出现故障时，数据仍然可以通过其他的链路到达目的地。这种结构的缺点是当网络结点增多时，链路的数量大幅度增加。因此，全互连网状拓扑结构的构建成本是非常高的，但是这种结构可以保证数据传输的高可靠性。

部分互连网状拓扑结构中，每一个结点至少与一个其他结点相连，但不一定与所有其他结点相连，即不是所有结点都两两相连，如图 1-9 所示。部分互连网状拓扑结构可以提供一定程度的冗余性和可靠性，当某一条线路出现故障时，数据仍然可以采用其他路径；当网络结点增多时，链路的数量会根据需求适度增加。

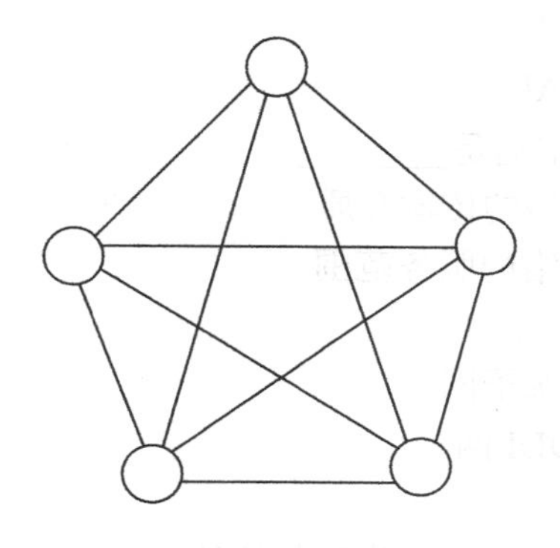

图 1-8　全互连网状拓扑

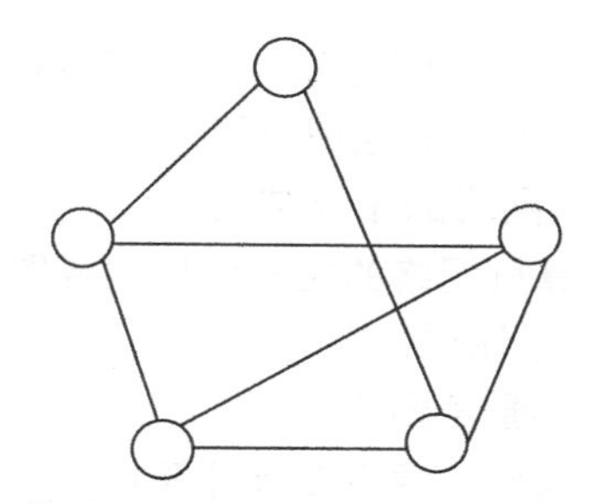

图 1-9　部分互连网状拓扑

1.4.3 计算机网络拓扑结构的选择

计算机网络拓扑结构的选择往往与传输介质的选择以及媒体访问控制方法的选择紧密相关。在选择网络拓扑结构时，应该考虑的主要因素有以下几点：

（1）可靠性。尽可能提高可靠性，以保证所有数据流能准确接收；还要考虑系统的可维护性，使故障检测和故障隔离较为方便。

（2）费用。在组建网络时，需要考虑适合特定应用的信道费用和安装费用。

（3）灵活性。需要考虑系统在今后扩展或改动时，能容易地重新配置网络拓扑结构，能方便地删除原有结点和加入新结点。

（4）响应时间和吞吐量。要为用户提供尽可能短的响应时间和尽可能大的吞吐量。

习　　题

一、填空题

1．计算机网络是现代计算机技术和________技术相结合的产物。

2．建立计算机网络的主要目的是__________。

3．按照网络的覆盖范围，计算机网络可分为________、________和城域网。

4．从逻辑功能看，计算机网络是由________和________两个子网组成。

二、选择题

1．下列说法中，正确的是________。

A．通信子网是由主机、终端组成

B．资源子网是由网络结点和通信链路组成

C．通信子网主要完成数据和共享资源的任务

D．通信子网主要完成计算机之间的数据传输、交换及通信控制

2．在局域网中不常用的网络拓扑结构是________。

A．总线型　　B．环形

C．星形　　D．网状

3．一座大楼内的一个计算机网络系统，属于______。

A．PAN　　B．LAN

C．MAN　　D．WAN

4．把计算机网络分为有线网络和无线网络的分类依据是________。

A．网络的地理位置　　B．网络的传输介质

C．网络的拓扑结构　　D．网络的服务范围

5．计算机网络的拓扑结构主要取决于它的________。

A．路由器　　B．资源子网

C．通信子网　　D．FDDI 网

6．计算机资源主要指计算机________。

A．软件与数据库　　B．服务器、工作站与软件

C．硬件、软件与数据　　D．通信子网与资源子网

7．第一个分组交换网是________。

A．ARPANET　　B．X.25

C．以太网　　D．Internet

8．________属于通信子网设备。

A．服务器　　B．通信处理机

C．终端　　D．主机

三、简答题

1．什么是计算机网络？

2．计算机网络的发展可划分为几个阶段？每个阶段各有什么特点？

3．计算机网络的拓扑结构有哪几种？各有何特点？

4．简述计算机网络的主要功能并举例说明。

第2章　数据通信基础

本章学习目标：

- ◆ 掌握数据通信的基础知识；
- ◆ 了解常用传输介质的特性及应用；
- ◆ 掌握数据传输的类型及相应的编码方法；
- ◆ 了解多路复用技术的基本工作原理；
- ◆ 了解广域网中的数据交换技术；
- ◆ 掌握差错控制技术的类型和方法。

2.1　数据通信的基础知识

数据通信是计算机网络的基础，没有数据通信技术的发展，就没有计算机网络的今天。在介绍网络时一定会涉及数据通信中的基本问题。为了使读者更好地理解网络的原理，本节将介绍一些数据通信方面的基础知识。

2.1.1　相关术语

1. 信息、数据与信号

信息（Information）是指有用的知识或消息，计算机网络通信的目的就是为了交换信息。数据（Data）是信息的表达方式，是把事件的某些属性规范化后的表现形式，它能够被识别，可以被描述。数据与信息的主要区别在于：数据涉及的是事物的表示形式，信息涉及的是这些数据的内容和解释。在计算机系统中，数据以统一的二进制代码表示，而这些二进制代码表示的数据要通过物理介质和器件进行传输时，还需要将其转变成物理信号。

信号（Signal）是数据在传输过程中的电磁波表现形式，是表达信息的一种载体，如电信号、光信号等。在计算机中，信息是用数据表示的并转换成信号进行传送。根据数据表示方式不同，信号分为模拟信号和数字信号两种形式。模拟信号是指时间上和空间上连续变化的信号。数字信号是指一系列在时间上离散的信号。信号波形如图2-1所示。

2. 信源、信宿和信道

每个通信系统都具备信源、信道和信宿三个基本要素。信源是信息产生和出现的发源地，信宿是接收信息的目的地，信道是信息传输过程中承载信息的媒体。

3. 数据通信

数据通信是指发送方将需要发送的数据转换成信号并通过物理信道传输到接收方的过程。由于待发送的信号可以是模拟信号，也可以是数字信号，所以数据通信又被分为模拟数据通信和数字数据通信。模拟数据通信是指在模拟信道上以模拟信号形式来传输数据；而数字数据通信则是指利用数字信道以数字信号方式来传输数据。

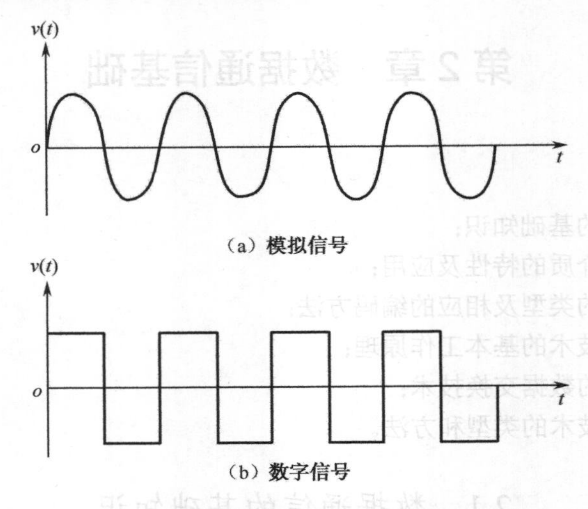

图 2-1　模拟信号和数字信号

2.1.2　数据通信系统模型

数据通信系统是指通过通信线路和通信控制处理设备将分布在各处的数据终端设备连接起来，执行数据传输功能的系统。数据通信系统模型如图 2-2 所示。

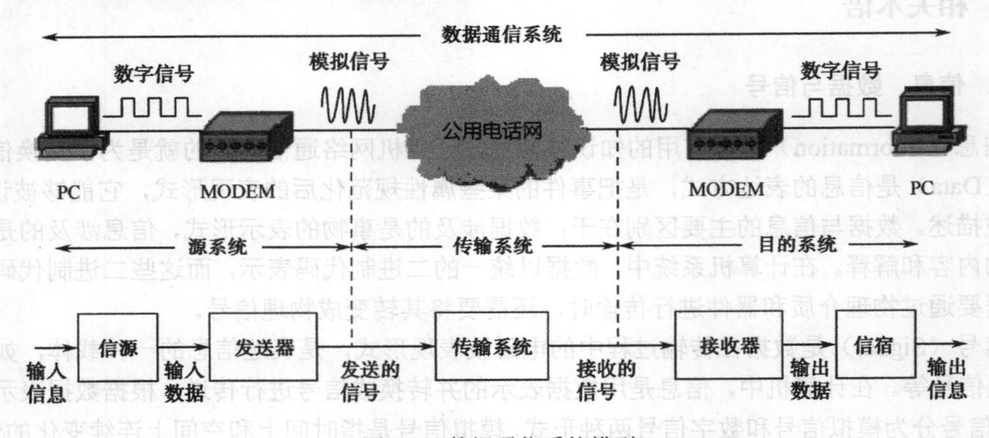

图 2-2　数据通信系统模型

一个数据通信系统通常由源系统（即发送端）、传输系统和目的系统（即接收端）三个部分组成。

信源和信宿分别是数据的出发点和目的地，又被称为数据终端设备（Data Terminal Equipment，DTE）。DTE 通常属于资源子网设备，如资源子网中的计算机、数据输入/输出设备和通信处理机等。

发送器和接收器又称为数据线路端接设备（Data Circuit-terminating Equipment，DCE）。DCE 为 DTE 提供了入网的连接条件，属于通信子网设备。

2.1.3　数据通信的主要技术指标

在数据通信系统中，为了描述数据传输的特性，需要使用一些技术指标。下面介绍数据通信技术中常用的重要指标。

1. 传输速率

传输速率是指单位时间内传送的信息量，有数据传输速率和信号传输速率两种表示方法。

（1）数据传输速率

数据传输速率又称比特率，指单位时间内所传送的二进制位数，单位为比特每秒，表示为 bps 或 b/s。

（2）信号传输速率

信号传输速率又称波特率或调制速率，指单位时间内所传送的信号码元的个数，单位为 baud（波特），通常用于调制解调器传输信号的速率。

（3）比特率与波特率的关系

比特率与波特率都是衡量信息在传输线路上传输快慢的指标，但两者针对的对象有所不同：比特率针对的是二进制位数传输；波特率针对信号波形的传输。

2. 信道容量

信道容量是一个极限参数，它一般是指物理信道上能够传输数据的最大能力，单位也是位每秒（bps）。信道容量与数据传输速率的区别在于：前者表示信道的最大数据传输速率，是信道传输能力的极限；而后者则表示实际的数据传输速率。这就像公路上的最大时限速度与汽车的实际速度之间的关系一样，它们虽然采用相同的单位，但表征的含义是不同的。

信道容量受信道的带宽限制，一般情况下，信道带宽越宽，一定时间内信道上传输的信息量就越多，则信道容量就越大，传输效率也就越高。

3. 带宽

对于模拟信道，带宽是指信道所能传输的信号的频率宽度，也就是可传输信号的最高频率与最低频率之差，单位是赫兹（Hz）。对于数字信道，带宽用数据传输速率表示，单位是 bps。

4. 误码率

误码率是衡量数据通信系统在正常工作情况下的传输可靠性的指标，其定义为二进制数据在传输时出错的概率。

5. 时延

时延是指一个数据报文或分组从一个网络（或一条链路）的一端传送到另一端所需的时间。时延由传播时延、发送时延和排队时延三部分组成。

2.2　传 输 介 质

传输介质是通信网络中发送方和接收方之间的物理通路，最常见的连接方式是在发送和接收设备之间连接一条点到点的链路，设备通过接口在介质上传输模拟信号或数字信号，期间可以用一个或多个中间设备来补偿传输中信号的衰减。

传输介质的性能对网络的通信、速度、距离、价格以及网络中的结点数和可靠性都有很大影响。因此，必须根据网络的具体要求，选择适当的传输介质。常用的网络传输介质有很多种，可分为两大类：一类是有线传输介质，如同轴电缆、双绞线、光纤等；另一类是无线传输介质，如微波和卫星等。在这两种介质中，通信信号都是以电磁波的形式进行传输的。

2.2.1　有线传输介质

有线传输介质是指利用电缆或光纤等充当传输导体的传输介质。常见的有线传输介质介绍如下。

1. 双绞线

双绞线（Twisted Pair Cable）是局域网中最常用的一种传输介质，它由两根具有绝缘保护层的铜导线组成，把它们互相拧在一起可以降低信号干扰的程度。一根双绞线电缆中可包含多对双绞线，连接计算机终端的双绞线电缆通常包含2对或4对双绞线。

双绞线可分为屏蔽双绞线和非屏蔽双绞线两种，如图2-3所示。屏蔽双绞线的内部信号线外面包裹着一层金属网，在屏蔽层外面是绝缘外皮，屏蔽层能够有效地隔离外界电磁信号的干扰。和非屏蔽双绞线相比，屏蔽双绞线具有较低的辐射，且其传输速率较高。

（a）非屏蔽双绞线

（b）屏蔽双绞线

图2-3　双绞线

国际电气工业协会EIA为非屏蔽双绞线制定了布线标准，分别为：

1类线：主要用于电话传输。

2类线：可用于电话传输和最高为4Mbps的数据传输，内部包含有4对双绞线。

3类线：多用于10Mbps以下的数据传输。

4类线：可用于16Mbps令牌环网和大型10Mbps以太网，内部包含有4对双绞线。

5类线：5类线既可支持100Mbps快速以太网连接，也可支持150Mbps ATM数据传输，是连接桌面设备的首选传输介质。

超5类双绞线：和普通的5类双绞线相比，超5类双绞线的衰减更小、串扰更小，性能得到了较大的提高。

6类：2002年6月，在美国通信工业协会（TIA）TR-42委员会的会议上，正式通过了6类布线标准。该标准对100Ω平衡双绞线、连接硬件、跳线、信道和永久链路作了具体要求，它提供 2 倍于超 5 类的带宽，改善了在串扰以及回波损耗方面的性能。6 类布线的传输性能远远高于超 5 类标准，适用于传输速率高于 1Gbps 的网络，它为组建高速网络提供了便利。

7 类：是一套在 100Ω 双绞线上支持 600Mbps 带宽传输的布线标准。与 4 类、5 类、超 5 类和 6 类比，7 类具有更高的传输带宽。

目前，计算机网络综合布线使用最多的是 5 类、超 5 类和 6 类双绞线。

（1）物理特性。双绞线为铜质线芯，传导性能良好。

（2）传输特性。双绞线可用于传输模拟信号和数字信号。对于模拟信号，约 5～6km 需要一个放大器；对于数字信号，约 2～3km 需要一个中继器。双绞线的带宽达 268kHz。

局域网（10Base-T 和 100Base-T）的传输速率可达 10～100Mbps。常用的 3 类双绞线和 5 类双绞线电缆均由 4 对双绞线组成，3 类双绞线的传输速率可达 10Mbps，5 类双绞线的传输速率可达 100Mbps，但与距离有关。

（3）连通性。双绞线可用于点到点连接或多点连接。

（4）地理范围。双绞线可以很容易地在 15km 或更大范围内提供数据传输。局域网的双绞线主要用于一个建筑物内或几个建筑物间的通信，在 10Mbps 和 100Mbps 传输速率的 10Base-T 和 100Base-T 总线网络中的传输距离均不超过 100m。

（5）抗干扰性。低频（10kHz 以下）抗干扰性能强于同轴电缆，高频（10～100kHz）抗干扰性能弱于同轴电缆。

（6）相对价格。双绞线比同轴电缆和光纤便宜得多。

2. 同轴电缆

同轴电缆是由外部中空的圆柱状导体包裹着一根实心金属线导体组成的。同轴电缆有两个导电单元。在电缆的中央有一实心铜导体，实心铜导体的周围包裹着塑料绝缘层。而绝缘层的外部被一层金属网（或金属箔）包裹着，这层金属网（或金属箔）形成了同轴电缆的第二个导体，它对内导体起着屏蔽的作用，能减少外部的干扰，提高传输质量。同轴电缆的最外部为外部保护层，可以保护内部两层导体和加强拉伸力，如图 2-4 所示。

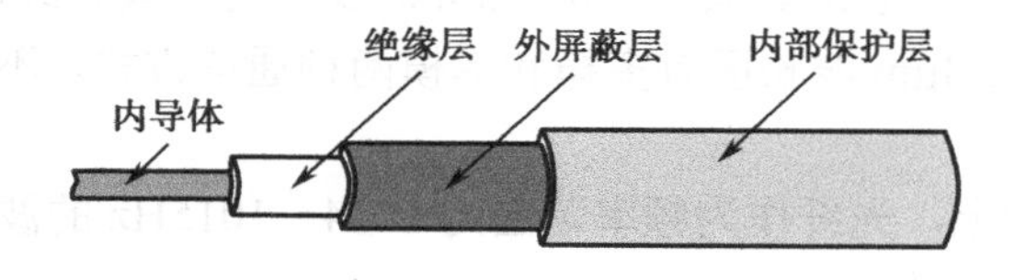

图 2-4　同轴电缆

（1）物理特性。单根同轴电缆直径约为 1.02～2.54cm，可在较宽频率范围工作。

（2）传输特性。基带同轴电缆，阻抗为 50Ω，仅用于数字传输，并使用曼彻斯特编码，数据传输速率最高可达 10Mbps。宽带同轴电缆，阻抗为 75Ω，可用于模拟信号和数字信号传输；对于模拟信号，带宽可达 300～450MHz。因此，在同轴电缆上使用频分多路复用技术可以支持大量的视、音频通道。

（3）连通性。同轴电缆可用于点到点连接或多点连接。

（4）地理范围。基带同轴电缆的最大距离限制在几千米，宽带同轴电缆的最大距离可以达几十千米。

（5）抗干扰性。同轴电缆的抗干扰性比双绞线强。

（6）相对价格。同轴电缆比双绞线贵，比光纤便宜。

3. 光纤

光纤由传导光波的纤芯、包层、涂覆层外加保护塑套构成，如图 2-5 所示。

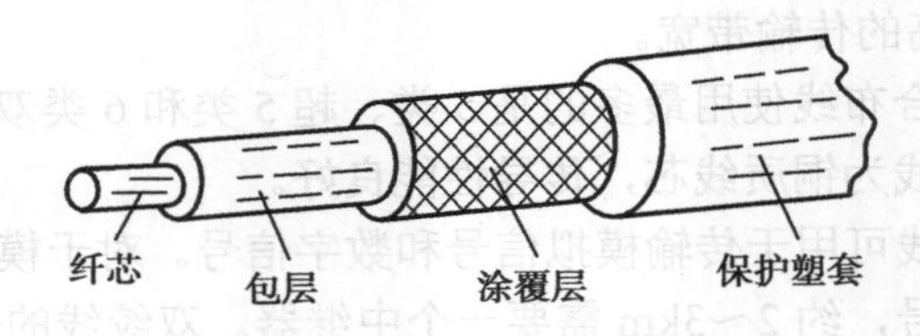

图 2-5　光纤的结构示意图

按传输光波模式的不同，光纤可分为单模光纤和多模光纤。

多模光纤纤芯内传输多个模式的光波，由于不同模的时延不同，造成光脉冲的扩散，因此，多模光纤带宽小于单模光纤。多模光纤可以分为阶跃型多模光纤和渐变型多模光纤两类。阶跃型多模光纤的折射率在纤芯材料和包层材料间呈阶跃变化；而渐变型多模光纤的折射率从光纤中心处的最大值到外边边缘处的最小值连续平滑地变化，使模间时延差极大地缩小，带宽有所提高。单模光纤的纤芯中只能传输光的基模，不存在模间时延差。因而，单模光纤具有比多模光纤大得多的带宽。

光纤通信信号的传送过程如图 2-6 所示。

图 2-6　光纤通信信号的传送过程

（1）物理特性。在计算机网络中均采用两根光纤（一来一去）组成传输系统，每根光纤纤芯的折射率大于包层折射率，光纤通过内部的全反射来传输一束经过编码的光信号。

按波长范围可分为 3 种：0.85μm 波长区（0.8～0.9μm）、1.3μm 波长区（1.25～1.35μm）和 1.55μm 波长区（1.53～1.58μm）。其中，0.85μm 波长区为多模光纤通信方式，1.55μm 波长区为单模光纤通信方式，1.3μm 波长区有多模和单模两种通信方式。不同的波长范围，光纤损耗特性也不同。

（2）传输特性。实际上，光纤作为频率范围为 1014～1015Hz 的波导管，这一频率范围覆盖了可见光谱和部分红外光谱。

光纤的数据传输速率可达 Gbps 级，传输距离达数十千米。一般来说，一条光纤线路上只能传输一路光波，但随着波分复用技术的发展，也出现了实用的多路复用光纤。

（3）连通性。普遍采用点到点连接，也可用于多点连接。

（4）地理范围。可以在 6～8km 的距离内不用中继器传输，因此，光纤适合于在几个建筑物之间，通过点到点的链路连接局域网。

（5）抗干扰性。光纤不受噪声或电磁影响，适宜在长距离内保持高数据传输速率，而且能够提供良好的安全性。

（6）相对价格。目前光纤的价格比同轴电缆和双绞线都要高。

2.2.2　无线传输介质

无线传输介质主要包括红外线、激光、微波、卫星、无线电等。无线传输技术特别适用于连接难以布线的场合或远程通信。在计算机网络中使用较多的无线传输介质主要是微波和卫星。

1. 微波

微波频率在 100MHz 以上，它能沿着直线传播，具有很强的方向性，如图 2-7 所示。因此，发射天线和接收天线必须精确地对准，是构成远距离电话系统的核心。

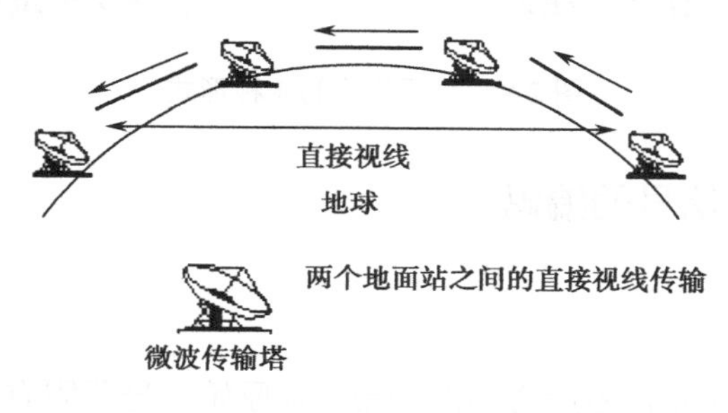

图 2-7　地面微波通信

2. 红外线

红外线链路只需要一对发送/接收器，这种收发器必须在视线范围内。它既可以安装在屋顶，也可以安装在建筑物内部，具有很强的方向性，不易被窃听、插入数据和干扰。在几千米内，通常只需要几 Mbps 的数据传输率。

3. 卫星

卫星通信就是利用人造卫星来进行中转的一种通信方式。商用卫星通常被发射在赤道上方 3.6 万千米的轨道上。卫星通信最大的特点是适合于远距离的数据传输，如在国际之间；其缺点是传输延时较大，通常在 500ms 左右，且费用昂贵。卫星通信的形式如图 2-8 所示。

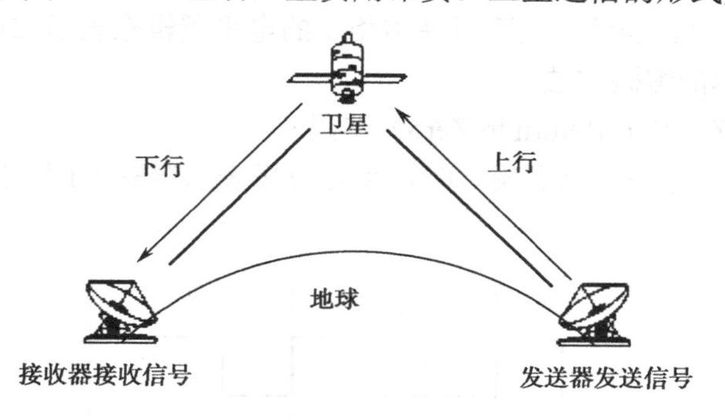

图 2-8　卫星通信

2.3　数据传输类型及相应技术

在通信系统中，要把数字数据或模拟数据从一个地方传到另一个地方，总是要借助于一定的物理信号，如电磁波和光。物理信号可以是连续的模拟信号，也可以是离散的数字信号。

模拟数据和数字数据中的任何一种数据都可以通过调制或编码的过程形成两种信号（模拟和数字）中的任何一种信号。于是就产生了4种数据传输形式，如图2-9所示。

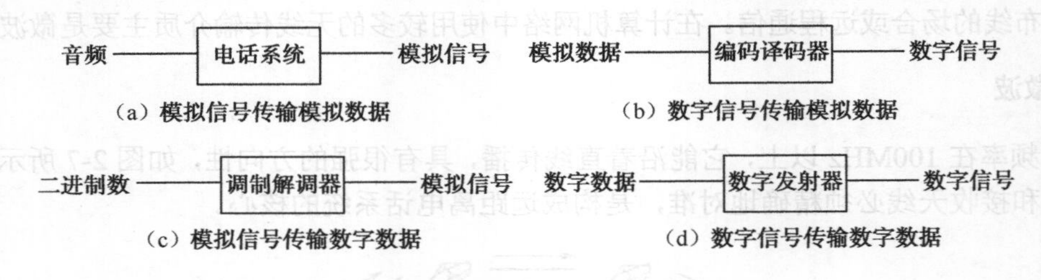

图2-9　数据传输的4种形式

2.3.1　基带传输与数字信号的编码

1. 基带传输

所谓基带是指调制前原始信号所占用的频带，是原始信号所固有的基本频带。在信道中直接传送基带信号时，称为基带传输。进行基带传输的系统称为基带传输系统。在数据通信系统中，信源数据经编码器转换为典型的二进制表示的比特序列的矩形脉冲信号，它是能够被直接传输的数字基带信号。计算机网络系统是以计算机为主体的数据通信系统，由信源产生的基带信号都是数字信号，所以这里所说的基带传输是一种数字传输。

2. 数字信号的编码

在基带传输中，用不同极性的电压或电平值代表数字信号0和1的过程，称为基带信号的编码，其反过程称为解码。在发送端，编码器将计算机等信源设备产生的信源信号变换为用于直接传输的基带信号；在接收端，解码器将接收的基带信号恢复为与发送端相同的、计算机可以接收的信号。

在基带传输中，可以使用不同的电平逻辑。例如，用负电压如-5V代表数字信号0；正电压如+5V代表数字信号1。当然，也可以使用相反的电平逻辑来表示二进制数字。

下面介绍3种基本的编码方法。

（1）非归零（NRZ，Non-Return to Zero）编码。

① 编码规则：用负电平表示逻辑“0”，用正电平表示逻辑“1”。当然，也可以采用其他的表示方法。如图2-10所示。

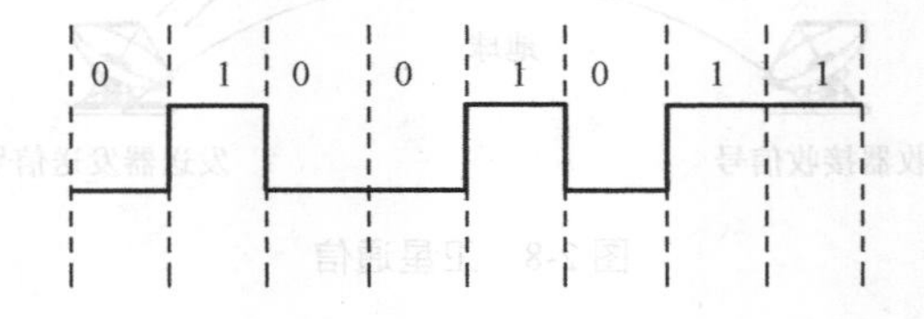

图2-10　非归零编码

② 特点：NRZ编码的优点是简单、容易实现；缺点是接收方和发送方无法保持同步。

③ 位同步：为了保证收、发双方的按位同步，必须在发送NRZ编码的同时，用另一个信

道同时发送同步时钟信号。

④ 应用：计算机串口与调制解调器之间使用的就是基带传输中的 NRZ 编码技术。

（2）曼彻斯特（Manchester）编码。

① 编码规则：每比特的周期 T 分为前 $T/2$ 与后 $T/2$ 两部分；通过前 $T/2$ 传送该比特的反码，通过后 $T/2$ 传送该比特的原码，中间的电平跳变作为双方的同步信号，如图 2-11 所示。

② 同步信号：曼彻斯特编码中的中间电平跳跃，既代表了数字信号的取值，也作为自带的时钟信号。因此，这是一种“自含时钟”的编码方法。

③ 特点：优点是收发信号的双方可以根据自带的时钟信号来保持同步，无须专门传递同步信号的线路，因此成本较低；缺点是效率较低。

④ 应用：曼彻斯特编码是应用最广泛的编码方法之一。典型的 10Base-T、10Base-2 和 10Base-5 低速以太网使用的就是曼彻斯特编码技术。

（3）差分曼彻斯特（Difference Manchester）编码。

① 编码规则：遇 0 跳变，遇 1 保持，中间跳变。具体表现为：每位码元值无论是 1 还是 0，中间都有一次电平跳变，这个跳变可以作为同步信号使用。若码元值为 0，则其前半个波形的电平与上一个波形的后半个电平值相反。若码元值为 1，则其前半个波形的电平与上一个波形的后半个电平值相同。

差分曼彻斯特编码是对曼彻斯特编码的改进，其波形如图 2-11 所示。由图可见，若码元值为 0，则在开始处出现电平跳变；反之，若码元值为 1，则在开始处不发生电平跳变。

② 同步信号：中间的电平跳变作为同步时钟信号。

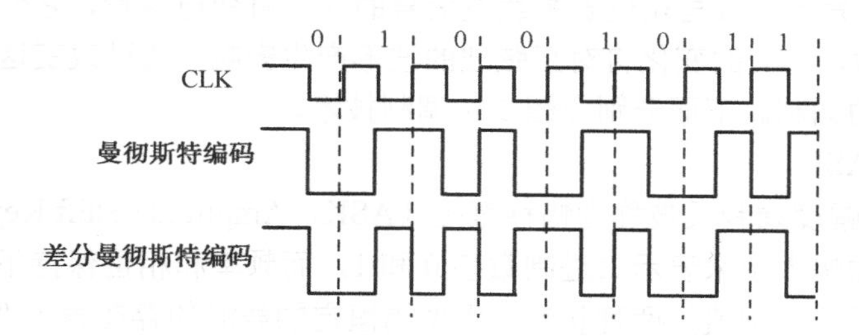

图 2-11　曼彻斯特编码和差分曼彻斯特编码

③ 特点：优点是自含同步时钟信号，抗干扰性能较好；缺点是实现的技术复杂。

总之，基带传输的优点是：抗干扰能力强，成本低。缺点是：由于基带信号频带宽，传输时必须占用整个信道，因此，通信信道利用率低；此外，占用频带宽，信号易衰减，只能使用有线方式，限制了使用的场合。在局域网中经常使用基带传输技术。

2.3.2　频带传输与模拟信号的调制

1. 频带传输

在频带传输中，常用普通电话线作为传输介质，因为它是当今世界上覆盖范围最广、应用最普遍的一类通信信道。无论网络与通信技术如何发展，电话仍是一种基本的通信手段。传统的电话信道是为传输语音信号而设计的，只适用于传输音频范围（300～3400Hz）的模拟信号，无法直接传输计算机的数字信号。为了利用模拟语音通信的电话交换网实现计算机的数字数据信号的传输，必须首先将数字信号转换成模拟信号。

将发送端的数字信号转换成模拟信号的过程称为调制，调制设备称为调制器；将接收端的模拟信号还原成数字信号的过程称为解调，解调设备称为解调器。同时具备调制与解调功能的设备称为调制解调器（MODEM），如图2-12所示。

图2-12　调制解调器工作示意图

2. 数字数据（信号）的调制

为了利用模拟信道实现计算机数字信号的传输，必须先对计算机输出的数字数据（信号）进行调制。在调制过程中，运载数字数据的“载波信号”可以表示：

$$u(t)=A(t)\sin(\omega t+\phi)$$

其中，振幅A、角频率ω与相位ϕ是载波信号的3个可变电参量，它们是正弦波的控制参数，也称为调制参数，它们的变化将对正弦波的波形产生影响。通过改变这3个电参量来实现数字数据（信号）的调制。下面分别介绍3种调制技术。

（1）幅度调制ASK。

① 调制规则：幅度调制又被称为幅移键控（ASK，Amplitude Shift Keying）。幅度调制通过改变载波信号的振幅大小来表示二进制数字0和1，而频率和相位保持不变。即用载波的两种不同的振幅来表示二进制值的两种状态。用振幅恒定的载波的存在表示“1”，而用载波的不存在表示“0”，如图2-13所示。

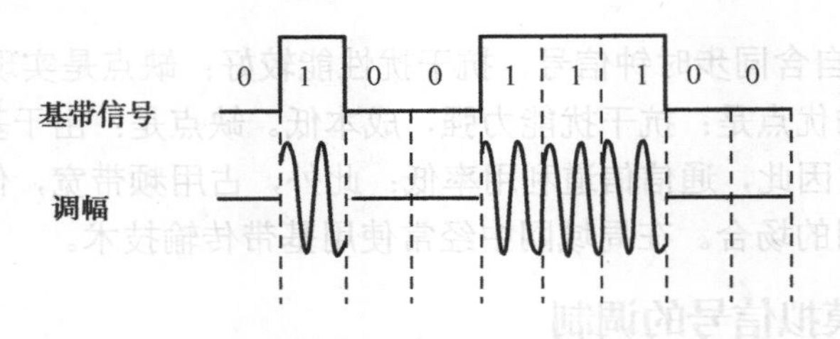

图2-13　幅度调制

② 特点：幅度调制的技术比较简单，但抗干扰能力较差。

（2）频率调制FSK。

① 调制规则：频率调制又被称为频移键控（FSK，Frequency Shift Keying）。频率调制通过改变载波信号的频率大小来表示二进制数字0和1，而振幅和相位保持不变，如图2-14所示。

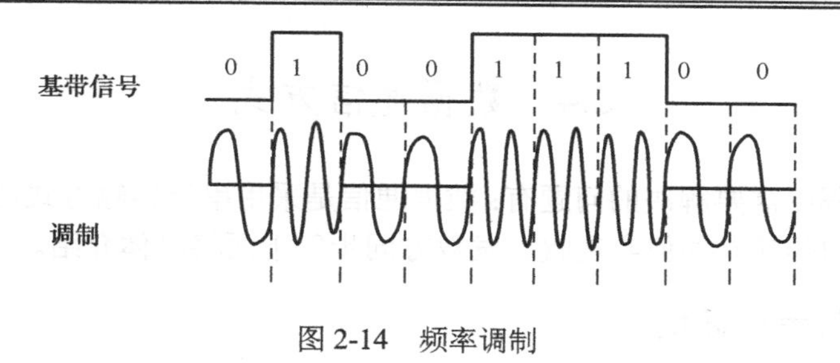

图 2-14　频率调制

② 特点：频率调制的电路简单，抗干扰能力强，但频带的利用率低，适用于传输速率较低的数字信号。

（3）相位调制 PSK。

相位调制又被称为相移键控（PSK，Phase Shifting Keying）。相位调制技术通过改变载波信号的相位来表示二进制数字 0 和 1，而振幅和频率保持不变。相位调制又可分为相对相位调制和绝对相位调制。

① 绝对相位调制。绝对相位调制就是利用正弦载波的不同相位直接表示数字，例如，用载波信号的相位差为π的两个不同相位来表示两个二进制数值。当传输的基带信号为“1”时，绝对移相键控信号和载波信号的相位差为“0”；当传输的基带信号为“0”时，绝对移相键控信号和载波信号的相位差为π，如图 2-15 所示。

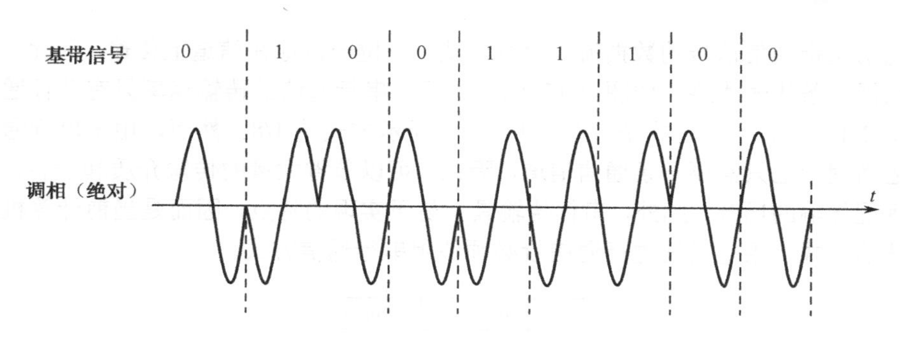

图 2-15　绝对相位调制

② 相对相位调制。相对相位调制是利用前后码元信号相位的相对变化来传送数字信息的，例如，当传输的基带信号为“1”时，后一个码元信号和前一个码元信号的相位差为π；当传输的基带信号为“0”时，后一个码元信号和前一个码元信号的相位差为 0，如图 2-16 所示。

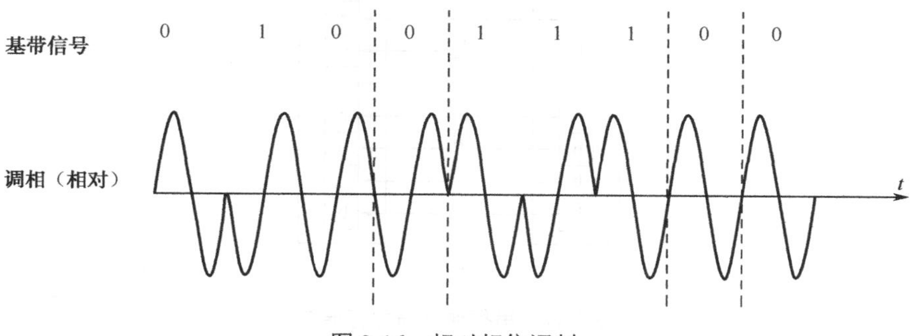

图 2-16　相对相位调制

2.4 数据通信方式

在数据通信过程中需要解决的问题有：数据通信是采用串行传输方式还是并行传输方式？是单向传输还是双向传输？如何实现收、发双方同步？下面将具体介绍。

2.4.1 并行通信与串行通信

根据同时在通信信道上传输的数据位数，数据通信方式可分为并行通信和串行通信。

1. 并行通信

并行通信是指二进制的数据流以成组的方式，在多个并行通道上同时传输，如图2-17（b）所示。并行传输可以一次同时传输若干位的数据。因此，从发送端到接收端的物理信道需要采用多条传输线路及设备。常用的并行方式是将构成一个字符代码的若干位利用同样多的并行信道同时传输。例如，计算机的并行端口常用于连接打印机，一个字符分为8b，每次并行传输8b 信号。并行传输的传输速率高，但传输线路和设备都需要增加若干倍。因此，一般适用于短距离、传输速率要求高的场合。计算机内的总线结构就是并行通信的例子。

2. 串行通信

串行通信是指通信信号的数据流以串行方式，一位一位地在信道上传输，因此，在发送端到接收端只需一条传输线路，如图2-17（a）所示。串行通信的传输速率只有并行通信的几分之一，如图2-17（a）所示方式是如图2-17（b）所示方式的1/8。然而，由于串行通信时，在收发双方之间理论上只需要一条通信信道，因此，可以节省大量的传输介质和设备，故串行通信常用于远程传输的场合。此外，串行传输具有易于实现的特点，因而是当前计算机网络中普遍采用的传输方式。用电话线进行通信就必须使用串行通信方式。

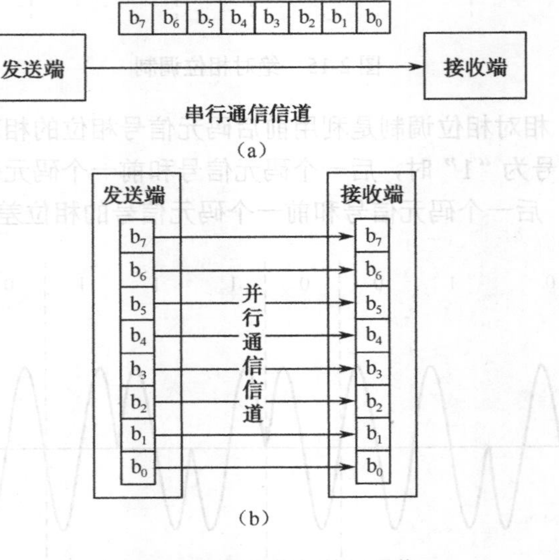

图2-17　串行通信与并行通信

注意：由于计算机内部总线采用的是并行通信方式，因此，在采用串行通信时，计算机发送端要使用并/串转换装置，将计算机输出的并行数据位流转换为串行数据位流，然后通过串行信道传输到接收端。在接收端，则需要通过串/并转换装置将串行数据位流还原成并行数据位流后，再传输给计算机。

2.4.2　单工、半双工、全双工通信

按照信号传送方向与时间的关系，发送方和接收方的通信方式有 3 种：单工、半双工和全双工。

1. 单工

在单工通信方式下，信号只能在一个方向上传输（正向或反向），任何时候不能改变信号的传输方向，如图 2-18（a）所示。为保证正确传送数据信号，接收方要对接收的数据进行校验，若校验出错，则通过监控信道发送请求重发的信号。无线电广播和电视广播都是典型的单工通信方式。

2. 半双工

半双工通信允许信号在两个方向上传输，但某一时刻只允许信号在一个信道上单向传输。因此，半双工通信实际上是一种可切换方向的单工通信，如图 2-18（b）所示。传统的对讲机使用的就是半双工通信方式。

3. 全双工

全双工通信可以同时进行两个方向信号的传输，即有两个信道，如图 2-18（c）所示。全双工通信是两个单工通信方式的结合，要求收发双方都有独立的接收和发送能力。全双工通信效率高，控制简单，但造价高。计算机之间的通信是全双工方式。

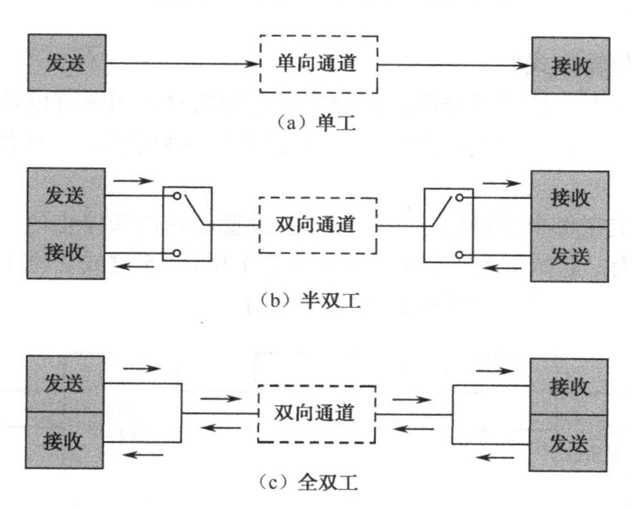

图 2-18　单工、半双工、全双工通信

2.4.3 数据通信中的同步方式

在网络通信过程中，通信双方要交换数据，需要高度地协同工作。网络中收发双方用传输介质连接起来之后，双方怎样进行交流？比如，发送方将数据的各位发送出去后，对方如何识别这些位数据，并将其组合成字符，进而形成有用的信息数据呢？这是靠交换数据的设备之间的定时机制实现的，这个定时机制就是“同步”技术。

同步技术需要解决的主要问题有：

- 何时开始发送数据？
- 收发双方的数据传输速率是否匹配？
- 收发持续时间的长短？
- 发送时间间隔的大小？

接收方根据双方所使用的同步技术，得知如何接收数据，也就是说，当发送端以某一速率在一定的起始时间内发送数据时，接收端也必须以同一速率在相同的起始时间内接收数据。否则，接收端与发送端就会产生微小误差，随着时间的增加，误差将逐渐积累，并造成收发的不同步，从而出现错误。为了避免接收端与发送端的不同步，接收端与发送端必须采取严格的同步措施。在通信过程中，接收端根据发送端的起止时间和重复频率校正自己的基准时间与重复频率的过程称为同步过程，这种统一接收端与发送端动作的措施称为同步技术。同步技术有两种类型。

（1）位同步：只有保证接收端接收的每一比特都与发送端保持一致，接收方才能正确地接收数据。

（2）字符或帧数据的同步：通信双方在解决了比特位的同步问题之后，应当解决的是数据的同步问题。例如，字符数据或帧数据的同步。

下面介绍字符的两种同步方式，即异步传输方式和同步传输方式。

1. 异步传输方式

（1）什么是异步传输方式？

异步传输是以字符为单位进行传输，传输字符之间的时间间隔可以是随机的、不同步的。但在传输一个字符的时段内，收发双方仍需依据比特流保持同步。这种传输方式又称为“起-止”式同步传输。

异步传输模式规定在每个字符的起止位置分别设置起始位和停止位，界定字符的开始和结束。常用的设置方式为，起始位是 1 位 0，停止位是 1 位、1.5 位或 2 位 1。字符一般为 5 位或 8 位。如图 2-19 所示给出了异步传输模式的字符结构。

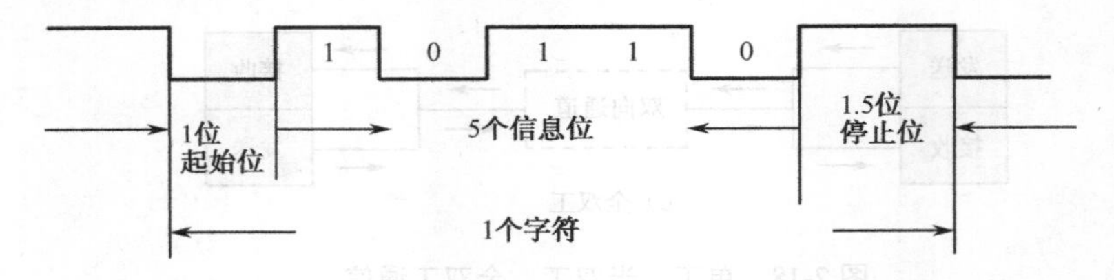

图 2-19　异步传输模式下的字符结构

在异步传输模式下，传输介质在无数据传输时一直处于停止位状态，即 1 状态。一旦发送方检测到传输介质的状态由 1 变为 0，就表示发送方发送的字符已传输至此，接收方即以这个电平状态的变化启动定时器，按起始位的速率接收字符，可见起始位起到了字符内各位同步的作用。发送字符结束后，发送方将传输介质置于 1 状态，直至发送下一个字符为止。

（2）异步传输的工作特点：

① 各位以串行方式发送，并附有起止位作为识别符。

② 字符之间通过空号来分割。

（3）异步传输的应用特点。

优点：设备简单，技术难度不大，费用低。

缺点：由于每传输一个字符都需要 2～3 位的附加位，浪费传输时间。

（4）异步传输的应用场合。

异步传输适用于低速的通信场合。例如，分时终端与计算机的通信、低速终端与主机之间的通信和对话等。

2. 同步传输方式

（1）什么是同步传输方式？

同步传输是在高速数据传输过程中所使用的定时方式。在同步传输过程中，大的数据块（即数据帧）是一起发送的，在块的前后使用一些特殊的字符作为成帧信息。而这些特殊的用于同步控制的字符使得发送端与接收端可以建立起一个同步的传输过程。此外，成帧信息还用来区分和隔离连续传输的数据块。由此可见，同步传输方式的目的在于识别一个数据帧的起始和结束。而数据帧（Frame）就是包含了数据和控制信息的数据块（包），如图 2-20 所示。例如，在发送一组字符或数据块之前，先发送一个同步字符 SYN（01101000）或一个同步字节（01111110），用于接收方进行同步的检测，从而使收发双方都进入同步状态。在同步字符或字节之后，可以连续发送任意多个字符或数据块，发送数据完毕后，再使用同步字符或字节来标识整个发送过程的结束。

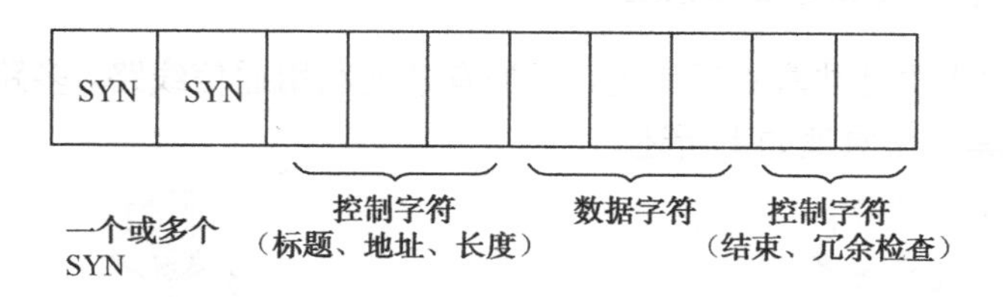

图 2-20 同步传输模式下的数据帧组成

（2）同步传输的工作特点。

在同步传输时，由于同步传输以数据块的方式传输，而且附加位又相对较少，因此提高了数据传输的效率，但是，也因此加重了 DCE（数据通信设备）的负担。同步传输方式一般用在高速传输数据的系统中，比如计算机之间的数据通信。其工作特点如下：

① 在同步传输中，信息不是以字符而是以数据块的方式传输。

② 在比特流中采用同步字符来保证定时。

③ 用于同步传输的成帧信息（同步信号）的位数较异步方式少，因此同步传输的效率比异步传输高。

（3）同步传输的应用特点。

由于同步传输需要较高的时钟装置和高的传输速率，因此，同步装置比异步装置要贵，例如，同步调制解调器要比异步调制解调器贵得多。

（4）同步传输的应用场合。

同步传输方式，通常用在计算机与计算机之间的通信，智能终端与主机之间的通信以及网络通信等高速数据通信的场合。

2.5　多路复用技术

2.5.1　多路复用技术概述

多路复用技术是当前研究的热点技术，也是网络的基本技术之一。

1. 多路复用技术的定义

多路复用技术是指在同一传输介质上同时传送多路信号的技术。因此，多路复用技术也就是在一条物理线路上建立多条通信信道的技术。在多路复用技术的各种方案中，被传送的各路信号分别由不同的信号源产生，信号之间必须互不影响。由此可见，多路复用技术是一种提高通信介质利用率的方法。

2. 研究多路复用技术的主要原因和目的

（1）通信工程中用于通信线路铺设的费用相当高。

（2）无论在局域网还是广域网中，传输介质的传输容量都超过单一信道传输介质的通信容量。

综上所述，研究多路复用技术的目的就在于充分利用现有传输介质，减少新建项目的投资。

3. 多路复用技术的实质与工作原理

多路复用技术的实质是共享物理信道，更加有效地利用通信线路。多路复用技术的组成结构如图 2-21 所示，其工作原理如下所述。

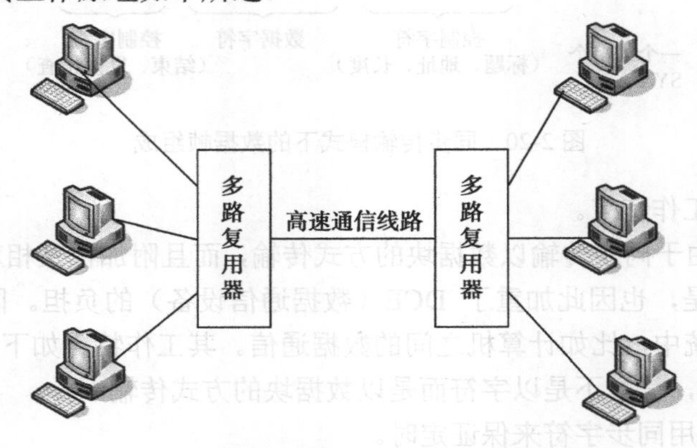

图 2-21　多路复用技术的工作原理图

在发送端，将一个区域的多路用户信息通过多路复用器（MUX）汇集到一起，然后将汇集起来的信息群通过一条物理线路传送到接收设备。

在接收端，接收设备端的多路复用器（MUX）再将信息群分离成单个的信息，并将其一一发送给多个用户。

这样，可以利用一对多路复用器和一条通信线路，来代替多套发送和接收设备以及多条通信线路，从而大大地节约了投资。

4. 多路复用技术的分类

根据使用的技术和使用场合的不同，常用的多路复用技术类型如下。

（1）FDM（Frequency Division Multiplexing）：频分多路复用。

（2）TDM（Time Division Multiplexing）：时分多路复用。

（3）WDM（Wavelength Division Multiplexing）：波分多路复用。

2.5.2 频分多路复用

频分多路复用技术是一种模拟技术。它按照频率区分信号，即把传输介质的带宽划分为若干个窄频带，每一路信号占用一个窄频带。实现 FDM 的前提是任何信号只占据一个宽度有限的频率，而信道可以被利用的频率比一个信号的频率宽得多，因而可以利用频率分隔的方式来实现多路复用。

当有多路信号输入时，发送端分别将各路信号调制到各自所分配的频带范围内的载波上，传输到接收端以后，利用接收滤波器再把各路信号区分开来并恢复成原来信号的波形。为了防止相邻两个信号频率覆盖造成干扰，在相邻两个信号的频率之间通常要留有一定的频率间隔。

FDM 的方法起源于电话系统，下面就利用电话系统这个例子来说明频分多路复用的原理。现在一路电话的标准频带是 0.3～3.4kHz，高于 3.4kHz 和低于 0.3kHz 的频率分量都将被衰减掉。历史上，电话网络曾使用 FDM 技术在单个物理电路上传输若干条语音信道。这样，12 路语音信道被调制到载波上各自占据 4kHz 带宽。这路占据 60～108kHz 频段的复合信号被认为是一个组。反过来，三个这样的信号组本身被同样的方法多路复用到一个超级组中，这个组包含 36 条语音信道，如图 2-22 所示。进一步甚至有更高层次的多路复用，这样使得单个电路中传输几千条语音信道成为可能。由此可见，信道的带宽越大，容纳的电话路数就会越多。随着通信信道质量的提高，在一个信道上同时传送的电话路数就会越来越多。目前，在一根同轴电缆上已实现了上千路电话信号的传输。

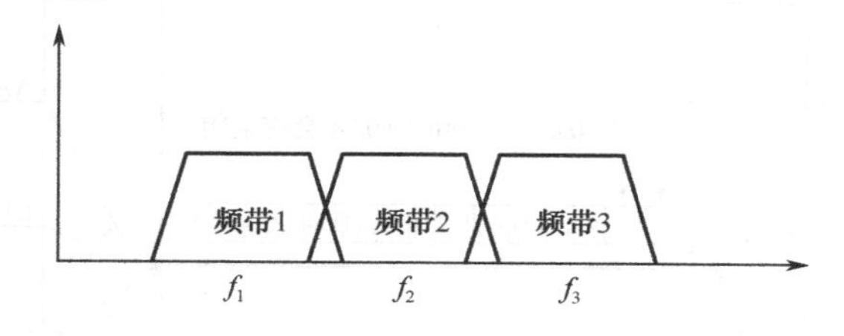

图 2-22　频分多路复用原理示意图

频分多路复用原理简单，技术成熟，系统的效率较高。但易产生信号失真，系统设备庞大复杂。频分多路复用适合于模拟信号的传输，通常电话系统、电视系统中都采用频分多路复用技术。

2.5.3 时分多路复用

时分多路复用是将一条物理信道的传输时间分成若干个时间片，按一定的次序轮流给各个信号源使用。使用时分多路复用技术的前提是：物理信道能达到的数据传输速率超过各路信号源所需的数据传输速率。时分多路复用主要用于数字信道的复用。

时分多路复用的实现方法有两种：同步时分多路复用和异步时分多路复用。

1. 同步时分多路复用

在同步时分多路复用中，时间片是预先分配好的，而且是固定不变的，即每个时间片与一个信号源对应，而不管此时是否有信息发送。在接收端，根据时间片序号可判断出是哪一路信号。采用同步时分多路复用，由于不一定每个时间片内都有数据发送，所以信道的利用率低。同步时分多路复用原理如图 2-23 所示。

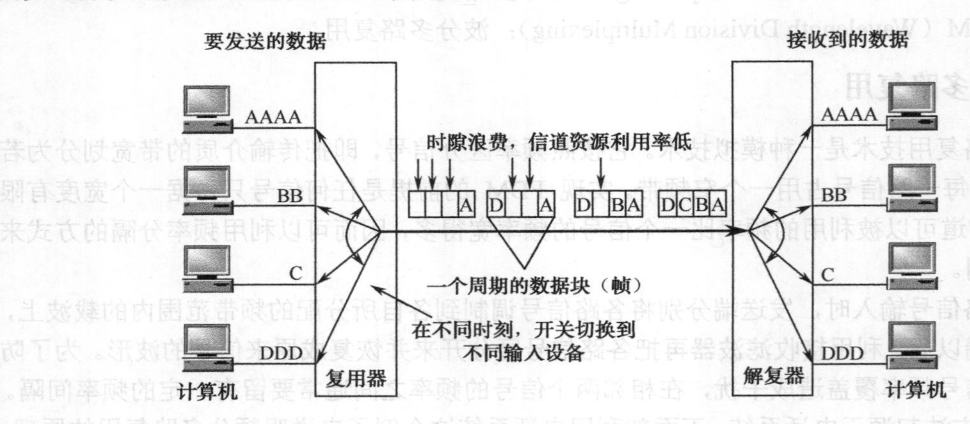

图 2-23　同步时分多路复用

2. 异步时分多路复用

异步时分多路复用是目前计算机网络中应用广泛的多路复用技术。在异步时分多路复用技术中动态分配信道的时间片，以实现按需分配。如果某路信号源没有信息发送，则允许其他信号源占用这个时间片，这样就避免了时间片的浪费，大大提高了信道的利用率。异步时分多路复用原理如图 2-24 所示。

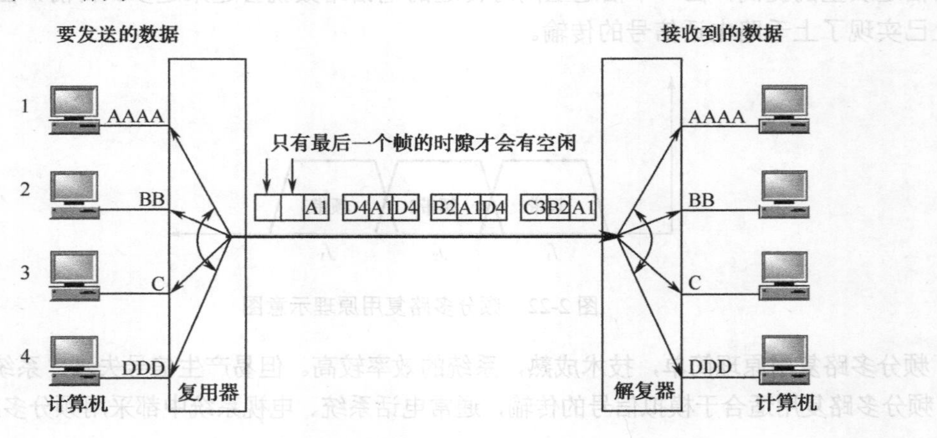

图 2-24　异步时分多路复用

2.5.4 波分多路复用

目前，光纤的应用越来越普遍，由于光缆的铺设和施工的费用都很高，因此波分多路复用技术的研究和应用必将有着光明的前景和广泛的社会应用价值。对于使用光纤通道（Fiber Optic Channel）的网络来说，波分多路复用技术将是其最合适的多路复用技术。

实际上，波分多路复用技术的工作原理与前面介绍的频分多路复用技术的原理大致相同。WDM 技术的工作原理如图 2-25 所示。由图可见，通过光纤 1 和光纤 2 传输的两束光的波长是不同的，它们的波长分别为 W_1 和 W_2。当这两束光进入光栅（或棱镜），经处理、合成后，就可以使用一条共享光纤进行传输；合成光束到达目的地后，经过接收方光栅的处理，重新分离为两束光，并通过光纤 3 和光纤 4 传送给用户。在如图 2-25 所示的波分多路复用系统中，由光纤 1 进入的光波信号传送到光纤 3，而从光纤 2 进入的光波信号被传送到光纤 4。

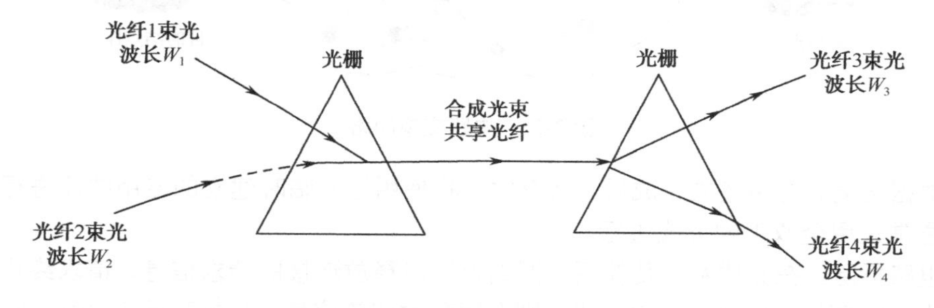

图 2-25 波分多路复用

综上所述，WDM 与 FDM 使用的技术原理是一样的，只要每个信道使用的频率（即波长）范围各不相同，它们就可以使用波分多路复用技术，通过一条共享光纤进行远距离的传输。与电信号使用的 FDM 技术不同的是，WDM 技术是利用光学系统中的衍射光栅来实现多路不同频率光波信号的合成与分解。

2.6 广域网中的数据交换技术

介绍了数据如何进行编码与传输等基本问题后，下面将要介绍数据如何通过通信子网，实现资源子网中两台联网计算机间的数据交换问题。在计算机广域网中，计算机通常使用公用通信信道进行数据交换。在通信子网中，从一台主机到另一台主机传送数据时，可能会经历由多个结点组成的路径。通常将数据在通信子网中结点间的数据传输过程统称为数据交换（Switch），其对应的技术为数据交换技术。在传统的广域网的通信子网中，使用的数据交换技术可分为以下两大类：

（1）电路交换（Circuit Switching）技术。

（2）存储转发交换（Store-and-forward Exchanging）技术，它又分为报文交换技术和分组交换技术两种。

2.6.1 电路交换

电路交换又称线路交换，其工作方式与电话交换的工作过程十分相似。在电路交换和转接过程中，通信的双方首先必须通过网络结点建立起专用的通信信道，也就是在两个网络结点之间建立起实际的物理电路连接；然后，双方使用这条端到端的电路进行数据传输。电话通信系统就是这种工作方式。

1. 电路交换技术的工作过程

电路交换的工作过程分为电路建立阶段、数据传输阶段和电路拆除3个阶段。

（1）电路建立。在交换网中，通过源结点（如图2-26中计算机A所示）发出建立连接请求，并以此完成从源主机A到目的主机B每个结点的物理连接过程。这个过程结束后，将建立起一条由源结点到目的结点的专用传输通道。

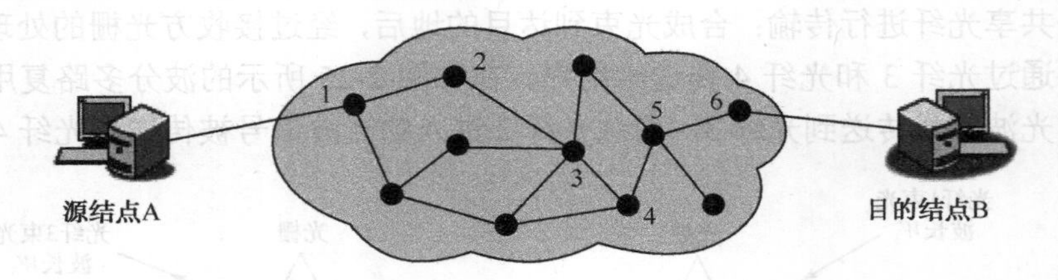

图2-26　电路交换网络

（2）数据传输。电路建立完成后，所有数据将使用这条临时建立的专用线路进行传输。数据的传输通常采用全双工的方式进行。

（3）电路拆除。在完成数据传输后，源结点发出释放连接的请求信息，请求终止通信；如果目的结点接收源结点的释放连接请求，则发回释放应答信息。在电路拆除阶段，各结点依次拆除该线路对应连接，释放由该线路占用的结点与信道资源。

2. 电路交换的特点

电路交换技术的主要特点是先有两个结点的电路接通，然后才能通信，双方通信的内容不受交换机的约束，即传输信息的符号、编码、格式以及通信控制规程等均随用户的需要决定。由此不难看出，电路交换的外部表现是通信双方一旦接通，便独占一条实际的物理线路。电路交换的实质是在交换设备内部，由硬件开关接通输入线与输出线。但是，由于这种方式具有的特点，决定了该通信方式不适宜传送计算机与终端或者计算机与计算机之间的数据。电路交换的优缺点如下。

优点：

（1）传输延迟小，唯一的延迟是电磁信号的传播时间。

（2）线路一旦接通，不会发生冲突。

（3）对于占用信道的用户来说，数据以固定的速率进行传输，可靠性和实时响应能力都很好，适用于交互式会话类通信。

缺点：

（1）电路交换建立线路所需的时间较长，有时需要10～20s或更长。这对于电话通信来说并不算长，可是对于传送计算机的数据来说就太长了。另外，线路连接一旦建立就独占线路，因此线路的利用率低。

（2）与电话通信中使用的模拟信号不同的是计算机的数字信号是不连续的，并且具有突发性和间歇性，因此数字数据在传送过程中真正使用线路的时间不过1%～10%，而电路交换时，数据通信一旦接通，双方便独占线路，造成信道浪费，因此，系统消耗费用高，利用率低。

（3）对于计算机通信系统来说，可靠性的要求是很高的，而电路交换系统不具备差错控制的能力，无法发现并纠正传输过程中的错误。因此，电路交换达不到计算机通信系统要求的指标。

（4）电路交换不具有数据存储能力，不能改变数据的内容，因此，很难适应具有不同类型、规格、速率和编码格式的计算机之间或计算机与终端之间的通信。

（5）系统不具有存储数据的能力，因此不能自动调整和均衡通信流量。

3. 电路交换的应用场合

电路交换适用于高负荷的持续通信和实时性要求强的场合，尤其适用于会话、语音、图像等交互式通信类；而不适合传输突发性、间断型数字信号的计算机与计算机、计算机与终端之间的通信。

2.6.2　存储转发交换

由于电路交换技术不适合计算机之间的通信，因此，必须使用其他合适的交换技术，才能推动计算机网络的发展。1964 年 8 月，巴兰（Baran）首先提出了使用存储转发技术的分组交换的概念，1969 年 12 月美国的分组交换网络 ARPANET 投入运行，从此计算机网络技术的发展进入了一个新的时代，并标志着现代电信时代的开始。

1. 存储转发交换与电路交换的两个主要区别

（1）将发送的数据与目的地址、源地址、控制信息等一起，按照一定的格式组成一个数据单元（报文、报文分组或数据帧等）进入通信子网。

（2）作为通信子网交换结点的专用计算机（通信控制处理机 CCP）或路由器等，负责完成数据单元的接收、存储、差错校验、路径选择和转发工作。

2. 存储转发交换方式的特点

（1）线路的利用率高。由于 CCP 具有存储功能，因此多个报文（或报文分组）可以共享通信信道。

（2）选择最佳传输路径。由于 CCP 具有路径选择功能，可以动态地选择报文（或报文分组）通过通信子网的最佳路径。

（3）提高通信效率。可以调整、控制平滑通信量，并提高通信效率。

（4）提高可靠性。由于 CCP 具有差错检查和纠错的功能，因此可以减少差错，提高系统的可靠性。

（5）适用于不同速率和格式的系统之间的通信。通过 CCP 不但可以进行不同线路之间的不同通信速率的转换，还可以进行不同数据格式之间的转换。

正是由于存储转发交换具有上述明显优点，它才在计算机网络中得到了广泛的应用和发展。

3. 存储转发交换方式的分类

利用存储转发交换原理传送数据时，被传送的数据单元可以分为报文和分组两类，因此对应的交换方式可以分为报文交换（Message Switching）和分组交换（Packet Switching）两类。

2.6.3 报文交换方式

在报文交换方式中，两个结点之间无须建立专用通道。当发送方有数据块要发送时，它把数据块（无论尺寸大小）加上目的地址、源地址与控制信息作为一个整体，按一定格式打包组成为报文，交给交换结点（接口信息处理机）。交换结点根据报文的目的地址，选择一条合适的空闲输出线，将报文传送出去。在这个过程中，交换设备的输入线与输出线之间不必建立物理连接。与电路交换一样，报文在传输过程中也可能经过若干交换设备。在每一个交换设备处，报文首先被存储起来，并且在待发报文登记表中进行登记，等待报文前往的目的地址的路径空闲时再转发出去。所以报文交换技术是一种存储转发技术。

报文交换适用于长报文、无实时性通信要求的场合，不适合会话式通信。报文交换是我国公用电报网中采用的交换技术。

2.6.4 分组交换

为了更好地利用信道容量，并降低结点中数据量的突发性，可以将报文交换改进为分组交换，如图 2-27 所示是分组示意图。通常在发送报文之前将一个较长的报文分成一个个更小的等长的数据段，数据段和首部构成分组（Packet）。每个分组的长度有一个上限，典型的最大长度是一千位到几千位。

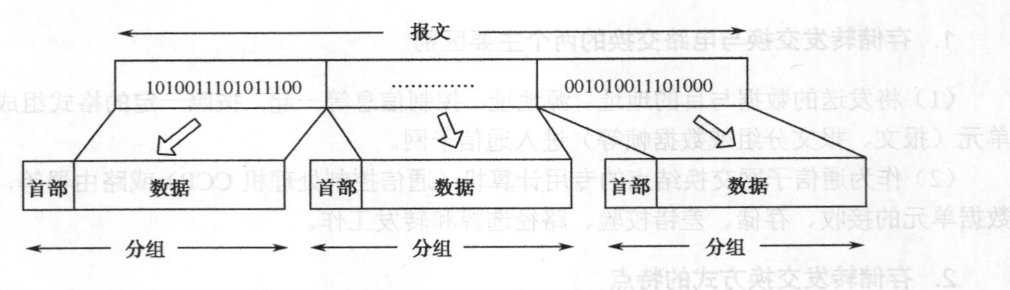

图 2-27 分组示意图

在采用分组交换技术的网络中，必须将用户的大报文划分成一个个分组，而且每个分组都有目的地址和源地址，同一个报文的不同分组可以在不同的路径中传输，到达终点以后再将它们重新组装成完整的报文。

1. 分组交换的特点

分组交换又称为包交换，其工作特点主要是：数据传输前不需要建立一条端到端的通路；有强大的纠错机制、流量控制和路由选择功能。

优点：

（1）速度快。CCP 的存储量要求较小，可以用内存来缓冲分组，因此转发速度快。

（2）效率高。某个分组出错时，仅重发该分组，因而效率高。

（3）可靠性高。各分组可通过不同路径传输，并具有差错校正，因此可靠性高。

（4）转发延时小。由于报文分组交换严格限制报文分组大小的上限，从而保证了任何用户独占线路的时间都小于几十毫秒，因此非常适合于交互式通信。

（5）在具有多个分组的报文中，各分组不必全部到齐，可以单独传送，这样就缩短了时间延迟，提高了 CCP 的吞吐率。

缺点：分组交换技术存在一些问题，例如拥塞、大报文分组与重组、分组损失或失序等。

分组交换技术在实际应用中又可分为数据报方式和虚电路方式两类。

2. 数据报方式

在数据报方式中，每个分组的传送是被单独自理的，像报文交换中的报文一样也是独立自理的。每个分组被称为一个数据报，每个数据报自身携带足够的地址信息，一个结点接收到数据报后，将其原样地发送到下一个结点。图 2-28 显示了数据报的传输过程。例如，站点 A 要向站点 D 传送一个报文，报文在交换结点 1 被分割成 4 个数据报，它们分别经过不同的路径到达站点 D，数据报 1 的传送路径是 1—5—4，数据报 2 的传送路径是 1—2—3—4，数据报 3 的传送路径是 1—2—5—4，数据报 4 的传送路径是 1—3—4。由于 4 个数据报的传送路径不同，导致它们的到达失去了顺序。因为各个结点随时根据网络流量、故障等情况选择路径，从而各个数据报的到达也不保证是按时的，甚至有的数据报会丢失。

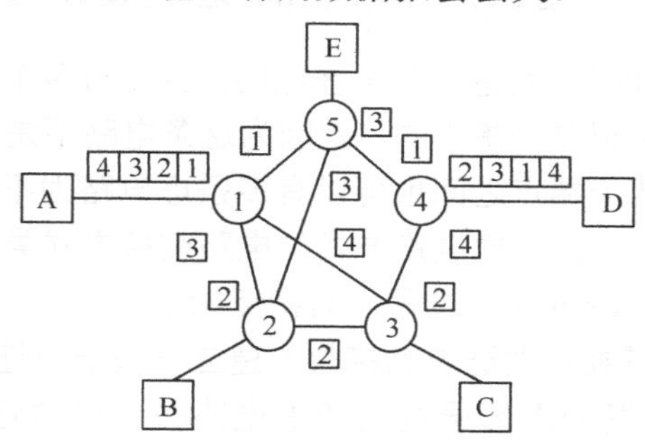

图 2-28　数据报工作方式示意图

数据报特点如下：

（1）数据报是分组存储交换的一种形式。

（2）面向非连接的。在数据报方式的分组传送之前，无须在源主机与目的主机之间先建立起连接。

（3）CCP 对每个数据分组选择路径，因此同一报文的不同分组可以由不同的传输路径通过通信子网。

（4）同一报文的不同分组到达目的结点时，可能出现乱序、重复或丢失现象。

（5）每一个报文在传输过程中都会携带源结点地址和目的结点地址。

（6）使用数据报方式时，数据报文传输延迟较大，适用于突发性通信，不适用于长报文、会话式通信。

3. 虚电路方式

在虚电路方式中，为进行数据传输，网络的源结点和目的结点之间先建立一条逻辑通路。例如，在图 2-29 中，假设主机 A 有一个或多个报文要发送到主机 B 站去，它首先要发送一个呼叫请求分组到结点 A，请求建立一条到主机 B 的连接。结点 A 决定到结点 B 的路径，结点 B 再决定到结点 C 的路径，结点 C 再决定到结点 D 的路径，结点 D 最终把呼叫请求分组传送到主机 B。如果主机 B 准备接受这个连接，就发送一个呼叫接受分组到结点 D。这个分组通过结点 C、B 和 A 返回主机 A。现在主机 A 和主机 B 可以在已建立的逻辑连接上或者说在虚电路上交换数据。这个分组除了包含数据之外还得包含一个标识符。在预先建立好的路径上的每个结点都知道把这些分组引导到哪里去，不再需要路径选择判定。于是来自主机 A 的每一个数据分组都通过结点 A、B、C 和 D；来自主机 B 的每个数据分组都经过结点 D、C、B 和 A。最后，有一个站用清除请求分组来结束这次连接。

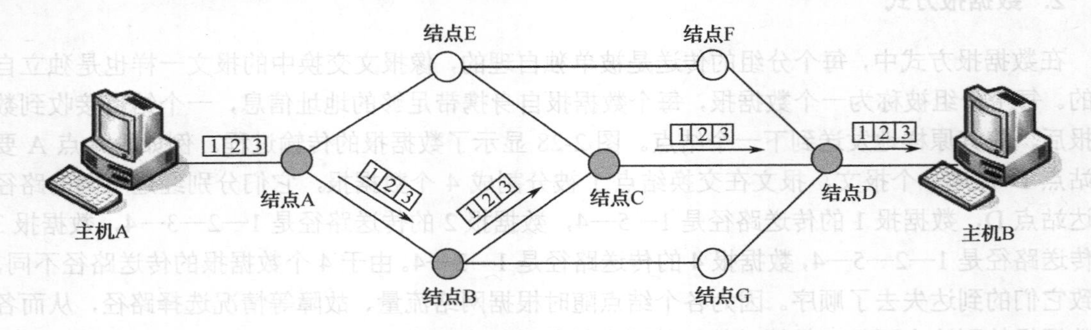

图 2-29　虚电路工作原理示意图

无论何时，一个站都能和任何站建立多个虚电路，也能与多个站建立虚电路。这种传输数据的逻辑就是虚电路。它之所以是“虚”的，是因为这条电路不是专用的。每条虚电路支持特定的两个端点之间的数据，两个端点之间也可以有多条虚电路为不同的进程服务，这些虚电路的实际路由可能相同，也可能不同。虚电路方式与电路交换方式类似，即整个通信过程分为虚电路建立、数据传输和虚电路释放 3 个过程。其特点如下：

（1）在分组发送之前，需要在发送方和接收方建立一条逻辑连接的虚电路。

（2）一次通信的所有数据分组都通过这条虚电路按顺序传送，因此报文分组不必携带目的地址、源地址等辅助信息；数据分组到达目的结点时，也不会出现丢失、重复与乱序的现象。

（3）分组通过虚电路上的每个结点时，结点只需要做差错检测，而不需要做路径选择，减少了结点的负担。

（4）通信子网中每个结点可以和任何结点建立多条虚电路连接，提高了线路的利用率。

4. 数据报与虚电路的比较

知道虚电路和数据报的工作原理后，可以对这两种操作方式做一比较。虚电路分组交换适用于两端之间的长时间数据交换，尤其是在交互式会话中每次传送的数据很短的情况下，可免去每个分组要有地址信息的额外开销。它提供了更可靠的通信功能，保证每个分组正确到达，且保持原来顺序。还可对两个数据端点的流量进行控制，接收方在来不及接收数据时，可以通知发送方暂缓发送分组。但虚电路有一个弱点，当某个结点或某条链路出现故障而彻底失效时，则所有经过故障点的虚电路将立即被破坏。数据报分组交换省去了呼叫建立阶段，它传输少数几个分组的速度要比虚电路方式简便灵活。在数据报方式中，分组可以绕开故障区而到达目的地，因此故障的影响面要比虚电路方式小得多。但数据报不保证分组的按序到达，数据的丢失也不会立即知道。

2.7　差错控制技术

数据通信系统的基本任务是高效而无差错地传输数据。任何一条远距离的通信线路，都不可避免地存在一定程度的噪声干扰，这些噪声干扰的后果就可能导致差错的产生。为了保证通信系统的传输质量，降低误码率，需要对通信系统进行差错控制。差错控制就是为了防止由于各种噪声干扰等因素引起的信息传输错误的产生或将差错限制在所允许的尽可能小的范围内而采取的措施。

2.7.1　差错产生的原因及差错控制方法

通过通信信道后接收的数据与发送数据不一致的现象称为传输差错，通常简称为差错。差错的产生是不可避免的，我们的任务是分析差错产生的原因，研究有效的差错控制方法。

1. 差错产生的原因

如图 2-30 所示给出了差错产生的过程示意图。其中，图 2-30（a）是数据通过通信信道的过程，图 2-30（b）是数据传输过程中噪声的影响。

当数据从信源出发，经过通信信道时，由于通信信道总是有一定的噪声存在，因此在到达信宿时，接收信号是信号与噪声的叠加。在接收端，接收电路在取样时判断信号电平。如果噪声对信号叠加的结果在电平判决时出现错误，就会引起传输数据的错误。

2. 差错的类型

通信信道的噪声分为两类：热噪声与冲击噪声。

（1）热噪声。

热噪声是由传输介质导体的电子热运动产生的。热噪声的特点是：时刻存在，幅度较小，强度与频率无关；但频谱很宽，是一类随机的噪声。由热噪声引起的差错是一类随机差错。

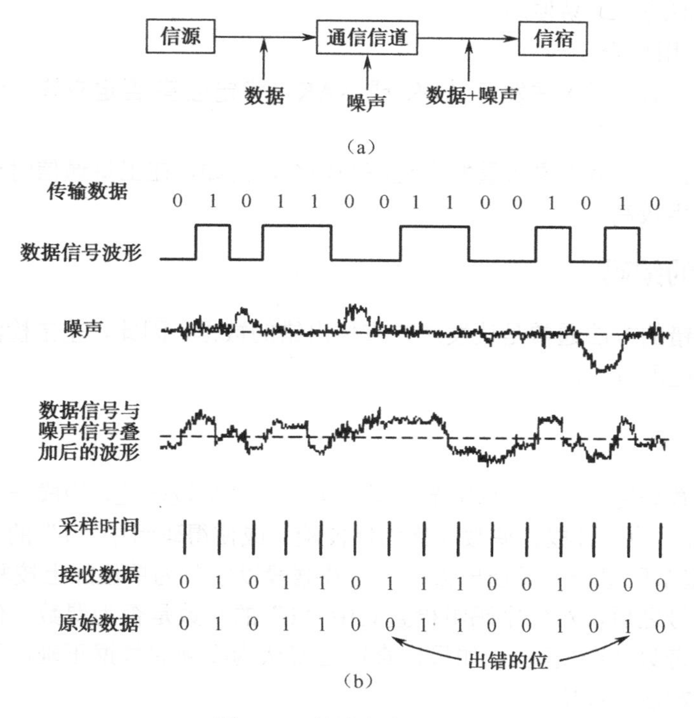

图 2-30　差错产生的过程

（2）冲击噪声。

冲击噪声是由外界电磁干扰引起的。与热噪声相比，冲击噪声幅度较大，是引起传输差错的主要原因。冲击噪声持续时间与每位数据的发送时间相比可能较长，因而冲击噪声引起的相邻多个数据位出错呈突发性。冲击噪声引起的传输差错为突发差错。在通信过程中产生的传输差错，是由随机差错与突发差错共同构成的。

3. 无差错传输通常采用的两种控制技术

（1）检错法。

① 检错法与检错码：是通过在发送方的数据中增加一些用于检查差错的附加位，从而达到无差错传输的目的。这些用于检查差错的附加位被称为检错码。当接收方根据接收到的检错码检测到差错时，就会通知对方进行重发。这也是经典的“肯定应答/否定应答”（ACK/NAK）式的反馈重发差错控制技术。其工作原理是，当接收方收到数据并检测无误时，便向发送方发回一个肯定应答；而检测有误时，则向发送方返回一个否定的应答。

② 检错法的特点：使用重传机制达到纠正差错的目的；原理简单，容易实现，编码和解码的速度较快，因此，目前被广泛使用。

③ 常用的检错码有奇偶校验码、方块码和循环冗余码等。

（2）纠错法（又称为正向纠错法）。

① 纠错法与纠错码：在待发送数据中增加足够多的附加位，从而使得接收方能够准确地检测到差错，并且可以自动地纠正差错。这些足以使接收方发现错误的冗余信息被称为纠错码。

② 纠错法的特点：使用纠错法时，待发送数据中含有大量的附加位（又称非信息位），因此传输效率较低。纠错法虽然有其优越性，但是实现起来复杂，编码和解码的速度慢，造价高，费时，因此一般通信场合不易使用。

③ 纠错法的适用场合：

没有反向信道，适用于无法发回 ACK 或 NAK（肯定应答/否定应答）信息的场合，如单线制的单工传输。

线路传输时间长，适用于要求重发不经济的场合，例如，在卫星通信时延迟较大（可高达0.5s），而且重发费用较高。

2.7.2 差错控制的编码

网络中纠正出错的方法通常是让发送方重传出错的数据，因此，差错检测更重要。下面介绍两种常用的差错检测方法。

1. 奇偶校验

在面向字节的数据通信中，在每字节的尾部都加上1个校验位，构成一个带有校验位的码组，使得码组中“1”的个数成为偶数（称为偶校验）或使得码组中“1”的个数成为奇数（称为奇校验），并把整个码组一起发送出去，一个数据段以字节为单位加上校验码后连续传输。

接收端收到信号之后，对每个码组检查其中“1”的个数是否为偶数（偶校验）或码组中“1”的个数是否为奇数（奇校验），如果检查通过就认为收到的数据正确，否则发送一个信号给发送端，要求重发该段数据。

奇偶校验可以检测出数据中奇数个错，但不能检测出偶数个错。它的优点是经济，容易实现。

2. 循环冗余校验

目前，最精确和最常用的差错控制技术是循环冗余校验（CRC）。CRC 是一种较复杂的校验方法，它是一种通过多项式除法检测差错的方法。

CRC 的检错原理：收发双方用约定一个生成多项式 $G(x)$做多项式除法，求出余数多项式 CRC 校验码；发送方在数据帧的末尾加上 CRC 校验码；这个带有校验码的帧的多项式一定能够被 $G(x)$整除。接收方收到后，用同样的 $G(x)$除多项式，若有余数，则传输有错。具体计算方式如下：

（1）在数据的末尾加上 n 个 0，n 等于除数的位数减 1。

（2）采用二进制除法规则，计算加长的数据除以预先设定的除数，得到的余数即为循环冗余校验码。

（3）将循环冗余校验码替换数据末尾的 n 个 0，即得出整个传输的数据。

例如，求 10110 的 CRC 编码，设除数为 10011，CRC 检验码的计算和接收验证分别如图 2-31 和图 2-32 所示。

图 2-31　CRC 校验码的计算　　　　图 2-32　CRC 校验码接收验证

因此，可得 CRC 校验码为相除的余数，即 1111。实际发送的比特串则为 101101111。

循环冗余校验码检错能力强，容易实现，是目前最广泛的检错编码之一。这种方法的误码率极低，因此，在当前的计算机网络应用中被广泛采用。

2.7.3　差错控制机制

接收端可以通过检错码检查传送一帧数据是否出错，一旦发现传输错误，则通常采用反馈重发（Automatic Repeat Request，ARQ）方法来纠正。数据通信系统中的反馈重发机制，其工作原理是：发送端对发送序列进行差错编码校验，接收端根据校验序列的编码规则判断是否传错，并把判决的结果通过反馈信道传回给发送端。如果没有出错，接收端就确认接收，发送端清除缓冲器的内容；如果有错，接收端拒绝接收，同时向发送端发出重新发送该序列的命令，直到接收端接收到正确的结果为止。反馈重发纠错方式的实现机制如图 2-33 所示。反馈重发纠错实现方法有两种：停止等待方式与连续工作方式。

1. 停止等待方式

停止等待方式中数据帧与应答帧的发送时间关系如图 2-34 所示。在停止等待方式中，发送方在发送完一数据帧后，要等待接收方的应答帧到来。应答帧表示上一帧已正确接收，发送方就可以发送下一数据帧，否则将重发出错数据帧。停止等待 ARQ 协议比较简单，但系统通信效率较低。

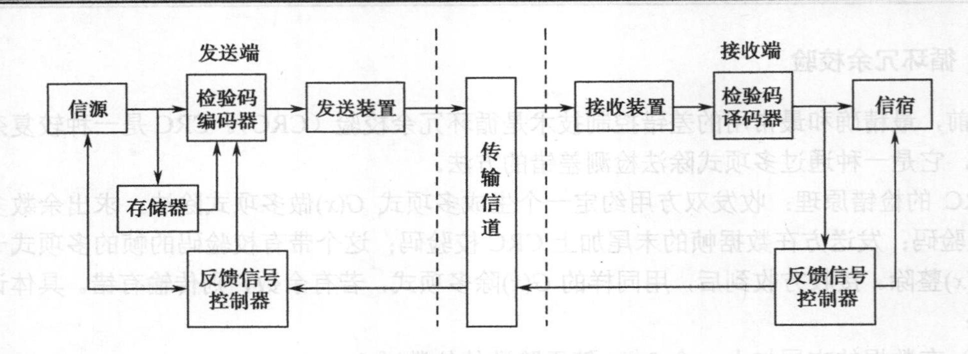

图 2-33　反馈重发纠错的实现机制

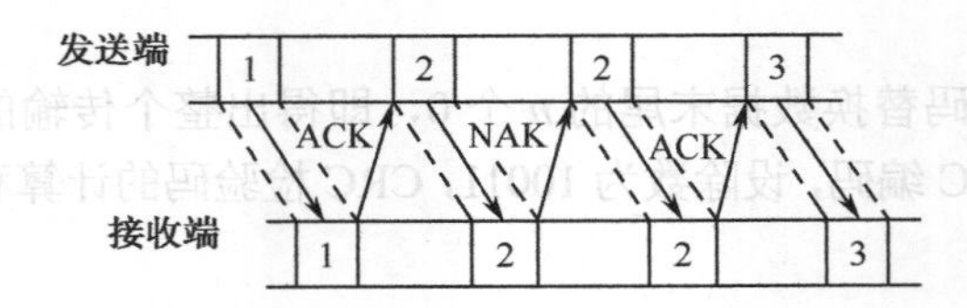

图 2-34　停止等待方式的工作过程

2. 连续工作方式

为了克服停止等待 ARQ 协议的缺点，人们提出了连续 ARQ 协议。实现连续 ARQ 协议的方法主要有两种：拉回方式与选择重发方式。

（1）拉回方式。

拉回方式的工作原理如图 2-35 所示。发送方可以连续向接收方发送数据帧，接收方对接收的数据帧进行校验，然后向发送方发回应答帧。如果发送方在连续发送了编号为 0～5 的数据帧后，从应答帧得知 2 号数据帧传输错误，那么发送方将停止当前数据帧的发送，重发 2、3、4、5 号数据帧。拉回状态结束后，再接着发送 6 号数据帧。

（2）选择重发方式。

选择重发方式的工作原理如图 2-36 所示。选择重发方式与拉回方式的区别是：如果在发送完编号为 5 的数据帧时，接收到编号为 2 的数据帧传输出错的应答帧；那么发送方在发送完编号为 5 的数据帧后，只重发出错的 2 号数据帧。选择重发完后，接着发送编号为 6 的数据帧。显然，选择重发方式的效率将高于拉回方式。

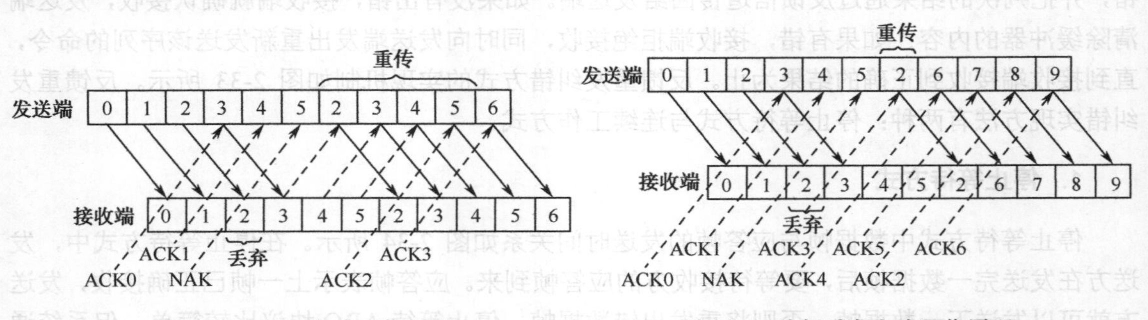

图 2-35　拉回方式工作原理　　　　图 2-36　选择重发方式工作原理

习　　题

一、填空题

1. ________是数据在传输过程中的电磁波的表示形式。

2. 数据通信的传输方式可分为________和________，其中计算机主板的总线是采用________进行数据传输的。

3. ________是将数字数据信号变换成模拟数据信号的过程，________是将模拟数据信号还原成数字数据信号的过程，同时具备这两种功能的设备称为________。

4. 模拟数据编码方法可以分为________、________和________3 类。

5. 广域网中的数据交换技术分为________和存储转发交换两类，存储转发交换方式又可以分为________和________两类。

6. 常用的检错码主要有________和________两类。

7. 对于双绞线，UTP 指________，STP 指________。

二、选择题

1. 在网络中，计算机输出的信号是________。
   A. 模拟信号　B. 数字信号　C. 广播信号　D. 脉冲编码信号

2. ________是指在一条通信线路中可以同时双向传输数据的方法。
   A. 单工通信　B. 半双工通信　C. 同步通信　D. 全双工通信

3. 在常用的传输介质中，带宽最宽、信号传输衰减最小、抗干扰能力最强的是________。
   A. 光缆　B. 双绞线　C. 同轴电缆　D. 无线信道

4. 两台计算机利用电话线路传输数据信号时所用的设备是________。
   A. 调制解调器　B. 集线器　C. 网络适配器　D. 路由器

5. 在数字数据编码方式中，________是一种自含时钟编码方式。
   A. 非归零码　B. 曼彻斯特编码　C. 脉冲编码　D. 二进制编码

6. 数据传输速率是指每秒钟传输构成数据二进制代码的________数。
   A. 帧　B. 信元　C. 伏特　D. 比特

7. 利用模拟通信信道传输数据信号的方法称为________。
   A. 频带传输　B. 基带传输　C. 异步传输　D. 同步传输

8. 在________方式中，同一报文中的分组可以由不同传输路径通过通信子网。
   A. 线路交换　B. 数据报　C. 虚电路　D. 异步

9. 在采用线路交换进行数据传输之前，首先要在通信子网中建立________连接。
   A. 逻辑链路　B. 虚拟线路　C. 物理线路　D. 无线链路

10. 通信信道中的随机差错是由________引起的。
    A. 冲击噪声　B. 音频噪声　C. 热噪声　D. 采样噪声

11. 下列差错控制编码中，________是通过多项式除法来检测错误的。
    A. 水平奇偶校验码　B. CRC
    C. 垂直奇偶校验码　D. 水平垂直奇偶校验码

三、简答题

1．请举例说明信息、数据与信号之间的关系。

2．为什么在数据通信中要使用同步技术？同步技术包括哪些类型？各有什么特点？

3．设一数据串为10111001，画出经过FSK、ASK和PSK（相对PSK和绝对PSK）调制后的波形。

4．设一数据串为10111001，试画出其对应的非归零电平编码、曼彻斯特编码和差分曼彻斯特编码。设初始状态为高电平。

5．某一个数据通信系统采用CRC校验方式，并且生成多项式$G(x)$的二进制比特序列为11001，目的结点接收到的二进制比特序列为110111001（含CRC校验码）。请判断传输过程中是否出现了差错？请结合CRC校验的工作原理详细说明。

第 3 章　网络体系结构

本章学习目标：

◆ 了解分层体系结构的思想；
◆ 了解 OSI 参考模型和 TCP/IP 参考模型的不同点；
◆ 理解 OSI 参考模型的概念；
◆ 理解 TCP/IP 参考模型的概念；
◆ 理解网络体系结构的概念；
◆ 掌握 OSI 参考模型的七层结构，重点掌握各层的功能、所使用硬件设备和协议；
◆ 掌握 TCP/IP 参考模型的四层结构。

3.1　网络协议与网络体系结构

3.1.1　网络协议

计算机网络是由多个互连的结点组成的，结点之间需要不断地交换数据与控制信息。要做到有条不紊地交换数据，每个结点都必须遵守一些事先约定好的规则。协议就是一组控制数据通信的规则。这些规则明确地规定所交换数据的格式和时序。这些为网络数据交换而制定的规则、标准或约定的集合就是协议。

网络协议主要由以下三个要素组成：

（1）语义。语义用于解释比特流每部分的意义，即需要发出何种控制信息，完成何种动作以及做出何种应答。

（2）语法。语法是用户数据与控制信息的结构与格式，以及数据出现的顺序和意义。

（3）时序。又称语序，是对事件实现顺序的详细说明。

人们形象地把它们描述为：语义表示要做什么，语法表示要怎么做，时序表示要什么时候做。

3.1.2　划分层次的重要性

计算机网络是一个庞大、复杂的系统。要保证计算机网络能有条不紊地工作，就必须采取“分而治之”的方法，把这个庞大、复杂的系统分为若干个层次，每一层次实现一定的功能，即网络协议。

为了更好地理解分层的概念，以如图 3-1 所示的邮政系统为例来说明这个问题。假设处于甲地的用户 A 要给处于乙地的用户 B 发送信件，则在信件传递的整个过程中，主要涉及用户、邮局和运输部门三个层次（即把不同地区的系统分成相同的层次）。用户 A 写好信的内容后，将它装在信封里并投入到邮筒里交由邮局 A 寄发；邮局收到信后，首先进行信件的分拣和整理，然后装入一个统一的邮包交付 A 地运输部门进行运输，例如，航空信交民航系统，平信交铁路或公路运输部门；B 地相应的运输部门得到装有该信件的货物箱后，将邮包从其中取出，并交给 B 地的邮局；B 地的邮局将信件从邮包中取出投到 B 用户的信箱中，从而用户 B 收到了来自用户 A 的信件。

在该过程中，写信人和收信人都是最终用户，处于整个邮政系统的最高层。邮局处于用户层的下一层，是为用户服务的，对于用户来说，他只需知道如何按邮局的规定将信件内容装入标准信封并投入邮局设置的邮筒就行了，而无须知道邮局是如何实现寄信过程的，这个过程对用户来说是透明的。运输部门是为邮局服务的，并且负责邮件的实际运送，处于整个邮政系统的最底层。邮局只需将装有信件的邮包送到运输部门的货物运输接收窗口，而无须操心邮包作为货物是如何到达目的地的。

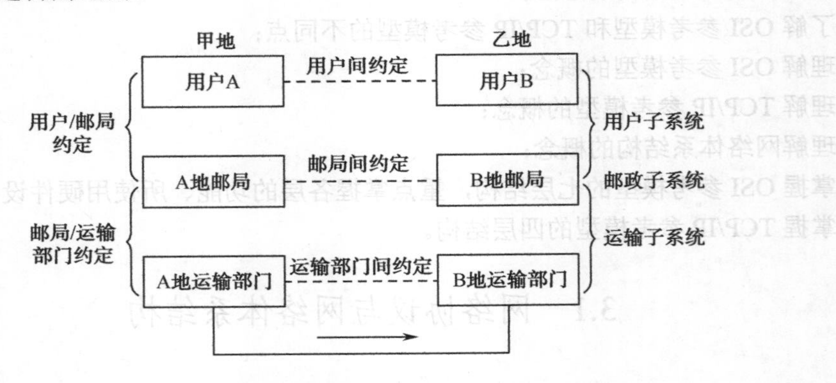

图 3-1　邮政系统示意图

在图 3-1 中，写信人与收信人、本地邮局与远地邮局、本地运输部门与远地运输部门则构成了邮政系统分层模型中不同层上的对等实体。不同系统的同等层具有相同的功能（如 A 地和 B 地的邮局）。高层使用低层提供的服务时，并不需要知道低层服务的具体实现方法，低层服务的具体实现方法对于它所服务的高层而言是透明的。

邮政通信系统层次结构划分的方法，与计算机网络层次化的体系结构有很多相似之处。层次结构体现出对复杂问题采取“分而治之”的模块化方法，它可以大大降低复杂问题处理的难度，对于计算机网络系统这样一个十分复杂的系统，分层是系统分解的最好方法之一。

从上述简单例子可以更好地理解分层所带来的很多好处：

（1）各层之间是独立的。某一层并不需要知道它的下层是如何实现的，而仅仅需要知道下层能提供什么样的服务就可以了。由于每层只实现一种相对独立的功能，因而可将一个难以处理的复杂问题分解为若干个较容易处理的小一些的问题。这样，整个问题的复杂程度就下降了。

（2）灵活性好。当任何一层发生变化时，只要层间接口关系保持不变，则在这层以上或以下各层均不受影响。因此，在分层结构下，每层都可以根据技术的发展不断改进，而用户却浑然不知。

（3）结构上可独立分割。由于各层独立划分，因此，每层都可以选择最为合适的实现技术。

（4）易于实现和维护。这种结构使得实现和调试一个庞大而又复杂的系统变得易于处理，因为整个系统已被分解为若干个相对独立的子系统。

（5）能促进标准化工作。因为每一层的功能及其所提供的服务都有了明确的说明，十分有利于标准化的实施。

3.1.3　层次、接口与体系结构的概念

对于邮政通信系统和计算机网络，它们都有几个重要的概念：层次、接口和体系结构。

1. 层次

层次是人们对复杂问题处理的基本方法。人们通常把一些难以处理的复杂问题分解为若干较容易处理的小问题。对于邮政通信系统，它是一个涉及全国乃至世界各地亿万人们之间信件传送的复杂问题，该问题的解决方法是将总体要实现的很多功能分配在不同的层次中，每一层次要完成的服务及服务实现的过程都有明确规定。

利用分层的思想，可将计算机网络表示为如图 3-2 所示的层次结构模型。

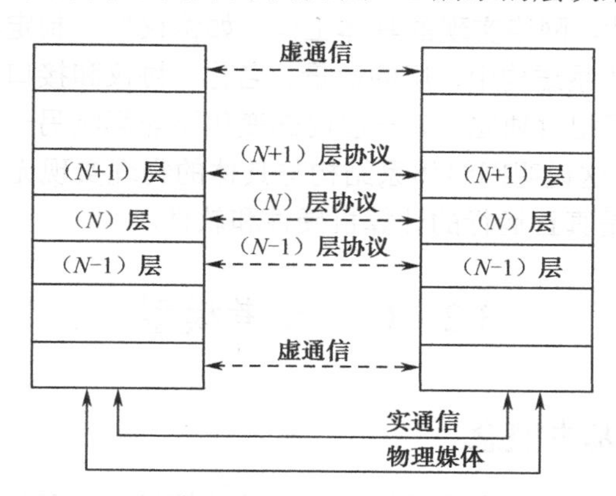

图 3-2　计算机网络的层次模型

在图 3-2 中，除最高和最底层以外的任何一层，均可称为（N）层。这里的括号读为“第”。在（N）层的上层和下层，分别为（N−1）层和（N+1）层。当信息在系统中进行交换时，对于发送或接收信息的究竟是一个进程、一个文件还是一个终端，都没有实质上的影响。为此，可采用实体（Entity）这一名词来表示任何可以发送或接收信息的硬件或软件进程。在许多情况下，实体就是一个特定的软件模块。这样，每一层都可以看成是由若干个实体所组成。位于不同子系统的同一层内相互交互的实体，就构成了对等实体。

网络层次结构的特点是：

（1）以功能作为划分层次的基础。

（2）（N）层实体在实现自身定义的功能时，只能使用（N−1）层提供的服务。

（3）（N）层在向（N+1）层提供服务时，此服务不仅包含（N）层本身的功能，还包含由下层服务提供的功能。

（4）仅在相邻层间有接口，且所提供服务的具体实现细节对上一层完全屏蔽。

（5）（N）层是（N−1）层的用户，同时是（N+1）层的服务提供者。

（6）除了在物理介质上进行的是实通信外，其余各对等层实体间进行的都是逻辑通信即虚通信。

2. 接口

接口是同一结点内相邻层之间交换信息的连接点，即上层实体和下层实体交换数据的地方，也称为服务访问点 SAP（Service Access Point）。在邮政通信系统中，邮箱就是发信人与邮递员之间规定的接口。同一个结点的相邻层之间存在着明确规定的接口，低层向高层通过接口提供服务。只要接口条件不变、低层功能不变，低层功能的具体实现方法与技术的变化就不会影响到整个系统的工作。接口是计算机网络实现技术中一个重要概念。

3. 网络体系结构

所谓网络体系结构就是为了完成主机之间的通信，把网络结构划分为有明确功能的层次，并规定了同层次虚通信的协议以及相邻层之间的接口和服务。因此，网络的层次模型与各层协议和层间接口的集合统称为网络体系结构。换一种说法，计算机网络的体系结构就是这个计算机网络及其部件所应完成的功能的精确定义。

网络的体系结构是一组设计原则，是一个抽象的概念，只解决"做什么"的问题，而不涉及"怎么做"的问题。因此，网络实现的具体工作，如协议如何制定与实现，不属于网络体系结构的内容。不同的网络体系结构中，层的数量、名称、协议和接口可能不一样，但是都遵守层次划分的原则，即"各层相对独立，某一层内部变化不能影响另一层，低层对高层提供的服务与低层如何完成无关"。这说明网络体系结构与具体的物理实现无关。总之，体系结构是抽象的，而实现是具体的，是真正运行的计算机硬件和软件。

3.2　OSI参考模型

3.2.1　OSI参考模型的基本概念

20世纪70年代中期，具有一定体系结构的各种计算机网络已经获得了相当规模的发展。但当时使用的各个网络体系结构，其层次的划分、功能的分配与采用的技术均不相同。不同体系结构的计算机网络彼此之间互联几乎成为不可能。随着信息技术的发展，各种计算机系统联网和各种计算机网络互联成为人们迫切需要解决的问题。

从历史上看，在制定计算机网络标准方面起着很大作用的两大国际组织是：国际电报与电话咨询委员会CCITT（Consultative Committee on International Telegraph and Telephone）和国际标准化组织ISO（International Standards Organization）。CCITT与ISO的工作领域不同，CCITT主要从通信的角度考虑一些标准的制定，而ISO则关心信息处理与网络体系结构。随着科学技术的发展，通信与信息处理之间的界限变得比较模糊。于是，通信与信息处理就都成为CCITT与ISO共同关心的领域。

为了使不同体系结构的计算机网络都能互联，国际标准化组织ISO于1977年成立了专门机构研究这个问题，提出了开放系统互连参考模型OSI/RM（Open System Interconnection/Reference Model），简称为OSI。"开放"是指：只要遵循OSI标准，一个系统就可以和位于世界上任何地方的、也遵循这同一标准的其他任何系统进行通信。这点很像世界范围的电话和邮政系统，这两个系统都是开放系统。"系统"是指在现实的系统中与互联有关的各部分，如计算机、终端或其他外部设备等。

1983年形成了开放系统互连参考模型的正式文件，即所谓的7层协议的体系结构。

3.2.2　OSI参考模型的结构

OSI包括了体系结构（architecture）、服务定义（service definition）和协议规范（protocol specifications）三级抽象。OSI定义了一个7层模型，最高层为第7层，最底层为第1层，从低到高为：物理层（physical layer）、数据链路层（data link layer）、网络层（network layer）、传输层（transport layer）、会话层（session layer）、表示层（presentation layer）和应用层（application layer)，如图 3-3 所示。

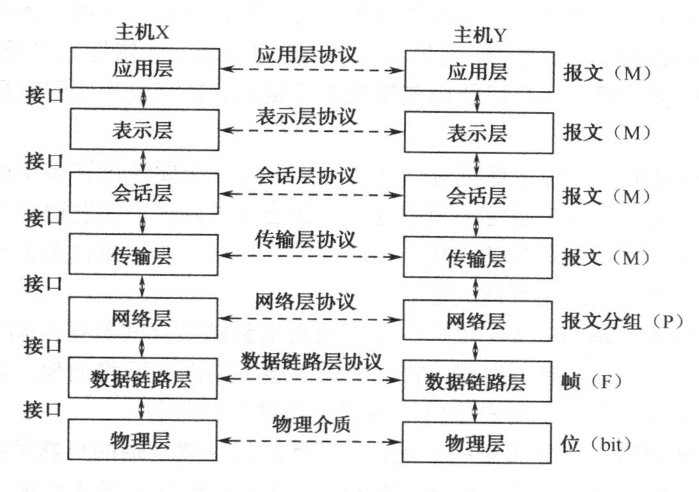

图 3-3　OSI 参考模型

无论什么样的分层模型，都基于一个基本思想，遵守同样的分层原则，即目标站第 *N* 层收到的对象应当与源站第 *N* 层发出的对象完全一致，如图 3-3 所示。最低 3 层（1～3 层）是依赖网络的，涉及两台通信计算机连接在一起所使用的数据通信网的相关协议，实现通信子网的功能。高 3 层（5～7 层）是面向应用的，涉及允许两个终端用户应用进程交互作用的协议，通常是由本地操作系统提供的一套服务，实现资源子网的功能。中间的传输层为面向应用的上 3 层，屏蔽了跟网络有关的下 3 层的详细操作。从实质上将，传输层建立在由下 3 层提供服务的基础上，为面向应用的高层提供与网络无关的信息交换服务。

3.2.3　OSI 参考模型各层的主要功能

OSI 参考模型并非指一个现实的网络，它仅仅规定了每一层的功能，为网络的设计规划出一张蓝图。各个网络设备或软件生产厂家都可以按照这张蓝图来设计和生产自己的网络或软件。尽管设计和生产出的网络和软件产品不尽相同，但它们应该具有相同的功能，并且彼此间可以相互兼容。下面简单介绍一下各层的功能。

（1）物理层。物理层的任务就是透明地传送比特流。在物理层上所传数据的单位是比特。传递信息所利用的一些物理介质，如双绞线、同轴电缆、光缆等，并不在物理层之内，而是在物理层的下面。因此也有人把物理介质当做第 0 层。

“透明”是一个很重要的术语。它表示：某一个实际存在的事物看起来好像不存在一样。“透明地传送比特流”表示经实际电路传送后的比特流没有发生变化，因此，对传送的比特流来说，由于这个电路并没有对其产生什么影响，因此比特流就“看不见”这个电路。或者说，这个电路对该比特流来说是透明的。这样，任意组合的比特流都可以在这个电路上传送。当然，哪几比特代表什么意思，则不是物理层所要管的。

为了实现原始比特流的物理传输，物理层必须解决好包括传输介质、信道类型、数据与信号之间的转换、信号传输中的衰减和噪声等在内的一系列问题。另外，物理层标准要给出关于物理接口的机械、电气、功能和规程特性，以便于不同的制造厂家能够根据公认的标准各自独立地制造设备，又能使各个厂家的产品能够相互兼容。

（2）数据链路层。数据链路层的任务是在两个相邻结点间的线路上无差错的传送以帧

（Frame）为单位的数据。每一帧包括数据和必要的控制信息。在传送数据时，若接收结点检测到所收到的数据中有差错，就要通知发送结点重发这一帧，直到这一帧正确无误地到达接收结点为止。在每一帧包括的控制信息中，有同步信息、地址信息、差错控制以及流量控制信息等。

这样，数据链路层就把一条有可能出差错的实际链路，转变成为让网络层向下看起来好像一条不出差错的链路。

（3）网络层。网络中的两台计算机进行通信时，中间可能要经过许多中间结点甚至不同的通信子网。网络层的任务就是在通信子网中选择一条合适的路径，使发送端传输层所传下来的数据能够通过所选择的路径到达目的主机。在网络层，数据的传送单位是分组（Packet）或包。另外，网络层还要解决异构网络互联问题。

（4）传输层。传输层是 OSI 7 层模型中唯一负责端到端结点间数据传输和控制功能的层。传输层是 OSI 7 层模型中承上启下的层，它下面的 3 层主要面向网络通信，以确保信息准确有效地传输；它上面的 3 层则面向用户主机，为用户提供各种服务。

传输层通过弥补网络层服务质量的不足，为会话层提供端到端的可靠数据传输服务。它为会话层屏蔽了传输层以下的数据通信细节，使会话层不会受到下 3 层技术变化的影响。但同时，它又依靠下面的 3 层控制实际的网络通信操作，来完成数据从源到目标的传输。传输层为了向会话层提供可靠的端到端传输服务，也使用了差错控制和流量控制等机制。

（5）会话层。会话层、表示层和应用层统称为 OSI 的高层，这三层不再关心通信细节，面对的是有一定意义的用户信息。会话层的主要功能是管理和协调不同主机上各种进程之间会话连接的建立、管理和终止，保证会话数据可靠传送。

（6）表示层。表示层专门负责有关网络中计算机信息表示方式的问题。表示层负责在不同的数据格式之间进行转换操作，以实现不同计算机系统间的信息交换，还负责数据加密与解密、数据压缩与恢复等功能。

（7）应用层。在 OSI 参考模型中，应用层是参考模型的最高层。应用层直接为用户的应用进程提供服务。在因特网中的应用层协议很多，如支持万维网应用的 HTTP 协议、支持电子邮件的 SMTP 协议、支持文件传送的 FTP 协议等。

3.2.4 OSI 环境中的数据传输过程

在 OSI 参考模型中，不同主机对等层之间按相应协议进行通信，同一主机不同层之间通过接口进行通信。除了最底层的物理层是通过传输介质进行物理数据传输外，其他对等层之间的通信均为逻辑通信。在 OSI 参考模型中，每一层将上层传递过来的通信数据加上若干控制位后再传递给下一层，最终由物理层传递到对方物理层，再逐级上传，从而实现对等层之间的逻辑通信。

在 OSI 参考模型中，对等层之间交换的信息单元称为协议数据单元（protocol data unit，PDU），而每一层可为它的 PDU 再起一个特定的名称。假定计算机 1 的应用进程 AP1 向计算机 2 的应用进程 AP2 传送数据。AP1 先将其数据交给应用层。应用层在数据前面加上应用层的报头即 H7，从而得到一个应用层的数据包。报头（herder）和报尾（tailer）是指对等层之间相互通信所需的控制信息，增加报头和报尾的过程称为封装。封装后得到的应用层数据包称为应用层协议数据单元（APDU），封装完成后应用层将该 APDU 交给表示层。表示层接收到从上层递交来的数据后，加上本层的控制信息组成会话层的数据单元送给会话层。依次类推，每一层都接收从上层交来的数据加上本层的控制信息递交给下一层。传输层以上的数据单元统称为报文，网络层的数据单元称为分组，数据链路层的数据单元称为帧，物理层则以二进制位为单位进行传输。

通过物理传输介质传输到目的主机计算机 2 后，从物理层依次上升到应用层，每一层依据控制信息完成相应操作，然后剥去控制信息，将数据单元交给更高一层，最终到达应用进程 AP2，如图 3-4 所示。

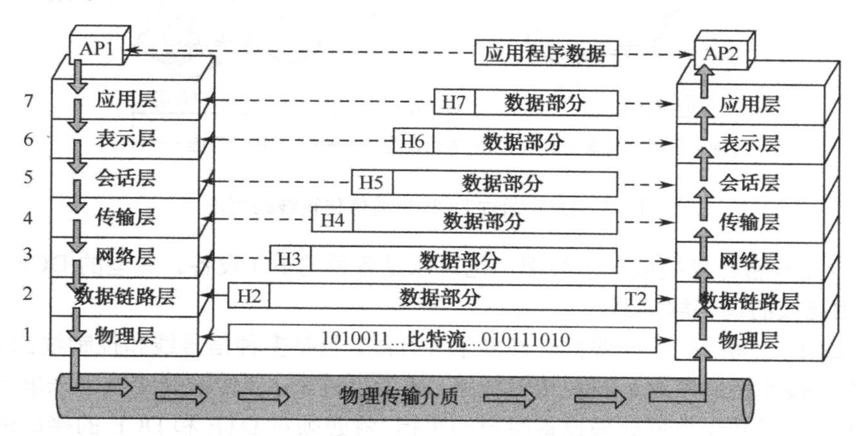

图 3-4　数据在各层之间的传递过程

虽然应用进程数据要经过如图 3-4 所示的复杂过程才能送到对方的应用进程，但这些复杂过程对用户来说都被屏蔽掉了，以至于应用进程 AP1 觉得好像是直接把数据交给了应用进程 AP2。同理，任何两个同样的层次（例如两个系统的第 4 层）之间，也好像如同图中的水平虚线所示的那样，将数据（即数据单元加上控制信息）通过水平虚线直接传递给对方。这就是所谓的“对等层”（Peer Layers）之间的通信。在 OSI 参考模型中，在对等层次上传送的数据，其单位都称为该层的协议数据单元 PDU。

3.3　物　理　层

3.3.1　物理层的基本概念

物理层考虑的是怎样才能在连接各种计算机的传输介质上传输数据的比特流，而不是指连接计算机的具体物理设备或具体的传输介质。现有的计算机网络中的物理设备和传输介质的种类非常繁多，通信手段也有很多不同方式。物理层的作用是要尽可能地屏蔽掉这些差异，使物理层之上的数据链路层感觉不到这些差异，这样就可使数据链路层只需要考虑如何完成本层的协议和服务，而不需要考虑网络具体的传输介质是什么。

3.3.2　物理层接口协议（标准）的内容

物理层接口协议实际上是 DTE 和 DCE 或其他通信设备之间的一组约定，主要解决网络结点与物理信道如何连接的问题。

DTE（Data Terminal Equipment）是数据终端设备，也就是具有一定的数据处理能力以及发送和接收数据能力的设备。大多数的数字数据处理设备的数据传输能力是很有限的。直接将相隔很远的两个数据处理设备连接起来，是不能进行通信的，必须在数据处理设备和传输线路之间加上一个中间设备，这个中间设备就是数据电路端接设备 DCE（Data Circuit-terminating Equipment）。DCE 的作用就是在 DTE 和传输线路之间提供信号变换和编码的功能，并且负责建立、保持和释放数据链路的连接。如图 3-5 所示，DTE 通过 DCE 才连接到通信传输线路上。

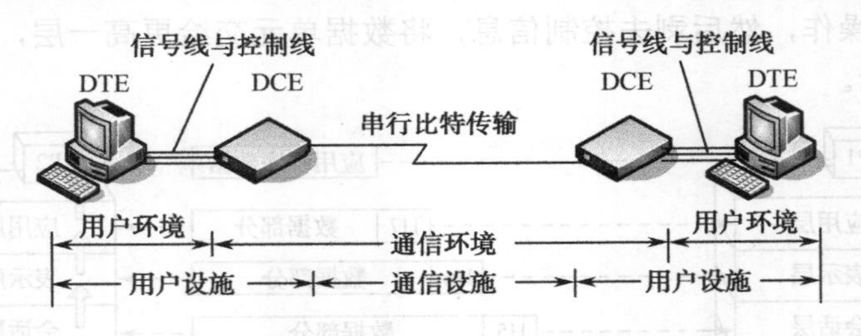

图 3-5　DTE 通过 DCE 与通信传输线路相连

DTE 可以是一台计算机或一个终端，也可以是各种的 I/O 设备。典型的 DCE 则是一个与模拟电话线相连接的调制解调器。

DTE 和 DCE 之间的接口一般都有许多条并行线，包括多种信号线和控制线。DCE 将 DTE 传过来的数据，按比特顺序逐个发往传输线路，或者反过来，从传输线路收下来串行的比特流，然后交给 DTE。为了减少数据处理设备用户的负担，就必须对 DTE 和 DCE 的接口进行标准化。这种接口标准也就是所谓的物理层协议。

（1）机械特性。机械特性规定了 DTE 和 DCE 之间实际的物理连接，详细说明接口所用接线器的形状、大小、尺寸、引脚的排列方式，锁定装置及相应通信介质的参数和特性等。

（2）电气特性。电气特性规定了信号及有关电路的特性。规定了 DTE 和 DCE 接口线的信号电平（如信号 0 和 1 用多少伏电压表示），传输一个比特信息占用多长时间，传输的速率、编码或调制方式等，发送器和接收器的阻抗匹配等电气参数。由于信号在传输过程中会出现信号失真，因此也规定了传输距离。

（3）功能特性。功能特性规定了各信号线的功能或作用。信号线按功能可分为数据线、控制线、同步线和接地线等，功能特性要对各信号分配确定的信号含义，即定义 DTE 与 DCE 之间各电路的功能和操作要求。

（4）规程特性。规程特性在功能特性的基础上，说明利用接口传送比特流的过程和顺序，它涉及到 DTE 和 DCE 双方在各线路上的动作规程及执行的先后顺序，使得比特流传输得以完成。

3.3.3　物理层接口标准举例

1. EIA RS-232C 标准

EIA RS-232C 是美国电子工业协会 EIA（Electronic Industry Association）制定的著名物理层标准。RS（Recommended Standard）的意思是推荐标准，232 是一个标识号码，C 表示该推荐标准已被修改过的次数，即 EIA RS-232C 是继 EIA RS-232A、EIA RS-232B 之后的一次修订。在 EIA RS-232C 后又经过了两次修订，其版次分别为 D 和 E。由于标准修改得并不多，因此现在很多厂商仍用旧的名称。有时简称为 EIA 232，甚至说得更简单些："提供 232 接口"。

EIA RS-232C 标准与国际电报电话咨询委员会 CCITT 的 V.24 标准兼容，是一种非常实用的异步串行通信接口。

EIA RS-232C 标准是为促进利用公共电话网络进行数据通信而制定的，最初只提供一个利用公共电话网络作为传输介质，通过调制解调器进行远距离数据传输的技术规范，如图 3-6 所示。

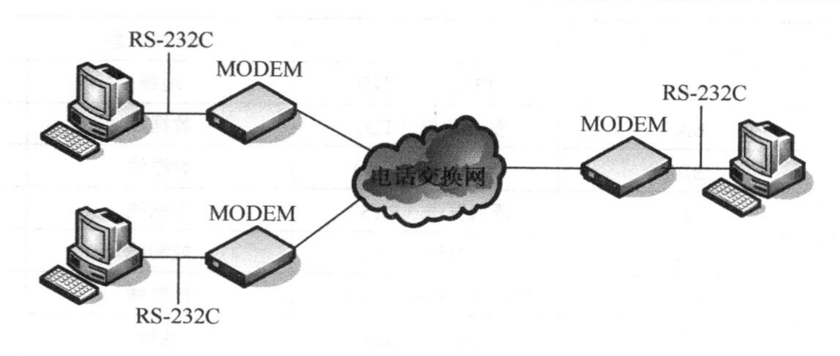

图 3-6　利用公用电话交换网实现远程连接

在图 3-6 中，主机与远程电话网络相连接时，通过调制解调器将数字信号转换成相应的模拟信号，以使其能与电话网络相容；在通信线路的另一端，另一个调制解调器将模拟信号逆转换成相应的数字信号，从而实现比特流的传输。EIA RS-232C 是 DTE 与 DCE 之间的接口标准，与连接在两个 DCE 之间的电话网没有直接的关系。

现在，EIA RS-232C 接口不仅广泛用于利用电话交换网进行的远程数据通信中，而且还广泛用于计算机与计算机之间、计算机与终端之间以及计算机与输入/输出设备的近程数据通信中。

（1）机械特性。

RS-232C 使用 25 针的 D 型连接器 DB-25，但也可使用其他形式的连接器，如在微型计算机的 RS-232C 串行端口上大多使用 9 针连接器 DB-9，如图 3-7 所示。

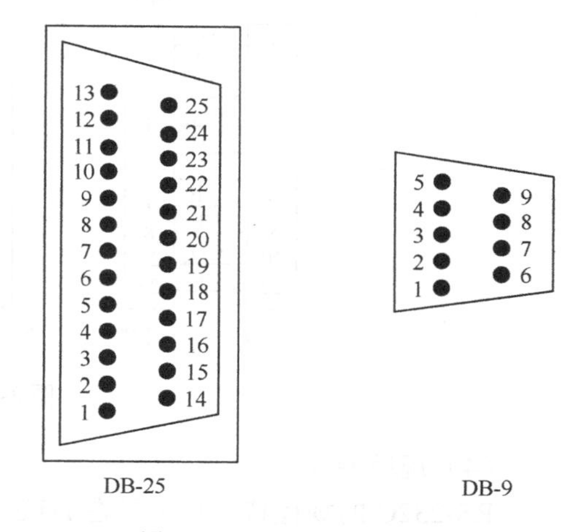

图 3-7　25 针和 9 针连接器

DB-25 的机械技术指标：宽 47.04mm±13mm（螺丝中心间的距离），25 针插头/座的顶上一排针（从左到右）分别编号为 1～13，下面一排针（从左到右）编号为 14～25。还有其他一些严格的尺寸说明。

（2）电气特性。

RS-232C 的电气特性与 CCITT V.24 兼容，采用非平衡驱动、非平衡接收的电路连接方式。信号驱动器的输出阻抗≤300Ω，接收器输入阻抗为 3～7kΩ。信号电平−15～−5V 代表逻辑“1”，+5～+15V 代表逻辑“0”。在码元畸变小于 4%的情况下，DTE 和 DCE 之间的最大传输距离为 15m，最大速率为 19.2kbps。

（3）功能特性。

RS-232C 的功能特性定义了 25 针标准连接器中的 20 根信号线，其中 2 根地线，4 根数据线，11 根控制线，3 根定时信号线，剩下的 5 根作为备用。表 3-1 给出了最常用的 10 根信号线的功能特性。

通常在使用中，25 根线不是全部连接的，使用主要的 3～5 根就够用了。计算机和终端通过 MODEM 接口时，发送数据和接收数据提供两个方向的数据传送，而请求发送和清除发送用来进行握手应答、控制数据的传送。也就是说，主要使用 2 号、3 号、4 号、5 号和 7 号线，甚至只用 2 号、3 号和 7 号线。

表 3-1　RS-232C 标准中常用信号线的功能特性说明

引 脚 线	信 号 线	功 能 说 明	信号线类型	信 号 方 向
1	AA	保护地线（GND）	地线	
2	BA	发送数据（TD）	数据线	DTE→DCE
3	BB	接收数据（RD）	数据线	DCE→DTE
4	CA	请求发送（RTS）	控制线	DTE→DCE
5	CB	清除发送（CTS）	控制线	DCE→DTE
6	CC	数据设备就绪（DSR）	控制线	DCE→DTE
7	AB	信号地（SG）	地线	DCE→DTE
8	CF	载波检测（CD）	控制线	DTE→DCE
20	CD	数据终端就绪（DTR）	控制线	DCE→DTE
22	CE	振铃指示（RI）	控制线	

在相距很近（如同一房间内）的两台设备之间相互通信时可以不使用调制解调器，而是直接使用 RS-232C/V.24 标准接口将两台设备相互连接起来。这样就省去了通信双方的调制解调器（DCE）。这种接法称做空调制解调器连接，它对 DTE 是透明的。如图 3-8（a）所示是 RS-232C 的 DTE-DCE 连接，如图 3-8（b）和图 3-8（c）所示是 RS-232C 的 DTE-DTE 连接。

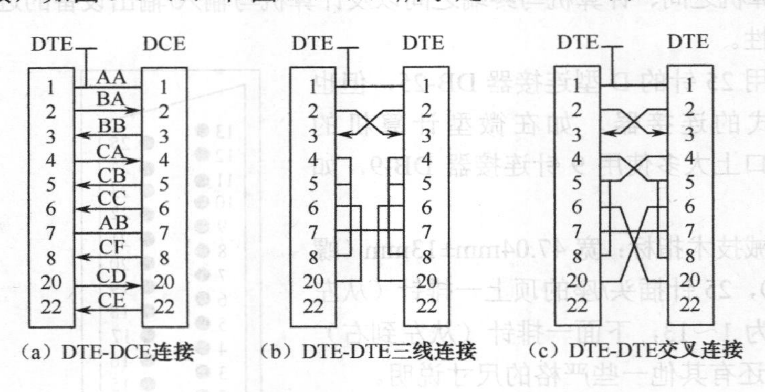

图 3-8　RS-232C 的连接

（4）规程特性。

RS-232C 的规程特性规定了在 DTE 与 DCE 之间所发生的事件合法序列。

RS-232C 的工作过程是在各根控制信号线有序的“ON”（逻辑“0”）和“OFF”（逻辑“1”）状态的配合下进行的。在 DTE-DCE 连接的情况下，只有 CD（数据终端就绪）和 CC（数据设备就绪）均为“ON”状态时，才具备操作的基本条件。此后，若 DTE 要发送数据，则需先将 CA（请求发送）置为“ON”状态，等待 CB（清除发送）应答信号为“ON”状态后，才能在 BA（发送数据）上发送数据。

目前，许多终端和计算机都采用 RS-232C 接口标准。但 RS-232C 只适用于短距离使用，一般规定终端设备的连接电线不超过 15m，即两端总长 30m 左右，距离过长，其可靠性下降。

2. RS-499 接口标准

EIA-232 接口标准有两个较大的弱点，即：

（1）数据的传输速率最高为 20kbps；

（2）连接电缆的最大长度不超过 15m。

这就促使人们制定性能更好的接口标准。出于这种考虑，EIA 于 1977 年又制定了一个新的标准 RS-499。

实际上，RS-499 由三个标准组成，即：

（1）RS-499 规定接口的机械特性、功能特性和规程特性。RS-499 采用 37 根引脚的插头座。在 CCITT 的建议书中，RS-499 相当于 V.35。

（2）RS-423-A 规定在采用非平衡传输时（即所有的电路共用一个公共的）的电气特性。当连接电缆长度为 10m 时，数据的传输速率可达 300kbps。

（3）RS-422-A 规定采用平衡传输时（即所有的电路没有公共的）的电气特性。它可将传输速率提高到 2Mbps，而连接电缆长度可超过 60m。当连接电缆长度更短时（如 10m），则传输速率还可以更高些（如达到 10Mbps）。

通常 EIA-232/V.24 用于标准电话线路（一个话路）的物理层接口，而 RS-449/V.35 则用于宽带电路（一般都是租用电路），其典型的传输速率 48～168kbps，都是用于点到点的同步传输。

3.3.4　常见物理层的网络连接设备

信号在传输过程中涉及的第一个问题是信号衰减。信号衰减是指用以表示原始比特流的信号其能量在传输过程中越来越小，以致超出一定距离后信号能量再也无法被检测识别。信号衰减限制了信号的远距离传输，从而使每种传输介质都存在最大传输距离的限制。除了信号能量降低外，信号衰减还常常会同时伴有信号的变形。在实际组建网络的过程中，经常会碰到网络覆盖范围超越介质最大传输距离限制的情形。为了解决信号远距离传输所产生的衰减和变形问题，需要一种能在信号传输过程中对信号进行放大和整形的设备，以拓展信号的传输距离，增加网络的覆盖范围。将这种具备物理上拓展网络覆盖范围功能的设备称为网络互联设备。

信号在传输过程中不可避免要遇到的第二个问题是噪声。噪声是指附加在原始信号之上的所有不期望的信号，有时也被称为干扰。噪声带来的严重后果是：一旦噪声的能量与信号能量具有一定的可比性时，就会导致信号传输出现错误，即接收端难以从混杂了较大噪声的信号中提取正确的数据。所以我们在物理层采取了一些必要的措施来减少噪声，如抵消与屏蔽、良好的端接和接地技术等。通常，我们用信噪比 S/N（Signal Noise Ratio）来表示噪声对信号的影响程度。信噪比越大，噪声对信号传输质量的影响就越小，减少干扰的最终目的就是为了提高信噪比。

在物理层通常提供两种类型的网络互连设备，即中继器（Repeater）和集线器（Hub）。

1. 中继器

中继器具有对衰减的物理信号进行放大和再生的功能，将从输入接口接收的物理信号通过整形和放大再从输出接口输出。由于中继器在网络数据传输中起到了放大信号的作用，因此可以“延长”网络的距离。

2. 集线器

集线器就是通常所说的 Hub，是一种多端口的中继器，它的工作原理与中继器几乎完全相同。两者的主要区别是：中继器一般为两个端口，一个端口接收数据，另一个端口进行放大转发；而集线器具有多个端口（8 口、16 口和 24 口等），数据信号到达一个端口后，集线器便将该信号进行整形放大，使被衰减的信号再生到发送时的状态，紧接着转发到其他所有处于工作状态的端口上（广播）。以太网的每个时间片内只允许有一个结点占用公用通信信道而发送数据，所有端口共享带宽。集线器只与它的上连设备（如上层集线器、交换机、路由器或服务器等）进行通信。同层的各端口之间不直接进行通信，而是通过上连设备再通过集线器将信息广播到所有的端口上，所以许多集线器上除了有连接工作站的 RJ-45 端口外，往往还有一个上连端口（uplink）。

3.4　数据链路层

物理线路与数据链路的含义是不同的。在通信技术中，常用链路（Link）这个术语来描述一条点对点的线路段（Circuit Segment），这条线路中间没有任何其他交换结点，两个计算机之间的通路往往由许多的链路串接而成。因此从这种意义上说，链路一般是指物理线路。

当需要在一条链路上传送数据，除了必须有一条物理线路（Physical Circuit）之外，还必须有一些协议来控制这些数据的传输，以保证被传输数据的正确性。实现这些协议的硬件、软件与物理线路共同构成数据链路（Data Link）。两者的区别如图 3-9 所示。

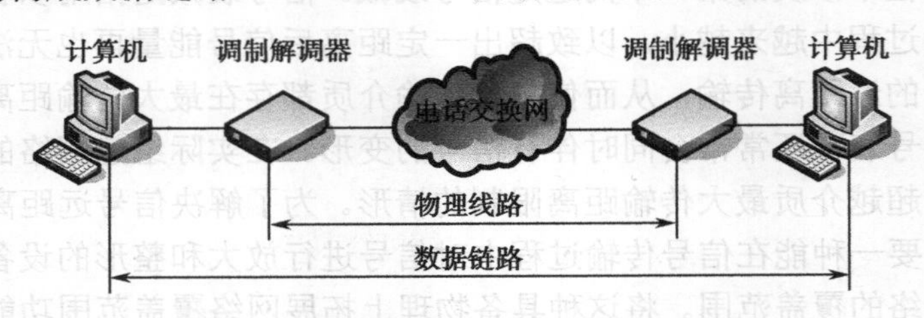

图 3-9　物理线路与数据链路的关系

3.4.1　数据链路层的主要功能

数据链路层是 OSI 参考模型的第二层，它介于物理层与网络层之间。设立数据链路层的主要目的是将原始的、有差错的物理线路变为对网络层无差错的数据链路。为了实现这个目的，数据链路层主要有如下功能。

1. 链路管理

当两个结点要进行通信时，发送方必须确认接收方处在准备接收状态。双方必须先交换一些必要的信息，建立数据连接；同时，在传输数据时要维持数据链路；当通信完毕时，要释放数据链路。数据链路的建立、维持和释放就叫做链路管理。

2. 帧同步

在数据链路层，数据的传送单位是帧。数据一帧一帧地传送，就可以在出现差错时，将有差错的帧再重传一次，从而避免了将全部数据都进行重传。帧同步是指接收方应当能从收到的比特流中准确地区分出一帧的开始和结束在什么地方。

3. 流量控制

发送方的数据发送不能引起链路拥塞，并且接收方要能来得及接收。当链路出现拥塞或接收方来不及接收时，就必须控制发送方的数据发送速率。

4. 差错控制

计算机通信往往要求有极低的误码率，这样就必须采取差错控制技术。差错控制有两类。一类是前向纠错，即接收方收到有差错的数据帧时，能够自动将差错改正过来。这种方法的开销较大，不适合于计算机通信。另一类是检错重传，即接收方可以检测出收到的帧中有差错（但并不知道哪几个比特错了），于是就让发送方重新发送这一帧，直到接收方正确接收到这一帧为止。这种方法在计算机通信中是最常用的，下面所要讨论的协议，都是采用检错重传这种差错控制方法。

5. 透明传输

透明传输就是不管所传数据是什么样的比特组合，都应当能够在链路上传送。当所传数据中的比特组合恰巧出现了与某一个控制信息完全一样时，必须采取适当的措施，使接收方不会将这样的数据误认为是某种控制信息。这样才能保证数据链路层的传输是透明的。

6. 寻址

在多点连接的情况下，要保证每一帧能传送到正确的目的结点。接收方也应该知道发送方是哪个结点，以及该帧是发送给哪个结点。

在整个通信过程中，由于数据链路层的存在，网络层并不知道实际的物理层采用的传输介质与传输技术的差异。数据链路层为网络层提供的服务主要表现在：正确传输网络层的用户数据，为网络层屏蔽物理层采用的传输技术的差异性。

3.4.2 成帧与拆帧

引入帧机制不仅可以实现相邻结点之间的可靠传输，而且还有助于提高数据传输的效率。例如，若发现接收到的某一帧出错时，可以只对相应的帧进行特殊处理（如请求重发等），而不需要对其他未出错的帧进行这种处理；如果发现某一帧丢失，也只请求发送方重传所丢失的帧，从而大大提高了数据处理和传输的效率。但是，引入帧机制后，发送方的数据链路层必须提供将从网络层接收的数据分组（Packet）封装成帧的功能，即为来自上层的分组加上必要的帧头和帧尾部分，通常称此为成帧；而接收方的数据链路层则必须提供将帧重新拆装成分组的拆帧功能，即去掉发送端数据链路层所加的帧头和帧尾部分，从中分离出网络层所需的分组。在成帧过程中，如果上层的分组大小超出下层帧的大小限制，则上层的分组还要被划分成若干个帧才能被传输。

发送端和接收端数据链路层的帧发送和帧接收的过程大致如下：发送端的数据链路层接收到网络层的发送请求之后，便从网络层和数据链路层之间的接口处取下待发送的数据分组，并封装成帧，然后经过下层物理层送入传输介质信道。这样不断地将帧送入传输介质信道就形成了连续的比特流。接收端的数据链路层从来自其物理层的比特流中识别出一个一个的独立帧，然后利用帧中的 FCS 字段对每一个帧进行校验，判断是否出现差错。如有差错，就采取收发双方约定的差错控制方法进行处理。如果没有差错，就对帧实施拆封，并将其中的数据部分即数据分组通过数据链路层与网络层之间的接口上交给网络层，从而完成了相邻结点的数据链路层关于该帧的传输任务。

3.4.3 帧同步

帧同步（定界）就是标识帧的开始与结束，即接收方从收到的比特流中准确地区分出一帧的开始与结束。常见有 4 种帧定界方法，即字符计数法、带字符填充的首尾界符法、带位填充的首尾标志法和物理层编码违例法。

1. 字符计数法

字符计数法是在帧头部中使用一个字符计数字段来标明帧内字符数。接收端根据这个计数值来确定该帧的结束位置和下一帧的开始位置。

这种方法的主要问题是，如果计数值本身在传输过程中出现错误，接收端便不能确定下一个帧的开始位置。即使接收端能够发现错误，也不能确切告知发送端重传哪一帧，所以字符计数法已很少使用。

2. 带字符填充的首尾界符法

带字符填充的首尾界符法是在每一帧的开头用 ASCII 字符 DLE STX，在帧末尾用 ASCII 字符 DLE ETX。使用这种方法，接收方一旦丢失了帧边界，它只需要查找这两个字符序列就可以确定它的位置。但是，如果在帧的数据部分也出现了 DLE STX 或 DLE ETX，那么接收端就会错误判断帧边界。为了不影响接收方对帧边界的正确判断，采用了填充字符 DLE 的方法。即如果发送方在帧的数据部分遇到了 DLE，就在其前面再插入一个 DLE，这样数据部分的 DLE 就会成对出现。在接收方，若遇到两个连续的 DLE，则认为是数据部分，并删除一个 DLE。

例如，待发送的数据是 DLE STX A DLE B DLE ETX，则在发送方数据链路层封装的帧如下（斜体为首尾标志，黑体为填充字符）：

DLE STX DLE DLE STX A DLE DLE B DLE DLE ETX *DLE ETX*

接收方网络层接收到的数据是 DLE STX A DLE B DLE ETX，丢掉了帧边界、填充字符 DLE。

通过这种填充 DLE 字符的方法，接收方就能保证帧边界字符的唯一性。但是，因为 DLE 是一个字符，发送方每次在数据部分中遇到一个 DLE 字符时，就需要插入一个 8 位长的 DLE。如果待发送的数据部分中有很多 DLE 字符，那么帧中就需要插入大量冗余 DLE，这是带字符填充的首尾界符法的一个不足之处。

3. 带位填充的首尾标志法

带位填充的首尾标志法用一个特殊的位模式“01111110”作为帧的开始和结束标志，而不是像带字符填充的首尾界符法那样分别用“DLE STX”和“DLE ETX”作为帧的首标志和帧的尾标志。另外，带位填充的首尾标志法一次只填充一个比特“0”而不是一个字符“DLE”。

当发送方的数据链路层在数据部分中遇到 5 个连续 1 时，自动在其后插入一个 0；当接收方看到 5 个连续的 1 后面跟着 1 个 0 时，自动将此 0 删除。

位填充技术和字符填充技术一样，对通信双方的网络层来说都是完全透明的。

例如，待发送的数据是： 0 1 1 0 1 1 1 1 1 1 1 1 1 1 1 1 1 1 10 0 1 0

则在发送方数据链路层封装的帧如下（斜体为首尾标志，黑体为填充位）：

0 1 1 1 1 1 1 0 0 1 1 0 1 1 1 1 1 **0** 1 1 1 1 1 **0** 1 1 1 1 0 0 1 0 *0 1 1 1 1 1 1 0*

接收方网络层接收到的数据是 0 1 1 0 1 1 1 1 1 1 1 1 1 1 1 1 1 1 10 0 1 0，丢掉了帧边界、填充位 0。

采用位填充技术，两帧间的边界就可以通过位模式“01111110”唯一地识别。如果接收方失去同步，它只需要在比特流中扫描标志序列即可重新获得同步。

4. 物理层编码违例法

物理层编码违例法就是利用物理层信息编码中未用的电信号作为帧的边界。例如，曼彻斯特编码，在传输之前将数据位“1”编码成高-低电平对，数据位“0”编码成低-高电平对，因此可以利用“高-高”电平对和“低-低”电平对作为帧边界的特殊编码。

该方法不需要任何填充，即可实现数据的透明传输，但编码效率低。IEEE802 的物理层信号编码就采用这种技术。

3.4.4 流量控制

由于系统性能的不同，会导致发送方与接收方处理数据的速度有所不同。若一个发送能力较强的发送方给一个接收能力较弱的接收方发送数据，则接收方会因为无能力处理所有收到的帧而不得不丢弃一些帧。如果发送方持续高速地发送，则接收方最终还会被“淹没”。因此，需要在数据链路层引入流量控制机制。

流量控制的作用就是使发送方所发出的数据流量速率不要超过接收方所能接收的数据流量速率。流量控制的关键是需要一种信息反馈机制，使发送方能了解接收方是否具备足够的接收及处理能力，使得接收方来得及接收发送方发送的数据帧。

常用的流量控制方法是停止-等待（Stop-And-Wait）协议和滑动窗口（Sliding Window）协议等。

1. 停止-等待协议

停止-等待协议的基本思想是：发送方每发送完一个数据帧，都要等待接收方的确认帧 ACK（ACKnowledgement）到来后，再发送下一帧；接收方每接收到一个数据帧后，都要向发送方发送一个正确接收到数据帧的确认帧。这样就实现了接收方对发送方的流量控制。如果数据帧没有错误，则按照上述步骤循环执行，直至数据帧发送完毕。如果接收方发现数据帧出现错误，则返回一个数据帧出错的否认帧 NAK，发送方则重发出错的帧，直到发送方收到正确接收的确认帧 ACK 为止。为此，在发送端必须暂时保存已发送过的数据帧的副本。

除了收到的数据帧有错误的情况外，还有数据帧在半路丢失的情况，即接收方没有收到发送方发过来的帧。发生帧丢失时，接收方不可能向发送方发送任何确认帧。如果发送方必须收到接收方的确认信息后再发送下一个数据帧，那么就将永远等待下去，出现死锁现象。同理，如接收方发过来的确认帧在半路丢失，也会出现这种死锁现象。数据帧在链路上传输的几种情况如图 3-10 所示。

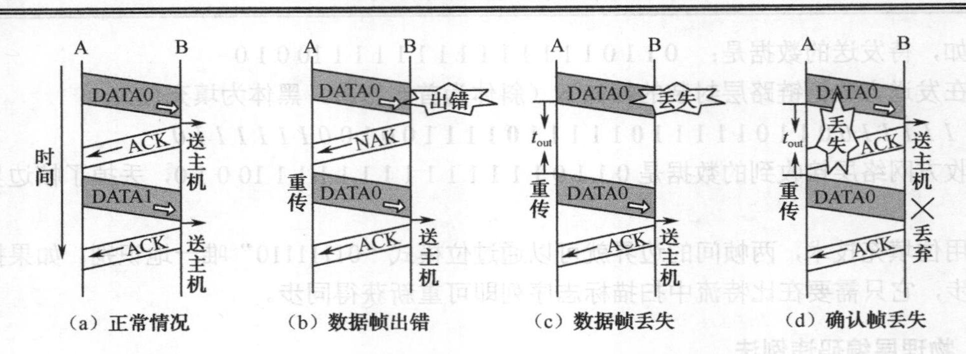

（a）正常情况　（b）数据帧出错　（c）数据帧丢失　（d）确认帧丢失

图 3-10　数据帧在链路上传输的几种情况

要解决死锁问题，可以在发送方发送完一个数据帧时就启动一个计时器。若到了超时计时器所设置的重传时间 t_{out} 仍收不到接收方的任何确认帧，则发送方就重传刚才所发送的这一数据帧（见图 3-10（c）和图 3-10（d））。显然，超时计时器设置的重传时间应仔细选择确定。若重传时间选的太短，则在正常情况下也会在接收方的确认信息回到发送方之前就过早地重传数据。若重传时间选得太长，则要白白等待许多时间。一般可将重传时间选为略大于“从发完数据帧到收到确认帧所需的平均时间”。

当出现数据帧丢失时，超时重传是一个好方法，但是若丢失的数据帧是确认帧，则超时重传使接收方收到两个同样的帧，即重复帧。重复帧也是一种不允许出现的差错。

要解决重复帧的问题，必须使每一个数据帧带上不同的发送序号。若接收方出现了重复帧，直接丢弃此重复帧即可，同时接收方向发送方发送一个确认帧，因为接收方知道发送方还没有收到上一次发过去的确认帧 ACK。

2. 滑动窗口协议

滑动窗口协议是指采用滑动窗口机制进行流量控制的方法。通过限制已经发送出去但未被确认的数据帧的数目来调整发送方的发送速度。

（1）帧序列号。

滑动窗口协议的关键是，每个要发出的数据帧都有一个序列号，从 0 到某个值。如果从帧中拿出 n 个比特位作为序列号编码，则序号的最大值为 2^n-1。例如，若发送序列号用 3 个比特位编码即 $n=3$，则序列号可以在 0～7 中选择。序列号是循环使用的，若当前帧的序列号已达到最大编号时，则下一个待发送的帧序列号将重新为 0，此后再依次递增。

（2）发送窗口。

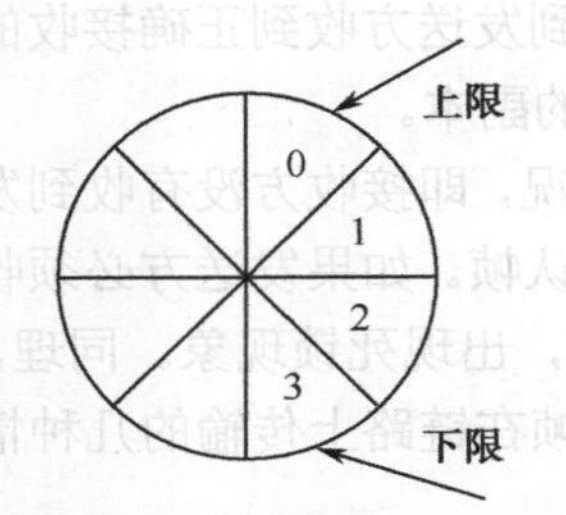

图 3-11　3 位序列号，窗口大小为 4 的滑动窗口

发送方要维持一个发送窗口，发送窗口用来对发送方进行流量控制，其大小 W_T 表示已发送出去但未得到确认的帧的总数不能超过 W_T。在任意时刻，发送方都保持一个连续的序号，对应于允许发送的帧，可形象地说这些帧落在了发送窗口。

图 3-11 是一个序列号采用 3 个比特位编码，窗口大小为 4 的发送窗口示意图。当发送窗口内有 $W_T=4$ 个没有确认的帧时，则不允许再发送新的数据帧。只有等到接收方传来的确认帧，并使窗口向前滑动，即上限和下限各加 1，使其帧的序列号落入到发送窗口内才能被发送。上限用 *high* 表示，计算公式为：

$$high=(high+1)\ \%max$$

（3）接收窗口。

接收方要维持一个接收窗口，用来控制可以接收哪些数据帧而不可以接收哪些帧。在接收方，只有当收到的数据帧的序号落入到接收窗口内才允许将该数据帧收下，落在窗口外的数据帧将被丢弃。

若帧被正确接收，则接收窗口向前滑动，即上限和下限各加 1，如图 3-12 所示，计算公式为：

$$high = (high+1)\ \%\max$$

图 3-12 给出了滑动窗口协议的工作过程，该图中序列号为 3 位比特位，发送方与接收方的窗口大小都为 4。

从图 3-12 中可以看出，只有在接收窗口向前滑动时，发送窗口才有可能向前滑动，从而达到了流量控制的目的。正因为收发双方两端的窗口按照以上规律不断地向前滑动，因此这种协议称为滑动窗口协议。在滑动窗口协议中，当发送窗口和接收窗口的大小都为 1 时，就变成了简单的停止-等待协议。

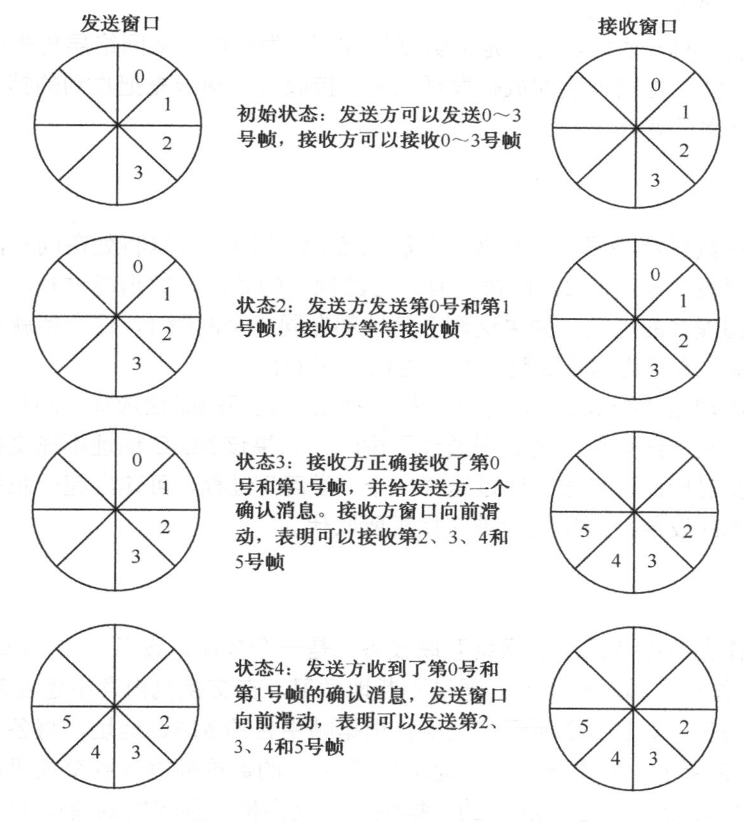

图 3-12　滑动窗口协议的工作过程

由于发送方与接收方的数据处理能力有所不同，接收窗口和发送窗口可以不具有相同的窗口大小，甚至两者可以不具有相同的窗口上限与下限。

为了减少开销，接收方不一定每收到一个正确的数据帧就必须发回一个确认帧，而是可以在连续收到好几个正确的数据帧后，才对最后一个数据帧发确认信息。也就是说，对某一数据帧的确认就表明该数据帧和以前所有的数据帧都已经正确接收了。这样做可以让接收方少发一些确认帧，从而减少了开销。

3.4.5 常见数据链路层的设备

数据链路层的设备主要有网卡、网桥和交换机。

1. 网卡

网卡又称网络接口卡，是主机与网络的接口部件。网卡作为一种I/O接口卡插在主板扩展槽上，通过网线（如双绞线、同轴电缆）与网络共享资源、交换数据。网卡的主要功能如下：

（1）帧的封装与拆封。网卡发送数据时，会把从网络层接收到的数据封装成帧，转换成能在传输介质上传输的比特流；在接收数据时，网卡首先要对收到的帧进行校验，然后拆封（去掉帧头和帧尾）重组成本地设备可以处理的数据。

（2）串/并转换。计算机内部是采用并行来传输数据的，而网线上采用的是串行传输，因此，网卡在发送数据时必须把并行数据转换成串行比特流进行传输；在接收数据时，网卡必须把串行比特流转换成并行数据。

（3）缓存功能。网卡通常配有一定的数据缓冲区，发送时，从网络层传来的数据先暂存到网卡的缓冲区中，然后由网卡装配成帧发送出去；接收时，网卡先把收到的帧存到缓冲区，然后再进行拆封等一系列操作。

2. 网桥

网桥是工作在数据链路层的一种网络互联设备。利用网桥可以将处在同一冲突域的主机分成两个网段，即网段1和网段2。网桥具有“过滤帧”的功能，数据通过时，网桥将检查帧的物理发送地址和物理目的地址。如果这两个地址都在同一个网段1，这个帧就不会被发送到网桥的另一个网段2，从而达到降低整个网络通信负荷的目的。

网桥的工作原理是依据MAC地址和网桥交换表实现帧的路径选择。网桥刚启动时，这个交换表是空的，当某一结点传送的数据通过网桥时，如果该MAC地址不在交换表中，网桥会自动记下其地址及对应的端口号。通过这样一个“学习”过程，可建立起一张完整的网桥交换表。随着网络技术的发展，网桥逐渐被交换机所取代。

3. 交换机

交换机是工作在数据链路层的网络互联设备，是一个多端口设备（如16口、24口、48口等）。交换机的工作原理和网桥类似，通过不断地学习，在交换机内存中建立起一张MAC地址和端口号的关联表，如表3-2所示。交换机根据帧中目的MAC地址，将各个帧发送到正确的端口，如图3-13所示。如果一个目的地址是结点A的数据帧进入到交换机，则转发到端口1；如果一个目的MAC地址是结点E的数据帧进入交换机，则转发到端口11。由此可见，交换机与工作在物理层的集线器Hub相比，有了“过滤帧”的功能，即达到了分割冲突域的目的。交换机和集线器在外形上非常相似，区别在于：交换机基于MAC地址向特定端口转发数据帧，所有端口独享带宽；而集线器是向所有端口广播发送数据帧，所有端口共享带宽。例如，有一台100Mbps的集线器，连接了N台主机，则N台主机共享100Mbps带宽，即每台主机分配到的带宽只有（100/N）Mbps；对于一台100Mbps的交换机，每个端口的带宽均为100Mbps，即每台主机均可获得100Mbps的带宽。

表 3-2　交换机内存中的关联表

数据帧要去往的 MAC 地址	交换机端口
MACA	1
MACB	3
MACC	4
MACD	9
MACE	11

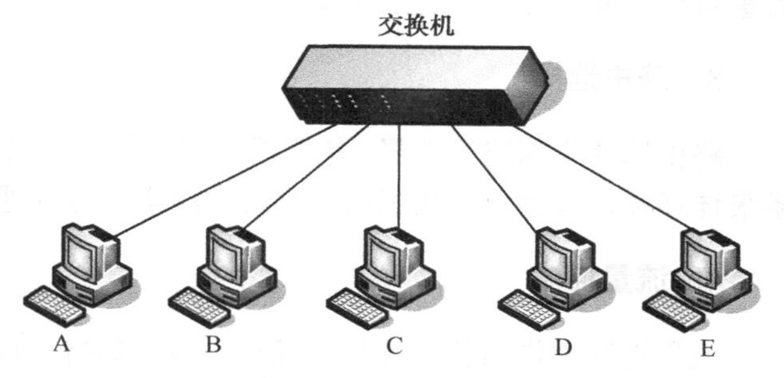

图 3-13　交换式网络

若交换机同时收到多个数据帧，但它们的输出端口不同，交换机则会建立多条连接同时转发各自的帧，从而实现数据并发传输。也就是说，交换机可以同时支持多个信源和信宿端口之间的通信，大大提高了数据转发的速度。

3.5　网　络　层

3.5.1　网络层的功能

网络层处于 OSI 参考模型的第 3 层，是通信子网的最高层，实现的是网络应用环境中资源子网访问通信子网的方式。

网络层的主要任务是提供不相邻结点间数据包的透明传输，为传输层提供端到端的数据传送任务。网络层的主要任务如下。

1. 为传输层提供服务

网络层提供给传输层的服务有面向连接和面向无连接两种。所谓面向连接就是指在数据传输之前双方需要为此建立一种连接，然后在该连接上实现有次序的分组传输，直到数据传送完毕，连接才被释放。面向无连接则不需要为数据传输事先建立连接，其只提供简单的源结点和目的结点之间的数据发送、转发和接收功能。

面向无连接的服务在通信子网内通常以数据报（Datagram）方式实现。在数据报服务中，每个分组都必须携带源结点和目的结点的完整地址信息，通信子网根据地址信息为每一个分组独立进行路由选择。数据报方式的分组传输可能会出现丢失、重复或乱序的现象。

面向连接的服务则通常采用虚电路（Virtual Circuit，VC）方式实现。虚电路是指通信子网为实现面向连接服务而在源结点和目的结点之间所建立的逻辑通信链路。虚电路服务的实现分为 3 个阶段，即虚电路建立、数据传输和虚电路拆除。在建立连接时，将从源结点网络到目的结点网络的路由作为连接建立的一部分加以保存；在数据传输过程中，在虚电路上传送的分组总是走同样的路径通过通信子网；数据传输完毕后拆除连接。

2. 组包与拆包

在网络层，数据传输的基本单位是数据包（Packet）（也称为分组）。在发送方，传输层的报文到达网络层时被分成多个数据块，在每个数据块的头部和尾部加上一些网络层的控制信息就组成了数据包。在数据包的头部中包含源结点和目的结点的网络地址等信息。在接收方，数据从低层到达网络层时，要把每个数据包原来加上的包头和包尾等控制信息去掉（拆包），然后重新组合成报文，传送给传输层。

3. 路由选择

路由选择也叫路径选择，是根据一定的原则和路由选择算法在多结点的通信子网中选择一条最佳路径，作为分组从源结点到目的结点所走的通路。

4. 流量控制

流量控制的作用就是控制“拥塞”或“拥挤”现象，避免死锁。

流量在计算机网络中就是指通信量或分组流。拥塞是指到达通信子网中某一部分的分组数量过多，使得该部分网络来不及处理，以致引起这部分乃至整个网络性能下降的现象。此时，若再增加网络的流量，会使网络中有些结点既无空缓冲区接收信道的分组，又不能把自己保存的分组发送出去以释放出空缓冲区，这时网络的吞吐量下降到零，网络在无外力的作用下已完全不能恢复信息的传输，即发生了死锁。若通信量再增大，就会使得某些结点因无缓冲区来接收新到的分组，使网络的性能明显变差，此时网络的吞吐量（单位时间内从网络输出的分组数目）将随着输入负载（单位时间内输入给网络的分组数目）的增加而下降，这种情况称为拥塞。

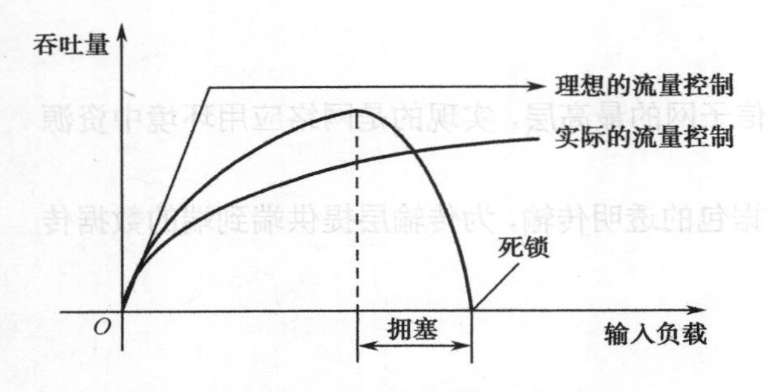

图 3-14 网络的吞吐量与网络负载的关系

网络的吞吐量与通信子网负载有着密切的关系。当通信子网负载比较轻时，网络的吞吐量随网络负载的增加而线性增加。当网络负载增加到某一值后，网络吞吐量反而下降，就表示网络中出现了拥塞现象。网络中网络的吞吐量与网络负载的关系如图 3-14 所示。

为了避免网络拥塞和死锁，必须实施流量控制。

3.5.2 常见网络层的设备

1. 路由器

路由器是连接不同网络的网络互联设备，它根据数据包中的逻辑地址（网络地址）而不是 MAC 地址来转发数据包。因此，路由器可以连接物理层和数据链路层不同但网络层使用相同寻址机制的网络。路由器可用于 LAN 与 LAN、LAN 与 WAN 或 WAN 与 WAN 之间的连接。路由器的主要功能如下：

（1）建立并维护路由表。

为了实现分组转发功能，路由器内部有一个路由表数据库和一个网络路由状态数据库。在路由表数据库中，保存着路由器每个端口对应连接的结点地址，以及其他路由器的地址信息。路由器通过定期与其他路由器和网络结点交换地址信息来自动更新路由表。路由器之间还需要定期地交换网络通信量、网络结构与网络链路状态等信息，这些信息保存在网络路由状态数据库中。

（2）提供网络间的分组转发功能。

每当一个分组进入路由器时，路由器检查报文分组的源 IP 地址和目的 IP 地址，然后根据路由表数据库的相关信息，决定该分组下一步应该传送给哪一个路由器或主机。

2. 第三层交换机

第三层交换机工作在网络层，根据网络层的地址实现了第三层分组的转发，因此被称为第三层交换机。第三层交换机本质上是用硬件实现的一种高速路由器，它设计的主要目标是快速转发分组，提供的功能比路由器少。这种用硬件实现分组交换技术的第三层交换机提供了非常快的分组处理速度，适用于那些不需要路由器额外功能的网络应用。

3.6　传　输　层

3.6.1　传输层的概念

传输层是计算机网络体系结构中非常重要的一层，其主要功能是在源主机与目的主机进程之间负责端到端的可靠数据传输，而网络层只负责找到目的主机。举一个生活中常见的例子有利于理解这个概念。如果要将一封信送到收信人手中，仅提供收信地点是不够的，因为同一地点可能有许多人，所以还必须提供收信人。收信地点就相当于计算机网络通信中的 IP 地址，收信人则相当于计算机通信网络中的应用进程。在计算机网络通信中，数据包到达指定的主机后，还必须将它交给这个主机的某个应用进程（端口号）。传输层讲到的端口实际上是指实现某种服务的进程，而工作在物理层的集线器、数据链路层的交换机、网络层的路由器等物理设备的端口指的是连接其他设备的接口。所以，看到“端口”时，要根据上下文来确定它具体指的是什么。

严格讲，两个主机进行通信实际上就是两个主机中的应用进程进行通信。IP 协议虽然能把分组送到目的主机，但它无法交付给主机中的应用进程。一个主机中经常有多个应用进程同时分别和另一个主机中的多个应用进程通信，如图 3-15 所示，主机 A 的应用进程 1 和主机 B 的应用进程 3 通信，同时主机 A 的应用进程 2 也和主机 B 的应用进程 4 通信。传输层为应用进程之间提供逻辑通信，网络层是为主机之间提供逻辑通信。“逻辑通信”的意思是：应用进程的报文到达传输层后，从效果上看，就好像是直接沿水平方向传送到远地的传输层，而实际上这两个应用进程之间并没有一条水平方向的物理连接。

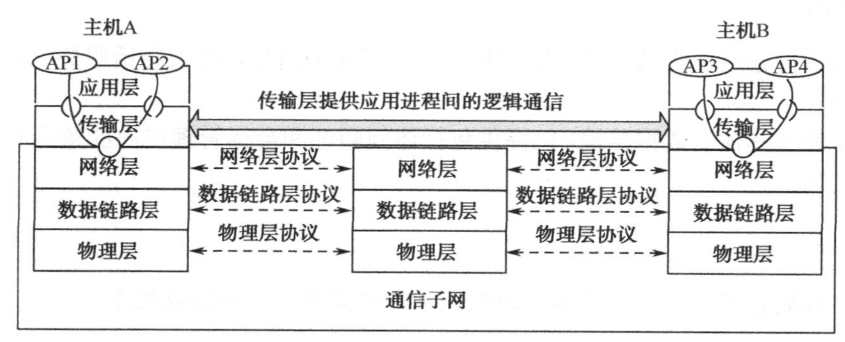

图 3-15　传输层提供应用进程间的逻辑通信

3.6.2 传输层的功能

1. 分割与重组数据

在发送方，传输层将会话层传来的数据分割成较小的数据单元，并在这些数据单元头部加上一些相关控制信息后形成报文，报文的头部包含源端口号和目标端口号。在接收方，数据经通信子网到达传输层后，要将各报文原来加上的报文头部控制信息去掉（拆包），然后按照正确的顺序进行重组，还原为原来的数据，送给会话层。

2. 按端口号寻址

传输层通过端口号寻址某主机上的进程，并使用多路复用技术处理多端口同时通信的问题。在图 3-15 中，主机 A 的应用进程 1 和主机 B 的应用进程 3 通信，同时主机 A 的应用进程 2 也和主机 B 的应用进程 4 通信。传输层一个很重要的功能就是复用和分用。会话层不同进程交下来的报文到了传输层后，再往下就共用网络层提供的服务。当这些报文到达目的主机后，目的主机的传输层就使用其分用功能，将报文分别交付给相应的应用进程。

3. 连接管理

面向连接的传输服务 TCP 要负责连接的建立、维护和释放。

4. 差错处理和流量控制

在网络层，IP 数据包首部中的校验和字段，只校验首部是否出现差错而不校验数据部分是否出现差错，所以传输层要提供端到端的差错控制。此外，为了避免接收方缓冲区溢出，传输层还应具有流量控制的作用。滑动窗口技术是常用的流量控制方法。

3.7 会话层、表示层和应用层

会话层、表示层和应用层是 OSI 模型中面向信息处理的高层。在 TCP/IP 这个事实上的网络体系结构中，高层只有应用层，没有设置会话层和表示层。

3.7.1 会话层

会话层利用传输层提供的服务，组织和同步进程间的通信，提供会话服务、会话管理和会话同步等功能。

会话层不参与具体的数据传输，仅提供包括访问验证和会话管理在内的建立和维护应用进程间通信的机制。

3.7.2 表示层

表示层主要处理流经端口的数据代码的表示方式问题，主要功能如下。

1. 数据表示

解决数据的语法表示问题，如文本、声音、图形图像表示，即确定数据传输时的数据结构。

例如用 JPEG 格式表示图像，用 MPEG 格式表示视频等。

2. 语法转换

不同系统都有各自的数据表示方法，如果直接通信，数据表示方法的不同将导致接收数据的含义不同。为了使通信双方都能彼此理解对方数据的含义，表示层要提供语法转换功能，即对数据表示方式进行转换。在发送端对抽象语法的数据进行编码，使之形成一种标准表示形式的比特流，传输到目的端后再进行解码。

3. 连接管理

利用会话层提供的服务建立连接，并管理在这个连接之上的数据传输和同步控制，以及正常或异常地释放这个连接。

3.7.3 应用层

应用层是 OSI 参考模型的最高层，在应用层之上不存在其他的层，因此应用层的任务不是为上层提供服务，而是为最终用户提供服务，即用户与网络的接口。为了解决具体的应用问题而彼此通信的进程称为“应用进程”。应用层的具体内容就是规定应用进程在通信时所遵循的协议。

应用层的协议有域名系统 DNS、文件传送协议 FTP、远程登录协议 Telnet、简单网络管理协议 SNMP、简单邮件传送协议 SMTP 等。

3.8 TCP/IP 参考模型

3.8.1 TCP/IP 参考模型简介

TCP/IP 参考模型先于 OSI 参考模型开发，所以并不符合 OSI 标准。TCP/IP 协议是 Internet 上使用最为广泛的通信协议，虽然它并不是国际标准，但它已经成为事实上的国际标准。所谓 TCP/IP 协议，实际上是一个协议簇（集合），是一组协议，TCP（Transmission Control Protocol）协议和 IP（Internet Protocol）协议是其中两个最重要的协议。IP 协议称为网际协议，用来给各种不同的局域网和通信子网提供一个统一的互联平台。TCP 协议称为传输控制协议，用来为应用程序提供端到端的通信和控制功能。

图 3-16 给出了 TCP/IP 参考模型与 OSI 参考模型的对应关系。TCP/IP 参考模型划分为 4 个层次：

- 应用层（Application Layer）；
- 传输层（Transport Layer）；
- 网际层（Internet Layer）；
- 网络接口层（Host-to-Network Layer）。

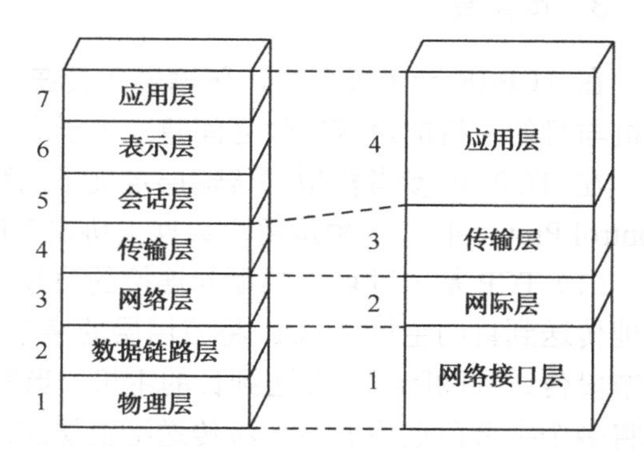

图 3-16　TCP/IP 参考模型与 OSI 参考模型的对应关系

从实现功能的角度来看，TCP/IP 参考模型的应用层与 OSI 参考模型的应用层、表示层和会话层对应；TCP/IP 参考模型的传输层与 OSI 参考模型的传输层对应；TCP/IP 参考模型的网际层与 OSI 参考模型的网络层对应；TCP/IP 参考模型的网络接口层与 OSI 参考模型的数据链路层和物理层对应。

3.8.2 TCP/IP 各层主要功能

1. 网络接口层

网络接口层负责接收 IP 数据包并通过网络发送，或者从网络接口接收物理帧后装配成 IP 数据包上交给网际层。网络接口层在发送端将上层的 IP 数据包封装成帧后发送到网络上，数据帧通过网络到达接收端时，接收端的网络接口层对数据帧拆封，并检查帧中包含的 MAC 地址。如果该地址就是本机的 MAC 地址或者是广播地址，则上传到网络层，否则丢弃该帧。

TCP/IP 的设计不依赖于网络访问方法、帧格式和媒体。从这点上讲，TCP/IP 可以连接不同的网络类型。具体的物理网络可以是各种类型的局域网，如以太网、令牌环网、令牌总线网等，也可以是 X.25、帧中继、DDN 等公共数据网。这就体现了 TCP/IP 协议的兼容性和适应性，也为它的成功奠定了基础。

2. 网际层

在 TCP/IP 参考模型中，网际层（也称为互联层）相当于 OSI 参考模型的网络层的无连接网络服务。网际层负责将源主机的分组发送到目的主机，源主机和目的主机可以在一个网络中，也可以在不同网络中。

网际层的主要功能如下：

（1）处理来自传输层的分组发送请求。在收到分组发送请求之后，将分组装入 IP 数据报，填充报头，选择发送路径，然后将数据包发送到相应的网络中去。

（2）处理接收的数据包。在接收到其他主机发送的数据包之后，检查目的地址，如果需要转发，则选择发送路径转发出去；如果目的地址为本机结点的 IP 地址，则去掉报头，将分组上交给传输层处理。

（3）处理网际互联的路由选择、流量控制和拥塞问题。

TCP/IP 参考模型中的核心协议为 IP、ARP、RARP、ICMP、IGMP。IP 协议是一种不可靠、无连接的数据报传送服务协议，它提供的是一种“尽力而为”的服务，IP 协议的协议数据单元是 IP 分组。

3. 传输层

在 TCP/IP 参考模型中，传输层负责在应用进程之间建立端到端的通信。传输层用来在源主机与目的主机的对等实体之间建立用于会话的端到端连接。

在 TCP/IP 参考模型的传输层定义了两种协议：一种是传输控制协议 TCP（Transmission Control Protocol），一种是用户数据报协议 UDP（User Datagram Protocol）。

（1）TCP 是一种可靠的面向连接的协议，它允许将一台主机的字节流（Byte Stream）无差错地传送到目的主机。TCP 将应用层的字节流分成多个字节段（Byte Segment），然后将每个字节段传送到网际层，发送到目的主机。当网际层将接收到的字节段传送给传输层时，传输层再将多个字节段还原成字节流传送给上层应用层。TCP 协议需要完成流量控制功能，协调收发双方的发送与接收速度，以达到正确传输的目的。

（2）UDP 是一种不可靠的无连接协议，它主要用于不要求分组顺序到达的传输中，分组传输顺序检查与重新排序由应用层完成。

4. 应用层

在 TCP/IP 参考模型中，应用层是参考模型的最高层。该层向用户提供了数量众多的常用协议，并且总是不断有新的协议加入。目前，应用层的协议主要有以下几种：

- 远程登录协议 Telnet；
- 文件传送协议 FTP（File Transfer Protocol）；
- 简单邮件传送协议 SMTP（Simple Mail Transfer Protocol）；
- 域名系统 DNS（Domain Name System）；
- 简单网络管理协议 SNMP（Simple Network Management Protocol）；
- 超文本传送协议 HTTP（Hyper Text Transfer Protocol）。

3.9　OSI 与 TCP/IP 参考模型的比较

3.9.1　对 OSI 参考模型的评价

OSI 参考模型与 TCP/IP 参考模型的共同点是它们都采用了层次结构的概念，在传输层中二者都定义了相似的功能。但是，它们在层次划分与使用的协议上有很大区别。

无论是 OSI 参考模型与协议，还是 TCP/IP 参考模型与协议，都不是完美的，对二者的评论与批评都很多。OSI 参考模型与协议的设计者从工作的开始，就试图建立一个全世界计算机网络都要遵循的同一标准。从技术的角度看，他们希望追求一种完美的理想状态。20 世纪 80 年代，几乎所有专家都认为 OSI 参考模型与协议会风靡全球，但是事实却与人们预想的相反。

造成 OSI 协议不能流行的一个原因是模型与协议自身的缺陷。大多数人认为 OSI 参考模型的层次数量与内容可能是最佳选择，其实并不是这样的。会话层在大多数应用中很少使用，表示层几乎是空的。数据链路层与网络层有很多子层插入，每个子层都有不同的功能。OSI 参考模型将“服务”与“协议”的定义相结合，这就使参考模型变得相当复杂，并且实现起来是困难的。同时，寻址、流量控制与差错控制在每层中重复出现，这样做必然会降低系统效率。有关数据安全性、加密与网络管理等方面的问题也在参考模型的设计初期被忽略。

有人批评参考模型的设计更多是被通信的思想所支配，很多选择不适合于计算机与软件的工作方式。很多“原语”在软件的高级语言中实现起来是容易的，但是严格按照层次模型编程的软件效率很低。尽管 OSI 参考模型与协议存在着一些问题，但是至今仍然有不少组织对它感兴趣，尤其是欧洲的通信管理部门。

总之，OSI 参考模型与协议缺乏市场与商业动力，结构复杂，实现周期长，运行效率低，这是它没有能够达到预想目标的重要原因。

3.9.2　对 TCP/IP 参考模型的评价

TCP/IP 参考模型与协议也有自身的缺陷，主要表现在以下几个方面：

（1）TCP/IP 参考模型在服务、接口与协议的区别上不很清楚。按照软件工程的思想，一个好的软件系统设计应该将功能与实现方法区分开，TCP/IP 参考模型恰恰没有很好地做到这点，这就使 TCP/IP 参考模型对使用新技术的指导意义不够，而且 TCP/IP 参考模型不适合于其他非 TCP/IP 协议族。

（2）TCP/IP 参考模型的网络接口层本身并不是实际的一层，它定义了网络层与数据链路层的接口。物理层与数据链路层的划分是必要合理的，一个好的参考模型应该将它们区分开来，而 TCP/IP 参考模型却没有做到这点。

但是，自从 TCP/IP 协议在 20 世纪 70 年代诞生以来，它已经经历了 30 多年的实践经验，并且已经成功赢得大量的用户和投资。TCP/IP 协议成功促进 Internet 的发展，Internet 的发展又进一步扩大 TCP/IP 协议的影响。TCP/IP 首先在学术界争取了一大批用户，同时也越来越受计算机产业界的青睐。IBM、DEC 等大公司纷纷宣布支持 TCP/IP 协议，局域网操作系统 NetWare、LAN Manager 争相将 TCP/IP 纳入自己的体系结构，数据库 Oracle 支持 TCP/IP 协议，UNIX、POSIX 操作系统也一如既往地支持 TCP/IP 协议。

相比之下，OSI 参考模型与协议显得有些势单力薄。人们普遍希望做到网络标准化，但是 OSI 迟迟没有成熟的产品推出，妨碍了第三方厂家开发相应的硬件和软件，从而影响了 OSI 研究成果的影响力与发展。

3.9.3　一种推荐的参考模型

无论是 OSI 还是 TCP/IP 参考模型与协议，都有它成功的一面和不成功的一面。国际标准化组织 ISO 本来计划通过推动 OSI 参考模型与协议的研究来促进网络的标准化，但事实上这个目标没有达到。TCP/IP 利用正确的策略，抓住了有利的时机，伴随着 Internet 的发展而成为目前公认的工业标准。在网络标准化的进程中，面对的就是这样一个事实。OSI 参考模型由于要照顾各方面的因素，使 OSI 参考模型变得大而全，效率很低。尽管这样，它的很多研究结果、方法以及提出的概念对今后网络的发展还是有很高的指导意义，但是它没有流行起来。TCP/IP 协议应用广泛，但它的参考模型的研究却很薄弱。为了保证计算机网络体系的科学性与系统性，综合 OSI 和 TCP/IP 的优点，这里推荐一种具有 5 个层次的参考模型。它与 OSI 参考模型相比少了表示层和会话层，与 TCP/IP 参考模型相比数据链路层与物理层取代了网络接口层，如图 3-17 所示。

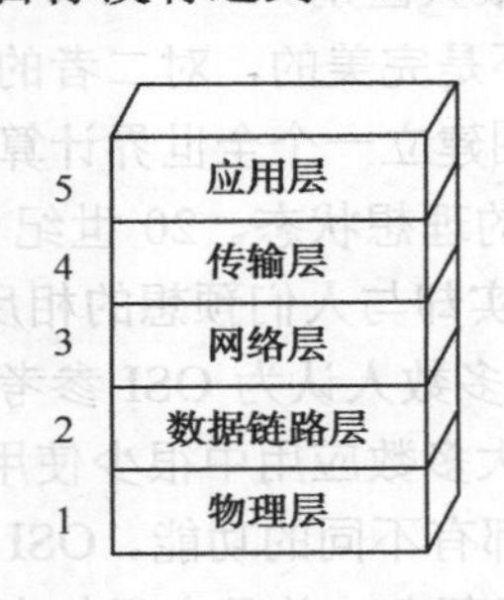

图 3-17　一种推荐的参考模型

习　题

一、填空题

1. 从低到高依次写出 OSI 参考模型中各层名称：________、________、________、________、________、________和________。

2. 物理层是 OSI 分层结构体系中最重要、最基础的一层。它是建立在通信介质基础上的，实现设备之间的________接口。

3. 帧同步是指接收方应当从收到的________中准确地区分帧的起始与终止。在数据链路层，数据的传送单位是帧，其目的之一就是为使传输中发生________后只将有错的有限数据进行重发。

4．物理层的传输单位是________，数据链路层的传输单位是________，而网络层的传输单位是________，传输层的传输单位是________。

5．在 OSI 参考模型中，________层位于通信子网的最底层，________位于通信子网的最高层。在通信子网和资源子网之间起承上启下作用的是________。

二、选择题

1．OSI 开放系统模型是________。

A．网络协议软件　　B．应用软件

C．强制性标准　　D．自愿性的参考标准

2．网络协议有三个要素：语法、语义和________。

A．工作原理　　B．时序

C．进程　　D．传输服务

3．当一台计算机向另一台计算机发送文件时，下面哪个过程正确描述了数据包的转换步骤？________

A．数据、数据段、数据包、数据帧、比特

B．比特、数据帧、数据包、数据段、数据

C．数据包、数据段、数据、比特、数据帧

D．数据段、数据包、数据帧、比特、数据

4．物理层的功能之一是________。

A．实现实体间的按位无差错传输

B．向数据链路层提供一个非透明的位传输

C．向数据链路层提供一个透明的位传输

D．在 DTE 和 DTE 之间完成对数据链路的建立、保持和拆除操作

5．数据链路层的信息单位是________。

A．位　　B．帧　　C．报文　　D．分组

6．0 比特位插入/删除方法规定，在两个标志字段为 01111110 之间的比特序列中，如果检查出连续________个 1，不管它后面的比特位是 0 或 1，都增加 1 个 0。

A．4　　B．5　　C．6　　D．8

7．物理地址也称为________。

A．二进制地址　　B．八进制地址

C．MAC 地址　　D．TCP/IP 地址

8．网络接口卡位于 OSI 参考模型的________。

A．数据链路层　　B．物理层

C．传输层　　D．表示层

9．网络层________。

A．属于资源子网　　B．是通信子网的最高层

C．是通信子网的最低层　　D．是使用传输层服务的层

10．下列关于路由器的描述错误的是________。

A．在有多条路径存在的情况下，路由器要负责进行路由选择

B．路由器可有效地控制网络流量

C．路由器可以建立路由表

D．路由器可以用来分割冲突域

11．OSI 参考模型的________关心路由寻址和数据包转发。

A．物理层　B．数据链路层

C．网络层　D．传输层

12．OSI 体系结构中有两个层与流量控制功能有关，其中________负责控制端到端的流量。

A．表示层　B．数据链路层　C．网络层　D．传输层

13．OSI 参考模型的________支持网页浏览、文件传输和电子邮件。

A．应用层　B．表示层　C．会话层　D．传输层

14．下列关于 TCP/IP 参考模型的描述错误的是________。

A．它是计算机网络互连的事实标准

B．它是 Internet 发展过程中的产物

C．它是 OSI 参考模型的前身

D．它是与 OSI 参考模型相当的网络标准

15．TCP/IP 协议模型由________组成。

A．应用层、传输层、网际层、网络接口层

B．应用层、传输层、网际层、物理层

C．应用层、TCP 层、IP 层、数据链路层

D．传输层、网络层、数据链路层、接口层

三、简答题

1．什么是网络体系结构？

2．网络体系结构分层的原则是什么？

3．什么是帧同步？常用帧同步采用哪几种方法？

4．简单比较 OSI 模型中数据链路层、网络层和传输层地址的概念有什么区别。

5．网络层的主要作用是什么？

6．为什么说传输层在网络体系结构中是承上启下的一层？

7．流量控制和拥塞控制的含义是什么？分别在哪一层控制的？

8．简述传输层的功能。传输层的分段和重组是什么意思？

9．描述 TCP/IP 模型。

10．比较 OSI 和 TCP/IP 模型的区别和联系。

第4章　局域网技术

本章学习目标：

◆ 了解局域网的定义和特点；
◆ 掌握局域网的拓扑结构；
◆ 了解局域网的基本组成；
◆ 了解局域网的模型及标准；
◆ 掌握几种常用的介质访问控制原理与应用；
◆ 了解传统以太网和交换式以太网的特点；
◆ 了解虚拟局域网的概念及应用。

4.1　局域网概述

局域网（LAN）是当今计算机网络技术应用与发展非常活跃的一个领域。公司、企业、政府部门以及住宅小区内的计算机都通过 LAN 连接，达到资源共享、信息传递和数据通信的目的。而信息化进程的加快，更加需要通过 LAN 进行网络互联。因此，理解和掌握局域网技术就显得更加重要。

4.1.1　局域网的概念

局域网（Local Area Network，LAN）是一种应用最广泛的计算机网络，它是在有限的地理范围内，利用各种网络连接设备和通信线路将计算机互联在一起，实现数据传输和资源共享的计算机网络。由于社会对信息资源的广泛需求和计算机相关产品价格的不断下降，从而促进了局域网技术的迅猛发展。

局域网是封闭型的，可以由办公室内的两台计算机组成，也可以由一个公司内的上千台计算机组成。

局域网具有以下特点：

（1）局域网分布于相对较小的地理范围内，往往用于某一群体，如一个单位、一个部门等。

（2）局域网一般不对外提供服务，保密性较好，且便于管理。

（3）局域网的网速较快，现在通常采用 100Mbps、1000Mbps 的传输速率到达用户端口，1Gbps、10Gbps 的传输速率用于骨干的网络连接部分。

（4）误码率低，一般在 10^{-11}～10^{-8}。这是因为局域网通常采用基带传输技术，而且距离短，所经过的网络设备较少，因此误码率低。

（5）局域网投资较少，组建方便，使用灵活。

构建局域网需要考虑如下问题：局域网所采用的拓扑结构、选择的传输介质、介质访问控制方法、通信协议和布线技术。

4.1.2　局域网的拓扑结构

网络中的计算机等设备要实现互联，就需要以一定的结构方式进行连接，这种连接方式就叫做“拓扑结构”，通俗地讲就是这些网络设备是如何连接在一起的。局域网的网络拓扑结构主要有以下三大类。

1. 星形结构

这种结构是目前在局域网中应用得最为普遍的一种，在企业网络中几乎都是采用这一方式。星形网络几乎为 Ethernet（以太网）网络专用，它是因网络中的各工作站结点设备通过一个网络集中设备（如集线器或者交换机）连接在一起，各结点呈星状分布而得名。这类网络目前用得最多的传输介质是双绞线，如常见的五类、超五类双绞线等。

这种拓扑结构网络的基本特点主要有如下几点：

（1）容易实现。它所采用的传输介质一般都是采用通用的双绞线，这种传输介质相对来说比较便宜。这种拓扑结构主要应用于 IEEE802.2、IEEE802.3 标准的以太局域网中。

（2）结点扩展、移动方便。结点扩展时只需要从集线器或交换机等集中设备中拉一条线即可，若要移动一个结点只需要把相应结点设备移到新结点即可，而不会像环形网络那样“牵其一而动全局”。

（3）维护容易。一个结点出现故障不会影响其他结点的连接，可任意拆走故障结点。

（4）采用广播信息传送方式。任何一个结点发送的信息在整个网络中的结点都可以收到，这在安全方面存在一定的隐患，但这在局域网中使用影响不大（可以通过虚拟局域网技术解决）。

（5）网络传输数度快。这一点可以从目前最新的 1000Mbps 到 10Gbps 以太网接入速度可以看出。

2. 环形结构

这种结构的网络形式主要应用于令牌网中，在这种网络结构中各设备是直接通过电缆来连接的，最后形成一个闭环，整个网络发送的信息就是在这个环中传递，通常把这类网络称为“令牌环网”。实际上大多数情况下这种拓扑结构的网络不会是所有计算机真的要连接成物理上的环形，一般情况下，环的两端是通过一个阻抗匹配器来实现环的封闭的，因为在实际组网过程中因地理位置的限制不方便真的做到环的两端物理连接。

这种拓扑结构的网络主要有如下几个特点：

（1）这种网络结构一般仅适用于 IEEE802.5 的令牌网（Token ring network），在这种网络中，“令牌”是在环形连接中依次传递的，所使用的传输介质一般是同轴电缆。

（2）这种网络实现也非常简单，投资最小。组成这种网络除了各工作站就是传输介质（同轴电缆），以及一些连接器材，没有价格昂贵的结点集中设备，如集线器和交换机。但也正因为这样，这种网络所能实现的功能最为简单，仅能当做一般的文件服务模式使用。

（3）传输速率高。在早期的令牌网中允许有 16Mbps 的传输速率，它比普通的 10Mbps 以太网要快许多。当然随着以太网的广泛应用和以太网技术的快速发展，以太网的速度也得到了极大的提高，目前普遍都能提供 100Mbps 的网速。

（4）维护困难。从其网络结构可以看到，整个网络各结点间是直接串联，这样任何一个结点出了故障都会造成整个网络的中断、瘫痪，维护起来非常不便；另一方面因为同轴电缆所采用的是插针式的接触方式，所以非常容易造成接触不良，网络中断，这样的故障查找起来也非常困难。

（5）扩展性能差。因为它的环形结构，决定了它的扩展性能远不如星形结构的好，如果要新添加或移动结点，就必须中断整个网络，在环的两端做好连接器才能连接。

3. 总线型结构

这种网络拓扑结构中所有设备都直接与总线相连，它所采用的介质一般也是同轴电缆（包括粗缆和细缆），不过现在也有采用光缆作为总线型传输介质的，如 ATM 网、Cable MODEM 所采用的网络等都属于总线型网络结构。

这种结构具有以下几个方面的特点：

（1）组网费用低。这样的结构根本不需要另外的互联设备，是直接通过一条总线进行连接的，所以组网费用较低。

（2）这种网络因为各结点是共享总线带宽的，所以在传输速度上会随着接入网络的用户的增多而下降。

（3）网络用户扩展较灵活。需要扩展用户时只需要添加一个接线器即可，但所能连接的用户数量有限。

（4）维护较容易。单个结点失效不影响整个网络的正常通信。但是如果总线一断，则整个网络或者相应主干网段就断了。

（5）这种网络拓扑结构的缺点是一次仅能一个端用户发送数据，其他端用户必须等待到获得发送权。

4.2　局域网的模型与工作原理

随着局域网的迅速发展，各种类型越来越多，为了促进产品的标准化以增加产品的可操作性，1980 年 2 月成立了 IEEE802 委员会（IEEE - Institute of Electrical and Electronics Engineers，即美国电气和电子工程师协会），该委员会制定了一系列局域网标准，称为 IEEE802 标准，目前许多 802 标准已经成为 ISO 国际标准。

4.2.1　局域网的模型

由于局域网不需要路由选择，因此它并不需要网络层，而只需要最低的两层：物理层和数据链路层。

按 IEEE802 标准，又将数据链路层分为两个子层：介质访问控制子层（MAC-Media Access Control）和逻辑链路控制子层 LLC（Logical Link Control）。

因此，在 IEEE802 标准中，局域网体系结构由物理层、介质访问控制子层（MAC）和逻辑链路控制子层（LLC）组成，如图 4-1 所示。

局域网的数据链路层有两种不同的数据单元：LLC PDU 和 MAC 帧，如图 4-2 所示。

1. 物理层

物理层的主要作用是确保二进制位信号的正确传输，包括位流的正确传送与正确接收。局域网物理层制定的标准规范主要有如下一些内容。

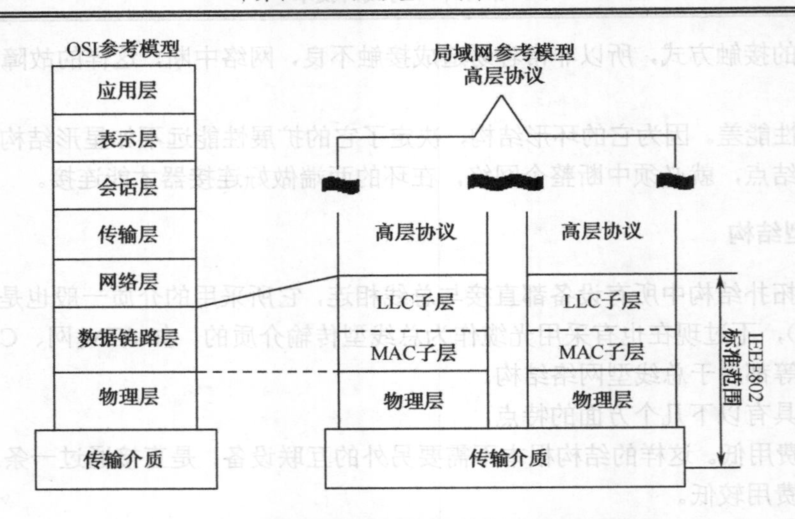

图 4-1 局域网的 802 参考模型与 ISO/RM 的对比

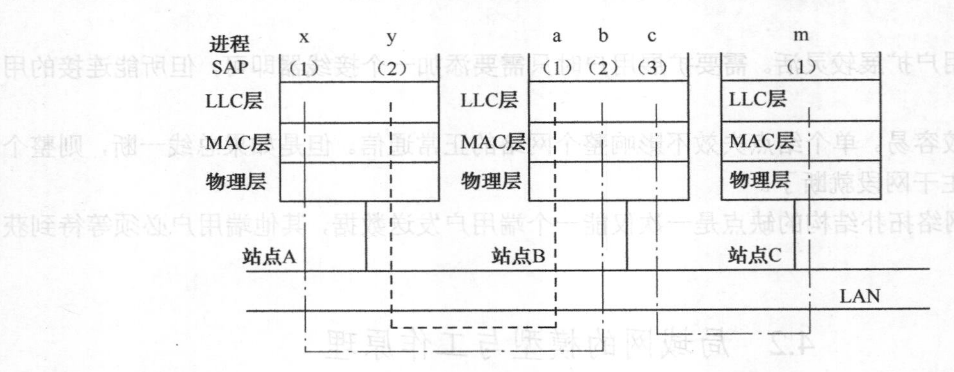

图 4-2 LLC PDU 和 MAC 帧的关系

（1）比特信号传输：实现比特流的传输、接收与数据的位同步及控制等。

（2）信号类型：如以太网采用的基带信号传输数据。

（3）传输信号的编码方案，局域网常用的编码方案有曼彻斯特码、差分曼彻斯特码、非归零码、4B/5B 码、8B/6T 和 8B/10B 等。

（4）传输介质的类型：双绞线、同轴电缆、光纤或无线介质等。

（5）传输速率：10Mbps、16Mbps、100Mbps、1000Mbps、10Gbps 等。

（6）拓扑结构：总线型、环形、星形、树形等。

2. MAC（介质访问控制）子层

MAC 是数据链路层的一个功能子层。MAC 构成了数据链路层的下半部，它直接与物理层相邻。它的主要功能是进行合理的信道分配，解决信道竞争问题。它在 LLC 子层下，完成介质访问控制功能，为竞争的用户分配信道使用权，并具有管理多链路的功能。MAC 子层为不同的物理介质定义了介质访问控制标准。目前，IEEE802 已规定的介质访问控制标准有著名的带冲突检测的载波监听多路访问（CSMA/CD）、令牌环（Token- Ring）和令牌总线（Token- Bus）等。

MAC 子层的具体功能如下：

（1）发送信息时负责将数据封装成数据帧，接收数据时负责数据帧的拆装过程。

（2）具有差错控制功能。

（3）实现和维护 MAC 协议。

（4）寻址并执行地址识别。

3. LLC（逻辑链路控制）子层

LLC 也是数据链路层的一个功能子层。LLC 在 MAC 子层的支持下向网络层提供服务。可运行于所有 802 局域网和城域网协议之上的数据链路协议，被称为逻辑链路控制（LLC）。

LLC 子层与传输介质无关，它独立于介质访问控制方法，屏蔽了各种 802 网络之间的差别，向网络层提供一个统一的格式和接口。

LLC 子层的功能包括：提供面向连接的虚电路和无连接的数据单元服务，它集中了与传输介质无关的部分，负责数据帧的封装和拆装，为网络层提供网络服务的逻辑接口。

4. 划分 LLC 和 MAC 子层的目的

这种将 LLC 子层和 MAC 子层分开的方法，使得 LLC 子层对各种不同物理介质的访问成为透明，也就是说在 LLC 子层上面感觉不到具体局域网的类型，只有进入 MAC 子层才能感觉到与所连接的局域网类型有关。

4.2.2　局域网的标准

IEEE802 局域网工作委员会设有若干个分委员会，分别负责制定相应的标准，有些标准还在不断地制定中，现有的标准有：

- IEEE802.1A——局域网体系结构；
- IEEE802.1B——寻址、网络互连与网络管理；
- IEEE802.2——逻辑链路控制（LLC）；
- IEEE802.3——CSMA/CD 访问控制方法与物理层规范；
- IEEE802.3i——10Base-T 访问控制方法与物理层规范；
- IEEE802.3u——100Base-T 访问控制方法与物理层规范；
- IEEE802.3ab——1000Base-T 访问控制方法与物理层规范；
- IEEE802.3z——1000Base-SX 和 1000Base-LX 访问控制方法与物理层规范；
- IEEE802.3ae——定义了在光纤上传输 10G 以太网的标准；
- IEEE802.4——令牌总线（Token-Bus）访问控制方法与物理层规范；
- IEEE802.5——令牌环（Token-Ring）访问控制方法与物理层规范；
- IEEE802.6——分布式队列双总线（DQDB）访问控制方法与物理层规范；
- IEEE802.7——宽带局域网访问控制方法与物理层规范；
- IEEE802.8——光纤技术（FDDI）访问控制方法与物理层规范；
- IEEE802.9——综合数据话音网络；
- IEEE802.10——可互操作的局域网安全标准（SILS）；
- IEEE802.11——无线局域网访问控制方法与物理层规范；
- IEEE802.12——100VG-AnyLAN 访问控制方法与物理层规范；
- IEEE802.14——协调混合光纤同轴（HFC）网络的前端和用户站点间数据通信的协议；
- IEEE802.15——无线个人网技术标准，其代表技术是蓝牙（Bluetooth）；

- IEEE802.16——宽带无线 MAN 标准（WiMAX）；
- IEEE802.17——弹性分组环（RRR）工作组；
- IEEE802.18——宽带无线局域网技术咨询组（Radio Regulatory）；
- IEEE802.19——多重虚拟局域网共存技术咨询组；
- IEEE802.20——移动宽带无线接入（MBWA）工作组；
- IEEE802.21——介质无关切换（MIH）。

4.3 局域网的基本组成

无论采用何种局域网技术来组建局域网，都要涉及它的组件的选择，包括硬件和软件。其中，软件主要是指以网络操作系统为核心的软件系统，硬件则主要指计算机及各种组网设备。下面给大家做一些简单的介绍。

4.3.1 局域网的软件系统

局域网的软件系统主要包括网络操作系统、工作站系统、网卡驱动系统、网络应用软件、网络管理软件和网络诊断软件。这些软件中的一部分或全部可能被包含在网络操作系统中，也可能作为附加产品提供。

1. 网络操作系统

网络操作系统（NOS）运行在服务器上，负责处理工作站的请求，控制网络用户可用的服务程序和设备，控制网络的正常运行。

目前常用的网络操作系统（NOS）主要有 NetWare、UNIX、Linux、Windows Server 等。

2. 工作站软件

工作站软件运行在工作站上，处理工作站与网络的通信，与本地操作系统一起工作，有些任务分配给本地系统完成，一些任务交给网络系统完成。

3. 网卡驱动程序

网卡驱动程序介于网卡和运行在工作站或服务器上的网络软件之间。网卡驱动程序是网络专用的，通常随网卡或网络操作系统一起提供。

4. 网络应用软件

网络应用软件也称网络应用程序，它是专为在网络环境中运行而设计的。网络应用程序的一个文件或目录可以允许多个用户在同一时刻访问，它是网络文件资源共享的基础。

5. 网络管理软件

网络管理软件能监测网络上的活动并收集网络性能数据，根据数据提供的信息来微调和改善网络性能。一部分网络管理软件包含在网络操作系统中，但大部分网络管理软件独立于操作系统，需要单独购买。

6. 诊断软件

诊断和备份程序可以用来帮助事先发现网络存在的问题和隐患，也用来及时解决和处理出现的问题，如病毒检测程序、硬盘测试程序、数据备份程序等。

4.3.2 局域网的硬件系统

局域网的硬件系统一般由服务器、用户工作站、网卡、传输介质和数据交换设备五部分组成。

1. 服务器

广义地说，服务器是指提供服务的软件或硬件，或者两者的结合体。我们这里所说的服务器是指局域网的服务器，服务器上运行网络操作系统。随着局域网功能的不断增强，按服务器提供的功能不同又可分为文件服务器（File Server）和应用服务器（Application Server)。

文件服务器负责管理网络文件系统、工作站之间的通信，管理网络上的所有资源和用户对资源的使用。文件服务器还提供了对系统资源进行管理的各种应用程序。

应用服务器包括数据库服务器、电子邮件服务器、打印服务器、WWW 服务器、FTP 服务器、通信服务器等。

2. 工作站

网络工作站是通过网卡连接到网络上的一台有数据处理能力的计算机。它和与大型主机连接的终端不同，终端只是一种界面，用户所要处理的数据通过终端送到大型主机去处理，结果再传送回终端。而工作站不同，它本身是一台有处理能力的计算机，用户的所有数据都可在工作站上处理，或到服务器上取数据到工作站来，处理完后再送回服务器，可以有自己的操作系统（OS）独立工作，通过运行工作站网络软件访问 Server 共享资源。目前常用的操作系统（OS）主要有 UNIX、Linux、Windows。

3. 网卡

网卡是网络接口卡 NIC（Network Interface Card）的简称，也叫网络适配器，它是物理上连接计算机与网络的硬件设备，是局域网最基本的组成部分之一，可以说是必备的。它插在计算机的主板扩展槽中，通过网线（如双绞线、同轴电缆）与网络共享资源、交换数据。在局域网中，每一台需要联网的计算机都必须配置一块（或多块）网络接口卡。

网卡将计算机连接到网络，将数据打包并处理数据传输与接收的所有细节，这样就得以缓解 CPU 的运算压力，使得数据可以在网络中更快地传输。

（1）网卡的功能。

网卡实现了物理层和数据链路层的功能，这些功能包括：

① 缓存功能。网卡通常配有一定的数据缓冲区，网卡上固化有控制软件。发送时，从网络层传来的封装后的数据先暂存到网卡的缓冲区中，然后由网卡装配成帧发送出去。接收时，网卡把收到的帧先存在缓冲区，然后再进行解帧等一系列操作。

② 介质访问技术。对于共享介质的局域网，为了防止网络上的多台计算机同时发送数据，并且为了避免因为数据包的冲突而丢失数据，利用介质访问技术进行协调是必要的。不同类型的网卡使用的介质访问控制技术各不相同，例如传统以太网使用的是 CSMA/CD 方法，令牌环

网卡使用的是令牌环方法。

③ 串/并行转换。因为计算机内部是采用并行来传输数据的，而网线上采用的是串行传输，因此，网卡在发送数据时必须把并行数据转换成适合网络介质传输的串行比特流；在接收数据时，网卡必须把串行比特流转换成并行数据。

④ 帧的封装与解封装。网卡发送数据时，会把从网络层接收到的已被网络层协议封装好的数据帧装配成帧，转换成能在传输介质上传输的比特流；在接收数据时，网卡首先要对收到的帧进行校验，以确保帧的正确性，然后拆包（去掉帧头和帧尾）重组成本地设备可以处理的数据。

⑤ 数据的编码/解码。计算机生成的二进制数据必须经过编码转换成物理信号后才能在网络传输介质中传输。同样，在接收数据时，必须进行物理信号到二进制数据的解码过程。编码方法是由使用的数据链路层协议来决定的，例如，以太网使用曼彻斯特编码，令牌环网使用差分曼彻斯特编码。

（2）网卡的分类。

目前网卡的种类很多，不同的网络传输介质采用的网卡也不同。按传输速度可分为10Mbps、100Mbps、1000Mbps 网卡、10Mbps/100Mbps 自适应网卡等，按总线接口可分为 ISA/PCI 网卡等，按传输介质接口可分为 BNC/RJ45 网卡等。

（3）网卡的物理地址。

每一块网卡在出厂时都被分配了一个唯一的地址标识，该标识被称为网卡地址或 MAC 地址。由于该地址是固化在网卡上的，所以又称为物理地址或硬件地址。网卡地址由 48 位长度的二进制数组成。为了保证 MAC 地址不会重复，由 IEEE 作为 MAC 地址的法定管理机构，它负责将地址字段的前 3 字节（高 24 位）统一分配给厂商，而低 24 位则由厂商分配。若采用 12 位的十六进制数表示，则前 6 个十六进制数表示厂商，后 6 个十六进制数表示该厂商网卡产品的序列号。如网卡地址 00-90-27-99-11-cc，其中前 6 个十六进制数表示该网卡是由 Intel 公司生产，相应的网卡序列号为 99-11-cc。网卡地址主要用于设备的物理寻址，网卡初始化后，该网卡的 MAC 将载入设备的 RAM 中。例如，执行 DOS 命令 ipconfig/all ，可获知本机网卡的 MAC，如图 4-3 所示，网卡的物理地址为 00-19-21-4C-BE-2B。

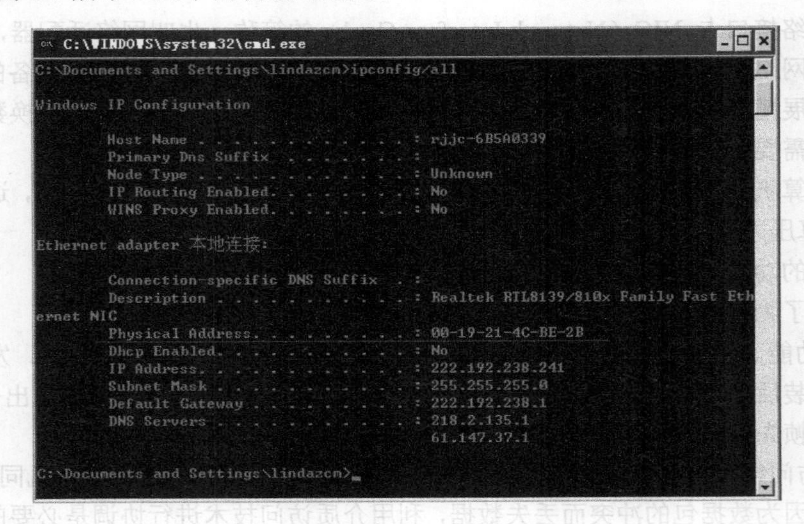

图 4-3　获知本机网卡的 MAC 地址

4. 传输介质

目前常用的传输介质有双绞线、同轴电缆、光纤，还有无线电、红外线等传输介质。传输介质的选择与网卡、传输速率、传输距离等有很大的关系。

5. 数据交换设备

集线器汇集每个端口的数据，并将一个端口的数据传送到另一个端口，每个端口都可接收数据。由于集线器是点对点的操作，因此，一个工作站出了故障并不影响整个网络。

交换机是一种带交换功能的集线器。除了具有集线器的功能外，还可以将高速率交换为低速率并具有网络带宽重新分配的功能。

在局域网中，若采用总线结构，则不需要集线器和交换机。若采用星形结构，则必须用集线器或交换机。

4.4 介质访问控制方法

介质访问控制方法就是解决“当局域网中共享信道的使用产生竞争时，如何分配信道的使用权”问题。

介质访问控制方式与局域网的拓扑结构/工作过程有密切关系，主要分为共享式访问控制方式和交换式局域网。目前，局域网常用的共享式访问控制方式有三种,分别用于不同的拓扑结构：带有冲突检测的载波侦听多路访问法（CSMA/CD）、令牌环访问控制法（Token Ring）、令牌总线访问控制法（Token Bus）。

4.4.1 以太网介质访问控制方法

CSMA/CD 是带冲突检测的载波侦听多路访问（Carrier Sense Multiple Access/Collision Detection）的英文缩写。CSMA/CD 协议起源于 ALOHA 协议，1972 年 XEROX（施乐）公司将其应用于当时开发的以太网。这是由于以太网的 CSMA/CD 的制定具有相当大的影响力，因此，后来 XEROX 与 Digital、Intel 公司共同制定了新的以太网格式，并最终成为 IEEE802.3 标准。

CSMA/CD 协议主要用于物理拓扑结构为总线型、星形或树形的以太网中。

1. 载波侦听多路访问（CSMA）

这里的“载波”并非传统意义上的高频正弦信号，而是一种术语上的借用，其含义为：判断线路上有无数据信号正在传输。因此，我们把查看信道上有无数字信号传输称为载波侦听，而把同时有多个结点在侦听信道是否空闲和发送数据称为多路访问。载波侦听的功能是由分布在各个结点上的控制器各自独立进行的，它的实现方法是通过硬件测试信道上是否有信号。

2. 冲突检测（CD）

冲突有两种情况。一种是当侦听到信道某一瞬间处于空闲状态时，两个以上的结点会同时向信道发送数据，这样，在信道上就会产生两个以上的信号重叠干扰，使数据不能正确地传输和接收。另一种是结点甲侦听到信道是空闲的，但在这种空闲的状态下，可能是信道上的结点乙已经发送了数据，只是由于传输介质上信号传送的延迟，数据信号尚未到达结点甲；如果此时结点甲又发数据，则也会发生冲突。由于冲突的产生是必然的，因此，如何消除冲突就成为一个重要的问题。一般来说，结点上的检测器必须具备发现冲突和处理冲突的能力。各个结点通过各自设备的冲突检测器检测冲突，冲突发生以后，便停止发送数据，然后延迟一段时间以后再去抢占信道。为了尽量减少冲突，各个结点采用了随机数时间延迟控制法，即各自使用不同的随机数产生延迟时间，使得延迟时间最小的那个结点先抢占信道，如果再次发生冲突则照此办法重复处理，最后总有一次会抢占成功。因此，将这种延迟竞争法称为"冲突控制算法"或"延迟退避算法"。

3. CSMA/CD 方法

CSMA/CD 方法的出现是因为 CSMA 方法有一个最主要的缺点，那就是如果两台计算机都检测出传输介质空闲的状态，就会几乎同时都开始传送数据，于是碰撞（Collision）就发生了。网络发生碰撞时，网络的电压会升高，此时网络的电压值大于同时传送数据时计算机上的电压值，因此可得知发生了碰撞。

CSMA/CD 包含两个方面的内容，即载波侦听多路访问（CSMA）和冲突检测（CD）。在总线型局域网中，当某一个结点要发送数据时，它首先要先去检测网络上介质是否有数据正在传送，然后决定是否将数据送上网络。如果没有任何数据在传送（即处于空闲"free"状态），则立即抢占信道发送数据；如果信道正忙（即处于忙碌"busy"状态），则需要等待直至信道空闲再发数据。往往同时会有多个结点侦听到信道空闲并发送数据，这就可能会发生冲突。冲突以后怎么办？CSMA/CD 采取一种巧妙的解决方法，就是在发送数据的同时，进行冲突检测，一旦发现冲突，立刻停止发送，并等待冲突平息后再进行传送，直至将数据成功地发送出去为止。CSMA/CD 在发送数据前监听传输线上是否有数据，若有其他站上在传送数据，即先等待一段时间再传。也就是说，在采用 CSMA/CD 的传输线上，任何时刻只能由一方在传送数据，而不允许两个以上的数据同时传送，这很像传输方式中的半双工方式。

因此，CSMA/CD 方法的工作原理是当一个结点要发送数据时，首先监听信道；如果信道空闲就发送数据，并继续监听；如果在数据发送过程中监听到了冲突，则立刻停止数据发送，等待一段随机的时间后，重新开始尝试发送数据。可以简单地概括为以下 4 句话：先听后发、边听边发、冲突停止、随机延迟后重发。

4. CSMA/CD 的特点

CSMA/CD 采用了争用型介质访问控制方法，原理比较简单，技术上易实现，网络中各工作站处于平等地位，不需集中控制，不提供优先级控制。在低负荷时，响应较快，具有较高的工作效率；在高负荷（结点激增）时，随着冲突的急剧增加，传输延时剧增，导致网络性能的急剧下降。此外，有冲突型的网络，时间不确定，因此不适合控制型网络。

注意： CSMA/CD 无法完全消除冲突，它只能采取一些措施来减少冲突，并对冲突进行处理。

4.4.2 令牌环网介质访问控制方法

令牌环（Token Ring）介质访问控制多用于环形拓扑结构的网络，属于有序的竞争协议。

令牌环机制访问控制技术始于 1969 年贝尔实验室的 Newhall 环网。其后，应用最为广泛的是IBM的Token Ring（令牌环）网络。IEEE802.5标准正是在IBM令牌环协议的基础上发展和制定起来的。

令牌环是一条环路，信息沿环单向流动，不存在路径选择问题。为了保证在共享环上数据传送的有效性，任何时刻环中只能允许一个结点发送数据。为此，在环中引入了令牌传递机制。令牌是用来控制各个结点介质访问权限的控制帧，在任何时候都有一个令牌帧在环中沿着固定的方向逐站传递。

1. 令牌环的工作原理

令牌环的基本工作原理是：当环启动时，一个“自由”或空令牌沿环信息流方向转圈，当一个站点需要发送数据时，从环路中截获空闲令牌，并在启动数据帧的传送之前将令牌帧中的“忙/闲”状态位置“忙”，然后将信息包尾随在忙令牌后面进行发送。数据帧沿与令牌相同的方向传送，由于此时环中已没有空闲令牌，因此所有其他希望发送数据的结点必须等待。当数据帧沿途经过各站的环接口时，各站都将数据帧中所携带的目的地址与本站地址进行比较。若不相符，则直接转发该帧；若相符，则一方面复制该帧的全部信息并放入接收缓冲器以送入本站的高层，另一方面修改帧中的接收状态位，修改后的帧在环上继续流动直到回到发送站，最后由发送站结点将帧移去，如图4-4所示。

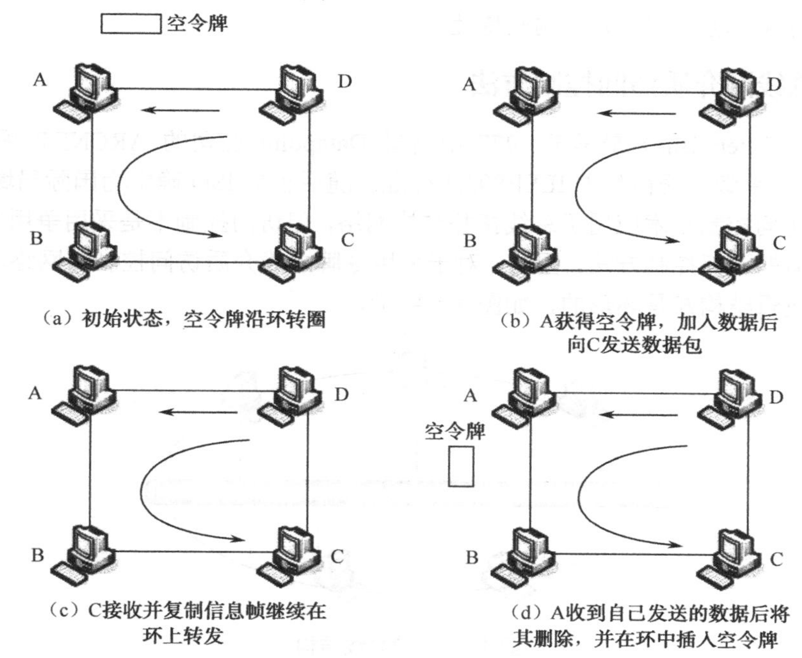

图4-4 令牌环工作示例

总的来说，在令牌环中主要有下面的4种操作：

（1）截获令牌并且发送数据帧。如果没有结点需要发送数据，令牌就由各个结点沿固定的顺序逐个传递；如果某个结点需要发送数据，就要等待令牌的到来。当空闲令牌传到这个结点时，该结点修改令牌中的状态标志，使其变为“忙”的状态，然后去掉令牌的尾部，加上数据成为数据帧，再发送到下一个结点。

（2）接收与转发数据。发送的数据帧在环上循环的过程中，所经过环上的各个站点都将帧上的目的地址与本站点的地址进行比较，如果不属于本结点，则转发出去；如果属于本结点，则复制到本结点的计算机中，同时在帧中设置已经接收的标志，然后向下一结点转发。

（3）取消数据帧并且重发令牌。由于环网在物理上是个闭环，一个帧可能在环中不停地流动，因此必须消除。当数据帧通过闭环重新传到发送结点时，发送结点不再转发，而是检查发送是否成功。如果发现数据帧没有被正确接收，则重发该数据帧；如果传输成功，则清除该数据帧，并且产生一个新的空闲令牌发送到环上。

（4）空令牌在环上循环，经过某站点时，若该站点有数据帧要发送则重复上述过程；若该站点没有数据帧发送则直接将令牌传给下一个站点。

2. 令牌环网络的主要特点

（1）无冲突：令牌环采用了无冲突的介质访问控制方法。

（2）时间确定：由于环状网中，令牌循环一周的时间固定，因此，实时性好，适用于控制型或实时性要求较高的控制型网络。

（3）适合光纤：由于信号单向流动，因此，适合使用高带宽的光纤作为传输介质。

（4）控制性能好：令牌环网还可以设置优先级，适于集中管理。

（5）负荷：在低负荷时，也要等待令牌的顺序传递，因此，低负荷时响应一般，在高负荷时，由于没有冲突，因此有较好的响应特性。

4.4.3 令牌总线网介质访问控制方法

令牌总线（Token Bus）最早于 1977 由美国 Datapoint 公司的 ARCNET 采用，进入 20 世纪 80 年代后，令牌总线被列入 IEEE802.4 标准。随后也被 ISO 确定为国际局域网标准。

令牌总线访问控制技术应用于总线拓扑结构网络，但访问控制不是采用争用方式，而是采用与令牌环相似的访问控制方法。因此，对于采用令牌总线介质访问控制的网络，其物理结构是总线的，而逻辑结构却是环形的，如图 4-5 所示。

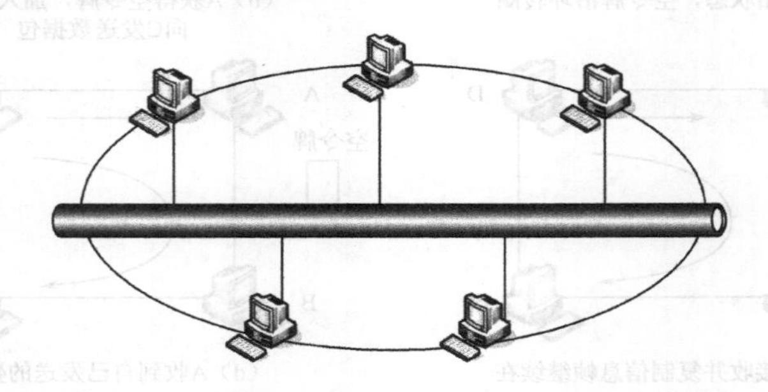

图 4-5　令牌总线结构

在物理上令牌总线是一根线形或树形的电缆，其上连接各个站点；在逻辑上，所有站点构成一个环。每个站点知道自己左边和右边的站点的地址。逻辑环初始化后，站号最大的站点可以发送第一帧。此后，该站点通过发送令牌（一种特殊的控制帧）给紧接其后的邻站，把发送权转给它。令牌绕逻辑环传送，只有令牌持有者才能够发送帧。因为任一时刻只有一个站点拥有令牌，所以不会产生冲突。

在逻辑环已经建立、正常的情况下，令牌总线的访问控制操作过程与令牌环基本相同。一般情况下，令牌总线局域网采用 75Ω同轴电缆作为传输介质。

4.5 以　太　网

在各种局域网技术中，以太网被广泛应用。以太网（Ethernet）是一种产生较早且使用相当广泛的局域网，以太网最早是由美国 Xerox（施乐）公司创建的，在 1980 年由 DEC、Intel 和 Xerox 三家公司联合提出了以太网规范，这是世界上第一个局域网的技术标准。后来的以太网国际标准 IEEE802.3 就是参照以太网的技术标准建立的，两者基本兼容。为了与后来提出的快速以太网相区别，通常又将这种按 IEEE802.3 规范生产的以太网产品简称为以太网。

以太网使用 CSMA/CD 介质访问方式，在数据链路层传输的是帧，物理拓扑结构可以为总线型、星形和树形结构，但是逻辑结构上却都是总线型结构。例如 10Base-T、100Base-T 等，虽然用双绞线连接时在外表上看是星形结构，但连接双绞线的 Hub 内部仍是总线型结构，只是连接每个计算机的传输介质传输距离变长了，这种以太网称为共享式以太网。采用交换机的以太网称为交换式以太网，它们具有不同的性质。

以太网结构简单，易于实现，技术相对成熟，网络连接设备的成本越来越低。以太网类型较多，但互相兼容，不同类型的以太网可以很好地集成在一个局域网中，其扩展性也很好。因此，当前组建局域网、校园网和企业网的单位都把以太网作为首选。

4.5.1 传统以太网

传统以太网通常是指信息的传输速率为 10Mbps 的以太网，在 10Mbps 以太网中又有 4 种形式：采用粗同轴电缆的 10Baes5、采用细同轴电缆的 10Base2、采用 3 类双绞线的 10Base-T、采用多模光纤的 10Base-F。

1. 10Base5

10Base5 是以太网的最初形式，数字信号采用曼彻斯特编码，传输介质为直径 10mm 的粗同轴电缆，阻抗为 75Ω，电缆最大长度为 500m，超过 500m 的可用中继器扩展。任意两个站点之间最多允许有 4 个中继器，因此该网络的网络直径可扩大到 2500m，即最多可由 5 个 500m 长的线段和 4 个中继器组成。

2. 10Base2

10Base2 采用阻抗为 50Ω 的基带细同轴电缆作为传输介质，是一种廉价网，数字信号采用曼彻斯特编码。10Base2 在不使用中继器时电缆的最大长度为 185m，使用 4 个中继器时的电缆最大长度为 925m，允许每一段电缆上有 30 个站点。两个相邻的 BNC-T 型连接器的距离最小应大于 0.5m。

10Base2 与 10Base5 相比，其成本和安装的复杂性均大大降低，但存在多个 BNC-T 型连接器和 BNC-T 型连接器的连接点，同轴电缆的连接故障率较高，影响了系统的可靠性。

3. 10Base-T

10Base-T 标准于 1990 年 9 月由 IEEE802.3 发布以来，网络就较少采用 10Base5 和 10Base2 以太网所采用的总线型拓扑结构，而采用了星形拓扑结构，所有的工作站都接到集线器上，其结构如图 4-6 所示。

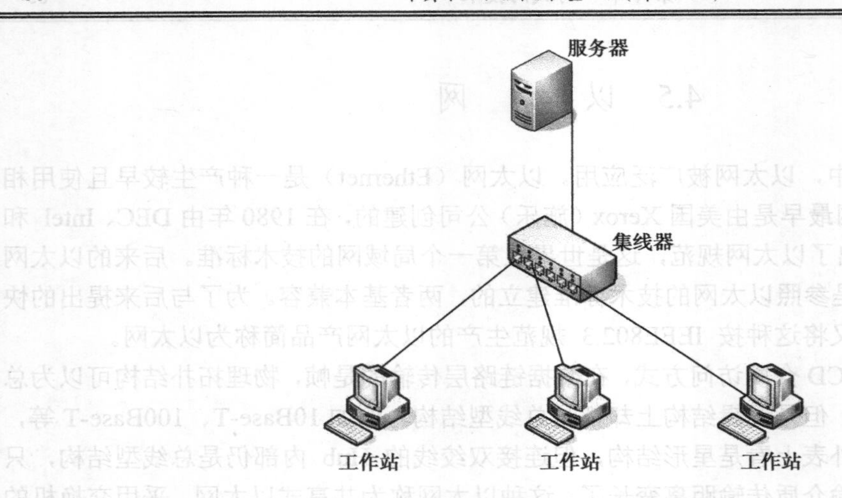

图 4-6　10Base-T 网络结构

10Base-T 的主要功能是：通过网络接口卡的端口，使工作站和网络之间构成点到点的连接；某一端口传输的信号可通过集线器进行接收、再生和广播到达其他端口；自动监测冲突，并在冲突产生时发出阻塞信号以便通知其他工作站。采用 10Base-T 标准的以太网的优点是：能够自动隔离发生故障的工作站；10Base-T 标准以太网在安装、管理、性能和成本等方面具有很大的优越性，得到了广泛的应用；故障检测容易，且发生故障的工作站和集线器可以被自动排除在网络之外，不影响其他站点的正常工作；线路的安装可与电话系统的线路同时进行，减少了网络安装的费用；集线器能够提供较高的可靠性，并且价格低廉，网络中每台设备都与集线器连接，添加或去除某一个设备不会影响其他的设备，更不需要关闭整个网络；网络所使用的 3 类双绞线是一种易弯曲的、价格便宜的电缆，因此能够轻易地隐藏在墙面里或者天花板内，不破坏房间的整体布局。

10Base-T 与 10Base2、10Base5 兼容，网络操作系统无须进行任何改变。由于较高的数据传输速率和非屏蔽双绞线的传输特性，10Base-T 的传输距离限制在 100m 以内，若要增加传输距离，可改用光纤连接，此时传输距离可达数千米。

4. 10Base-F

10Base-F 以太网使用一对光缆，其中，一条光缆用于发送数据，另一条用于接收数据。在所有情况下，信号都采用曼彻斯特编码，每一个曼彻斯特信号元素转换成光信号元素，用有光表示高电平，无光表示低电平，因此，10Mbps 的曼彻斯特流在光纤上可达 20Mbps。10Base-F 定义了 4 种光缆规范：FOIRL、10Base-FP、10Base-FB 和 10Base-FL 规范。FOIRL 和 10Base-FP 规范允许每一段的最大距离为 1000m，10Base-FB 和 10Base-FL 规范则允许最大距离达到 2000m。

4.5.2　高速以太网

传统以太网的数据传输速率是 10Mbps，若局域网中有 N 个结点，那么每个结点平均能分配到的带宽为（$10/N$）Mbps。随着网络规模的不断扩大，结点数目的不断增加，平均分配到各结点的带宽将越来越少，这使得网络效率急剧下降。解决办法是提高网络的数据传输速率，把速率达到或超过 100Mbps 的局域网称为高速局域网。高速局域网有以下几种。

1. 100Base-T 高速以太网

100Base-T：100Mbps，Baseband，双绞线对。简而言之，100Base-T 是一种以 100Mbps 速率工作的局域网（LAN）标准，它通常被称为快速以太网，并使用 UTP（非屏蔽双绞线）铜质电缆。快速以太网有三种基本的实现方式：100Base-FX、100Base-TX 和 100Base-T4。每一种规范除了接口电路外都是相同的，接口电路决定了它们使用哪种类型的电缆。为了实现时钟/数据恢复（CDR）功能，100Base-T 使用 4B/5B 曼彻斯特编码机制。采用了 FDDI 的 PMD 协议，但价格比 FDDI 便宜。100Base-T 的标准由 IEEE802.3 制定。与 10Base-T 采用相同的媒体访问技术、类似的布线规则和相同的引出线，易于与 10Base-T 集成。与 10Base-T 的区别在于将网络的速率提高了 10 倍。

100Base-T 的信息包格式、包长度、差错控制及信息管理均与 10Base-T 相同，但信息传输速率比 10Base-T 提高了 10 倍。与 10Base-T 不同的主要技术特性有：

（1）介质传输速率：100Mbps 基带传输。

（2）拓扑结构：星形。

（3）从集线器到结点最大距离：100m（UTP），185m（光缆）。

（4）一个网段最多允许的 Hub：2 个。

（5）两个 Hub 之间的允许距离：<5m。

100Base-T 的特点如下：

（1）性能价格比高。100Base-T 约为 10Base-T 价格的两倍，但可取得 10 倍性能的提高。

（2）升级容易。它与 10Base-T 有很好的兼容性，许多硬件线缆、接头可不必重新投资，若需将 10Base-T 升级时只需投入影响带宽的瓶颈部分资金进行更换设备。10Base-T 的核心协议即访问控制方式不必更动即可在 100Base-T 上使用。

（3）移植方便。10Base-T 上的一些管理软件、网络分析工具都可在 100Base-T 上使用。

（4）易于扩展。它可无缝地连接在 10Base-T 的现有局域网中，它还可通过交换机方便地与 FDDI 主干校园网相接。

2. 千兆位以太网

随着以太网技术的深入应用和发展，企业用户对网络连接速度的要求越来越高。1995 年 11 月，IEEE802.3 工作组委任了一个高速研究组（Higher Speed Study Group），研究将快速以太网速度增至更高。该研究组研究了将快速以太网速度增至 1000Mbps 的可行性和方法。1996 年 6 月，IEEE 标准委员会批准了千兆位以太网方案授权申请（Gigabit Ethernet Project Authorization Request）。随后 IEEE802.3 工作组成立了 802.3z 工作委员会。IEEE802.3z 委员会的目的是建立千兆位以太网标准：包括在 1000Mbps 通信速率的情况下的全双工和半双工操作、802.3 以太网帧格式、CSMA/CD 技术、在一个冲突域中支持一个中继器、10Base-T 和 100Base-T 向下兼容技术。千兆位以太网具有以太网的易移植、易管理特性。千兆位以太网在处理新应用和新数据类型方面具有灵活性，它是在赢得了巨大成功的 10Mbps 和 100Mbps IEEE802.3 以太网标准的基础上的延伸，提供了 1000Mbps 的数据带宽。这使得千兆位以太网成为高速、宽带网络应用的战略性选择。

1000Mbps 千兆位以太网目前主要有以下三种技术版本：1000Base-SX、1000Base-LX 和 1000Base-CX 版本。1000Base-SX 系列采用低成本短波的 CD 或者 VCSEL（Vertical Cavity

Surface Emitting Laser，垂直腔体表面发光激光器）发送器；而 1000Base-LX 系列则使用相对昂贵的长波激光器；1000Base-CX 系列则打算在配线间使用短跳线电缆把高性能服务器和高速外围设备连接起来。

3. 10Gbps 以太网

IEEE 于 1999 年 3 月开始从事 10Gbps 以太网的研究，其正式标准是 802.3ae 标准，它在 2002 年 6 月完成。

（1）10Gbps 以太网的特点。

数据传输速率是 10Gbps；传输介质为多模光纤或者单模光纤；10Gbps 以太网使用与 100Mbps 以太网和 1000Mbps 以太网完全相同的帧格式；线路信号码型采用 8B/10B 两种类型编码；10Gbps 以太网只工作在全双工方式，显然没有争用期问题，也就不必使用 CSMA/CD。

（2）10Gbps 以太网的物理层标准。

10Gbps 以太网的物理层标准包括局域网物理层标准和广域网物理层标准。

局域网物理层标准规定的数据传输速率是 10Gbps。具体包括以下几种：

① 10000Base-ER。10000Base-ER 的传输介质采用波长为 1550nm 的单模光纤，最大网段长度为 10km，采用 64B/66B 线路码型。

② 10000Base-LR。10000Base-LR 的传输介质采用波长为 1310nm 的单模光纤，最大网段长度为 10km，也采用 64B/66B 线路码型。

③ 10000Base-SR。10000Base-SR 的传输介质采用波长为 850nm 的多模光纤串行接口，最大网段长度 62.5μm 多模光纤时为 28m/160MHz*km、35m/200MHz*km；采用 50μm 多模光纤时为 69m、86m、300m/0.4GHz*km。也采用 64B/66B 线路码型。

为了使 10Gbps 以太网的帧能够插入到 SDH 的 STM-64 帧的有效载荷中，就要使用可选的广域网物理层，其数据传输速率为 9.95328Gbps。具体包括以下几种：

① 10000Base-EW。10000Base-EW 的传输介质是波长为 1550nm 的单模光纤，最大网段长度为 10km，采用 64B/66B 线路码型。

② 10000Base-L4。10000Base-L4 的传输介质是波长为 1310nm 的多模/单模光纤 4 信道宽波分复用串行接口，最大网段长度采用 62.5μm 多模光纤时为 300m/500MHz*km；采用 50μm 多模光纤时为 240m/400MHz*km、300m/500MHz*km；采用单模光纤时最大网段长度为 10km。10000Base-L4 选用 8B/10B 线路码型。

③ 10000Base-SW。10000Base-SW 的传输介质是波长为 850nm 的多模光纤串行接口/WAN 接口，最大网段长度采用 62.5μm 多模光纤时为 28m/160MHz*km、35m/200MHz*km；采用 50μm 多模光纤时为 69m、86m、300m/0.4GHz*km。10000Base-SW 选用 64B/66B 线路码型。

4.5.3 交换式以太网

在传统的共享介质以太网中，结点大多共享一条公共通信传输介质，不可避免会有冲突发生。随着局域网规模的扩大，网络中结点数的不断增加，每个结点平均能分配到的带宽越来越少。因此，当网络通信负荷加重时，冲突与重发现象将大量发生，网络效率将会急剧下降。为了克服网络规模与网络性能之间的矛盾，人们提出将共享介质方式改为交换方式，从而促进了交换式以太网的发展。

1. 交换式以太网的基本结构

交换式以太网是指以数据链路层的帧或更小的数据单元（信元）为数据交换单位，以交换设备为基础构成的局域网。

提高网络效率、减少拥塞有多种方案，如利用网桥/交换机将现有网络分段，采用快速以太网等，而利用交换机组网的交换式网络技术则被广为使用。交换机的功能与网桥相似，但速度更快。交换机提供多个端口，通常有一个共享式内存交换矩阵，用来将 LAN 分成多个独立冲突段并以全线速度提供这些段间互联。数据帧直接从一个物理端口送到另一个物理端口，在用户间提供并行通信，允许多对用户同时进行传送，例如，一个 24 端口交换机可支持 24 个网络结点的两对链路间的通信。这样实际上达到了增加网络带宽的目的。这种工作方式类似于电话交换机，其拓扑结构为星形，如图 4-7 所示。

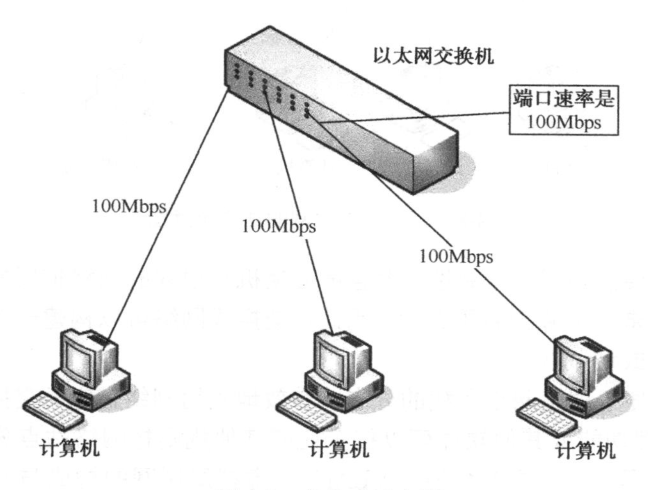

图 4-7　交换式以太网

交换式以太网的核心设备是局域网交换机，局域网交换机可以在它的多个端口之间建立多个并发连接。以太网的交换机可以有多个端口，每个端口可以单独与一个结点连接，也可以与一个共享介质式的以太网集线器连接。如果一个端口只连接一个结点，那么这个结点就可以独占 100Mbps 的带宽，这类端口通常被称为“专用 100Mbps 端口”；如果一个端口连接一个以太网集线器，那么这个端口将被以太网中的多个结点所共享，这类端口被称为“共享 100Mbps 端口”。如果集线器上连接 10 台计算机，那么每台计算机占 10Mbps 的带宽。典型的交换式以太网的结构如图 4-8 所示。

2. 交换式以太网的特点

交换式以太网主要有如下几个特点：

（1）独占传输通道，独占带宽，允许多对站点同时通信。共享式以太网采用串行传输方式，任何时候只允许一个帧在介质上传送。交换机是一个并行系统，它可以使接入的多个站点之间同时建立多条通信链路（虚连接），让多对站点同时通信，所以交换式网络大大提高了网络的利用率。

（2）灵活的接口速度。在共享式网络中，不能在同一个局域网中连接不同速率的站点（如 10Base5 仅能连接 10Mbps 的站点）。而在交换网络中，由于站点独享介质，独占带宽，用户可以按需配置端口速率。在交换机上可以配置 10Mbps、100Mbps 或者 10Mbps/100Mbps 自适应的端口，用于连接不同速率的站点，接口速度有很大的灵活性。

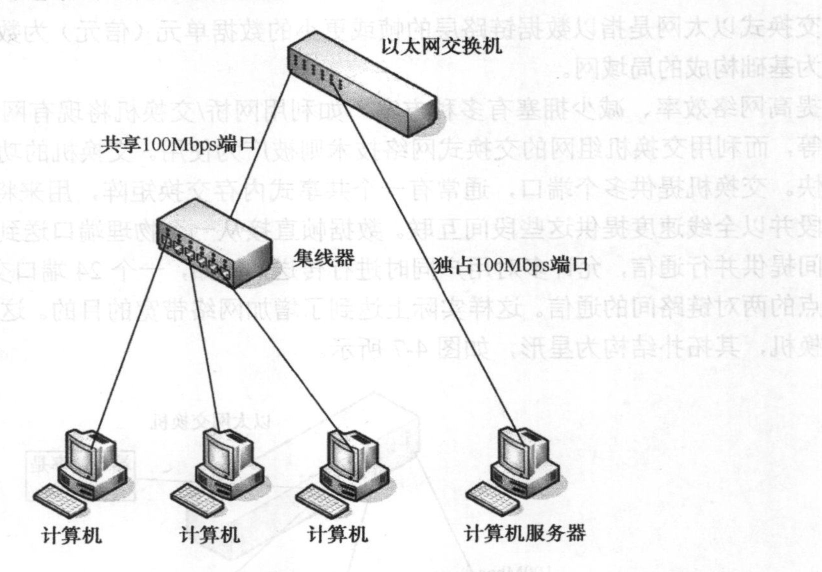

图 4-8　交换式以太网的结构示意图

（3）高度的可扩展性和网络延展性。大容量交换机有很高的网络扩展能力，而独享带宽的特性使扩展网络没有带宽下降的后顾之忧。因此，交换式网络可以构建一个大规模的网络，如大的企业网、校园网或城域网。

（4）易于管理，便于调整网络负载的分布，有效地利用网络带宽。交换网可以构造“虚拟网络”，通过网络管理功能或其他软件可以按企业或其他规则把网络站点分为若干个逻辑工作组，每一个工作组就是一个虚拟局域网（VLAN）。虚拟局域网的构成与站点所在的物理位置无关。这样可以方便地调整网络负载的分布，提高带宽利用率。

（5）交换式以太网可以与现有网络兼容。如交换式以太网与传统以太网和快速以太网完全兼容，它们能够实现无缝连接。

（6）互联不同标准的局域网。局域网交换机具有自动转换帧格式的功能，因此它能够互联不同标准的局域网，如在一台交换机上能集成以太网、FDDI 和 ATM。

4.6 令牌环网与 FDDI

4.6.1 令牌环网

令牌环网最早起源于 IBM 于 1985 年推出的环形基带网络。IEEE802.5 标准定义了令牌环网的国际规范。

令牌环网在物理层提供 4Mbps 和 16Mbps 两种传输速率，支持 STP/UTP 双绞线和光纤作为传输介质，但较多地采用 STP。使用 STP 时两个结点之间的最大距离可达 100m，使用 UTP 时这个距离为 45m。

令牌环网采用令牌传送的介质访问控制方法，因此在令牌环网中有两种 MAC 层的帧，即令牌帧和数据/命令帧。

采用确定型介质访问控制机制的令牌环网适合于传输距离远、负载重和实时要求严格的应用环境，其缺点是令牌传送方法实现较复杂，而且所需硬件设备也较为昂贵，网络维护与管理也较复杂。

4.6.2　FDDI 光纤环网

FDDI 即光纤分布式数据接口（Fiber Distributed Data Interface），是计算机网络技术发展到高速数据通信阶段出现的第一项高速网络技术。FDDI 光纤环网是由美国国家标准协会 ANSI X3T9.5 委员会确定的一种使用光纤作为传输介质的、高速的、通用的令牌环形网，后来又成为国际标准 ISO9314。

FDDI 的特点如下：

（1）高传输速率。FDDI 网充分利用光纤通信技术带来的高带宽，实现了 100Mbps～10Gbps 的高传输速率。

（2）大容量。FDDI 网在 100Mbps 传输速率的基础上，采用了多数据帧的数据处理方式，大大提高了网络带宽的利用率，做到了大容量的数据传输。另外，网上的站点数目也明显增加，可以连接多达 500 个双连接站或者 1000 个单连接站。

（3）远距离。由于光纤的传输损耗很低，延长了通信距离，使用多模光纤最大站间距离可达 2km，使用单模光纤站间距离更长。FDDI 网的环路长度可以达到 100km，即光纤总长度为 200km，网络覆盖范围远远超过了传统的局域网范围。

（4）高可靠性。FDDI 网络采用有容错能力的双环拓扑结构，再加上使用信号衰减小、抗干扰能力强的光纤传输介质以及相应的控制设备，其网络可靠性大为提高。网络系统可以在多重故障的环境下自行重构，保证其安全运转。

（5）保密性好。光纤通信由于没有电流的直接作用影响，仅以光束在光纤内部传输，不产生任何形式的辐射，电子窃听技术对此毫无作用，外界无法完成非侵入式窃听。即使对光缆进行侵入式窃听，也极容易被检测出来。

（6）良好的互操作性。FDDI 网使用 IEEE802.2 LLC 协议以及基于 IEEE802.5 令牌环标准的令牌传递 MAC 协议，因而与 IEEE802 局域网兼容。另外，FDDI 技术已经成为国际标准，为 FDDI 产品具有良好的互操作性提供了保证。

4.7　虚拟局域网

随着网络硬件性能的不断提高、成本不断降低，目前新建立的大中型局域网基本上都采用了性能先进的交换技术，其核心设备一般采用第三层交换机。因此，能很好地支持虚拟局域网技术，这对方便校园网的管理、保证校园网的高速可靠运行起到了非常重要的作用。为了管理好这样的网络，网络管理员应当对虚拟局域网有所了解。

4.7.1　VLAN 的定义

虚拟局域网（Virtual Local Area Network，VLAN）是指在逻辑上将一个物理的局域网划分为多个不同大小的逻辑子网，每一个逻辑子网就是一个单独的广播域。VLAN 是建立在交换机或路由交换机基础上，通过网络管理软件构建的，可以跨越不同网段、不同网络的逻辑网络。

由此可见，VLAN 技术就是指网络中的各个结点可以不必拘泥于各自所处的物理位置，而根据需要灵活地加入不同的逻辑子网（VLAN）中的一种网络技术。

4.7.2　VLAN 适用场合

VLAN 的各子网之间的广播数据不会相互扩散，因此，可以有效地隔离广播信息，从而保障虚拟网络中资源的私有性和安全性。一般在几十台以下计算机构成的小型局域网中，除非需要彼此的数据隔绝，否则没有必要划分虚拟局域网。而在几百台乃至上千台计算机构成的大中型局域网中，划分和建立虚拟局域网，应当说是十分必要的。这是因为大型局域网产生广播风暴的可能性大大增加，而虚拟局域网技术能够有效地隔离广播风暴。

4.7.3　VLAN 的优点

虚拟局域网有以下优点：

（1）广播风暴防范：限制网络上的广播，将网络划分为多个 VLAN 可减少参与广播风暴的设备数量。LAN 分段可以防止广播风暴波及整个网络。VLAN 可以提供建立防火墙的机制，防止交换网络的过量广播。使用 VLAN，可以将某个交换端口或用户赋于某一个特定的 VLAN 组，该 VLAN 组可以在一个交换网中或跨接多个交换机，在一个 VLAN 中的广播不会送到 VLAN 之外。同样，相邻的端口不会收到其他 VLAN 产生的广播。这样可以减少广播流量，释放带宽给用户应用，减少广播的产生。

（2）安全：增强局域网的安全性，含有敏感数据的用户组可以与网络的其余部分隔离，从而降低泄露机密信息的可能性。不同 VLAN 内的报文在传输时是相互隔离的，即一个 VLAN 内的用户不能和其他 VLAN 内的用户直接通信，如果不同 VLAN 要进行通信，则需要通过路由器或三层交换机等三层设备。

（3）成本降低：成本高昂的网络升级需求减少，现有带宽和上行链路的利用率更高，因此可节约成本。

（4）性能提高：将第二层平面网络划分为多个逻辑工作组（广播域）可以减少网络上不必要的流量并提高性能。

（5）提高 IT 员工效率：VLAN 为网络管理带来了方便，因为有相似网络需求的用户将共享同一个 VLAN。

（6）简化项目管理或应用管理：VLAN 将用户和网络设备聚合到一起，以支持商业需求或地域上的需求。通过职能划分，项目管理或特殊应用的处理都变得十分方便，例如可以轻松管理教师的电子教学开发平台。此外，也很容易确定升级网络服务的影响范围。

（7）增加了网络连接的灵活性。借助 VLAN 技术，能将不同地点、不同网络、不同用户组合在一起，形成一个虚拟的网络环境，就像使用本地 LAN 一样方便、灵活、有效。VLAN 可以降低移动或变更工作站地理位置的管理费用，特别是一些业务情况有经常性变动的公司使用了 VLAN 后，这部分管理费用大大降低。

4.7.4　VLAN 的划分

有多种方式可以划分虚拟局域网，比较常见的方式是根据端口、MAC 地址、IP 地址和 IP 组播进行划分。

1. 根据端口来划分 VLAN

许多 VLAN 厂商都利用交换机的端口来划分 VLAN 成员。被设定的端口都在同一个广播域中。例如，一个交换机的 1、2、3、4、5 端口被定义为虚拟网 AAA，同一交换机的 6、7、8 端口组成虚拟网 BBB。这样做允许各端口之间的通信，并允许共享型网络的升级。但是，这种划分模式将虚拟网限制在了一台交换机上。

VLAN 技术允许跨越多个交换机的多个不同端口划分 VLAN，不同交换机上的若干个端口可以组成同一个虚拟网。

以交换机端口来划分网络成员，其配置过程简单明了。因此，从目前来看，这种根据端口来划分 VLAN 的方式仍然是最常用的一种方式。

2. 根据 MAC 地址划分 VLAN

这种划分 VLAN 的方法是根据每个主机的 MAC 地址来划分，即对每个 MAC 地址的主机都配置它属于哪个组。这种划分 VLAN 方法的最大优点就是当用户物理位置移动时，即从一个交换机换到其他的交换机时，VLAN 不用重新配置，所以，可以认为这种根据 MAC 地址的划分方法是基于用户的 VLAN。这种方法的缺点是初始化时所有的用户都必须进行配置，如果有几百个甚至上千个用户的话，配置工作量非常大，而且这种划分的方法也导致了交换机执行效率的降低，因为在每一个交换机的端口都可能存在很多个 VLAN 组的成员，这样就无法限制广播包了。

3. 根据网络层划分 VLAN

这种划分 VLAN 的方法是根据每个主机的网络层地址或协议类型（如果支持多协议）划分的，虽然这种划分方法是根据网络地址，比如 IP 地址，但它不是路由，与网络层的路由毫无关系。

这种方法的优点是用户的物理位置发生改变时，不需要重新配置所属的 VLAN，而且可以根据协议类型来划分 VLAN，这对网络管理者来说很重要。还有，这种方法不需要附加的帧标签来识别 VLAN，可以减少网络的通信量。

这种方法的缺点是效率低，因为检查每一个数据包的网络层地址是需要消耗处理时间的（相对于前面两种方法），一般的交换机芯片都可以自动检查网络上数据包的以太网帧头，但要让芯片能检查 IP 帧头，需要更高的技术，同时也更费时。当然，这与各个厂商的实现方法有关。

4. 根据 IP 组播划分 VLAN

IP 组播实际上也是一种 VLAN 的定义，即认为一个组播组就是一个 VLAN，这种划分的方法将 VLAN 扩大到了广域网，因此这种方法具有更大的灵活性，而且也很容易通过路由器进行扩展。当然这种方法不适合局域网，主要是效率不高。

5. 基于规则的 VLAN

也称为基于策略的 VLAN。这是最灵活的 VLAN 划分方法，具有自动配置的能力，能够把相关的用户连成一体，在逻辑划分上称为“关系网络”。网络管理员只需在网管软件中确定划分 VLAN 的规则（或属性），那么当一个站点加入网络中时，将会被“感知”，并被自动地包含进正确的 VLAN 中。同时，对站点的移动和改变也可自动识别和跟踪。

采用这种方法，整个网络可以非常方便地通过路由器扩展网络规模。有的产品还支持一个端口上的主机分别属于不同的 VLAN，这在交换机与共享式 Hub 共存的环境中显得尤为重要。自动配置 VLAN 时，交换机中软件自动检查进入交换机端口的广播信息的 IP 源地址，然后软件自动将这个端口分配给一个由 IP 子网映射成的 VLAN。

6. 按用户定义、非用户授权划分 VLAN

基于用户定义、非用户授权来划分 VLAN，是指为了适应特别的 VLAN 网络，根据具体的网络用户的特别要求来定义和设计 VLAN，而且可以让非 VLAN 群体用户访问 VLAN，但是需要提供用户密码，在得到 VLAN 管理的认证后才可以加入一个 VLAN。

注意：*以上划分 VLAN 的方式中，基于端口的 VLAN 端口方式建立在物理层上；MAC 方式建立在数据链路层上；网络层和 IP 广播方式建立在第三层上。*

总之，VLAN 技术正在不断地发展和完善之中。随着网络技术的发展，新的交换设备和技术层出不穷，作为网络管理员将会有更多的方式可以定义虚拟网，如基于用户、基于策略等。各种方法的侧重点不同，所达到的效果也不相同。但是，有一点是可以基本肯定的，这就是交换机工作在 OSI 模型的层次越高，设备的智能化程度就越高，划分也就越灵活，管理就越简单，所支持设备的价格就越贵，速度就越慢。

习　　题

一、填空题

1．局域网通信选用的通信媒体通常是专用的同轴电缆、双绞线和________。

2．Token Bus 的介质访问控制方法与其相应的物理规范由________标准定义。

3．在 IEEE802 局域网体系结构中，数据链路层被细化成________和________两层。

4．广播式通信信道中，介质访问方法有多种。IEEE802 规定中包括了局域网中最常用的三种，分别为________、________、________。

5．局域网拓扑结构一般比较规则，常用的有____、____和________。

6．每块网卡都有自己的地址，被称做________。它由________位二进制数表示，其中前面 24 位表示________，后 24 位表示________。

二、选择题

1．令牌总线网中________。

A．无冲突发生　　B．有冲突发生

C．冲突可以减少，但冲突仍然存在　　D．重载时冲突严重

2．判断以下哪个以太网 MAC 地址是正确的？________

A．00-60-08-A6　　B．202.196.2.10

C．001　　D．00-60-08-00-A6-38

3．对局域网来说，网络控制的核心是________。

A．工作站　　B．网卡

C．网络服务器　　　　D．网络互联设备

4．采用 CSMA/CD 通信协议的网络为________。

A．令牌网　　　　B．以太网

C．因特网　　　　D．广域网

5．在以下关于 IEEE802.5 标准的讨论中，哪些论述是正确的？________

A．令牌环网中结点连接到物理的环形通道中。

B．令牌总线是沿着物理环两个方向传送的

C．令牌环控制方式具有与令牌总线方式相似的特点，如环中结点访问延迟确定，适用于重负载环境，支持优先级服务

D．Token Ring 环中允许有多个令牌

6．以太网传输技术的特点是________。

A．能同时发送和接收帧，不受 CSMA/CD 限制

B．能同时发送和接收帧，受 CSMA/CD 限制

C．不能同时发送和接收帧，不受 CSMA/CD 限制

D．不能同时发送和接收帧，受 CSMA/CD 限制

7．交换式局域网采用的是________结构。

A．星形　　　　B．环形

C．总线型　　　　D．树形

8．网络接口卡的基本功能包括：数据转换、通信服务和________。

A．数据传输　　　　B．数据缓存

C．数据服务　　　　D．数据共享

三、简答题

1．什么是局域网？局域网的主要特点有哪些？

2．简述局域网的组成。

3．目前局域网常用的介质访问控制方法有哪几种？它们的特点是什么？都用于什么网络？

4．简述 CSMA/CD 的工作过程。

5．IEEE802 局域网参考模型与 ISO/OSI 参考模型有何异同？

6．什么是 VLAN？

第 5 章　广域网技术

本章学习目标：

- ◆ 了解广域网的基本概念；
- ◆ 了解构成广域网的类型和协议；
- ◆ 了解广域网的相关技术特点及典型应用；
- ◆ 了解广域网的接入技术。

5.1　广域网概述

随着计算机网络的不断发展扩大，主机之间出现了远距离，超远距离的通信需求。例如，相隔几十或几百千米，甚至几千千米的主机之间需要相互通信，显然局域网无法完成此次通信任务。这时就需要另一种结构的网络，即广域网。

5.1.1　什么是广域网

1. 广域网的定义

广域网 WAN（Wide Area Network）也称远程网。通常跨接很大的物理范围，所覆盖的范围从几十千米到几千千米，它能连接多个城市或国家，横跨几个洲并能提供远距离通信，形成国际性的远程网络。

广域网是互联网的核心部分，其任务是通过长距离运送主机所发送的数据。连接广域网各结点交换机的链路都是高速链路。需要澄清的一个要领是广域网不等于互联网。在互联网中，为不同类型、协议的网络“互联”才是它的主要特征，如图 5-1 所示。

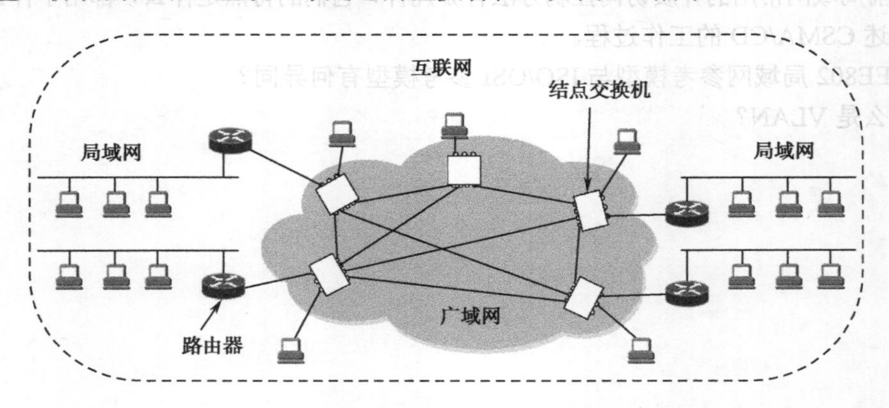

图 5-1　由广域网和局域网组成的互联网

2. 广域网的特点

与局域网相比较，广域网具有以下几个特点：

（1）地理覆盖范围大，至少在上百千米以上。

（2）主要用于互连广泛地理范围内的局域网。

（3）为了实现远距离通信，通常采用载波形式的频带传输或光传输。

（4）通常由电信部门来建设和管理的。电信部门利用各自的广域网资源向用户提供收费的广域网数据传输服务，所以其又被称为网络服务提供商。

（5）在网络拓扑结构上，通常采用网状拓扑，以提高广域网链路的容错性。

（6）网络中两个结点在进行通信时，一般要经过较长的通信线路和较多的中间结点。中间结点设备的处理速度、线路的质量以及传输环境的噪声都会影响广域网的可靠性。

5.1.2　广域网与 OSI 参考模型

广域网主要工作于 OSI 模型的下三层，即物理层、数据链路层和网络层，如图 5-2 所示。由于目前网络层普遍采用了 IP 协议，所以广域网技术或标准主要关注物理层和数据链路层的功能及实现。

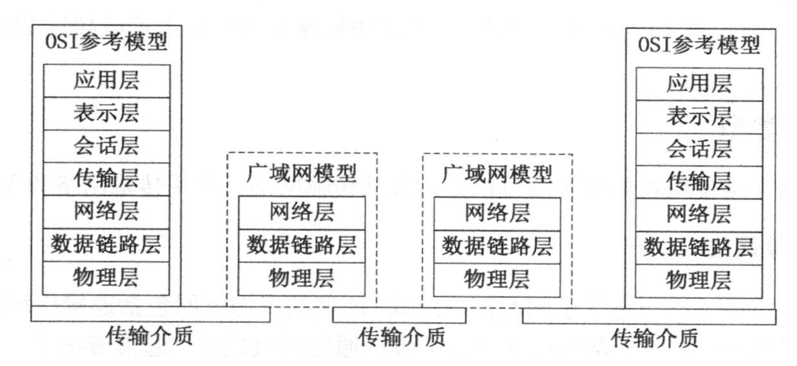

图 5-2　广域网与 OSI 参考模型

1. 网络层

网络层是广域网通信子网的最高层，主要功能是实现端到端的网络连接，屏蔽不同子网技术的差异，向上层提供一致的服务。具体可分为以下三点：

（1）路由选择及转发。

（2）通过网络连接在主机之间提供分组交换功能。

（3）分组的分段与成块，差错控制、顺序化、流量控制等。

2. 数据链路层

广域网是一个基于交换技术的网络，其网络结点负责将一个结点的数据转发到另一个结点，结点间的线路利用率高。相比局域网采用广播方式发送数据，广域网数据链路层实现技术复杂。广域网的数据链路层需要将数据封装成适合在广域网线路上传输的帧，保证数据的可靠传递。广域网数据链路层标准包括 HDLC、PPP、X.25、帧中继等，在后面的内容中我们会进行详细的介绍。

3. 物理层

广域网物理层定义了数据终端设备 DTE 和数据电路终接设备 DCE 之间的接口规范和标

准。DTE 是用户端设备，在网络中充当 DTE 角色的可能是路由器、主机等，也可能就是一台只接收数据的打印机。DCE 是网络端设备，通常指调制解调器、多路复用器或数字设备，DCE 可以提供与 DTE 之间的时钟信号。典型的广域网接口标准有以下几种：

（1）EIA/TIA232 标准

EIA/TIA232 是一个公共物理层接口标准，由 EIA 和 TIA 共同制定，也称 RS-232 标准。这种物理层标准支持信号传输速率向上到 64 kbps 的不平衡电路。

（2）V.24 标准

V.24 是 ITU-T 制定的 DTE 与 DCE 间物理层接口标准。所使用电缆可以工作在同步和异步两种方式下。在异步工作方式下，封装链路层协议 PPP，支持网络层协议 IP 和 IPX，最高传输速率是 115200bps。同步方式下，可以封装 X.25、帧中继、PPP、HDLC、SLIP 和 LAPB 等链路层协议，支持 IP 和 IPX，最高传输速率为 64000bps 。

（3）V.35 标准

V.35 标准与 V.24 相似，V.35 电缆一般只用于同步方式传输，在此方式下最高传输速率是 2048000bps（2Mbps）。与 V.24 规程不同，V.35 电缆传输速率从理论上可以超过 2Mbps 到 4Mbps 或更高。

5.1.3　广域网类型

广域网根据网络使用类型的不同可以分为公共传输网络、专用传输网络和无线传输网络。

1. 公共传输网络

广域网是由资源子网与通信子网两部分组成。所谓的资源子网包括连接广域网的主机及其外部设备。而广域网的通信子网主要是由公共数据通信网组成的。通常情况下，公共传输网络一般是由政府电信部门组建、管理和控制，网络内的传输和交换装置可以提供（或租用）给任何部门和单位使用。公共传输网络大体可以分为两类：

（1）电路交换网络，主要包括公共交换电话网（PSTN）和综合业务数字网（ISDN）。

（2）分组交换网络，主要包括 X.25 分组交换网、帧中继和交换式多兆位数据服务（SMDS）等。

2. 专用传输网络

专用传输网络是由一个组织或团体自己建立、使用、控制和维护的私有通信网络。一个专用网络起码要拥有自己的通信和交换设备，它可以建立自己的线路服务，也可以向公用网络或其他专用网络进行租用。如数字数据网（DDN），DDN 可以在两个端点之间建立一条永久的、专用的数字通道。它的特点是在租用该专用线路期间，用户独占该线路的带宽。

3. 无线传输网络

主要是移动无线网，典型的有 GSM、GPRS、3G、4G 技术等。

5.1.4　广域网协议

常用的广域网协议有 PPP、HDLC、帧中继和 SMDS。

1. PPP 协议

PPP（Point to Point Protocol，点到点协议）是华为路由器默认的封装协议。PPP 为在同等单元之间传输数据包这样的简单链路设计的链路层协议。这种链路提供全双工操作，并按照顺序传递数据包。设计目的主要是用来通过拨号或专线方式建立点对点连接发送数据，使其成为各种主机、网桥和路由器之间简单连接的一种共通的解决方案。PPP 是面向字符的控制协议。

2. HDLC 协议

HDLC（High level Data Link Control，高级数据链路层控制）协议是 Cisco 路由器默认的封装协议。HDLC 是面向位协议，用“数据位”定义字段类型，而不用控制字符，通过帧中用“位”的组合进行管理和控制。

3. 帧中继

帧中继是一种高性能的 WAN 协议，它运行在 OSI 参考模型的物理层和数据链路层。该技术由 X.25 分组交换技术演化而来，以虚电路的方式工作，舍去了 X.25 分组交换中的纠错功能，使帧中继的性能优于 X.25 分组交换的性能。

4. SMDS

SMDS（Switched Multimegabit Data Service，交换式多兆位数据服务）是基于数据报的高速分组交换技术，主要用于公用数据网络的通信。SMDS 可以采用光纤介质或铜电缆介质，另外，SMDS 的数据单元比较大，可以包容 IEEE 802.3、IEEE 802.5 和 FDDI 的帧。

5.2　广域网接入技术

广域网接入技术是指计算机主机和局域网接入 Internet 技术。在因特网中，也就是用户终端与 Internet 服务提供商（ISP）的互联技术。

下面将介绍几种常见的广域网接入技术。

5.2.1　公共电话交换网（PSTN）

公共电话交换网 PSTN（Public Switched Telephone Network）是以电路交换为信息交换方式，以电话业务为主要业务的电信网，同时也提供传真等部分简单的数据业务。

公共交换电话网最早是 1876 年由贝尔发明的电话开始建立的。从 20 世纪 60 年代开始应用于数据传输。虽然各种专用的计算机网络和公用数据网近年来发展很快，但是 PSTN 的覆盖范围更广，费用更低廉，因而许多用户仍然通过电话线拨号的方式访问互联网。

PSTN 网是一个设计用于语音通信的网络，采用电路交换与同步时分复用技术进行语音传输，PSTN 的本地环路级是模拟和数字混合的，主干级是全数字的，其传输介质以有线为主。按所覆盖的地理范围，PSTN 可以分为本地电话网、国内长途电话网和国际长途电话网。

人们熟知的 PSTN 系统主要部分如图 5-3 所示，有本地回路、干线以及长途局和端局，这两种局都包含了用于切换电话的交换设备。从 ISP 的局端到家庭或从电话公司的局端到家庭或者小型业务部门的双线本地回路经常称“最后一英里”（Last Mile），但实际上它的长度可以达到几英里。在过去，它一直传输模拟信号，因为转换为数字信号传输的成本相对比较高，当然这最后一段的模拟传输目前也正在发生变化。

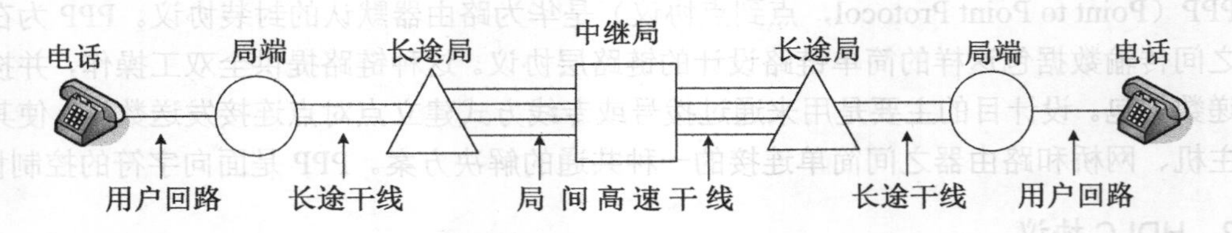

图 5-3 PSTN 系统示意图

当一台计算机希望通过模拟拨号线路发送数字数据的时候，这些数据首先必须转换成模拟的形式，才能通过本地回路进行传输。这个转换过程是通过一种称为调制解调器（Modem）的设备来完成的。在电话公司的局端中，这些模拟数据又通过编解码器（CODEC）转换成数字形式，以便通过长途干线进行传输。

如果另一端也是一台带调制解调器的计算机，则必须再由编解码器进行相反的转换过程（从数字到模拟），以便通过目的地的一段本地回路。然后由目的地的调制解调器将模拟形式的数据反转换成计算机能接收的数字信号。

利用 PSTN 的接入互联网方式比较简便灵活，通常有以下几种：

（1）通过普通拨号电话线入网。只要在通信双方原有的电话线上并接 Modem，再将 Modem 与相应的上网设备相连即可。目前，大多数上网设备，如 PC 或者路由器，均提供有若干个串行端口，串行口和 Modem 之间采用 RS-232 等串行接口规范。这种连接方式的费用比较经济，收费价格与普通电话的收费相同，可适用于通信不太频繁的场合。

（2）通过租用电话专线入网。与普通拨号电话线方式相比，租用电话专线可以提供更高的通信速率和数据传输质量，但相应的费用也较前一种方式高。使用专线的接入方式与使用普通拨号线的接入方式没有太大的区别，但是省去了拨号连接的过程。通常，当决定使用专线方式时，用户必须向所在地的电信局提出申请，由电信局负责架设和开通。

（3）经普通拨号或租用专用电话线方式由 PSTN 转接入公共数据交换网（X.25 或帧中继等）的入网方式。利用该方式实现与远地的连接是一种较好的远程方式，因为公共数据交换网为用户提供可靠的面向连接的虚电路服务，其可靠性与传输速率都比 PSTN 强得多。

在众多的广域网互联技术中，通过 PSTN 进行互联要求的通信费用最低，但其数据传输质量及传输速率也最差（理论上可达 56.6kbps，实际上一般只有 42kbps，甚至更低）。而且，由于 PSTN 是一种电路交换的方式，所以一条通路自建立直至释放，其全部带宽仅能被通路两端的设备使用，即使它们之间并没有任何数据需要传送。因此，这种电路交换的方式不能实现对网络带宽的充分利用。

5.2.2 数字数据网（DDN）

DDN（Digital Data Network，数字数据网）是以数字交叉连接为核心技术，集数据通信技术、数字通信技术、光纤通信技术等为一体，利用数字信道传输数据的一种数据接入业务网络。它主要实现 OSI 七层协议中物理层和部分数据链路层协议的功能。用户端设备（主要为网关路由器）一般通过基带 Modem 或 DTU（数据终端装置）利用市话双绞线实现网络接入。DDN 的主要优势如下：

（1）传输质量高、时延短、速率高。它可为用户提供误码率小于 10^{-6} 的数字信道。同时，由于不必对所传数据进行协议封装，也不必进行分组交换式的存储转发，故网络时延很短，端到端的数据传输时延一般不大于 40ms。它提供的接入速率范围也较宽，一般为 9.6 kbps～2.048 Mbps。

（2）提供的数字电路为全透明的半永久性连接。DDN 的一个重要技术优势即网络传输的透明性。所谓透明传输，是指经过传输通道后数据比特流没有发生任何协议上的变化。这样，在 DDN 网上即可传输两端认可的任何通信协议和各种通信业务。半永久性连接指信道一旦由网管生成后，用户两端之间的连接是固定不变的，直到用户提出业务变更时网管才进行相关的数据变动。

（3）网络的安全性很高。由于 DDN 的传输中采用光纤，自身又为点对点的通信方式，因而通信的安全性很好。另外，安全性很好也指网络各结点间一般都存在着数条通信路由，当前路由发生故障时，网络结点会自动倒换到下一条可选路由，以保证通信正常。

（4）可以很方便地为用户组建 VPN（Virtual Private Network）。由于 DDN 专线提供点到点的通信，信道固定分配，通信可靠，不会受其他客户使用情况的影响，因此通信保密性强，特别适合金融、保险客户的需要。DDN 网络覆盖范围很大，至今，全国绝大多数县以上地方以及部分发达地区的乡镇皆已开放了 DDN 业务。它可广泛用于跨省市大范围组网。

由于能提供具有以上特点的优质数字电路，DDN 常常被用做其他电信业务网，如 163 网、169 网、帧中继、分组交换网以及用户专网的传输中继和接入电路。对于数据业务量较大、通信时间较长、通信实时性要求很高、需跨市或跨省进行组网互联的广大企事业单位用户，皆非常适合利用 DDN 开展各种数据业务。因此，DDN 拥有众多的用户群，在广大用户中也享有良好的口碑。

DDN 的不足之处主要有以下两点：

（1）对于部分用户而言，费用相对偏高。虽然 DDN 具有以上优势，但对于通信时间较短的用户，或者没有充分利用 DDN 业务特性的用户，费用相对偏高。这一点是由 DDN 的特点所决定的，它提供的数字电路为半永久性连接，即无论用户是否在传输数据，此数字连接一直存在。

（2）网络灵活性不够高。由于 DDN 自身的特点——以数字交叉连接方式提供半永久性连接电路，不提供交换功能，因而它只适合为用户建立点对点和多点对点的通信连接。对于一些集团用户，下属部门与公司总部相连，可以采用多点对点方式的 DDN 专线组网。但若下属部门间也需时常进行通信，又该如何呢？若再采取点对点的连接，使公司下属的各个部门间构成网状网，则用户的花费太高。

如图 5-4 所示是一个利用 DDN 专线接入的简单结构图。

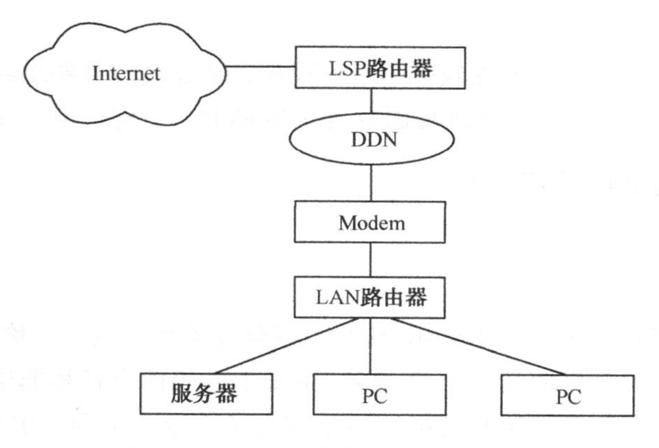

图 5-4　DDN 专线接入 LAN 结构图

5.2.3 帧中继（F.R）

帧中继（Frame Relay）是在分组交换网的基础上，结合数字专线技术而产生的数据业务网络。在某种程度上它可被认为是一种“快速分组交换网”。它是当前数据通信中一项重要的业务网络技术。用户的 LAN 一般通过网关路由器接入帧中继网；若路由器不具有标准的帧中继 UNI（用户网络接口）规程，则在路由器和帧中继网间还需增加帧中继拆/装设备（FRAD）。帧中继的主要优势为以下几点：

（1）与分组交换网相比，它简化了相关协议，提高了传输速率。它只完成 OSI 七层协议中物理层和数据链路层的功能，而将流量控制、纠错等功能留给智能终端完成，故 D 信道链路接入规程协议（LAPD 协议）在可靠的基础上相对简化，从而减小了传输时延，提高了传输速率（速率范围一般为 9.6 kbps～2.048 Mbps）。另外，它所采用的 LAPD 协议，能够顺利承载 IP、IPX、SNA 等常用协议。

（2）它采用了 PVC 技术。帧中继网络可提供的基本业务有两种，即 PVC（Permanent Virtual Circuit）和 SVC（Switched Virtual Circuit），但目前的帧中继网络只提供 PVC 业务。所谓 PVC 是指在网管定义完成后，通信双方的信道在用户看来是永久连接的，但实际上只有在用户准备发送数据时网络才真正把传输带宽分配给用户。

（3）采用了统计复用技术。它使得帧中继的每一条线路和网络端口都可由多个终端用户按信息流（即 PVC）实现共享，即能在单一物理连接上提供多个逻辑连接。显然，它大大地提高了网络资源的利用率。

（4）用户费用相对经济。由于网络的信息流基于数据包，采用了 PVC 技术和统计复用技术，其电路租用费用低廉，其费率一般仅为同速率 DDN 电路的 40%，且在网络空闲时，它还允许用户突发地超过自己申请的 PVC 速率（CIR）占用动态带宽。这对于经常传递大量突发性数据的用户而言，非常经济合算。

（5）便于向统一的 ATM 平台过渡。中国电信于 1997 年建成了基于 ATM 平台的全国帧中继骨干网。帧中继利用 ATM 提供的高速透明传输通道为用户提供通信业务。这种结构便于帧中继融合到统一的 ATM 网络之中。

但帧中继也有不足之处：它自身没有足够的流量控制功能，当同一网络端口的各 PVC 同时传输的数据流量很大时，可能造成拥塞；技术上缺乏对 SVC 的支持也使它丧失了部分应用上的优势，影响了业务的进一步推广；采用 PVC 和统计复用技术可以提高网络的利用率，但如果物理线路或物理端口一旦出现故障，将会有多条 PVC 同时受到影响；它的网络规模在我国普遍比 DDN 小。

不难看出，帧中继适合于突发性较强、速率较高、时延较短且要求经济性较好的数据传输业务，如公司间进行网络互联、开放远程医疗等多媒体业务、进行电子商务以及 VPN 组网等。

5.2.4 综合业务数字网（ISDN）

1. ISDN 概念

ISDN（Integrated Service Digital Network）即综合业务数字网，俗称“一线通”，它利用公众电话网向用户提供了端对端的数字信道连接，用来承载包括语音和非语音在内的各种电信业务。普通模拟电话网采用数字传输和交换以后就成为了综合数字网（IDN），但是在 IDN 中，从用户终端到电话局交换机之间仍然是模拟传输，需要配置 Modem 才能传送数字信息。而 ISDN 能将用户和电话局之间的线路变成全数字连接，从而实现从一个用户到另外一个用户之间的全数字化数据传输，不再需要传统的 Modem。

2. ISDN 种类

ISDN 有窄带和宽带两种。窄带 ISDN（N-ISDN）有基本速率（2B+D，144kbps）和一次群速率（30B+D，2Mbps）两种接口。基本速率接口包括两个能独立工作的 B 信道（64kbps）和一个 D 信道（16kbps），其中 B 信道一般用来传输语音、数据和图像，D 信道用来传输信令或分组信息。B 代表承载，D 代表控制。2B＋D 方式的用户设备通过 NT1 或 NTI Plus 设备实现联网；30B＋D 方式的用户设备则通过 HDSL 设备（利用市话双绞线）或光 Modem 及光端机（利用光纤）实现网络接入。

宽带 ISDN（B-ISDN）可以向用户提供 1.55Mbps 以上的通信能力。但是由于宽带综合业务数字网技术复杂，投资巨大，还不大可能大量使用，而窄带综合业务数字网已经非常成熟，完全具备了商用化推广的条件，因此各地开通的 ISDN 指的综合业务数字网实际上是窄带 ISDN，因此这里只分析 N-ISDN（下面的 ISDN 即指 N-ISDN）。

3. ISDN 特点

与 DDN 和帧中继相比，ISDN 的主要优势如下：

（1）业务实现方便，提供的业务种类丰富。ISDN 基于现有的公众电话网，凡是普通电话覆盖到的地方，只要电话交换机有 ISDN 功能模块，即可为用户提供 ISDN 业务。而对于 DDN 和帧中继，则需自己的系统结点机。ISDN 业务的种类繁多，包括普通电话、联网、可视电话等基本业务及主叫号码显示等许多补充业务。

（2）用户使用非常灵活便捷。对于 2B＋D，用户既可作为两部电话同时使用，又可以 64 kbps 联网，另一 64 kbps 用于普通电话；还可根据需要以 128 kbps 速率联网。而 30B＋D 可使用户灵活、高速联网。

（3）适宜的性价比。因为 ISDN 按使用的 B 信道进行通信计费，而 1B 信道的国内通信费率等同于普通电话通信费率（按应用最为广泛的电路交换方式），不难发现，对于通信量较少、通信时间较短的用户，选用 ISDN 的费用远低于租用 DDN 专线或帧中继电路的费用。对于电信运营商，也可以较小的投资对现有的模拟用户外线进行数字化改造。从其自身特点分析，ISDN 适合于个人家庭用户或 SOHO（在家办公）用户接入因特网、中小企事业单位 LAN 联网、连锁店的销售联网以及在公网开放可视电话、会议电视等增值业务，或被各中小企事业单位用为 DDN、帧中继等专线电路的备用方式。

因为 ISDN 基于现有的电话交换网而产生，而传统电话网主要是为语音业务设计的，即按普通电话呼叫平均时长 3～5 分钟，忙时 9 分钟设计的；但利用 ISDN 进行数据通信的时间显然较长，如用它上网的平均时长可达 30～50 分钟。故在大力发展 ISDN 业务的同时，必须及时考虑对现有电话网进行系统改造，如在 ISDN 接入网络的局端处实行语音数据业务分流等。

以上几种数据接入网络皆为窄带（≤2 Mbps）数据网。随着世界范围内信息技术的飞速发展，广大用户对通信带宽需求的不断加大，数据网络已开始由现在广泛应用的窄带网逐步向宽带网过渡。未来的宽带数据接入业务网络如何？同现有的窄带数据接入业务网络有何联系？又应如何顺利进行这个过渡呢？通常使用最为广泛的、距离用户最近的接入线路资源为市话双绞线。理所当然，必须充分发挥这些投入巨资才建成的线路资源的效益。电信设备制造商们也殚精竭虑，采取各种技术，使这些过去仅用于传输语音、提供窄带通信的线路成为可以提供诸如远程医疗、VoD（Video on Demand）等宽带业务的线路。在这些技术中，最为典型的即为 xDSL，此外还有 HFC 等方式。

5.2.5　数字用户线（xDSL）

数字用户线（xDSL：Digital Subscriber Line）技术是基于普通电话线的宽带接入技术，它可以在一根铜线上分别传送数据和语音信号。

xDSL 是 HDSL、ADSL、VDSL 等技术的统称。在 xDSL 的这几项技术中，HDSL 主要支持 2 Mbps 及以下的速率；VDSL 提供的速率虽然很高（可达 25 Mbps 以上），但线路长度较短（25 Mbps 时约为 1 km），且部分技术尚未完全确定。因此在实际使用中 ADSL 使用得最为普遍。

1. 什么是 ADSL

ADSL 是 Asymmetric Digital Subscriber Line（非对称数字用户线）的简称，是一种通过现有普通电话线为家庭、办公室提供宽带数据传输服务的技术。它是众多 DSL 技术中较为成熟的一种，其带宽较大、连接简单、投资较小，因此发展很快。ADSL 素有“网络快车”的美誉，因其下行速率高、频带宽、性能优、安装方便、不需交纳电话费等特点而深受广大用户的喜爱，成为继 ISDN 之后的又一种全新的、更快捷、更高效的接入方式。

ADSL 最大的特点是不需要改造信号传输线路，完全可以利用普通铜质电话线作为传输介质，只要配上专用的 Modem，即可实现数据高速传输。ADSL 支持上行速率（用户向网络发送信息时的数据传输速率）640kbps～1Mbps，下行速率（网络向用户发送信息时的数据传输速率）1.5～8Mbps，其有效传输距离在 3km～5km 范围以内。同普通拨号最高 56kbps 速率以及 N-ISDN 128kbps 的速率相比，ADSL 的速率优势不言而喻。

ADSL 更为吸引人的地方是，它在同一铜线上分别传送数据和语音信号，数据信号并不通过电话交换机设备，减轻了电话交换机的负载，并且不需要拨号，一直在线，属于一种专线上网方式，这意味着使用 ADSL 上网并不需要缴付另外的电话费。此外，使用 ADSL 的用户都将分配一个或几个固定的 IP 地址，这样就可以在自己的机器上设立个人主页，甚至架起相关的服务器。

ADSL 技术作为一种宽带接入方式，可以为用户提供诸如视频点播、网络互联、远程教学、远程医疗等多种业务。目前，影响 ADSL 发展的主要原因，一方面是 ADSL 设备的成本较高，另一方面是 ADSL 技术的成熟性，包括 ADSL 技术在实际线路中的传输性能，设备厂家间的兼容性等。但随着 ADSL 建设规模扩大，其成本与市场价格下降，标准日臻完善，不同厂家间设备兼容性日益成熟，都为 ADSL 技术的普及和应用铺平了道路。

2. ADSL 的接入模型

ADSL 的接入模型主要由中心交换局端模块和远端模块组成。其中，中心交换局端模块包括在中心位置的 ADSL Modem 和接入多路复合系统，处于中心位置的 ADSL Modem 被称为 ATU-C（ADSL Transmission Unit-Central，中央传输单元）。

接入多路复合系统和中心 Modem 通常被组合成一个接入结点，也被称做 DSLAM（DSL Access Multiplexer，数字用户线路接入复用器），而远端模块则是由用户 ADSL Modem 和滤波器组成，用户端 ADSL Modem 通常被称为 ATU-R（ADSL Transmission Unit-Remote，ADSL 客户端收发单元）。ADSL 接入模型如图 5-5 所示。

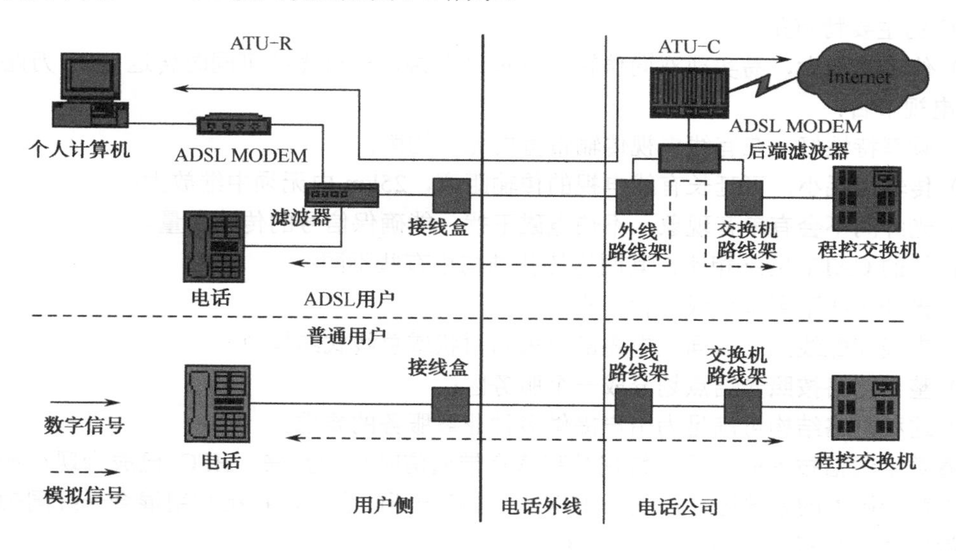

图 5-5　ADSL 接入模型

3. ADSL 特点

ADSL 的技术标准于 1997 年出台。它在 HDSL 技术的基础上，根据网络和用户间的业务流量特点，在信号调制、数字相位均衡、回波抵消等方面采用了更为先进的器件和动态控制技术，因而具有以下优势：

（1）上网速度快，在一对双绞线上可为用户提供高达 8 Mbps 的下行速率、1 Mbps 的上行速率。

（2）较充足的带宽，可用于传输多种宽带数据业务，如会议电视、VoD、HDTV 业务等；而且，下行速率大于上行速率，非常符合普通用户联网的实际需要。

（3）ADSL 并不影响用户对普通电话的使用，上网、打电话两不误。由于使用了独特的信号调制技术，用户接入 ADSL 的同时仍然可以进行普通电话通信。

（4）安装简便，不需要额外铺设线路，只需在现有的普通电话线上加装 ADSL Modem 即可使用。

（5）节省费用，上网无须另外缴付电话费。

但 ADSL 业务的信号在从局端发送到用户端的途中会迅速衰减，有质量保证的传输距离一般在 3 km 以内（如对 0.4 mm 线径的双绞线，速率为 3 Mbps 时的传输距离约为 2.7 km）。而目前市话端局的覆盖面积一般在 5 km 以内，对于传输距离在 3~5 km 的用户必须考虑采用其他方法。

5.2.6　混合光纤同轴电缆（HFC）

HFC（Hybrid Fiber Coaxial，混合光纤同轴电缆）是光纤和同轴电缆相结合的混合网络。

HFC 通常由光纤干线、同轴电缆支线和用户配线网络三部分组成，从有线电视台出来的节目信号先变成光信号在干线上传输，到用户区域后把光信号转换成电信号，经分配器分配后通过同轴电缆送到用户。它与早期 CATV 同轴电缆网络的不同之处主要在于在干线上用光纤传输光信号，在前端需完成“电-光”转换，进入用户区后要完成“光-电”转换。

HFC 的主要特点是：

（1）传输容量大，易实现双向传输，从理论上讲，一对光纤可同时传送 150 万路电话或 2000 套电视节目；

（2）频率特性好，在有线电视传输带宽内无须均衡；

（3）传输损耗小，可延长有线电视的传输距离，25km 内无须中继放大；

（4）光纤间不会有串音现象，不怕电磁干扰，能确保信号的传输质量。

与传统的 CATV 网络相比，其网络拓扑结构也有些不同：

（1）光纤干线采用星形或环状结构；

（2）支线和配线网络的同轴电缆部分采用树状或总线式结构；

（3）整个网络按照光结点划分成一个服务区；

（4）这种网络结构可满足为用户提供多种业务服务的要求。

随着数字通信技术的发展，特别是高速宽带通信时代的到来，HFC 已成为现在和未来一段时期内宽带接入的最佳选择，因而 HFC 又被赋予新的含义，特指利用混合光纤同轴来进行双向宽带通信的 CATV 网络。

HFC 网络能够传输的带宽为 750MHz～860MHz，少数达到 1GHz。根据原邮电部 1996 年的意见，其中 5～42/65MHz 频段为上行信号占用，50MHz～550MHz 频段用来传输传统的模拟电视节目和立体声广播，650MHz～750MHz 频段传送数字电视节目、VOD 等，750MHz 以后的频段留着以后技术发展用。

HFC 的系统结构一般包括局端系统 CMTS，用户端系统和 HFC 传输网络。如图 5-6 所示。

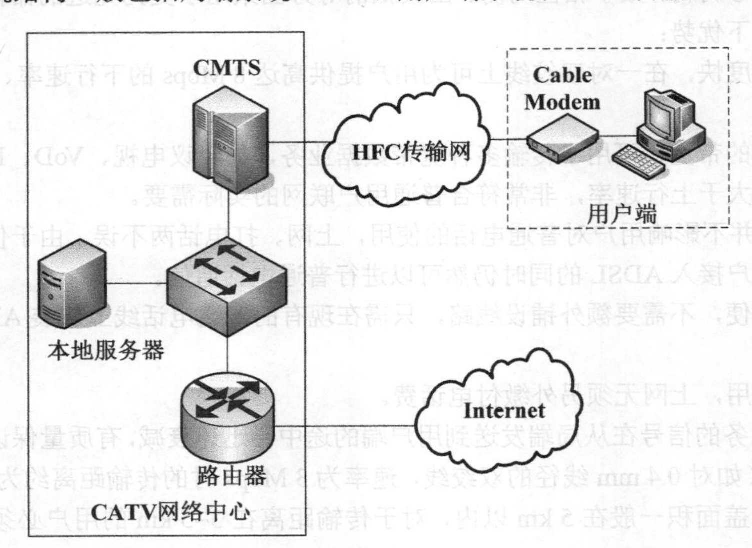

图 5-6　HFC 数据通信系统

（1）局端系统 CMTS。

CMTS 一般在有线电视的前端，或者在管理中心的机房，完成数据到 RF 转换，并与有线电视的视频信号混合，送入 HFC 网络中。除了与高速网络连接外，也可以作为业务接入设备，通过以太网网口挂接本地服务器提供本地业务。

作为前端路由器/交换集线器和 CATV 网络之间的连接设备，CMTS 能维护 1 个连接用户数据交换集线器的 10BaseT 双向接口和 1 个承载 SNMP 信息的 10BaseT 接口。CMTS 也能支持 CATV 网络上的不同 CM（Cable Modem）之间的双向通信。就下行来说，来自路由器的数据包在 CMTS 中被封装成 MPEG2-TS 帧的形式，经过 64QAM 调制后，下载给各 CM；在上行方向，CMTS 将接收到的经 QPSK 调制的数据进行解调，转换成以太网帧的形式传送给路由器。同时，CMTS 负责处理不同的 MAC 程序，这些程序包括下行时隙信息的传输、测距管理以及给各 CM 分配 TDMA 时隙。

CMTS 支持两个管理模式：通过 RS-232 口，并利用基于专用 NMS 的 PC 进行本地管理；利用基于 SNMP 的网管进行远程管理。完成此项功能是通过 CMTS 上增加一个 SNMP proxy 代理模块。

（2）用户端系统

CM（Cable Modem）是放在用户家中的终端设备，连接用户的 PC 和 HFC 网络，提供用户数据的接入。

HFC 数据通信系统的用户端设备 CM 是用户端 PC 和 HFC 网络的连接设备。它支持 HFC 网络中的 CMTS 和用户 PC 之间的通信，与 CMTS 组成完整的数据通信系统。CM 接收从 CMTS 发送来的 QAM 调制信号并解调，然后转换成 MPEG2-TS 数据帧的形式，以重建传向 10baseT 以太网接口的以太帧。在相反方向上，从 PC 接收到的以太帧被封装在时隙中，经 QPSK 调制后，通过 HFC 网络的上行数据通路传送给 CMTS。

HFC 既是一种灵活的接入系统，同时也是一种优良的传输系统，HFC 把铜缆和光缆搭配起来，同时提供两种物理介质所具有的优秀特性。HFC 在向新兴宽带应用提供带宽需求的同时却比 FTTC（光纤到路边）或者 SDV（交换式数字视频）等解决方案便宜多了，HFC 可同时支持模拟和数字传输，在大多数情况下，HFC 可以同现有的设备和设施合并。

HFC 支持现有的、新兴的全部传输技术，其中包括 ATM、帧中继、SONET 和 SMDS（交换式多兆位数据服务）。一旦 HFC 部署到位，它可以很方便地被运营商扩展以满足日益增长的服务需求以及支持新型服务。

由于 HFC 结构和现有有线电视网络结构相似，所以有线电视网络公司对 HFC 特别青睐，他们非常希望这一利器可以帮助他们在未来多种服务竞争局面下获得现有的电信服务供应商似的地位。总之，在目前和可预见的未来，HFC 都是一种理想的、全方位的、信号分派类型的服务介质。

5.2.7　光纤接入（FTTx）

FTTx 技术（Fiber to the x，光纤接入）主要用于接入网络光纤化，范围从区域电信机房的局端设备到用户终端设备，局端设备为光线路终端（Optical Line Terminal，OLT），用户端设备为光网络单元（Optical Network Unit，ONU）或光网络终端（Optical Network Terminal，ONT）。根据光纤到用户的距离来分类，可分成光纤到交换箱（Fiber To The Cabinet，FTTCab）、光纤到路边（Fiber To The Curb，FTTC）、光纤到大楼（Fiber To The Building，FTTB）及光纤到户（Fiber To The Home，FTTH）等 4 种服务形态。美国运营商 Verizon 将 FTTB 及 FTTH 合称光纤到驻地（Fiber To The Premise，FTTP）。上述服务可统称 FTTx。

1. FTTC

FTTC为目前最主要的服务形式，主要为住宅区的用户服务，将ONU设备放置于路边机箱，利用ONU出来的同轴电缆传送CATV信号或双绞线传送电话及上网服务。

2. FTTB

FTTB依服务对象区分有两种，一种是公寓大厦的用户服务，另一种是商业大楼的公司行号服务，两种皆将ONU设置在大楼的地下室配线箱处，只是公寓大厦的ONU是FTTC的延伸，而商业大楼是为了中大型企业单位，必须提高传输的速率，以提供高速的数据、电子商务、视频会议等宽带服务。

3. FTTH

至于FTTH，ITU认为从光纤端头的光电转换器（或称为媒体转换器MC）到用户桌面不超过100m的情况才是FTTH。FTTH将光纤的距离延伸到终端用户家里，使得家庭内能提供各种不同的宽带服务，如VOD、在家购物、在家上课等，提供更多的商机。若搭配WLAN技术，将使得宽带与移动结合，则可以达到未来宽带数字家庭的远景。

光纤连接ONU主要有两种方式：一种是点对点形式拓扑（Point to Point，P2P），从中心局到每个用户都用一根光纤；另外一种是使用点对多点形式拓扑方式（Point to Multi-Point，P2MP）的无源光网络（Passive Optical Network，PON）。对于具有N个终端用户的距离为M km的无保护FTTX系统，如果采用点到点的方案，需要$2N$个光收发器和NM km的光纤。但如果采用点到多点的方案，则需要$N+1$个光收发器、一个或多个（视N的大小）光分路器和大约M km的光纤，在这一点上，采用点到多点的方案，大大地降低了光收发器的数量和光纤用量，并降低了中心局所需的机架空间，有着明显的成本优势。

（1）点到点的FTTx解决方案

点对点直接光纤连接具有容易管理、没有复杂的上行同步技术和终端自动识别等优点。另外上行的全部带宽可被一个终端所用，这非常有利于带宽的扩展。但是这些优点并不能抵消它在器件和光纤成本方面的劣势。

Ethernet+Media Converter就是一种过渡性的点对点FTTH方案，此种方案使用媒体转换器（Media Converter，MC）方式将电信号转换成光信号进行长距离的传输。其中MC是一个单纯的光电/电光转换器，它并不对信号包做加工，因此成本低廉。这种方案的好处是对于已有的以太网设备只需要加上MC即可。对于目前已经普及的100Mbps以太网网络而言，100Mbps的速率也可满足接入网的需求，不必更换支持光纤传输的网卡，只需要加上MC，这样用户可以减少升级的成本，是点对点FTTH方案过渡期间网络的解决方案。

（2）点到多点的FTTx解决方案

在光接入网中，如果光配线网（ODN）全部由无源器件组成，不包括任何有源结点，则这种光接入网就是PON。PON的架构主要是将从光纤线路终端设备OLT下行的光信号，通过一根光纤经由无源器件Splitter（光分路器），将光信号分路广播给各用户终端设备ONU/T，这样就大幅减少网络机房及设备维护的成本，更节省了大量光缆资源等建置成本，PON因而成为FTTH最新热门技术。PON技术始于20世纪80年代初，目前市场上的PON产品按照其采用的技术，主要分为APON/BPON（ATM PON/宽带PON）、EPON（以太网PON）和GPON（千兆位 PON），其中，GPON 是最新标准化和产品化的技术。

PON 作为一种接入网技术，定位在常说的“最后一公里”，也就是在服务提供商、电信局端和商业用户或家庭用户之间的解决方案。

随着宽带应用越来越多，尤其是视频和端到端应用的兴起，人们对带宽的需求越来越强烈。在北美，每个用户的带宽需求将在 5 年内达到 20～50Mbps，而在 10 年内将达到 70Mbps。在如此高的带宽需求下，传统的技术将无法胜任，而 PON 技术却可以大显身手。

习　　题

一、填空题

1．广域网主要工作于 OSI 参考模型的________、________和________。

2．网络接入技术是指________和________接入 Internet 的技术。

3．DDN 是一种__________网。

4．ASDL 作为一种传输层的技术，充分利用现有的电话线资源，在一对双绞线上提供上行________、下行________的带宽。

5．HFC 是_________和_________相结合的混合网络。

二、选择题

1．广域网的拓扑结构一般为__________。

A．网状　　B．星形　　C．树形　　D．总线型

2．WAN 与 LAN 的不同在于________。

A．使用的计算机　　B．地域的大小

C．不同的通信设备　　D．信息传输方式

3．以下属于分组交换的是________。

A．PSTN 网　　B．SDH　　C．X.25 网　　D．有线电视网

4．以下不是广域网协议的是________。

A．PPP　　B．X.25　　C．F.R　　D．Ethernet

5．帧中继采用________技术，能充分利用网络资源，因此帧中继具有高吞吐量、时延低、适合突发性业务等特点。

A．存储转发　　B．虚电路技术　　C．半永久连接　　D．电路交换技术

三、问答题

1．什么是广域网，其具有哪些特点？

2．广域网有哪些常用协议？

3．ISDN 网与传统的电话网相比较具有的优点是什么？

4．什么是 HFC 网络，通常由哪三部分组成？

5．FTTx 技术根据光纤到用户的距离来分类，可以分为哪几类？

第 6 章　无线网络技术

本章学习目标：

◆ 了解无线网的分类和应用；
◆ 了解无线局域网的特点及应用环境；
◆ 了解无线局域网的协议；
◆ 掌握无线局域网的两种工作模式；
◆ 了解无线局域网的组建形式。

从 20 世纪 90 年代起，移动通信和互联网一样，得到了飞速的发展。与此同时，无线网络技术也得到了越来越广泛的应用。

6.1　无线网概述

本节对无线网做基本介绍，包括无线网的基本概念、采用无线网的原因、无线网的类别以及无线网的应用等内容。

6.1.1　基本概念

采用无线介质组建的网络称为无线网。无线介质主要包括无线电波、微波还有红外线。红外线属于光波的范畴，在无线网中采用不多，目前应用比较广泛的主要是无线电波和微波。微波也属于无线电波，只不过频率在 1GHz 以上，因此，传输性能有了质的变化。也可以认为，无线电波包括广播无线电波和微波，广播无线电波包括中、短波和电视信号的甚高频波。在无线网中主要采用兆级以上的高频无线电波。卫星通信也属于微波无线电通信，但卫星通信主要用于长途电话和广播电视信号传输。

6.1.2　采用无线网的原因

采用无线网主要有两个方面的原因：一个是移动无线连网的需要，另一个是固定无线连网的需要。其中移动无线连网类似于移动的情况下打手机，于是人们也希望在移动的情况下上网，例如，在高速运行的列车上。固定无线连网的需要主要是为了取消线缆的限制，以方便连网。例如，把无线网作为有线网的补充或者是扩展有线局域网的覆盖范围。

6.1.3　无线网的分类

无线网的分类方法有多种，如按地域、按带宽、按介质等，下面主要介绍按照地域进行分类的方法。

1. 接入网

接入网主要是指把计算机接入广域网，特别是指接入互联网的方法，主要包括移动通信、无线广域网以及无线城域网的方法。当然也可以通过无线局域网接入，但无线局域网属于间接接入。

2. 无线局域网

无线局域网目前主要是作为有线局域网的延伸或者是补充，主要有 802.11、HiperLAN 等，本章主要介绍著名的 802.11 无线局域网。

3. 无线个人区域网

无线个人区域网也可以属于无线局域网的范畴，主要用于在一个小范围之内把 PC、打印机、鼠标、MP3 和数码相机等数码产品连接成一个微微网，目前主要有蓝牙、Home FR 以及 ZigBee 等产品。无线个人区域网真正可以实现任何时候、任何人、任何地点以任何方式连入网络的需求，是极有发展前景的网络应用。

6.1.4　无线网的应用

从无线网的分类，我们对无线网的应用已经有了一个基本的了解，主要包括：

（1）互联网接入。通过无线的方式接入互联网非常方便，不用连线，在任何地点都可以上网，包括出差在外，甚至在高速运行的列车上。

（2）无线局域网组网。在野外作业时，无须任何布线即可非常方便地组建一个临时的局域网，以便共享硬件和数据资源，非常适用于采矿、军事等方面的应用。

（3）有线局域网延伸。学校、图书馆等场所设置无线接入点 AP 可方便用户临时加入图书馆的有线局域网，以便图书馆的图书、资料等进行检索。

（4）无线传感器网络。能够通过各类集成化的微型传感器进行实时监测，感知和采集各种环境或监测对象的信息，这些信息通过无线方式，以分布式的网络形式传送到用户终端进行处理，实现物理世界、计算机世界以及人类社会的三元世界连通。无线传感器网络是当前国际上倍受关注，设计多学科、高度交叉、知识高度集成的前沿热点研究领域。传感器网络是用途非常广泛的网络，例如，用于军事侦察、环境监测与预报、医疗护理、智能家居、建筑物状态监控以及设备监控等各个方面。

6.2　无线局域网

近年来，随着个人数据通信的发展，为了使用户在任何时间、任何地点均能实现数据通信的目标，传统的计算机网络逐步由有线向无线、由固定向移动、由单一业务向多媒体发展，由此无线局域网技术得到了快速的发展。

6.2.1　基本概念

无线局域网（Wireless Local Area Network，WLAN）是采用无线分组传输技术，在一个比较小的地理范围内，把 PC、笔记本电脑等计算机设备连接在一起的网络。相对其他种类的无线网，WLAN 是一种研究起步比较早的网络，最早的 WLAN 可以追溯到夏威夷大学建立的 ALOHA 无线校园网，以太网（有线的）就是以此为基础研制的局域网。1997 年，IEEE802.11 工作组制定了无线局域网标准 802.11，采用的 MAC 层协议与 802.3 相似，因此，人们又把以

802.11 为基础的无线局域网称为无线以太网，可见它们之间有着千丝万缕的联系。

6.2.2 无线局域网的特点与应用环境

1. 无线局域网的特点

无线局域网一般适用于家庭、大楼内部以及中小型园区，典型距离覆盖几十米至几百米，利用无线技术传输数据、语音和视频信号，作为传统布线网络的一种替代方案或拓展方案。无线局域网的出现，使得原来有线网络所遇到的布线问题迎刃而解。它可以使用户对有线网络进行扩展和延伸，只要在有线网络的基础上通过无线接入点、无线网卡等无线设备，即可使无线通信得以实现，在不进行传统布线的同时，提供有线局域网的所有功能，并能够随着用户的需要随意地更改扩展网络，实现移动应用。无线局域网把用户从办公桌边解放出来，使他们可以随时随地获取信息。一般而言，相比于有线网络，无线局域网的特点主要体现在以下几个方面：

（1）可移动性。由于没有线缆的限制，用户可以在任意地方工作，实时地获取信息。

（2）建网容易。由于不需要布线，消除了穿墙或过天花板布线的繁琐工作，因此安装容易，建网时间可大大缩短。

（3）组网灵活。无线局域网可以组成多种拓扑结构，十分容易地从少数用户的点对点模式扩展到上千用户的基础架构模式。

（4）成本优势。这种优势体现在用户网络需要租用大量的电信专线进行通信的时候，自行组建的 WLAN 会为用户节约大量的租用费用。在需要频繁移动和变化的动态环境中，无线局域网是最佳的选择。

另外，无线网络通信范围在室内可以传输数十米、数百米，室外可以传输几十千米。

尽管无线局域网有许多优点，但是因为其传输速率相对较慢、信号易受环境干扰导致不稳定、安全性相对较低等因素存在，在实际使用中并不是用来取代有线局域网，而是用来弥补有线局域网的不足。

2. 无线局域网的应用环境

无线局域网时代意味着可以在任何地方学习、工作，享受充分的自由和灵活性。无线网络正在成为个人、企业必备的通信工具。无线局域网的特点使其可以广泛使用在以下的领域：

（1）移动办公的环境。如在大型企业、医院、学校等场所移动办公的工作环境。

（2）难以布线的环境。如历史建筑、校园、工厂车间、城市建筑群、大型仓库等不能布线或者难于布线的环境。

（3）频繁变化的环境。如活动的办公室、零售商店、售票点，以及野外勘测、试验、军事、公安和银行等网络结构经常变化或者临时组建的局域网。

（4）公共场所。如机场、货运公司、码头、展览和交易会等。

（5）小型网络用户。如办公室、家庭办公室（SOHO）用户。

6.2.3 Wi-Fi 协议标准

IEEE802.11 标准的产品认证标准是由 Wi-Fi 联盟制定的，这意味着只要符合 Wi-Fi 认证标准的产品就可以实现互连。可以说，Wi-Fi 认证是推动 802.11WLAN 得以快速发展的重要因素，因此，Wi-Fi 也成了 IEEE802.11WLAN 的代名词，其中，Wi-Fi 意为无线高保真

（Wireless-Fidelity），是希望这种网络能够以无线的方式传输高质量的分组。用 Wi-Fi 无线局域网组建的网络可以有多种应用方式：可以组建独立的无线局域网；通过与有线局域网互连，也可以扩大有线局域网的范围，作为其补充；还可以作为 Internet 的无线接入。目前，有许多地方，如办公室、机场、宾馆、候车室、购物中心等都能向公众提供接入 Wi-Fi 并进一步提供 Internet 的接入服务，这样的地点被称为热点，为 Internet 接入提供了方便。

1. IEEE802.11 标准系列

802.11 是 IEEE 最初制定的一个无线局域网标准，主要用于解决办公室局域网和校园网中，用户与用户终端的无线接入，业务主要限于数据存取，速率最高只能达到 2Mbps。由于 802.11 在速率和传输距离上都不能满足人们的需要，因此，IEEE 小组又相继推出了 802.11b 和 802.11a 两个新标准。802.11b 工作频率为 2.4GHz，传输速率为 11Mbps。802.11a 标准是得到广泛应用的 802.11b 标准的后续标准。它工作频率为 5GHz，传输速率为 54Mbps。虽然 802.11a 的传输速率高，但是工作在 5 GHz 频段，与 802.11b 不兼容，那就意味着使用 802.11b 的用户不能直接升级到 802.11a，必须更换设备。另外，802.11a 的价格居高不下，限制了该标准的普及。为了解决 802.11b 速率低同时又解决兼容性问题，802.11 工作组在 2003 年 6 月推出了 IEEE 802.11g 标准。802.11g 标准与 802.11b 标准兼容，可以工作在同一个网络内。802.11g 工作在 2.4GHz 频带上实现 54Mbps 的数据速率。现在，人们正在关注新的标准 IEEE 802.11n，以便能够获得更加优良的 WLAN 传输性能。802.11n 采用了许多新的技术，可以把 802.11 标准的传输速率推进到 100Mbps 甚至更高。

2. 无线局域网协议

IEEE802.11 标准定义了无线局域网的 MAC 层和物理层协议。物理层协议规定了无线通信方法、无线频段、传输速率和传输介质等。标准规定 802.11 采用两种无线通信技术：扩频技术和红外技术，并侧重于扩频技术。

802.11MAC 层即媒体访问控制子层，采用的介质访问控制方法是带冲突检测的载波侦听多路访问（CSMA/CD）方式，这种方式与 802.3 的 CSMA/CD 方式相近。结点在访问链路时必须进行侦听，只有当链路上没有载波时才可以发送信息，而当结点在发送信息时其他结点只能接收。802.11 在冲突处理方法上与 802.3 有所不同。802.3 是有线传输，在最大传输距离内信号是均匀衰减的。而无线网络容易受到环境的干扰和影响，在距离相同、物理位置不同的结点所接收到信号的强度也可能是不同的。如果采用冲突检测技术，可能会发生检测错误的情况。因此，802.11 采用了冲突避免的方法解决因媒体共享而引起的链路竞争。

3. 无线局域网的安全机制

与有线网络不同，WLAN 的信息通过电波传向四周的空间，非常容易被窃听，因此，无线局域网的安全问题是非常突出的。802.11MAC 层的安全机制包括访问控制和数据加密。访问控制是防止未被授权的用户对网络进行访问的机制。数据加密是在用户端与 WLAN 访问点之间对传输的数据进行加密传输的安全机制。802.11 提供的数据加密机制称为无线等价保密（Wired Equivalent Privacy，WEP），使用共享密钥的密码算法。在网络安装并启动后，要注意立即开放 WEP 功能，并且改变 WEP 密钥的默认值。另外，还要注意密码应经常更换，防止被非授权用户获取。

6.2.4　无线局域网的组网模式

WLAN 采用两种不同的组网模式：点对点模式和基础架构模式。

1. 点对点模式

点对点模式也称为对等模式，由无线工作站组成，用于一台无线工作站和另一台或其他多台无线工作站的直接通信，如图 6-1 所示。

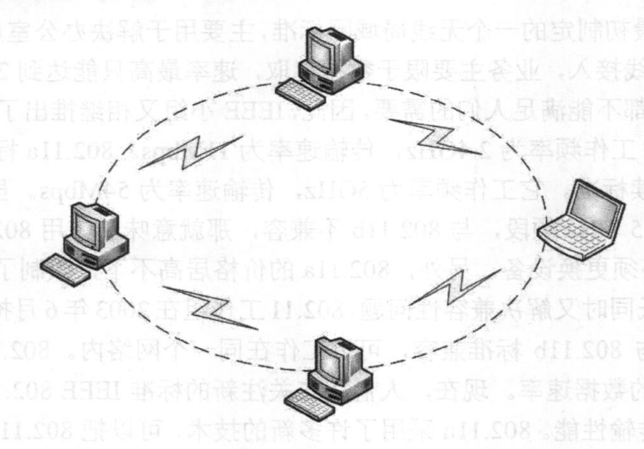

图 6-1　点对点模式

点对点模式是一种省去了无线 AP（无线访问点）而搭建起的对等网络结构，只要安装了无线网卡的计算机彼此之间即可实现无线互联。其原理是网络中的一台计算机主机建立点对点连接相当于虚拟无线 AP，而其他计算机就可以直接通过这个点对点连接进行网络互联与共享。

由于省去了无线 AP，点对点模式的无线局域网的网络架设过程十分简单。不过一般的无线网卡在室内环境下传输距离通常为 40m 左右，当超过此有效传输距离，就不能实现彼此之间的通信。因此，点对点的模式非常适合一些简单甚至是临时性的无线互联需求。

联网的计算机要有相同的工作组名、ESSID（服务区别号）和密码（可选）。任何时间，只要两个或更多的无线网卡互相都在彼此的范围之内，它们就可以组建一个网络。

2. 基础架构模式

基础架构模式（Infrastructure），也称为基础结构模式，由无线 AP、无线工作站以及分布式系统构成，覆盖的区域称为基本服务区（BSS），如图 6-2 所示。

无线 AP（Access Point）也称为无线访问点，相当于有线网络的集线器。其既用于无线工作站之间通信，也用于和有线网络之间的链接，但所有的无线通信都经过 AP 完成。无线 AP 通常能够覆盖几十至几百个用户，覆盖半径达上百米。

无线 AP 理论上支持 255 台工作站，但实际使用中，考虑要达到比较优异的性能，一般建议一台无线 AP 支持 20～30 个工作站为最佳。

如果把无线工作站比喻成手机的话，无线 AP 就相当于移动通信的基站，可以连接其他有线的工作站、交换机和路由器。无线 AP 是无线工作站之间相互通信的桥梁和纽带，同时又是无线工作站进入有线以太网的接入点。它负责管理其覆盖区域（无线工作站）内的通信。覆盖彼此交叠区域的一组无线 AP，能够支持无线工作站在大范围内的连续漫游功能，同时又能始终保持网络连接，这与蜂窝式移动通信的工作方式非常相似。另外，在同一地点放置多个无线AP，可以实现更高的总体吞吐量。

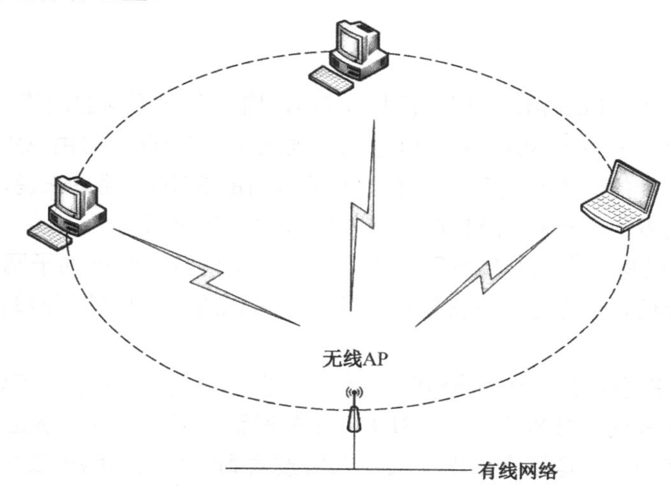

图 6-2　基础架构模式

基础架构模式是一种整合有线与无线局域网架构的应用模式。与点对点模式不同的是，配备无线网卡的计算机必须通过无线访问点来进行通信。

基础架构模式还可以分为“无线网卡+无线 AP”模式和“无线网卡+无线路由器”模式两种：

（1）“无线网卡+无线 AP”模式中，当网络中存在一个无线 AP 时，无线网卡的覆盖范围将变为原来的两倍，并且还可以增加无线局域网所容纳的网络设备数量。无线 AP 的作用类似于有线网络中的集线器，只有单纯的无线覆盖功能。

（2）“无线网卡+无线路由器”是现在很多家庭都采用的无线组网模式。这种模式下，无线路由器就相当于一个无线 AP 加一个路由器的功能，可以做到无线+有线宽带的混合网络。

6.2.5　无线局域网的组建形式

无线局域网的组建通常包含下面几种形式：

1. 全无线网

全无线网比较适用于还没有建网的用户，建网时只需要带无线网卡的计算机和无线 AP。

2. 无线结点接入有线网

对于一个已存在的有线网，若要再扩展时，为了便于移动办公的需要，可考虑扩展无线网的方式，通常是在有线网中接入无线 AP，无线网结点可以通过无线 AP 与有线网相连。这是目前大部分单位采用的组网方式。

3. 两个有线网通过无线方式相连

这种组网形式适用于将两个或多个已建好的有线局域网通过无线的方式互连。例如，两个相邻建筑物中的有线网无法用物理线路连接时，就可以采用这种方式。通常需要在各有线网中接入无线路由器。

6.2.6　无线局域网常用术语

1. SSID

SSID（Service Set Identifier，服务区标识符），用来区分不同的网络，最多可以有 32 个字符。无线网卡设置了不同的 SSID 就可以进入不同网络，SSID 通常由 AP 广播出来，通过操作系统或驱动程序自带的搜索功能可以查看当前区域内的 SSID。简单来说，SSID 就是一个局域网的名称，只有设置为名称相同 SSID 的值的电脑才能互相通信。

SSID 技术可以将一个无线局域网分为几个需要不同身份验证的子网络，每一个子网络都需要独立的身份验证，只有通过身份验证的用户才可以进入相应的子网络，防止未被授权的用户进入本网络。

无线 AP 一般都会提供"允许 SSID 广播"功能。处于安全考虑，可以不广播 SSID，即如果不想让自己的无线网络被别人通过 SSID 名称搜索到，那么最好"禁止 SSID 广播"。这样无线网络仍然可以使用，只是不会出现在其他人所搜索到的可用网络列表中。此时，用户就要手工设置 SSID 才能进入相应的网络。

2. WEP 和 WPA

WEP（Wired Equivalent Privacy）和 WPA（Wi-Fi Protected Access）是无线局域网采用的加密技术。

WEP 已经被证明是一种不安全的加密技术。它在接入点和客户端之间以 RC4（Rivest Cipher）方式对分组信息进行加密的技术，密码很容易被破解。WEP 使用的加密密钥包括收发双方预先确定的 40 位（或者 104 位）通用密钥和发送方为每个分组信息所确定的 24 位、被称为 IV（Initialization Vector）密钥的加密密钥。但是，为了将 IV 密钥告诉给通信对象，IV 密钥不经加密就直接嵌入到分组信息中被发送出去。如果通过无线窃听，收集到包含特定 IV 密钥的分组信息并对其进行解析，那么就连秘密的通用密钥都可能被计算出来。

WPA 是继承了 WEP 基本原理而又解决了 WEP 缺点的一种新技术。由于加强了生成加密密钥的算法，因此即使收集到分组信息并对其进行解析，也几乎无法计算出通用密钥。WPA 的加密特性决定了它比 WEP 更难以入侵。

WPA 包含两种加密方式：Pre-shared 密钥和 Radius 密钥。Pre-shared 密钥有两种密码方式：TKIP 和 AES；Radius 密钥利用 Radius 服务器认证并可以动态选择 TKIP、AES、WEP 方式。

WPA 有两种认证模式可供选择，一种是使用 802.1x 协议认证模式，802.1x 认证服务器分发不同的密钥给各个用户，用 802.1x 认证的版本叫做 WPA 企业版；另一种是称为预先共享密钥 PSK（Pre-Shared Key）模式，让每个用户都用同一个密钥，Wi-Fi 联盟把这个使用 Pre-Shared Key 的版本叫做 WPA 个人版。

3. 无线信道

无线信道（Channel）也就是常说的无线"频段"，是以无线信号作为传输介质的数据信号传送通道，相当于有线局域网的网线。

常用的 IEEE802.11b/g 工作在 2.4～2.4835GHz 频段，这些频段被分为 11 或 13 个信道。当在无线信号覆盖范围内有两个以上的无线 AP 时，需要为每个无线 AP 设定不同的频段，以免共用信道发生冲突。由于很多无线设备的默认设置都是 Channel 为 1，因此当两个以上的这样的无线 AP 设备相“遇”时冲突就在所难免。为什么现在无线信道的冲突如此让人关注？这除了家用或办公无线设备因为价格的不断走低而呈几何级数增长外，无线标准的天生缺陷也是造成目前这种窘境的重要原因。在 802.11b/g 情况下，可用信道在频率上都会重叠交错，导致网络覆盖的服务区只有 3 条非重叠信道可以使用，结果这个服务区的用户只能共享这 3 条信道的数据带宽。这 3 条信道还会受其他无线电信号源的干扰，因为 802.11b/gWLAN 标准采用了最常用的 2.4GHz 无线电频段，而这个频段还有其他各种应用，如蓝牙无线连接、手机甚至微波炉，这些应用在这个频段产生的干扰可能会进一步限制 WLAN 用户的可用带宽。

考虑到相邻的两个无线 AP 之间有信号重叠区域，就需要保证这部分区域所使用的信号信道不相互覆盖，具体地说信号相互覆盖的无线 AP 必须使用不同的信道，否则很容易造成各个无线 AP 之间的信号相互干扰，从而导致无线网络的整体性能下降。因为每个信道都会干扰其两边的频道，计算下来也就只有 3 个有效频道，因此一定要注意在同一区域使用不同的无线 AP 要设置不同的频道。

习 题

一、填空题

1. WLAN 可以采用__________或__________的组网模式。
2. WEP 加密技术和 WPA 加密技术相比，更安全的是________。
3. SSID 全称是______________。
4. IEEE802.11g 有_________个互不重叠的信道。

二、选择题

1. _______ 标准无线局域网的传输速率为 11Mbps。
   A．802.11　　B．802.11b　　C．802.11a　　D．802.11g
2. ________是 IEEE 标准化组织制定的无线局域网标准。
   A．802.20　　B．802.16　　C．802.15.1　　D．802.11g
3. WEP 采用的加密算法是________。
   A．AES　　B．DES　　C．RC4　　D．CRC
4. 一个学生在自习室里使用无线方式连接到他的实验台的笔记本电脑，他正在使用________无线模式。
   A．点对点模式　　B．基础架构模式　　C．固定基站模式　　D．漫游模式
5. 当一台无线设备想要与另一台无线设备关联时，必须在这两台设备之间使用相同的________。
   A．BSS　　B．ESS　　C．IBSS　　D．SSID

三、简答题

1. 什么是无线局域网？其特点是什么？
2. 简述无线局域网的两种组网模式。

第7章 网络操作系统

本章学习目标：

- ◆ 掌握网络操作系统的定义及功能；
- ◆ 了解几种常用的网络操作系统；
- ◆ 掌握 Windows Server 2008 网络操作系统的安装；
- ◆ 了解 Windows Server 2008 网络操作系统的基本网络组件。

7.1 网络操作系统概述

网络操作系统是整个网络的核心，是各种管理程序的集合，也是网络环境下用户与网络资源之间的接口。网络操作系统既能够实现对网络的控制与管理，也可以通过网络向网络上的计算机和外部设备提供各种网络服务。人们在选择使用微型计算机局域网产品时，实质上是在选择网络操作系统。由于所有网络提供的功能都是通过该网络的操作系统来实现的，因此，网络操作系统的水平也代表了网络的水平。

7.1.1 网络操作系统的定义

网络操作系统（Network Operating System，NOS）是使网络上各计算机能方便而有效地共享网络资源，为网络用户提供所需的各种服务的软件和有关规程的集合。因此，网络操作系统的基本任务就是要屏蔽本地资源和网络资源的差异性，为用户提供各种网络服务功能，完成网络资源的管理，同时它还必须提供网络系统安全性的管理和维护。

7.1.2 网络操作系统的功能

网络操作系统作为一种网络上使用的操作系统，必须同时具有操作系统和网络管理系统两方面的功能。

1. 操作系统应具有的基本功能

网络操作系统作为操作系统的主要功能是：提供人与计算机交互使用的平台，具有进程管理、存储管理、设备管理、文件管理和作业管理五大基本功能。

（1）进程管理：主要对处理机进行管理。主要负责进程的启动与关闭，以及为提高 CPU 的利用率采用的各种技术。

（2）存储管理：负责内存的分配、调度和释放。

（3）设备管理：负责计算机中外部设备的管理与维护，如驱动程序的加载。

（4）文件管理：负责文件存储、文件安全保护和文件访问控制。

（5）作业管理：负责用户向系统提交作业以及操作系统如何组织和调度作业。

2. 网络管理系统应具有的功能

网络操作系统作为网络用户计算机与网络之间的接口，通常具有复杂性、并行性、高效性和安全性等特点。一般要求网络操作系统具有如下功能：

（1）支持对称多处理器。通常要求网络操作系统支持多个 CPU，以减少事务处理时间，提高操作系统性能。

（2）支持网络负载平衡。要求操作系统可以与其他计算机构成一个虚拟系统，满足多用户访问时的需要。

（3）支持多任务。要求操作系统在同一时间能够处理多个应用程序，每个应用程序可以在不同的内存空间运行。

（4）支持多用户。支持各种常见的“多用户环境”，以及多个用户的协同工作。

（5）支持大内存。要求操作系统支持较大的物理内存，以便应用程序更好地运行。

（6）通信交往能力。网络操作系统应该可以在各种不同的网络平台上安装和使用，通过实现各类网络通信协议，可以提供可靠而有效的通信交往能力。例如，网络操作系统应该支持各种不同物理传输介质的使用；支持使用不同协议的各种网卡以及各类传输介质的访问控制协议和物理层协议。

（7）安全保护。网络操作系统通常有良好的安全保护措施，并提供对各种对象的访问控制。

（8）支持远程管理和互联。要求操作系统支持用户通过 Internet 进行远程管理和维护，提供必要的网络互联支持，例如，提供网桥、路由或网关等功能的支持。Windows 2003 的服务器版就可以提供路由、远程访问、VPN 等服务。

（9）提供实用管理工具。网络操作系统通常都具有管理资源和用户的各类实用管理程序与工具。因此，它可以向网络管理员和普通用户提供友好、方便和高效的界面，既便于进行网络管理，也便于资源的使用。此外，还具有迅速响应用户提出的服务请求的能力。例如，Windows 2003 服务器中的活动目录、用户和计算机、备份、性能监测、组策略等工具。

3. 网络服务

用户建立计算机网络的目的是使用网络提供的各种服务，提高工作效率和生产率。因此，网络服务就是网络操作系统通过网络服务器向网络工作站或者网络用户提供的有效服务。基本的网络服务如下：

（1）文件服务：主要包括文件的传输、转移和存储、同步和更新、归档（备份数据的过程）等。

（2）打印服务：即共享、优化打印设备的使用。

（3）报文服务：提供“携带附加的电子邮件”的服务功能。

（4）目录服务：允许系统用户维护网络上各种对象的信息。例如，对象可以是用户、打印机、共享资源及服务器等。

（5）应用程序服务：即提供应用程序的前端接口。例如，将一个小的前端程序安装在客户的计算机上，用来查询主数据库服务器。服务器处理之后，将客户机请求的应答信息通过这个接口返回给用户。

（6）数据库服务：主要负责数据库的复制和更新，即解决数据库的变化与协调等问题。

总之，网络操作系统通过各种网络命令，完成实用程序、应用程序和网络间的接口功能，并向各类用户提供网络服务，使用户可以根据各自具有的权限使用各种网络资源。

当今网络操作系统的种类很多，但是根据其各自的特点和优势，应用的范围和场合不尽相同，流行的有微软公司的 Windows 系列产品、UNIX 和 Linux 等几种。

7.2 Windows Server 2008 网络操作系统

7.2.1 Windows Server 2008 简介

Windows Server 2008 是微软一个服务器操作系统的名称，它继承 Windows Server 2003。Windows Server 2008 通过加强操作系统和保护网络环境提高了安全性。通过加快 IT 系统的部署与维护、使服务器和应用程序的合并与虚拟化更加简单、提供直观管理工具，Windows Server 2008 还为 IT 专业人员提供了灵活性，为任何组织的服务器和网络基础结构奠定了良好的基础。

Windows Server 2008 具有如下特点。

1. 内置的强化 Web 和虚拟化功能

Windows Server 2008 Standard 是非常稳固的 Windows Server 操作系统，其内置的强化 Web 和虚拟化功能，是专为增加服务器基础架构的可靠性和弹性而设计的，亦可节省时间及降低成本。利用功能强大的工具，使用者能够拥有更好的服务器控制能力，并简化设定和管理工作；增强的安全性功能则可强化操作系统，以协助保护数据和网络，并可为您的企业提供扎实且可高度信赖的基础。

2. 提供企业级平台

Windows Server 2008 Enterprise 可提供企业级的平台，部署企业关键应用。其所具备的群集和热添加（Hot-Add）处理器功能，可协助改善可用性。整合的身份管理功能，可协助改善安全性，利用虚拟化授权权限整合应用程序，则可减少基础架构的成本，因此 Windows Server 2008 Enterprise 能为高度动态、可扩充的 IT 基础架构，提供良好的基础。

3. 快速的网站部署

Windows Web Server 2008 是特别为单一用途 Web 服务器而设计的系统，而且是建立在下一代 Windows Server 2008 中，坚若磐石之 Web 基础架构功能的基础上，其整合了重新设计架构的 IIS 7.0、ASP.NET 和 Microsoft .NET Framework，以便提供任何企业快速部署网页、网站、Web 应用程序和 Web 服务。

4. 大型数据库的处理功能

Windows Server 2008 for Itanium-Based Systems 已针对大型数据库、各种企业和自订应用程序进行优化，可提供高可用性和多达 74 颗处理器的可扩充性，能符合高要求且具关键性的解决方案的需求。

7.2.2 Windows Server 2008 的安装

1. 安装条件

Windows Server 2008 是一个面向企业级用户的操作系统，在硬件上有严格的要求。因此需要使用者在安装前确定系统的硬件能够满足 Windows Server 2008 的要求，这样可以保证系统运行的稳定性和可靠性，并且最大限度地发挥 Windows Server 2008 的优异性能。

2. 硬件要求

微软官方推荐的硬件配置如表 7-1 所示。

表 7-1　硬件配置表

种　类	建议事项
处理器	• 最小：1GHz • 建议：2GHz • 最佳：3GHz 或者更快速的 注意：一个 Intel Itanium 2 处理器支援 Windows Server 2008 for Itanium-based Systems
内存	• 最小：512MB RAM • 建议：1GB RAM • 最佳：2GB RAM（完整安装）或者 1GB RAM（Server Core 安装）或者其他 • 最大（32 位系统）：4GB（标准版）或者 74GB（企业版以及数据中心版） • 最大（74 位系统）：32GB（标准版）或者 2TB（企业版，数据中心版，以及 Itanium-based 系统）
允许的硬盘空间	• 最小：8GB • 建议：40GB（完整安装）或者 10GB（Server Core 安装） • 最佳：80GB（完整安装）或者 40GB（Server Core 安装）或者其他 注意：计算机中有超过 17GB 的内存将需要更多的磁盘空间用于休眠，转储文件
光盘驱动器	DVD-ROM
显示	• Super VGA（800×700）或者更高级的显示器 • 键盘 • Microsoft Mouse 或者其他可以支援的装置

3. 安装过程

Windows Server 2008 提供了三种安装方法：

（1）用安装光盘引导启动安装；

（2）从现有操作系统上全新安装；

（3）从现有操作系统上升级安装。

具体安装过程见第二部分的实训七。

7.2.3　Windows Server 2008 的基本网络配置

Windows Server 2008 集成了几乎所有用户可能用到的功能与服务，使用该系统可以方便、简单地对客户机提供服务并进行有效的管理。但是需要使用 Windows Server 2008 作为网络服务器系统，需对该系统进行安装和配置，其中最为重要的配置操作便是对网络组件的安装与配置。如果没有正确的网络配置，也就根本谈不上实现什么服务与功能。下面就对网络组件的安装与配置进行详细的介绍。

1. Windows Server 2008 网络组件简介

Windows Server 2008 在网络应用方面提供了许多核心组件，主要是指由安装程序自动安装的许多管理工具，通过安装程序自动安装的网络组件可以为系统提供最基本的网络功能。所有

Windows Server 2008 中包含的网络组件可分为三大类：客户组件、服务组件以及通信协议。它们可以在安装时添加，也可以在安装以后使用“添加/删除程序”工具进行添加。

客户组件：客户组件可以提供对计算机和连接到网络上的文件的访问。

服务组件：服务组件为用户提供了其他的一些功能，例如文件和打印机共享，连接其他类型的网络等。安装服务组件之后，可向网络中的其他用户提供相应的服务。

通信协议：通信协议是用户使用的计算机与其他计算机通信的语言。它规定了计算机之间传送数据的规则，并定义了计算机之间互相沟通的方法。

2. 安装网络协议、服务组件和客户组件

在 Windows Server 2008 的安装过程中，安装向导会自动进行硬件检测工作。如果检测到计算机上已经安装了网络适配器，则安装向导会自动为该适配器添加驱动程序，进行中断号和输入/输出地址等硬件配置工作，然后安装向导继续让用户选择如何安装配置网络组件。网络组件的安装包括典型配置和自定义配置。通常用户可选择典型配置，以便安装向导自动为系统安装配置常用的网络组件。如果用户要更好地利用 Windows Server 2008 强大的网络功能，便需要在安装完 Windows Server 2008 后手工添加和配置其他的网络协议及服务。

（1）安装通信协议。

使用网络，用户就必须安装能使网络适配器与网络正确通信的协议，协议的类型取决于所在网络的类型。我们可以通过下列操作在当前系统中增加通信协议：

① 右击“网上邻居”图标，从弹出的快捷菜单中选择“属性”命令，打开“网络和拨号连接”窗口。

② 右击“本地连接”图标，从弹出的快捷菜单中选择“属性”命令，打开“本地连接属性”对话框，如图 7-1 所示。在“此连接使用下列项目”列表框中列出了目前系统中已安装过的网络组件，单击“安装”按钮，打开“选择网络组件类型”对话框。

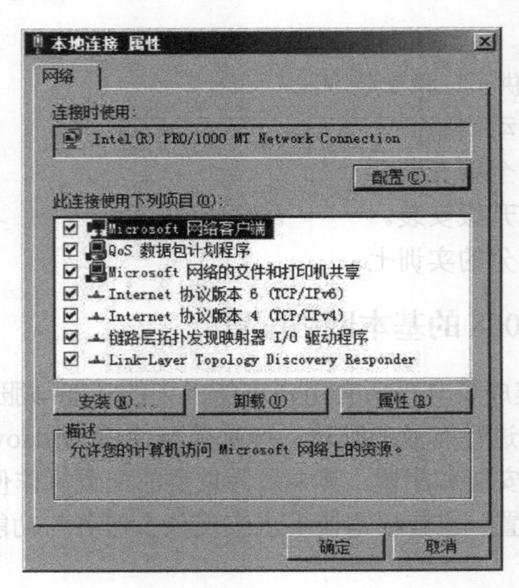

图 7-1　“本地连接属性”对话框

③ 选择“单击要安装的网络组件类型”列表框中的“协议”选项，单击“添加”按钮，打开“选择网络协议”对话框，如图 7-2 所示。

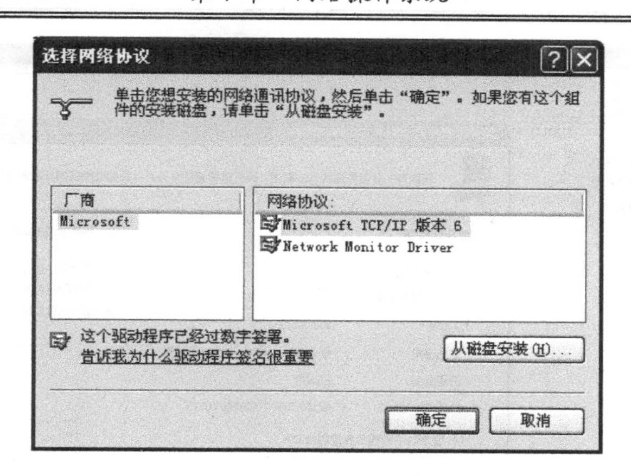

图 7-2　"选择网络协议"对话框

④ 在"选择网络协议"对话框中的"网络协议"列表框中列出了 Windows Server 2008 提供的组件协议在当前系统中尚未安装的部分，可双击欲安装的协议进行安装。TCP/IP 协议是计算机连接中最常用的一种协议，是连接进入 Internet 所必需的协议。

（2）安装网络服务组件。

Windows Server 2008 中安装了网络服务组件后可以向网络中其他的用户提供优先级别不同的网络服务。安装 Windows Server 2008 时已默认安装了"Microsoft Networks 的文件和打印机服务"，系统还提供了其他类型的网络服务，用户可根据需要自行安装。

添加网络服务与添加网络协议的方法基本类似，用户可以按上面添加协议的基本步骤来操作，只是在选择要安装的网络组件类型时选择"服务"选项，然后单击"添加"按钮，打开"选择网络服务"对话框。对话框中的"网络服务"列表框中列出了 Windows Server 2008 已经提供但当前系统中尚未安装的网络服务选项，用户可双击欲安装的服务选项，或选中服务选项之后单击"确定"按钮来安装服务。

（3）安装网络客户组件。

在 Windows Server 2008 的安装过程中，如果用户在选择如何配置网络组件选项时选择了典型配置，那么安装向导会自动在网络组件中安装 Microsoft Networks 客户端组件及 NetWare 网页和客户端服务组件。如果用户还需要配置其他的网络客户组件，可在"本地连接属性"对话框中单击"安装"按钮，在"选择网络组件类型"列表框中选中"客户端"选项，然后单击"添加"按钮，系统会自动在 Windows Server 2008 的安装源盘中寻找该组件的驱动程序。

3. 添加网络核心组件

Windows Server 2008 家族产品含有多种核心组件，其中包括一些由安装程序自动安装的管理工具，此外还有许多用于扩展服务器功能的可选组件。用户在安装了 Windows Server 2008 后，可能遇到这样的情况，即用户在安装系统时没有将所有的网络服务、网络协议或网络工具组件都安装在系统中。当用户需要服务器系统启动某项管理或服务功能时，由于缺少网络组件使得该功能或服务无法启动。这时用户便需要重新手动为系统添加网络组件。下面以安装 IIS 为例介绍如何将未安装的网络组件添加到系统中。

（1）启动服务器管理器，在服务器管理器中选择角色，单击"添加角色"，启动添加角色向导，如图 7-3 所示。

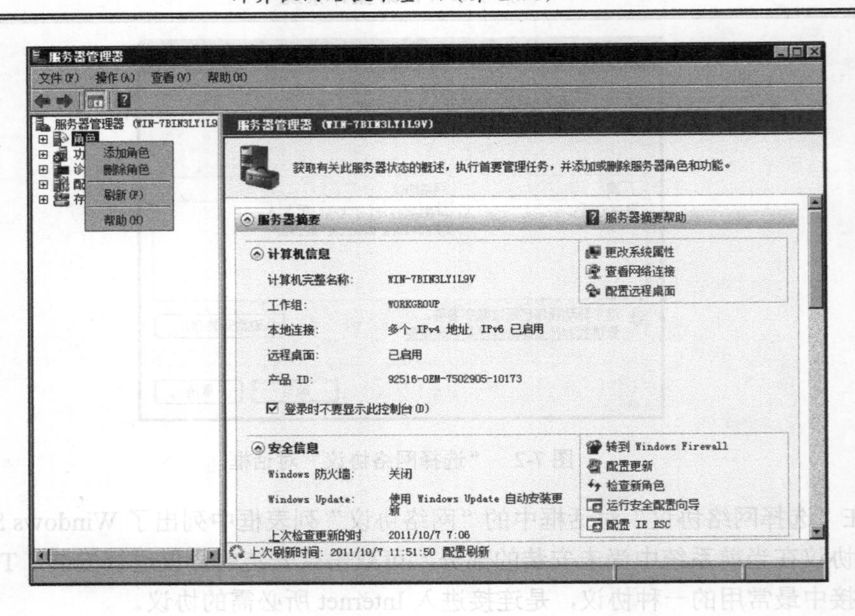

图 7-3　添加角色

（2）在“选择服务器角色”对话框中单击“Web 服务器（IIS）”复选框，如图 7-4 所示，弹出如图 7-5 所示的“是否添加 Web 服务器（IIS）所需的功能”对话框，单击“添加必需的功能”按钮。

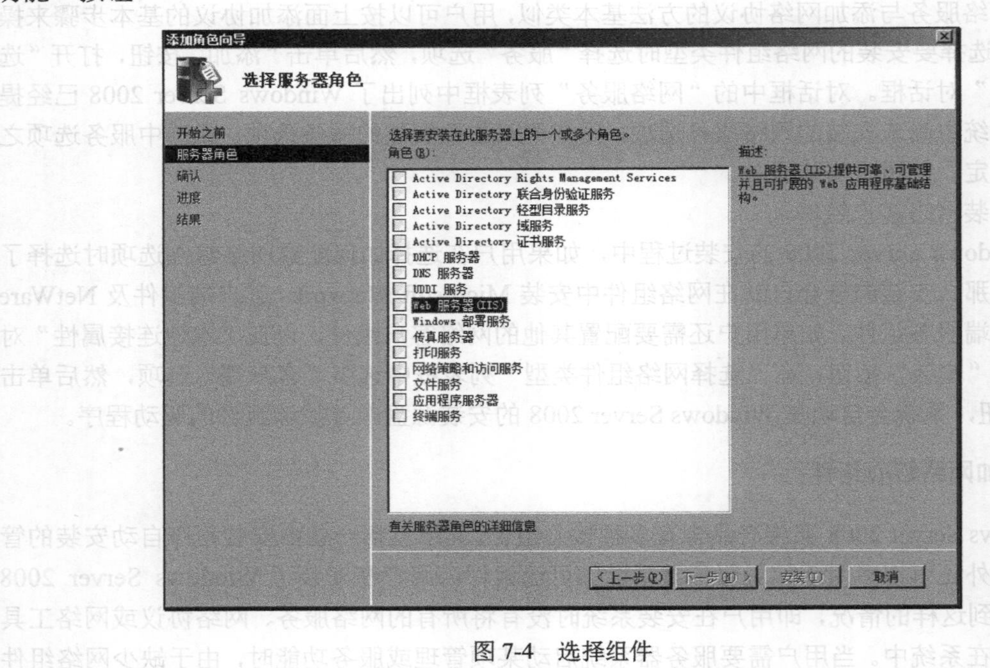

图 7-4　选择组件

（3）当显示“选择角色服务”对话框时，可选择欲安装的组件，添加必需的角色任务，如图 7-6 所示。

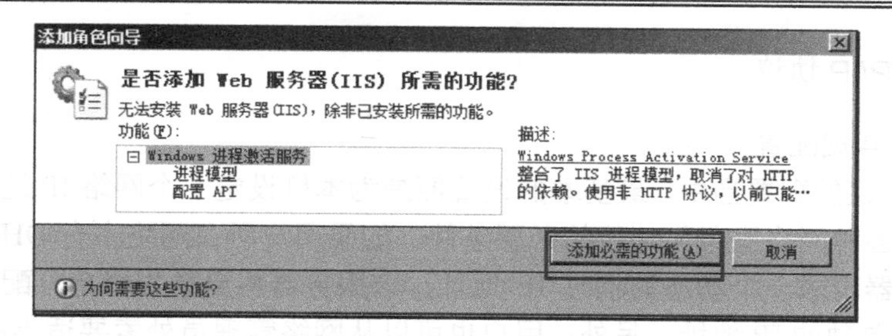

图 7-5　选择添加必需的功能

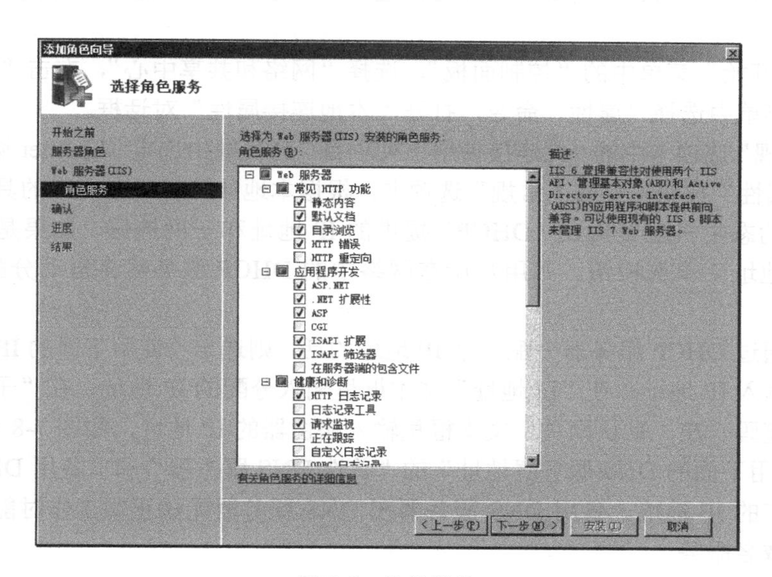

图 7-6　角色服务

（4）确认安装，至此，IIS 安装成功，如图 7-7 所示。

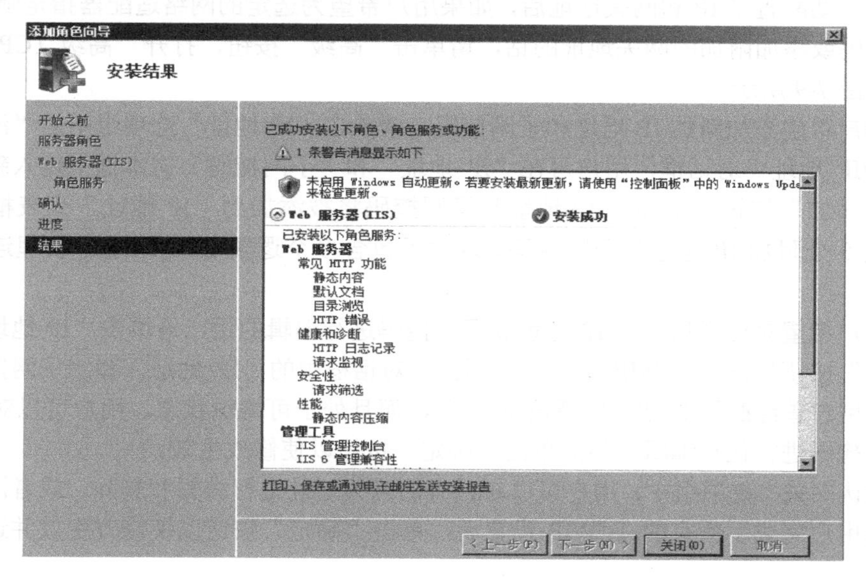

图 7-7　完成安装

4. 配置 TCP/IP 协议

（1）TCP/IP 常规配置。

在 TCP/IP 协议的配置当中，最基本的设置便是为本机设定一个网络 IP 地址，因为这个 IP 地址是用户实现各种网络服务与功能的必要条件。如果用户所在网络中有 DHCP 服务器的话，用户可以向服务器请求一个动态的临时 IP 地址，该服务器将自动为用户分配一个与其他网络 IP 地址不重复的单独的 IP 地址。另外，用户也可以从网络管理员处索要适当的 IP 地址，然后自己手动进行设置。下面我们便来介绍如何设置 IP 地址及进行其他相关设置，具体操作步骤如下：

① 单击“开始”菜单中的“控制面板”，选择“网络和共享中心”，右击“本地连接”图标，从快捷菜单中选择“属性”命令，打开“本地连接属性”对话框。

② 在“常规”选项卡中的“此连接使用下列项目”列表框中选定“Internet 协议（TCP/IP）”组件。单击“属性”按钮，打开“常规”选项卡，根据本地计算机所在网络的具体情况决定是否用网络中的动态主机配置协议（DHCP）提供的 IP 地址和子网掩码。如果是的话，就选定“自动获得 IP 地址”单选按钮，则用户所在网络中的 DHCP 服务器将自动分配一个 IP 地址给计算机。

如果不想通过 DHCP 服务器分配一个 IP 地址的话，则选定“使用下面的 IP 地址”单选按钮。选择手工输入 IP 地址，在“IP 地址”文本框里输入分配的 IP 地址，在“子网掩码”文本框里输入子网掩码，在“默认网关”文本框里输入路由器的 IP 地址，如图 7-8 所示。

③ 在“使用下面的 DNS 服务器地址”的“首选 DNS 服务器”和“备用 DNS 服务器”文本框中输入相应的 IP 地址。备用 DNS 服务器在 DNS 服务器无法正常工作时能代替主服务器为客户机提供域名服务。

设置完毕后单击“确定”按钮使设置生效。

（2）TCP/IP 高级配置。

为本机手动配置了 IP 和网关地址后，如果用户希望为选定的网络适配器指定附加的 IP 地址和子网掩码或添加附加的网关地址的话，请单击“高级”按钮，打开“高级 TCP/IP 设置”对话框，如图 7-9 所示。

如果用户希望添加新的 IP 地址和子网掩码，请单击“IP 地址”选项组中的“添加”按钮打开“TCP/IP 地址”对话框，用户可在“IP 地址”和“子网掩码”文本框中输入新的地址，然后单击“添加”按钮，附加的 IP 地址和子网掩码将被添加到“IP 地址”列表框中。用户最多可指定 5 个附加 IP 地址和子网掩码，这对于包含多个逻辑 IP 网络进行物理连接的系统很有用。

如果用户希望对已经指定的 IP 地址和子网掩码进行编辑的话，请单击“IP 地址”选项组中的“编辑”按钮打开“TCP/IP 地址”对话框。对话框中的“IP 地址”和“子网掩码”文本框中将显示用户曾经配置的 IP 地址和子网掩码，而且处于可编辑状态。用户可以对原有的 IP 地址和子网掩码进行任意编辑。然后单击“确定”按钮以使修改生效。

在“默认网关”选项组中，用户可以对已有的网关地址进行编辑和删除，或者添加新的网关地址。当用户完成了所有的 TCP/IP 设置后，单击“确定”按钮以使修改生效并返回到“常规”选项卡。

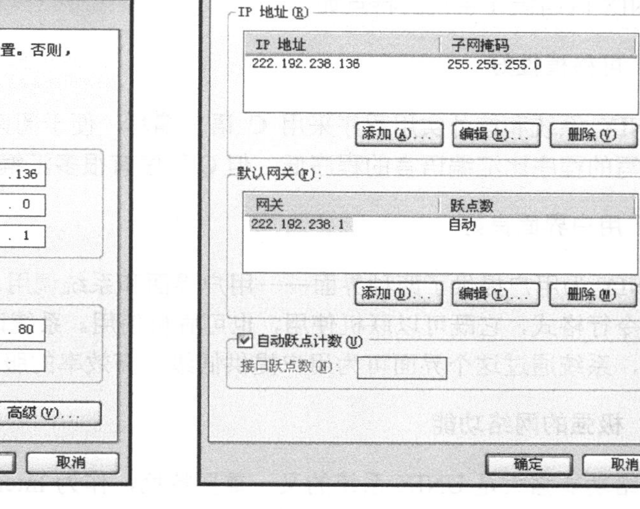

图 7-8　TCP/IP 协议属性设定　　　　图 7-9　高级 TCP/IP 设置

（3）TCP/IP 筛选设置。

通过 TCP/IP 筛选设置可以限制计算机所能处理的网络通信量，特别是可以设置网络客户不能从特定的 TCP 端口和用户数据报协议（UDP）端口传输数据，而只能使用特定的网际协议来传输。这样，一方面提高了网络的安全性，另一方面也加快了网络主机的操作速度。

TCP/IP 筛选设置的操作步骤如下：

在“高级 TCP/IP 设置”对话框的“选项”选项卡中，选定“可选的设置”列表框中的“TCP/IP 筛选”选项，单击“属性”按钮，打开“TCP/IP 筛选”对话框，如图 7-10 所示。

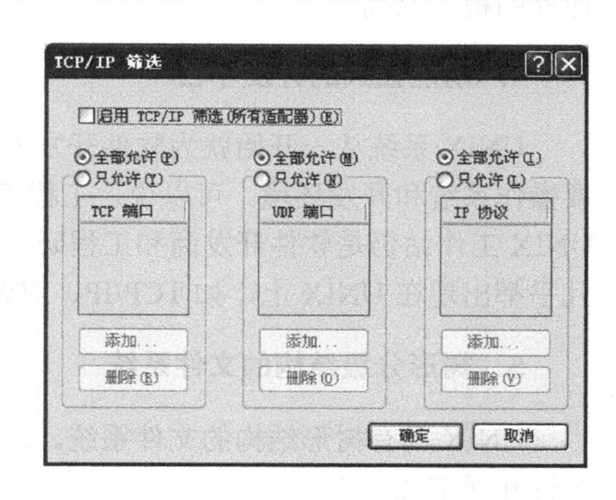

图 7-10　TCP/IP 筛选

如果用户的主机中配置了多个网络适配器的话，选定“启用 TCP/IP 筛选（所有适配器）”复选框，用户必须选定该复选框才能使 TCP/IP 筛选功能应用到所有的网络适配器。

对于初始化配置，为 TCP 端口单击“全部允许”单选按钮，为 UDP 端口单击“全部允许”单选按钮，并为 IP 协议单击“全部允许”单选按钮。单击“确定”按钮以使设置生效。

7.3　UNIX 网络操作系统

UNIX 最早由 Ken Thompson、Dennis Ritchie 和 Douglas McIlroy 于 1979 年在 AT&T 的贝尔实验室开发。经过长期的发展和完善，目前已成长为一种主流的操作系统技术和基于这种技术的产品大家族。

UNIX 是一个多用户、多任务的实时操作系统，它通常与硬件服务器产品一起捆绑销售。

UNIX 广泛应用于大型高端网络。在 Internet 中，较大型的服务器大多使用了 UNIX 操作系统。由于 UNIX 不易被普通用户掌握，而且价格昂贵，因此在中小型网络中很少使用。

UNIX 网络操作系统的特点如下：

1. 可移植性好

UNIX 系统和核外实用程序采用 C 语言编写，便于阅读、理解和修改。虽然在效率上 C 语言编写的程序比汇编语言的程序低，但 C 程序有很多汇编语言所无法比拟的优点。

2. 用户界面良好

UNIX 为用户提供了两种界面——用户界面和系统调用。UNIX 的传统用户界面是基于文本的命令行格式，它既可以联机使用，也可脱机使用。系统调用是用户在编写程序时可以使用的界面，系统通过这个界面可为用户提供低级、高效率的服务。

3. 极强的网络功能

网络功能强大是 UNIX 系统的又一重要特色，作为 Internet 技术基础和异种机连接重要手段的 TCP/IP 协议就是在 UNIX 上开发和发展起来的。TCP/IP 是所有 UNIX 系统不可分割的组成部分。因此， UNIX 服务器在 Internet 服务器中占 70%以上，占绝对优势。此外，UNIX 还支持所有常用的网络通信协议，包括 NFS、DCE、IPX/SPX、SLIP 和 PPP 等，使得 UNIX 系统能方便地与已有的主机系统以及各种广域网和局域网相连接，这也是 UNIX 具有出色的互操作性的根本原因。

4. 功能强大的开发平台

UNIX 系统从一开始就为软件开发人员提供了丰富的开发工具，成为工程工作站首选的主要操作系统和开发环境。可以说，工程工作站的出现和成长与 UNIX 是分不开的。迄今为止，UNIX 工作站仍是软件开发商和工程研究设计部门的主要工作平台。有重大意义的软件新技术几乎都出现在 UNIX 上，如 TCP/IP、WWW 等。

5. 树形分级结构的文件系统

UNIX 具有树形结构的文件系统。这种结构既有利于动态扩展文件存储空间，又有利于安全性和保密性。

6. 系统安全

UNIX 采取了众多的安全技术和措施以满足 C2 级安全标准的要求，包括对读/写权限的控制、带保护的子系统、审计跟踪、核心授权等，从而为网络用户提供了强大的安全保障。

7.4　Linux 网络操作系统

7.4.1　Linux 概述

Linux 最初是由芬兰赫尔辛基大学的一位大学生（Linus Benedict Torvalds）于 1991 年 8 月

开发的一个免费操作系统，是一个基于 POSIX 和 UNIX 的多用户、多任务、支持多线程和多 CPU 的操作系统。它能运行主要的 UNIX 工具软件、应用程序和网络协议。它支持 32 位和 64 位硬件。Linux 继承了 UNIX 以网络为核心的设计思想，是一个性能稳定的多用户网络操作系统。

由于 Linux 的源代码公开，所以任何用户都可以根据需要对 Linux 内核进行修改。正因为如此，Linux 网络操作系统才得以长足发展和迅速普及。目前，Linux 已成为具有 UNIX 网络操作系统特征的、新一代的网络操作系统。

1. Linux 的特点

（1）免费获得，无须支付任何费用。

（2）可以在任何基于 x86 平台或者是 RISC 体系结构的计算机系统上运行。

（3）可以实现 UNIX 操作系统的所有功能。

（4）强大的网络功能。Linux 具有多任务、多用户、多平台、多线程、虚拟存储管理、虚拟控制台、高效磁盘缓冲和动态链接库等强大的应用功能。

（5）源代码公开。Linux 是一个开放使用的自由软件。正是由于 Linux 的源代码开放，才使得它更适合于广大需要自行开发应用程序的用户，以及那些需要学习 UNIX 命令工具的用户。

（6）具有丰富的系统软件和应用软件的支持。

2. Linux 的应用

基于 Linux 的特点，Linux 是一种可以与 Windows 抗衡的、极具发展潜力的操作系统。它适用于需要运行各种网络应用程序并提供各种网络服务的场所。

7.4.2 Linux 发行版

Linux 发行版指的就是我们通常所说的“Linux 操作系统”，它可能是由一个组织，公司或者个人发行的。Linux 主要作为 Linux 发行版（通常被称为“distro”）的一部分而使用。通常来讲，一个 Linux 发行版包括 Linux 内核，将整个软件安装到电脑上的一套安装工具，各种 GNU 软件，其他的一些自由软件，在一些特定的 Linux 发行版中也有一些专有软件。发行版为许多不同的目的而制作，包括对不同计算机结构的支持，对一个具体区域或语言的本地化，实时应用和嵌入式系统。目前，超过三百个发行版被积极开发，最普遍被使用的发行版有大约十二个。下面介绍几种常用的发行版。

1. Debian

Debian 运行起来极其稳定，这使得它非常适合用于服务器。Debian 平时维护三套正式的软件库和一套非免费软件库，这给另外几款发行版(比如 Ubuntu 和 Kali 等)带来了灵感。Debian 这款操作系统派生出了多个 Linux 发行版。Debian 这款操作系统无疑并不适合新手用户，而是适合系统管理员和高级用户。

2. Gentoo

与 Debian 一样，Gentoo 这款操作系统也包含数量众多的软件包。Gentoo 并非以预编译的形式出现，而是每次需要针对每个系统进行编译。Gentoo 安装和使用起来很困难，适合对 Linux 已经完全驾轻就熟的那些用户。不过它被认为是最佳学习对象，可以进而了解 Linux 操作系统的内部运作原理。

3. Ubuntu

Ubuntu 是 Debian 的一款衍生版，也是当今最受欢迎的免费操作系统。Ubuntu 侧重于它在这个市场的应用，在服务器、云计算、甚至一些运行 Ubuntu Linux 的移动设备上很常见。作为 Debian Gnu Linux 的一款衍生版，Ubuntu 的进程、外观和感觉大多数仍然与 Debian 一样。它使用 apt 软件管理工具来安装和更新软件。它也是如今市面上使用起来最容易的发行版之一。

4. 红帽企业级 Linux

这是第一款面向商业市场的 Linux 发行版。它有服务器版本，支持众多处理器架构，包括 x86 和 x86_64。红帽公司通过课程红帽认证系统管理员/红帽认证工程师（RHCSA/RHCE），对系统管理员进行培训和认证。红帽提供了非常多的稳定版应用程序，但是众所周知的缺点是，把太多旧程序包打包起来，支持成本确实相当高。不过，如果安全是关注的首要问题，那么红帽企业级 Linux 的确是款完美的发行版。红帽企业级 Linux 是系统管理员的第一选择，它有众多的程序包，还有非常到位的支持。由于该发行版是商业化产品，所以不是免费的。

5. CentOS

CentOS 是一款企业级 Linux 发行版，它使用红帽企业级 Linux 中的免费源代码重新构建而成。这款重构版完全去掉了注册商标以及 Binary 程序包方面一个非常细微的变化。如果不想支付一大笔钱，又能领略红帽企业级 Linux，就可以选择 CentOS。此外，CentOS 的外观和行为似乎与母发行版红帽企业级 Linux 如出一辙。

6. Fedora

如果想尝试最先进的技术，等不及程序的稳定版出来，就可以选择小巧的 Fedora。其实，Fedora 就是红帽公司的一个测试平台，产品在成为企业级发行版之前，在该平台上可进行开发和测试。

习　题

一、填空题

1．常用的网络操作系统有________、________和________。

2．网络操作系统的基本服务有：文件服务、________、数据库服务、________、分布式服务、________和 Internet/Intranet 等。

二、选择题

1．下面的 Microsoft 产品中，可作为网络操作系统的是________。

A．MS-DOS　　　　　　　　B．Windows 98

C．Windows ME　　D．Windows NT 4.0 Server

2．连接 Internet 所必需的协议是________。

A．IPX/SPX　　B．TCP/IP

C．NetBEUI　　D．NOVELL

3．下面用于地址解析的是________。

A．Archie 服务器　　B．WAIS 服务器

C．DNS 服务器　　D．TIP 服务器

4．以下关于网络操作系统基本任务的描述中，错误的是________。

A．屏蔽本地资源与网络资源的差异性

B．为用户提供各种基本网络服务功能

C．提供各种防攻击安全服务

D．完成网络共享系统资源的管理

三、问答题

1．网络操作系统的特点有哪些？

2．网络操作系统的服务功能有哪些？

3．试述几种常见的网络操作系统。

4．试述 Windows Server 2008 的安装过程。

第8章 Internet应用技术

本章学习目标：

- ◆ 了解Internet的发展历程以及国内外的现状；
- ◆ 掌握IPv4地址的基本结构及其分类；
- ◆ 掌握子网掩码的作用、子网划分的基本概念以及子网划分的方法；
- ◆ 掌握网卡的MAC地址及其与IP地址的关系；
- ◆ 掌握Internet中域名的概念、域名的结构以及查询；
- ◆ 掌握Internet万维网、电子邮件、网络论坛的应用服务功能；
- ◆ 了解Internet文件传输、搜索引擎以及其他应用服务功能。

Internet，中文正式译名为因特网，又叫做互联网。它是由那些使用公用语言互相通信的计算机连接而成的全球网络。目前，Internet的数十亿用户遍及全球，并且它的用户数还在持续上升。

Internet 是一项正在向纵深发展的技术，是人类进入网络文明阶段或信息社会的标志。Internet 在为人们提供计算机网络通信设施的同时，还为广大用户提供了非常友好的人人乐于接受的访问方式。Internet 使计算机工具、网络技术和信息资源不仅被科学家、工程师和计算机专业人员使用，同时也为广大群众服务，进入了非技术领域，进入了商业领域，进入千家万户。Internet已经成为当今社会最有用的综合性信息工具。

8.1 Internet概述

Internet是由多个不同结构的网络，通过统一的协议和网络设备（即TCP/IP协议和路由器等）互相连接而成的、跨越国界的、世界范围的大型广域计算机互联网络。

8.1.1 Internet的起源与发展历程

Internet最早起源于美国国防部高级研究计划署（DARPA）的前身ARPA建立的ARPAnet网络。从20世纪60年代开始，ARPA就开始向美国国内大学的计算机系和一些私人有限公司提供经费，以促进基于分组交换技术的计算机网络的研究。1968年，ARPA为ARPAnet网络项目立项，这个项目基于这样一种主导思想：网络必须能够经受住故障的考验而维持正常工作，一旦发生战争，当网络的某一部分因遭受攻击而失去工作能力时，网络的其他部分应当能够维持正常通信。最初，ARPAnet主要用于军事研究目的，应用领域也仅仅限于军事领域。它有五大特点：

（1）支持资源共享；

（2）采用分布式控制技术；

（3）采用分组交换技术；

（4）使用通信控制处理机；

（5）采用分层的网络通信协议。

1972 年，ARPAnet 在首届计算机后台通信国际会议上初次与公众见面，并验证了分组交换技术的可行性，由此，ARPAnet 成为现代计算机网络诞生的标志。最初建成的 ARPAnet 在全美国范围内一共有 4 个结点，如图 8-1 所示。1972 年后的二十多年间，ARPAnet 广泛被网络技术学术界人士以及网络工程师所接纳，同时他们也积极地投身到与 ARPAnet 相关的研究与应用开发当中去。1980 年，ARPA 投资把 TCP/IP 加进 UNIX（BSD4.1 版本）的内核中，在 BSD4.2 版本以后，TCP/IP 协议即成为 UNIX 操作系统的标准通信模块。1982 年，Internet 由以 ARPAnet 为主的几个计算机网络合并而成，其中 ARPAnet 作为 Internet 的早期骨干网，较好地解决了异种机网络互联的一系列理论和技术问题，为 Internet 存在和发展奠定了良好的基础。1983 年，ARPAnet 分裂为两部分：ARPAnet 网络和纯军事用的 MILNET 网络。剥离了军用网络 MILNET 后的 ARPAnet 网络把基于分组交换技术的 TCP/IP 协议作为 ARPAnet 网络传输的标准协议，并被称为 Internet。此后，TCP/IP 协议便在 Internet 中被研究、试验并改进成为使用方便、效率极好的网络传输协议。

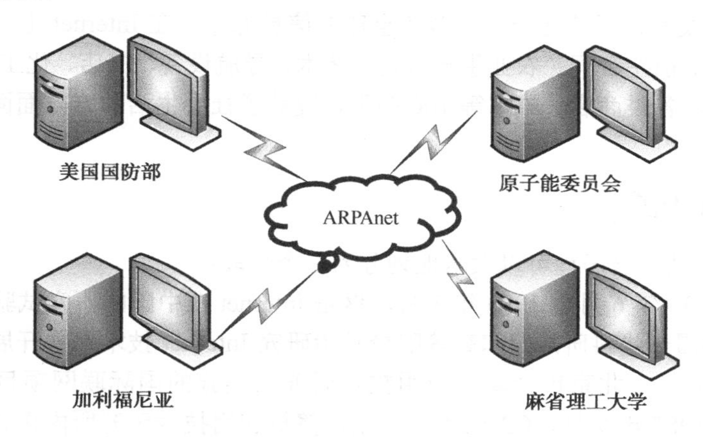

图 8-1　ARPAnet 发展之初的 4 个结点

与此同时，局域网和其他广域网的产生和蓬勃发展对 Internet 的进一步发展起了重要的作用。其中，最为引人注目的就是美国国家科学基金会 NSF（National Science Foundation）建立的美国国家科学基金网 NSFnet。1986 年，NSF 建立起了六大超级计算机中心，为了使全国的科学家、工程师能够共享这些超级计算机设施，NSF 建立了自己的基于 TCP/IP 协议的计算机网络 NSFnet。NSF 在全国建立了按地区划分的计算机广域网，并将这些地区网络和超级计算中心相联，最后将各超级计算中心互联起来，连接各地区网上主通信结点计算机的高速数据专线构成了 NSFnet 的主干网。这样，当一个用户的计算机与某一地区相联以后，它可以使用任一超级计算中心的设施并可与网上任一其他用户通信，还可以获得网络提供的大量信息和数据。这一成功使得 NSFnet 于 1990 年 6 月彻底取代了 ARPAnet 而成为 Internet 的主干网。NSFnet 对 Internet 的最大贡献是使 Internet 向全社会开放，而不像以前那样仅仅提供给计算机研究人员、政府职员和政府承包商使用。然而，随着网上通信量的迅猛增长，NSF 不得不采用更新的网络技术来适应发展的需要。1990 年 9 月，由 Merit、IBM 和 MCI 公司联合建立了一个非营利性组织“先进网络和科学公司 ANS（Advanced Network & Science，Inc）”。ANS 的目的是建立一个全美范围的 T3 级主干网，它能以 45Mbps 的速率传送数据，相当于每秒传送 1400 页文本信息。到 1993 年年底，NSFnet 的全部主干网都已同 ANS 提供的 T3 级主干网相通。此后，

Internet 开始走向商业化的新进程，1995 年 Internet 开始大规模应用在商业领域，并且随着微型计算机的普及以及网络服务供应商的大量涌现，Internet 开始走进千家万户并逐步形成了当今以 Internet 为主导地位的世界计算机网络格局。

8.1.2 Internet 的现状

1969 年 12 月，当 ARPAnet 最初建成时只有 4 个结点，到 1972 年 3 月也仅仅只有 23 个结点，直到 1977 年 3 月总共只有 111 个结点。但是近十年来，随着社会科技、文化和经济的发展，特别是通信技术的日新月异，ARPAnet 和随后出现的 NSFnet 规模不断扩大，连接到这两个网络的主机和用户数目也急剧增加。1988 年，由 NSFnet 连接的计算机数就猛增到 5.6 万台，此后每年更以 2～3 倍的惊人速度向前发展。1994 年，Internet 上的主机数目达到了 320 万台，连接到 Internet 的计算机网络数目达到 3.5 万个。到 1998 年，Internet 上的用户突破 1 亿大关。截止到 2010 年 10 月，全世界直接连接到 Internet 的网络多达 200 万个，Internet 上的主机数目超过 6 亿台，用户超过 12 亿。今天的 Internet 已不再是计算机人员和军事部门进行科研的领域，而是变成了一个开发和使用信息资源的覆盖全球的信息海洋。在 Internet 上，按从事的业务分类包括了广告公司、航空公司、农业生产公司、艺术、导航设备、书店、化工、通信、计算机、咨询、娱乐、财贸、各类商店、旅馆等 100 多类，覆盖了社会生活的方方面面，构成了一个信息社会的缩影。

8.1.3 Internet 在中国

Internet 在中国的发展历程可以大略地划分为三个阶段：

第一阶段为 1986 年 6 月至 1993 年 3 月，这是 Internet 在中国的研究试验阶段。

在此期间，中国一些科研部门和高等院校开始研究 Internet 技术，并开展了科研课题和科技合作工作。1986 年，北京市计算机应用技术研究所实施的国际联网项目——中国学术网（CANET）启动。1987 年 9 月，CANET 在北京计算机应用技术研究所内正式建成中国第一个国际 Internet 电子邮件结点。1990 年 11 月 28 日，我国正式在 SRI-NIC 注册登记了中国的顶级域名 CN，并且从此开通了使用中国顶级域名 CN 的国际电子邮件服务。在这个阶段，我国对 Internet 的应用仅限于小范围内的电子邮件服务，而且此服务仅为少数高等院校、研究机构提供。

第二阶段为 1994 年 4 月至 1996 年，该阶段为国内 Internet 起步阶段。

1994 年 4 月，中关村地区教育与科研示范网络工程进入 Internet，实现和 Internet 的 TCP/IP 连接，从而开通了 Internet 全功能服务。从此中国被国际上正式承认为有 Internet 的国家。之后，ChinaNet、CERnet、CSTnet、ChinaGBnet 等多个 Internet 项目在全国范围相继启动，Internet 开始进入公众生活，并在中国得到了迅速的发展。1996 年年底，中国 Internet 用户数已达 20 万，利用 Internet 开展的业务与应用逐步增多。

第三阶段从 1997 年至今，是 Internet 在国内快速增长阶段。

国内 Internet 用户数 1997 年以后基本保持每半年翻一番的增长速度。据中国互联网络信息中心（CNNIC）公布的《第 26 次中国互联网络发展状况统计报告》显示，截至 2010 年 6 月底，我国 Internet 用户规模达 4.2 亿人，Internet 普及率持续上升增至 31.8%。互联网商务化程度迅速提高，全国 Internet 购物用户达到 1.4 亿，网上支付、网络购物和网上银行半年用户增长率均在 30%左右，远远超过其他类网络应用。Internet 正在深入普通百姓日常生活的方方面面。

8.2　Internet 中的地址技术

众所周知，在电话通信中，电话用户是靠电话号码来识别的。同样，在 Internet 中为了区别不同的计算机，也需要给计算机指定一个号码，这个号码就是“IP 地址”。

为了方便地与 Internet 中的任何一台计算机或任一部分的网络进行通信，Internet 中的每一台计算机都有一个独立的标识，这个标识被称做 IP 地址。IP 地址按协议更新发展以及地址的位长不同，又被分为 IPv4 地址和 IPv6 地址，通过域名还可以对 IP 地址进行映射。

我们可以指定一台计算机具有多个 IP 地址，因此在访问互联网时，可以有多个 IP 地址同时指向一台计算机；另外，通过特定的技术，也可以使多台计算机或服务器共用一个 IP 地址，这些计算机和服务器在用户看起来就像一台主机。

8.2.1　IPv4 地址及其分类

1. IPv4 地址的表示方法

1982 年，ARPAnet 中首先引入了网络传输控制协议（TCP）和网际协议（IP），这个协议组一般被简称为 TCP/IP 协议，TCP/IP 缔造了未来的网络通信模式。基于 TCP/IP 协议，1982 年后互联网逐渐开始使用 IPv4 地址，当今 Internet 仍然沿用这一地址技术。在通常情况下若没有特殊说明，Internet 中所指的 IP 地址为 IPv4 地址。

IPv4 地址长度为 32 位，通常用 4 个点分十进制数表示。

例如，用二进制数描述的 32 位地址如下：

01111110100010000000000100101111

为了容易阅读，将 32 位地址进行分组（8 位为一组）：

01111110 10001000 00000001 00101111

最后，将每组八位的二进制数地址转换成十进制数地址，并用小数点隔开得到了 IPv4 点分十进制数描述的地址，如下：

126.136.1.47

与记忆二进制位串（如 01111110100010000000000100101111）相比，记忆 IP 地址 126.136.1.47 更加容易。

为了便于寻址以及层次化构造网络，每个 IPv4 地址由两个部分组成，即网络地址和主机地址。同一个物理网络上的所有主机都使用同一个网络地址，同一物理网络上不同主机（包括网络上的工作站、服务器和路由器等）分别有不同的主机地址与其对应。Internet 委员会定义了 5 种 IPv4 地址类型，从 A 类地址到 E 类，其中常用的为 A 类、B 类以及 C 类地址，这三类地址具有网络号。

2. A 类地址

A 类地址可通过 32 位地址中的唯一的一位，即最高位来识别，如下：

0*nnnnnnn*　11111111　11111111　11111111

在这个分组中，可以看到用一个 32 位数表示一个 A 类地址。A 类地址的前 8 位代表网络地址，剩余的 24 位可由管理网络地址的管理用户来修改，这 24 位地址代表在本网络内主机的地址。在上面的地址表示中，多个 *n* 代表地址中的网络号；多个1代表本地可管理的地址部分。像上面所看到的那样，A类网络地址的最高位总是0。

A类地址的网络号从1开始，到127结束，可使用的网络号126个，因为网络号为127（即01111111）保留作为本机软件回路测试之用。由于本地可管理的地址空间是由24位组成的，所以A类地址的网络管理的地址的数量为 2^{24} 即16777216个。每个得到A类地址的网络管理员都能够给一千六百多万台主机分配地址。下面是一些A类地址网络号：

10.0.0.0

44.0.0.0

101.0.0.0

注意： A类地址的网络号范围是从1.0.0.0（最小地址）开始，到126.0.0.0（最大地址）结束。

3. B类地址

B类地址也是用32位地址中的唯一的位模式来识别。一般形式如下：

10*nnnnnn* *nnnnnnnn* 11111111 11111111

B类地址的前16位代表网络号，剩余的16位可由管理网络地址的用户来修改，也就是说这后16位地址代表主机号。B类网络地址是由最高两位10来标识的。由于B类地址的前两位为10，所以B类地址的网络号的最高段是从128开始，到191结束。在B类地址中，第2个点分十进制数也是网络号的一部分。每个B类地址网络所管理的地址数目大小为 2^{16}，即65536个。B类地址的总的网络个数为16384个。下面是一些B类网络地址：

137.55.0.0

129.0.0.0

190.254.0.0

168.30.0.0

B类地址的网络号从128.0.0.0（最小地址）到191.255.0.0（最大地址）。由于B类地址的网络号长度为16位，所以头两个点分十进制数都表示网络号。

4. C类地址

C类地址也是由32位地址中的唯一的位模式来识别。一般形式如下：

110*nnnnn* *nnnnnnnn* *nnnnnnnn* 11111111

C类地址的前24位代表网络号，剩余的8位可由管理网络地址的用户来修改。这8位地址代表在“本地”主机上的地址。C类网络地址是由最高三位110来标识的。由于C类地址的前三位为110，所以C类地址的网络号的最高段是从192开始，到223结束。在C类地址中，第2个和第3个点分十进制数也是网络号的一部分。每个C类地址网络所管理的地址数量为 2^8，即256个。C类地址总的网络个数为2097152个。

下面是一些C类网络号：

204.238.7.0

192.153.186.0

222.222.31.0

C类地址的网络号从192.0.0.0（最小地址）到223.255.255.0（最大地址）。由于C类地址的网络号长度为 24 位，所以前三个点分十进制数表示网络号。

5. D 类以及 E 类地址

D 类地址不分网络地址和主机地址，它的第 1 字节的前 4 位固定为 1110。D 类地址范围：224.0.0.1 到 239.255.255.254。D 类地址一般用于多点播送。E 类地址也不分网络地址和主机地址，它的第 1 字节的前 5 位固定为 11110。E 类地址范围：240.0.0.1 到 247.255.255.254。一般 E 类地址保留，仅作为搜索、Internet 的实验和开发之用。

为了便于总结，表 8-1 列出了各类 IPv4 地址的一些特性。

表 8-1　IPv4 地址类别及其特性

类　别	前导位	网络位	网络数目	主机位	每一网络中的主机数	点分十进制数的第一组数字	应用领域
A	0	8	126	24	16 777 214	1.x.x.x 到 126.x.x.x	国家级
B	10	16	16 384	16	65 534	128.x.x.x 到 191.x.x.x	跨国组织
C	110	24	2 097 152	8	254	192.x.x.x 到 223.x.x.x	企业组织
D	1110	—			—	224.x.x.x 到 239.x.x.x	特殊用途
E	1111	—			—	240.x.x.x 到 255.x.x.x	保留未用

8.2.2 特殊的 IP 地址

在 IPv4 地址设计之初，为了保证网络的正常运行，网络管理功能的实现，以及一些特殊情况下对网络数据的处理，有一类特殊 IP 地址被保留下来，它们各自具有不同的功能。

1. 0.0.0.0

严格说来，0.0.0.0 已经不是一个真正意义上的 IP 地址了。它表示的是这样一个集合：所有不清楚的主机和目的网络。这里的“不清楚”是指在本机的路由表里没有特定条目指明如何到达。对本机来说，它就是一个“收容所”，所有不认识的“三无”人员，一律送进去。

2. 255.255.255.255

限制广播地址。对本机来说，这个地址指本网段内（同一广播域）的所有主机。如果翻译成人类的语言，应该是这样：“这个房间里的所有人都注意了！”这个地址不能被路由器转发。

3. 网络或是子网中的保留地址

在网络或子网中，我们保留了两个地址。第一个保留地址是网络地址。网络地址包括网络号以及全部填充二进制数 0 的主机号。例如 200.1.1.0、153.88.0.0 和 10.0.0.0 都是网络地址。这些地址用于识别网络。另一个保留地址是广播地址。当使用这个地址时，网上的所有设备都会收到广播信息。网络广播地址的主机号全为二进制数 1。下面是一些网络广播地址：200.1.1.255、135.88.255.255、10.255.255.255。由于这些地址是针对网络或子网所有设备的，所以它不能用在单个设备上。

4. 127.0.0.1

本机地址，主要用于测试。用汉语表示，就是“我自己”。在 Windows 系统中，这个地址有一个别名“localhost”。寻址这样一个地址，是不能把它发到网络接口的。除非出错，否则在传输介质上永远不应该出现目的地址为“127.0.0.1”的数据包。

5. 224.0.0.1

组播地址，从 224.0.0.0 到 239.255.255.255 都是这样的地址。224.0.0.1 特指所有主机，224.0.0.2 特指所有路由器。这样的地址多用于一些特定的程序以及多媒体程序。

6. 10.x.x.x、172.16.x.x～172.31.x.x、192.168.x.x

这些地址一般为私有地址，被大量用于企业内部网络中。一些宽带路由器也往往使 192.168.1.1 作为缺省地址。私有网络由于不与外部互联，因而可能使用随意的 IP 地址。保留这样的地址供其使用是为了避免以后接入公网时引起地址混乱。使用私有地址的私有网络在接入 Internet 时，要使用地址翻译（NAT），将私有地址翻译成公用合法地址。在 Internet 上，这类地址是不能出现的。对一台网络上的主机来说，它可以正常接收的合法目的网络地址有三种：本机的 IP 地址、广播地址以及组播地址。

8.2.3 子网的划分

1. 进行子网划分的目的

分类别的 IP 地址设计带来了很多好处，但由于地址结构固定，在进行地址规划时缺乏灵活性，很容易造成 IP 地址的浪费。例如，一个企业申请到了一个 B 类 IP 网络地址：10001011 10101111 00000000 00000000（139.175.0.0），B 类地址可以表示的主机地址就有 65534 个，但实际上一个网络不可能有这么多的计算机。如果该企业使用的是以太网，那么以太网通常最多可容纳的主机是 1200 台。这时，把这 1200 台主机都分配上 IP 地址也还有 64334 个 IP 地址没有使用，且这些 IP 地址也不可能再分配给别人使用，这造成了很大的浪费。此外，企业内所有的主机必须都连在一个网络上，如果想把整个大网络分成若干小网络，那么还必须重新申请一个网络地址，这非常不方便。人们为了解决这些问题，提出了“子网划分”的概念。

在 Internet 中，为了方便对网络进行管理，以及实现网络间的隔离，我们可以对已经申请到的 A 类、B 类或 C 类地址的网络进行进一步的划分。以 A 类地址为例，每个 A 类网络有 16777214 台主机，它们处于同一网络。这个网络中的主机数目庞大，很有可能会因为广播通信的饱和形成广播风暴造成网络的瘫痪。我们可以把 A 类地址的网络进一步划分成几个更小的网络，划分成的子网通过使用子网掩码使得划分后隐藏起来，使得从外部看该网络没有变化。子网掩码在子网的划分中有着极其重要的作用。

2. 子网掩码的概念

在计算机网络技术中，经常见到“掩码（MASK）”一词，它是由一系列的 1、0 组成的编码。通过与某一完整的地址进行逻辑运算（与、或、非等运算），从完整地址中提取所需要部分的信息，而把不需要部分的信息屏蔽。

例如，有一个 16 位的二进制数地址 10011011 10110111，需要把这个地址中的 1 到 8 位取出。由于只需要前 8 位的值，后 8 位值不需要。利用“1 和任何数相与得任何数、0 和任何数相与得 0”这个规则，定义一个 16 位的掩码，前 8 位为 1，后 8 位为 0。即：1111111100000000。

利用这个掩码和数字相与：

原地址：　10011011　10110111

掩码：　11111111　00000000

相与结果：10011011　00000000

通过“与”运算，得到了原数字中前 8 位的值，而把后 8 位的值屏蔽掉（全 0）。掩码单独使用并没有什么意义，它只是一个计算工具。可以通过定义掩码的形式来求得所需要的部分信息。在上例中，如果需要的是原数据中的后 8 位的值，那么可以把掩码定义成 00000000 11111111 的形式，再和原数据进行“与”运算，便得到所需要的部分数据。

IPv4 地址技术中的子网掩码，和前面所讨论的掩码本质上是一样的。它通过和 IPv4 地址进行逻辑“与”运算，求出完整 IPv4 地址中的网络地址位，也就是说子网掩码用于说明在一个 IPv4 地址中有多少位的信息表示的是网络地址。

子网掩码是由 32 位组成的，这点很像 IPv4 地址本身。子网掩码中值凡为“1”的位表示对应位置 IP 地址中的位是网络地址位，子网掩码中值凡为“0”的位，表示对应位置 IP 地址中的位是主机地址位。子网掩码表示形式可以有多种：一种表示方法和 IP 地址一样，可以使用“点分十进制数”的形式表示；另一种形式是一个斜杠“/”后面跟着一个数字，这个数字是掩码中“1”的个数。这种简略的表示方法，通常是跟在一个 IP 地址后，表示这个 IP 地址对应的子网掩码。

例如，一个 IP 地址 10.40.25.7（00001010　00101000　00011001　00000111）使用前 8 位作为网络地址位，后 24 位作为主机地址位。那么该 IP 地址对应的子网掩码就应该是：前 8 位为 1，后 24 位为 0。二进制数形式如：11111111　00000000　00000000　00000000。点分十进制数的形式为：255.0.0.0；简略形式：/8，通常写成 10.40.25.7/8。

对于 A、B、C 三类 IP 地址来说，有自然的或缺省的子网掩码。A 类地址的缺省子网掩码是 255.0.0.0，这说明在缺省情况下，A 类地址的前 8 位代表网络号（255 转化为二进制数为 8 个 1，其余 24 位均为 0）。如果给一个设备分配一个 A 类地址，子网掩码为 255.0.0.0，则表明该设备所在的 A 类网络没有子网。如果给一个设备分配一个 A 类地址并且掩码不是 255.0.0.0，则表示该设备存在于 A 类网络中的一个子网中。B 类地址和 C 类地址的缺省子网掩码分别为 255.255.0.0 和 255.255.255.0。

3. 使用子网掩码计算网络地址

当为子网中的计算机设置 IPv4 地址时，需要为这个 IP 地址指定一个子网掩码。子网掩码的形式与 IP 地址的值无关，而是与 IP 地址的结构有关。IP 地址的结构实际上是在设计网络编址时确定的。在为一个子网进行设计编址方案时，首先确定这个子网将使用几位 IP 位表示网络地址，使用几位 IP 位表示主机地址，之后再进行编号。实际上，一旦确定了网络地址和主机地址的占位情况后，整个子网的子网掩码也就确定下来（同一个子网中每台主机的子网掩码都是一样的值）。

IPv4 地址和它所指定的子网掩码相与，得到的结果便是网络地址。

例如，网络中一台主机的 IP 地址为 139.175.152.254，由于该网络的 IP 地址结构沿用类别 IP 地址所定义的结构，它是一个 B 类地址，因此子网掩码为 255.255.0.0。把 IP 地址和子网掩码转换成二进制形式，进行“与”运算。

IP 地址：　10001011　10101111　10011000　11111110

子网掩码：　11111111　11111111　00000000　00000000

相与结果：　10001011　10101111　00000000　00000000

把计算结果转换成点分十进制数的形式就是 139.175.0.0。

如果从类别 IP 地址的角度来看，B 类地址定义的 IP 地址结构是 16 位网络地址位、16 位主机地址位。根据网络地址的表示规则（主机位全为 0），该 IP 地址的网络地址为：10001011　10101111　00000000　00000000，点分十进制数形式为：139.175.0.0，因此可以验证以上通过子网掩码计算的网络地址是正确的。

4. 使用子网掩码判断主机是否处于同一网络

当一台主机要向另一台主机发送 IP 报文时，发送主机在发送报文之前要判断目的主机是否和自己位于同一网络。判断的依据是两台主机的 IP 地址的网络地址是否相同。如果相同，表示两台主机位于同一网络，发送主机将 IP 报文直接传输给目的主机；如果不同，表示两台主机位于不同的网络，发送主机将 IP 报文转发给和它相连的路由器，由路由器负责转发。

判断过程是：发送主机将自己的 IP 地址和所设定的网络掩码相与，得到网络地址；然后将目的主机的 IP 地址与自己的网络掩码相与，得到一个结果；如果这两个结果相同，则表示两台主机位于同一网络，不同则表示目的主机位于远程网络。

例如，图 8-2 中，网络地址分别为 192.168.5.0 和 120.40.0.0 的两个网络，通过路由器相连。路由器左边的网络用 24 位表示网络地址；右边的网络用 16 位表示网络地址。网络中分别有 3 台主机 A、B、C，现 A 主机分别向 B、C 主机发送 IP 报文。

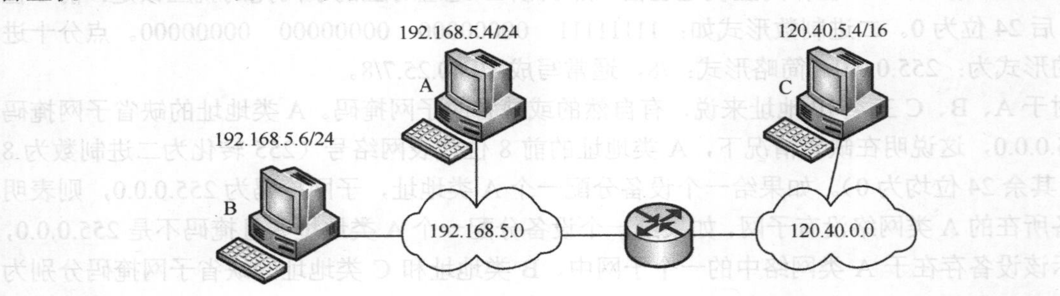

图 8-2　A 分别向 B、C 发送 IP 报文

在图 8-2 中，很显然 A 主机和 B 主机位于同一网络，但与 C 主机不在同一网络。对于 A 主机如何判断这种情况？

（1）判断 B 主机。

192.168.5.4 和 255.255.255.0（A 主机的网络掩码）相与得到结果 1：192.168.5.0（A 主机的网络地址）；

192.168.5.6 和 255.255.255.0（B 主机的网络掩码）相与得到结果 2：192.168.5.0（B 主机的网络地址）。

结果 1 与结果 2 相同，A 与 B 主机位于同一网络。

（2）判断 C 主机。

192.168.5.4 和 255.255.255.0（A 主机的网络掩码）相与得到结果 1：192.168.5.0（A 主机的网络地址）；

120.40.5.4 和 255.255.0.0（C 主机的网络掩码）相与得到结果 2：120.40.0.0；

结果 1 与结果 2 不相同，A 与 C 主机不在同一网络。

5. 子网划分及其原理

子网划分的基本原理就是在原有网络地址基础上，从第一位主机位开始，从左往右，按需要，将原本属于主机地址的连续二进制位用来表示子网络地址。

例如，将网络地址 139.175.0.0（10001011.10101111.00000000.00000000）划分成可以用来表示 6 个子网络的网络地址。划分的步骤如下：

（1）确定子网地址的位数。

按 IPv4 地址的分类，这是一个 B 类地址。前 16 位为网络位，后 16 位为主机位。若要进行子网络的划分，必须借用主机位的前面几位作为子网络地址位。因为要划分成 6 个子网络，需要借用主机位的前 3 位作为子网地址位（因为如果选择 2 位最多表示 4 个子网；如果选择 3 位，最多可以表示 8 个子网，因此选择 3 位主机位来表示子网地址位），如图 8-3 所示。

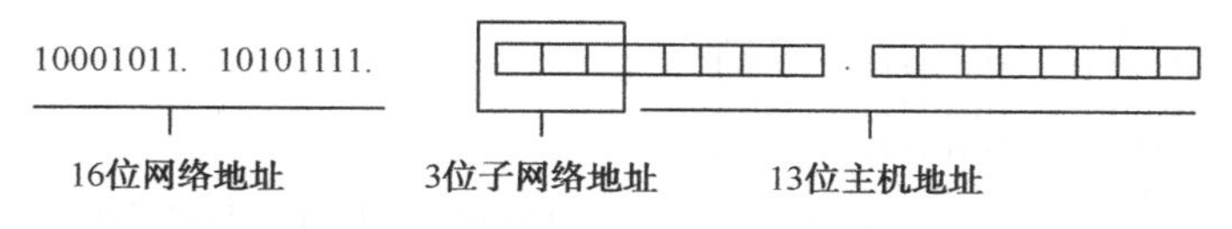

图 8-3　确定子网地址位数

（2）确定子网掩码并为子网进行编址。

3 位子网地址的位的编址如图 8-4 所示。

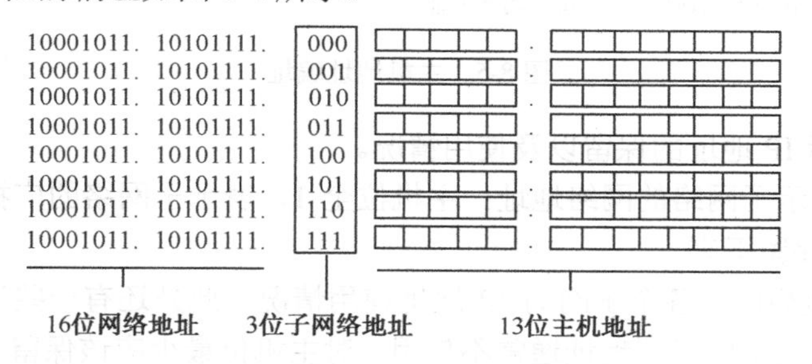

图 8-4　为子网地址进行编址

通过对子网地址进行编址，形成了 8 个网络地址，可以分配给 8 个子网。此时，这 8 个子网络的网络地址位是由原来的 16 位网络地址加上 3 位子网地址，共 19 位来表示的，所以用来进行子网划分的子网掩码前 19 位为 1，后 13 位为 0，用点分十进制数表示为 255.255.224.0。子网地址位全 0 或全 1 通常不作为子网地址（也有的场合可以应用，这对路由器有特殊要求）。因此，实际可用的子网数地址只有 8-2=6 个。8 个子网络的网络地址，同样可以使用点分十进制来进行表示。它和类别 IP 地址所定义的网络地址的规则是一样的：表示主机的地址位为 0。以下是 8 个子网的的网络地址以及子网掩码：

139.175.0.0（舍弃）　139.175.32.0

139.175.64.0　139.175.96.0

139.175.128.0　139.175.160.0

139.175.192.0　139.175.224.0（舍弃）

子网掩码：255.255.224.0

（3）对剩余主机进行编址。

当划分出子网地址后，可以对每个子网的主机地址位单独进行编址。这个例子中，可以用来表示主机地址的位数为13位。主机地址编号：00000.00000001～11111.11111110（全0和全1的主机地址保留它用），如图8-5所示。

各个子网的IP地址表示范围以点分十进制数的形式表示如下：

139.175.0.1～139.175.31.254（舍弃）

139.175.32.1～139.175.63.254

139.175.64.1～139.175.95.254

139.175.96.1～139.175.127.254

139.175.128.1～139.175.159.254

139.175.160.1～139.175.191.254

139.175.192.1～139.175.223.254

139.175.224.1～139.175.255.254（舍弃）

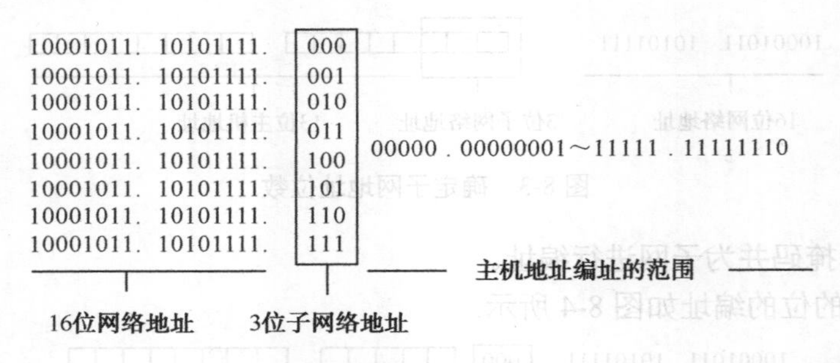

图8-5 主机地址编址

（4）子网划分后IP地址的保留以及使用情况。

主机位全0，表示子网络的网络地址；主机位全1，表示子网络的广播地址。子网划分后这两种IP地址都被保留下来。

表8-2总结性地列出了各个子网的IP地址使用情况。此外还有一些注意事项。对子网地址位编号时，全0或全1的子网地址通常不使用。对主机位最少应该保留2位。在用点分十进制的形式表示划分后的IP地址时，一组8位二进制数字中可能既有子网位又有主机位，但计算时一定要按照点分十进制数的规则，把它们作为一个整体来计算。并不会因为这个二进制数字包含了子网地址编号和主机编号而分开计算。

表8-2 子网划分后各个子网的IP地址使用情况

子网	子网的网络编号	起始IP地址	结束IP地址	网络广播地址
1	139.175.0.0（舍弃）			
2	139.175.32.0	139.175.32.1	139.175.63.254	139.175.63.255
3	139.175.64.0	139.175.64.1	139.175.95.254	139.175.95.255
4	139.175.96.0	139.175.96.1	139.175.127.254	139.175.127.255
5	139.175.128.0	139.175.128.1	139.175.159.254	139.175.159.255
6	139.175.160.0	139.175.160.1	139.175.191.254	139.175.191.255
7	139.175.192.0	139.175.192.1	139.175.223.254	139.175.223.255
8	139.175.224.0（舍弃）			

这些子网掩码表将会帮助我们在给定环境下很容易地确定子网掩码。从上向下看这些表，

我们会发现子网的数量在逐渐增加，而子网中的主机数量却逐渐减少，这是由于随着表示子网的位数增加，表示主机的位数则相应减少。无论 A 类、B 类还是 C 类地址，地址的长度为 32 位固定长，其中任何一位只有一种用途——由掩码说明，每一位不是网络地址位，就是主机地址位。如果表示网络地址的位数增加，则表示主机的位数将会相应地减少。此外，由于每个子网都要有 2 个保留的 IP 地址，所以子网的数目越多，保留的 IP 地址个数就越多，相对于未划分子网前，整个网络可用的 IP 地址总数也减少。

6. VLSM 与 CIDR

VLSM 全称为 Variable Length Subnet Mask，中文叫做可变长子网掩码，一种产生不同大小子网的网络分配机制，通过这种技术在一个网络中可以配置不同长度的子网掩码。开发可变长度子网掩码的想法就是在每个子网上保留足够的主机数的同时，把一个子网进一步分成多个小子网时有更大的灵活性。如果没有 VLSM，一个网络中各个子网的子网掩码必须相同。这样就限制了各个子网中的主机数必须相同。而 VLSM 技术可以使得各个子网中最大的主机数目各不相等。

CIDR 全称为 Classless Inter-Domain Routing，中文叫做无类型域间选路，是一个在 Internet 上创建附加地址的方法，这些地址提供给服务提供商（ISP），再由 ISP 分配给客户。CIDR 将路由集中起来，使一个 IP 地址代表主要骨干提供商服务的几千个 IP 地址，从而减轻 Internet 路由器的负担。所有发送到这些地址的信息包都被送到如 MCI 或 Sprint 等 ISP。直到 2010 年底，Internet 上共有 12 万多条路由信息，如果没有 CIDR，路由器就不能支持更多的 Internet 网站。CIDR 采用 13～27 位可变网络号，而不是 A、B、C 类网络号所用的固定的 8、16 和 24 位。

CIDR 地址中包含标准的 32 位 IP 地址和有关网络前缀位数的信息。以 CIDR 地址 222.80.18.18/25 为例，其中“/25”表示其前面地址中的前 25 位代表网络部分，其余位代表主机部分。CIDR 建立于“超级组网”的基础上，“超级组网”是“子网划分”的派生词，可看做子网划分的逆过程。子网划分时，从地址主机部分借位，将其合并进网络部分；而在超级组网中，则是将网络部分的某些位合并进主机部分。这种无类别超级组网技术通过将一组较小的无类别网络汇聚为一个较大的单一路由表项，减少了 Internet 路由域中路由表条目的数量。

8.2.4　ARP 协议

IP 地址与 MAC 地址不同，MAC 地址是网卡的物理地址。从层次的角度看，物理地址是数据链路层和物理层使用的地址；而 IP 地址是网络层和以上各层使用的地址，是一种逻辑地址。

ARP，即地址解析协议，实现通过 IP 地址得知其物理地址。在以太网协议中规定，同一局域网中的一台主机要和另一台主机进行直接通信，必须要知道目标主机的 MAC 地址。而在 TCP/IP 协议栈中，网络层和传输层只关心目标主机的 IP 地址。这就导致在以太网中使用 IP 协议时，数据链路层的以太网协议接到上层 IP 协议提供的数据中，只包含目的主机的 IP 地址。于是需要一种方法，根据目的主机的 IP 地址，获得其 MAC 地址。这就是 ARP 协议要做的事情。所谓地址解析（Address Resolution）就是主机在发送帧前将目标 IP 地址转换成目标 MAC 地址的过程。

另外，当发送主机和目的主机不在同一个局域网中时，即便知道目的主机的 MAC 地址，两者也不能直接通信，必须经过路由转发才可以。所以此时，发送主机通过 ARP 协议获得的将不是目的主机的真实 MAC 地址，而是一台可以通往局域网外的路由器的某个端口的 MAC 地址。于是此后发送主机发往目的主机的所有帧，都将发往该路由器，通过它向外发送。这种情况称为 ARP 代理（ARP Proxy）。

在每台安装有 TCP/IP 协议的电脑里都有一个 ARP 缓存表，表里的 IP 地址与 MAC 地址是一一对应的。例如主机 A（192.168.1.5）向主机 B（192.168.1.1）发送数据，当发送数据时，主机 A 会在自己的 ARP 缓存表中寻找是否有目标 IP 地址。如果找到了，也就知道了目标 MAC 地址，直接把目标 MAC 地址写入帧里面发送就可以了。如果在 ARP 缓存表中没有找到目标 IP 地址，主机 A 就会在网络上发送一个广播，A 主机 MAC 地址是“主机 A 的 MAC 地址”，这表示向同一网段内的所有主机发出这样的询问：“我是 192.168.1.5，我的硬件地址是‘主机 A 的 MAC 地址’，请问 IP 地址为 192.168.1.1 的 MAC 地址是什么？”网络上其他主机并不响应 ARP 询问，只有主机 B 接收到这个帧时，才向主机 A 做出这样的回应：“192.168.1.1 的 MAC 地址是 00-aa-00-62-c6-09”。这样，主机 A 就知道了主机 B 的 MAC 地址，它就可以向主机 B 发送信息了。同时 A 和 B 还同时都更新了自己的 ARP 缓存表（因为 A 在询问的时候把自己的 IP 和 MAC 地址一起告诉了 B），下次 A 再向主机 B 或者 B 向 A 发送信息时，直接从各自的 ARP 缓存表里查找就可以了。ARP 缓存表采用了老化机制（即设置了生存时间 TTL），在一段时间内（一般 15 到 20 分钟）如果表中的某一行没有使用，就会被删除，这样可以大大减少 ARP 缓存表的长度，加快查询速度。

8.2.5 Internet 中的域名

1. DNS 域名系统的概念

在 8.2 节开始我们提到，Internet 中的每一台主机都有一个唯一的标识——IP 地址，IP 地址区别于网络上成千上万个用户和计算机。网络在区分所有与之相连的网络和主机时，均采用了一种唯一、通用的地址格式，即每一个与网络相连接的计算机和服务器都被指派了一个独一无二的地址。为了保证网络上每台计算机的 IP 地址的唯一性，用户必须向特定机构申请注册，该机构根据用户单位的网络规模和近期发展计划分配 IP 地址。

在 Intetnet 中地址方案其实可以分为两套：IP 地址系统和 DNS（Domain Name System）域名系统。这两套地址系统是一一对应的关系。由于 IP 地址是数字标识，使用时难以记忆和书写，因此在 IP 地址的基础上又发展出一种符号化的地址方案，来代替数字型的 IP 地址。每一个符号化的地址都与特定的 IP 地址对应，这样网络上的资源访问起来就容易得多了。这个与网络上的数字型 IP 地址相对应的字符型地址，就被称为域名（DN）。

域名可以看做是一个单位在 Internet 中的名称，也是一个通过计算机登上网络的单位在该网中的便于其他用户记忆的地址。一个公司如果希望在网络上建立自己的主页，就必须取得一个域名，通过该域名，人们可以在网络上找到所需的详细资料。域名是上网单位和个人在网络上的重要标识，起着识别作用，便于他人识别和检索某一企业、组织或个人的信息资源，从而更好地实现网络上的资源共享。除了识别功能外，在虚拟环境下，域名还可以起到引导、宣传、代表等作用。

2. 域名的层次结构

DNS 采用层次性的命名方案。所谓层次命名方案，就是在名字中加入结构，而这种结构是层次性的。具体地说，在层次命名方案中，主机的域名被划分成几个部分，而每个部分之间存在层次关系，不同主机的域名只要其中的某一个部分不同名就能彼此区分开。

层次命名方案将名字空间划分成一个倒树结构，如图 8-6 所示。树中的每一个结点都有一个相应的标志符。每个结点都有一个唯一的完整名字，完整的名字就是从该结点到树根路径上各结点标志符的有序序列。例如，a 结点的名字可表示为 a. company.，b 结点的名字为 b. company.，a 结点下的两个结点表示为 hostl. a. company.和 host2. a. company.。从这里可看出，每个结点完整的名称是该结点的标志加上所属结点的完整名称，它们之间使用“.”隔开。因此，属于同一结点的子结点，完整的名字有相同的部分。a. company.结点下的 hostl、host2，完整的名称有相同的部分 a. company.，同理，b. company.结点也有名字 hostl、host2 的结点，这两个结点的名称虽然和 a. company.下的两个结点相同，但由于它们所属的上级结点的名称不同，因此它们完整的名称不同。由此可见，在层次命名方案中，只要保证一个结点下没有重复的名字，那么就可以保证完整的名称不会出现重复。

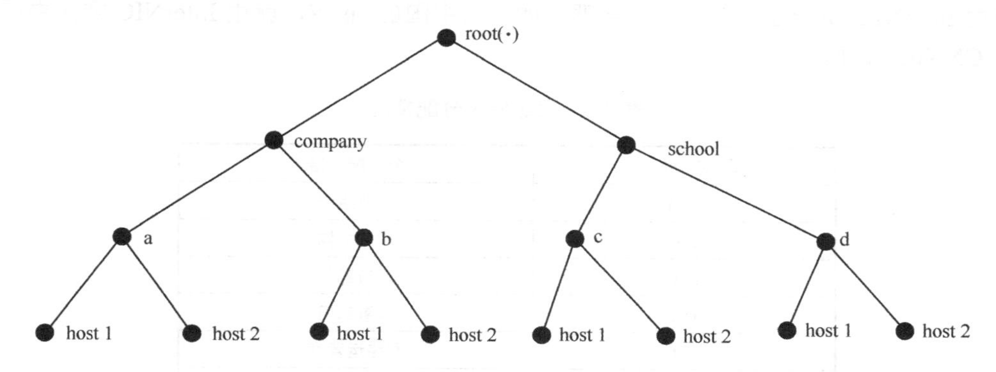

图 8-6　层次命名的方案

Internet 中域名系统除了满足层次命名的规则外，还在名字空间中规定了一组正式的通用“标志”，在此基础上建立起整个 Internet 的域名空间树。域名空间树中，每一个结点称为域(Domain)，结点的标志称为域名，叶子结点是没有子域的域，其标志称为主机名。整个 Internet 的域名空间由若干个层次的域组成，如图 8-7 所示。

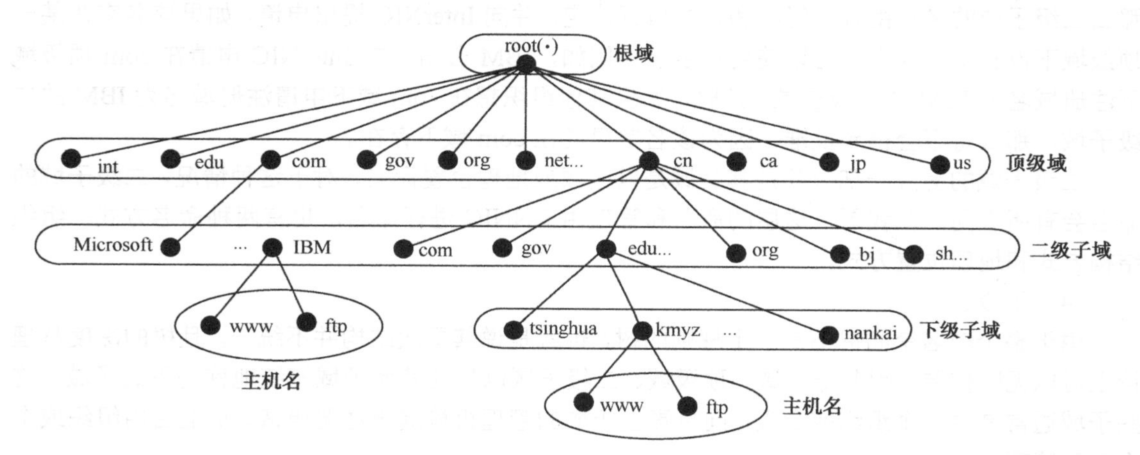

图 8-7　树形结构的域名空间

这些层次中各个部分的名称以及作用如下：

（1）根域。

根域是域名结构的最上层，是整个域名空间的起始点，从根域开始，可以找到任何完整主机名。根域由 InterNIC（Internet Network Information center，因特网信息管理中心）负责管理，任何域名都是从根域开始派生。如果要查询一个完整的主机名，那么可以从由 InterNIC 负责的根域服务器上开始查询，只要该完整的主机名存在，就一定能查找到。

（2）顶级域。

顶级域位于根域下一层，这层的名字也是由 InterNIC 进行命名并负责管理的。顶级域的命名方式采用两种模式：组织模式和地理位置模式，其含义如表 8-3 所示。组织模式的顶级域按组织的类型进行划分，例如 com 代表企业组织，gov 代表政府组织等；地理模式的顶级域按国家或地区进行划分，每个申请加入 Internet 的国家或地区都可以作为一个顶级域，并向 InterNIC 注册一个顶级域名，例如，cn 代表中国，us 代表美国，ca 代表加拿大等。通常，这部分域名的管理由 InterNIC 委托各个国家自行管理。如代表中国的 cn 域，就由 InterNIC 委托中国互联网中心 CNNIC 管理。

表 8-3　顶级域名分配情况

顶 级 域 名	分　配　给
com	商业组织
edu	教育机构
gov	政府部门
mil	军事部门
net	网络运营商
org	非营利机构
int	国际组织
国家或地区代码	各个国家或地区

（3）二级子域。

这一级是域名空间中最重要，也是内容最丰富的一级域。如果顶级域是以组织类型命名的，那么二级子域的名称由各个组织和机构自行决定，并向 InterNIC 提出申请，如果该名字在某一顶级域下没有重名那么就可以使用该名字。例如，IBM 公司，向 InterNIC 申请在 com 顶级域下注册域名为 IBM 的二级子域，此时，如果其他组织想在 com 域下申请注册域名为 IBM 的二级子域，那么将不会得到批准，因为该名字已经在 com 域下存在。

二级子域的另外一部分就是其父域是以区域或地理位置命名，对于这种情况，二级子域的命名会有所不同。在我国，这层的命名和管理由 CNNIC 进行命名，也有两种命名方式：组织结构方式和地理位置方式。

（4）下级子域。

由于整个域名空间树不是一个规则的树，也就是说其层次结构并不统一，且树的深度从理论上可以无限扩展，因此把根域、顶级域、二级子域以外的其他子域笼统地称为下级子域。这些子域通常是由各个组织或个人，向负责上级域的管理机构提出注册申请，批准后由组织或个人负责管理。

（5）主机名。

主机名在整个域名空间树中并没有一个固定的层次。通常判断一个域结点是否是主机名，只需要看该域结点是否还有子域，如果没有子域，那么该结点的名称就代表一个主机名。例如，www 表示万维网主机，ftp 表示文件传输服务的主机。主机名通常由负责管理主机名所属域的系统管理员进行指派。在 Internet 中，访问一台主机通常使用完整的主机名（又称完全主机名）。完整主机名和主机名的关系如图 8-8 所示。

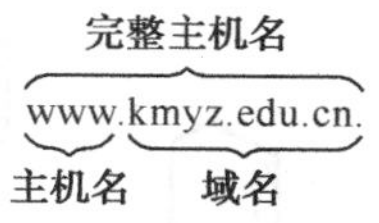

完整主机名

www.kmyz.edu.cn.

主机名　域名

图 8-8　完整主机名的构成

DNS 还规定完整主机名中的每个域都由英文字母和数字组成，并且每个域不超过 63 个字符，也不区分大小写字母。每个域中的字符除连字符“-”外不能使用其他的标点符号。级别最低的域名写在最左边，而级别最高的域名写在最右边。由多个域组成的完整主机名总共不超过 255 个字符。

3. 域名系统的管理

Internet 中主机以层次的方式进行命名，具有很好的扩展性，主机加入和移出因特网十分方便。此外，层次命名机制有利于域名系统的管理。由于 Internet 中需要命名的主机很多，如果把 Internet 中所有主机的完整主机名集中管理，无论是从管理工作量还是从工作效率上都不是一个很好的方案。为了分散管理工作量，提高工作效率，在域名系统中，采用了分层管理的机制。每个域都有相应的管理机构负责管理，负责管理域下的域名注册、域名解析、与其他管理机构的协作。图 8-9 显示了域名系统的理论管理模式，之所以说是理论管理模式是因为这种管理模式与实际的管理模式有所区别。

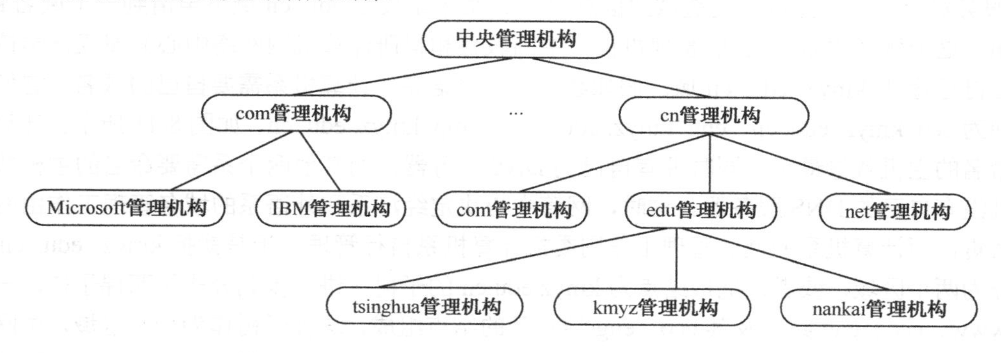

图 8-9　域名系统的管理模式

在图 8-9 中，中央管理机构将其管辖下的结点标志符定义为 com、cn 等。每一级管理机构只要得到上级管理机构的授权，那么它就可以在所负责的域结点下分配主机名或建立下级子域，授权相应的机构来进行管理。每个管理机构保证其管辖的下一级结点标志符不出现重复和冲突，由此产生的 Internet 中完全主机名就是唯一的。此外，管理机构的管理工作最终体现在 DNS 服务器的设置上，每个管理机构管理着相应的 DNS 服务器，这些服务器上记录了该机构所管辖域的相关信息。如果要在某个域下注册主机名，那么需要向管理这个域的管理机构提出申请，如果被批准，那么主机名会被机构记录在负责管理该域的 DNS 服务器中。同时，如果某个组织想在某个域下申请一个域名，并且想自行管理这个域名，也必须向该域的管理机构提出授权申请。因此，可以说每一个域都有相应的 DNS 服务器负责管理，各个 DNS 服务器间既独立又相互协作，共同完成域名管理工作。可以从 DNS 服务器的角度来描述域名系统的管理，如图 8-10 所示。

综上所述，域名系统采用分层管理。每一级的域名管理机构管理该域名下的主机名注册、命名子域并授权相应机构管理子域。而所有的管理工作最终体现为 DNS 服务器上的设置。

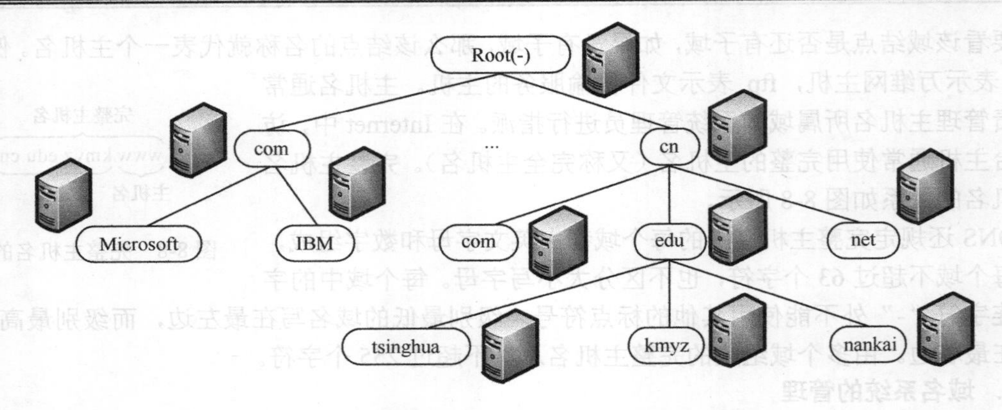

图 8-10　域名管理系统

4. 域名系统的实现

（1）以区域为单位进行管理。

所谓区域，实际上就是域名空间树中的子树。区域定义了一台 DNS 服务器在域名空间上的管理边界。整个因特网的域名空间被划分成若干区域，每个区域都至少有一台 DNS 服务器负责，DNS 服务器上记录了区域所覆盖域的信息。例如，某个学校在 edu. cn 域下申请到一个域名 kmyz. edu. cn。这个域名由 edu. cn 的管理机构（中国教育和科研计算机网网络中心）授权该学校的网管中心自行管理 kmyz. edu. cn 域。假如经济系、外语系、计算机系需要自己的域名，它们的域名分别为 eco. kmyz. edu. en、eng. kmyz. edu. cn 和 cmp. kmyz. edu. cn，如图 8-11 所示。计算机系需要命名的主机数量最多，同时拥有自己的 DNS 服务器；而其他两个系需要命名的主机数量不多，且没有自己的 DNS 服务器。这时，网管中心决定经济系和外语系的域名管理工作由网管中心来负责，而计算机系的域名管理工作则委托计算机系自行管理。于是就把 kmyz. edu. cn 这个域划分为两个区域，或者说把根结点为 kmyz.edu.cn 的子树又进一步划分成了两棵子树。一棵子树由 www、eco、eng 结点及其 eco、eng 结点下的结点组成，这棵子树作为一个区域，由网管中心的一台 DNS 服务器负责管理，如图 8-12 中的区域 1 所示。另一棵子树由 cmp 结点及其子结点组成，由计算机系的一台 DNS 服务器负责管理，如图 8-12 的区域 2 所示。

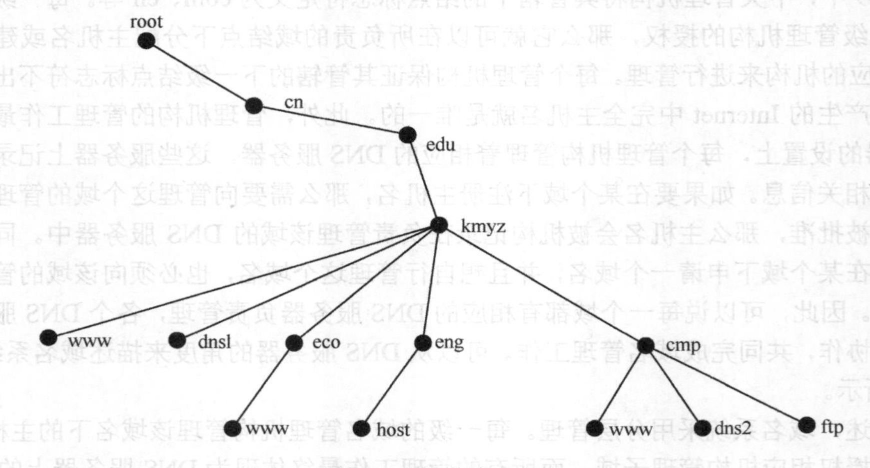

图 8-11　域名管理系统

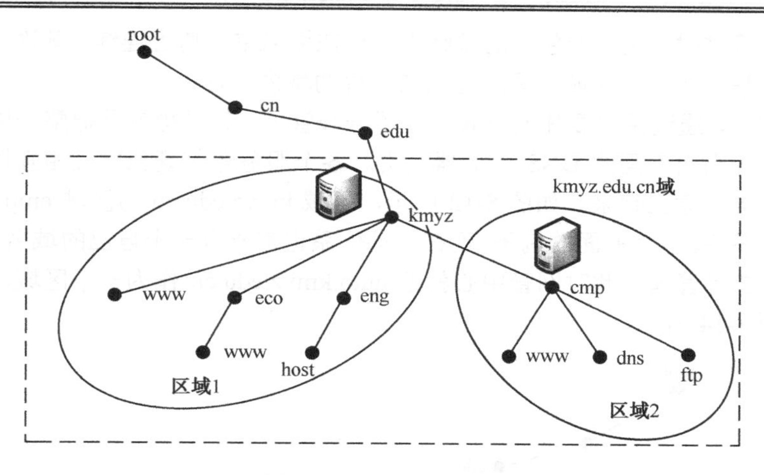

图 8-12　域名管理系统

管理区域 1 的 DNS 服务器，将记录下诸如 www.kmyz.edu.cn、www.eco.kmyz.edu.cn、host. eng. kmyz. edu. cn 等完整主机名与 IP 地址的映射关系；管理区域 2 的 DNS 服务器记录下诸如 www. emp. cmyz. edu. cn、dns. cmp. kmyz. edu. cn、ftp. cmp. kmyz. edu. cn 等完整主机名与 IP 地址的映射关系。

综上所述，域名系统中是以区域为管理单元，区域的本质是一棵子树，可以是一个域结点，也可以是多个域结点。每个区域至少有一台 DNS 服务器负责管理。区域的划分通常是按照部署的 DNS 服务器的数量和所管理域下的主机规模来决定的。

（2）区域的划分。

一个区域，在域名空间树中就是一棵子树。从这点出发，管理员在划分区域的时候，构成区域的域结点间必须在域名空间上是连续的。如图 8-12 中区域 1 和区域 2 所包含的域结点是连续的，也就是说，各个结点能够以父子关系连接在一起。如果划分区域时，仅仅包含 cmp 和 eng 这两个结点，那么这两个域结点不能构成一个区域，如图 8-13 所示。因为 cmp、eng 域结点只是 kmyz 域结点的两个兄弟结点，它们并不能构成一棵子树。如果把 kmyz 域结点包含进区域里，那么它们在域名空间树中才构成连续。

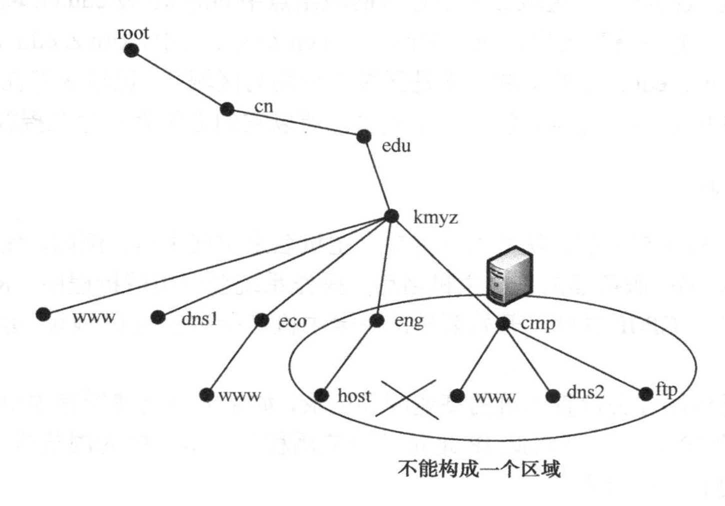

图 8-13　域名管理系统

因此在划分区域时，区域所包含的域结点必须在域名空间树上连续。其次，一个机构要建立子域，并在此基础上划分区域，只能是在它授权的域内进行。

在域名系统中，通过授权委托的方式实现了分级管理。其思想就是把整个域名的管理工作分成若干部分，分别由不同的 DNS 服务器负责。各个服务器间既独立又相互协作。它们之间的协作通过授权委托建立起来。如图 8-12 所示，区域 kmyz.edu.cn 与区域 cmp.kmyz.edu.cn 就是授权与委托的关系。继续前面的例子。现在自动化系也需要有一个自己的域名 auto. kmyz. edu. cn，并且有能力自行管理。此时网管中心就把 auto.kmyz.edu.cn 作为一个区域，委托自动化系自行管理，如图 8-14 所示。

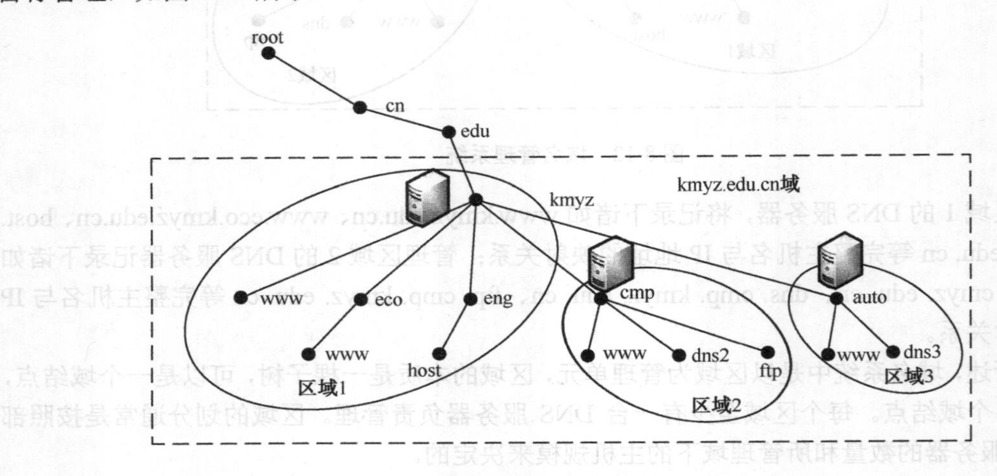

图 8-14　区域的授权委托

现有 3 个区域，区域 1：kmyz.edu.cn；区域 2：cmp.kmyz.edu.cn；区域 3：auto.kmyz.edu.cn。显然区域 1 和区域 2 存在授权委托关系，区域 1 和区域 3 存在授权委托关系，而区域 2 和区域 3 之间不存在授权委托关系。可以用一种简单的方法来判断两区域间是否存在授权委托的关系。分析图 8-14 发现，实际存在授权委托关系的区域有一个共同特点，就是这两个区域所包含的域结点中最高层次的结点间在域名空间树上是父子关系。区域 1 所包含的域结点中 kmyz. edu. cn 域是最高层次的结点；区域 2 中所包含的域结点中 cmp.kmyz.edu.cn 域是最高层次的结点，区域 3 中所包含的域最高层次是 auto.kmyz. edu.cn 结点。其中，kmyz. edu. cn 是 cmp. kmyz. edu. cn 和 auto. kmyz. edu. cn 的父域，于是区域 1 分别与区域 2、区域 3 存在授权委托关系。而区域 2 和区域 3 中这两个结点并没有父子关系，所以它们之间就不存在授权委托关系。

5. 域名的查询

当把域名系统构建起来后，就可以使用完全主机名来访问主机。例如，使用浏览器阅读网页时，地址栏输入 Web 服务器的完全主机名后，操作系统会调用解析程序（Resolver，即客户端负责 DNS 查询的 TCP/IP 软件），开始解析此完全主机名所对应的 IP 地址。运作过程如图 8-15 所示。

（1）首先解析程序会去检查本机的高速缓存记录，如果能从高速缓存中得到所要查找的完全主机名所对应的 IP 地址，就将此 IP 地址传给应用程序（本例中为浏览器）；如果在高速缓存中找不到，则进行下一步骤。

（2）解析程序会去检查存储在本机上的 Host File（以本地计算机上计算机名和 IP 地址对

应记录的文件），看是否能找到结果。如果没找到，则进行下一步。

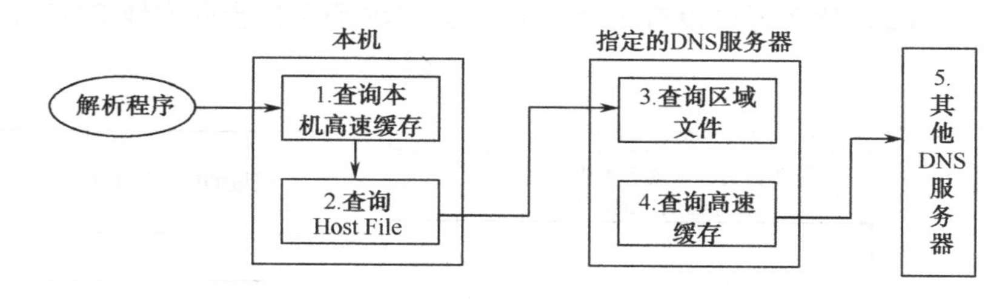

图 8-15　DNS 运作过程

（3）解析程序向指定的 DNS 服务器发出查询请求。DNS 服务器收到请求后，查看自己的区域文件，是否有对应的完全主机名所对应的 IP 地址。如果没找到，进入下一步。

（4）DNS 服务器检查自己的高速缓存，看是否有相符合的记录。如果没有，则进入下一步。

（5）此时，已经无法在指定的 DNS 服务器上找到对应的数据，那么它将借助外部的 DNS 服务器。

以上 5 个步骤，大致地介绍了 DNS 的运作过程。在整个查询过程中，有客户端对服务器的查询（步骤（3）、（4））及服务器和服务器间的查询（步骤（5））。整个过程中涉及两种查询模式：递归查询和反复查询。

① 递归查询。

DNS 客户端要查询某个域名，DNS 客户端程序（DNS 解析器）向该客户端所属区域的 DNS 服务器或指定的 DNS 服务器发出解析要求。如果本地 DNS 服务器里有相关记录则返回查询结果（IP 地址）。如果没有记录，则本地 DNS 服务器会帮助客户端去其他的 DNS 服务器上查找，本地 DNS 把最终结果转交给客户端。在整个查询过程中，对于客户端来说，它就做两件事：向本地 DNS 服务器发出查询请求及等待本地 DNS 服务器的结果。具体的查询过程，客户端完全不参与。对于客户端的这种查询方式，称为递归查询。

② 反复查询。

这种查询方式，多发生在 DNS 服务器之间的查询。从上面的讨论可知，当客户端向本地 DNS 服务器发出查询请求时，如果在本地 DNS 服务器上找不到记录的话，本地 DNS 服务器就会向其他的 DNS 服务器查找。本地 DNS 的查询过程，通常就是反复查询。以下以一台客户端查询 www.cmp.kmyz.edu.cn 所对应的 IP 地址的过程来描述反复查询的过程，如图 8-16 所示。

在本地 DNS 服务器查找 www. cmp. kmyz. edu. cn 对应的 IP 地址的过程中，每次查询都被告知下一步查询目标的 IP 地址，反复执行这种查询，直到找到结果。对于本地 DNS 服务器来说，这样的查询方式被称为反复查询。

在整个查询过程中，要查询的目标是 www.cmp.kmyz.edu.cn 对应的 IP。但当本地 DNS 服务器上找不到对应的记录时，本地 DNS 服务器就要向其他的 DNS 服务器发出查询请求。首先向负责根域的 DNS 服务器发出查询请求（步骤 2）。显然，查询的目标在根域的 DNS 服务器上没有记录，但根域 DNS 服务器会根据 www.cmp.kmyz.edu.cn 这个名字，判断出该名字属于 cn 域，于是向本地 DNS 服务器返回负责 cn 域的 DNS 服务器的 IP 地址。其他服务器也以同样的方式告知本地 DNS 服务器，最终找到负责 cmp.kmyz.edu.cn 域的 DNS 服务器（dns2.cmp.kmyz.edu.cn）。在这台服务器上的区域文件就记录了目标地址所对应的 IP 地址，本地 DNS 服务器找到了目标地址所对应的 IP 地址。把得到的结果返回给客户端。如果目标地址在 dns2.cmp.kmyz.edu.cn 服务器中没有记录，那么该 DNS 服务器会向本地 DNS 服务器返回错误信息。

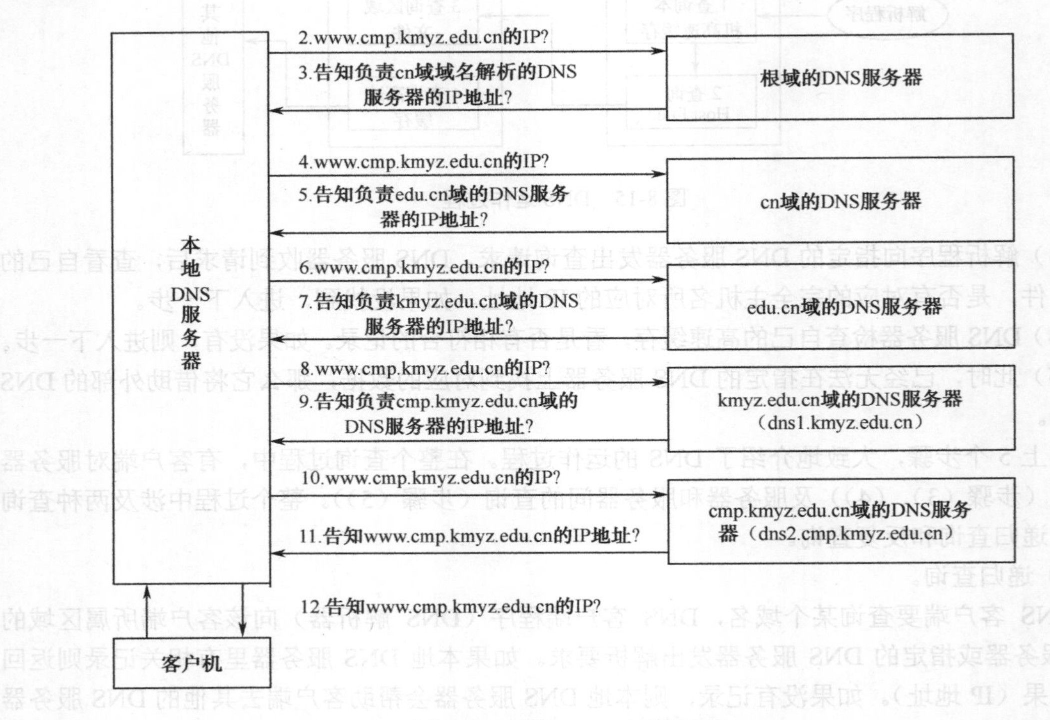

图 8-16　本地 DNS 查询过程

从上面的讨论中可以看出，一个完全主机名的查询要经历若干的步骤，需要若干 DNS 服务器参与解析过程。那么为什么本地 DNS 服务器不直接到负责 cmp. kmyz. edu.cn 域的 DNS 服务器上去查找，这样只需要一个步骤就能找到结果。实际上，如果要查询的完全主机名不仅是 kmyz.edu.cn 域下的名字，还可能是诸如 www.sina.com、www.IBM.com、www.chinagames.net 等各种名字。不同的名字由不同 DNS 服务器管理，根本无法知道应该到哪里一次就能查询到结果。但是，无论什么名字，它们都有一个共同的起点——根域名“.”。于是当在 DNS 服务器上查找不到最终结果时，就向负责根域的服务器发出查询请求。这样就能根据要查询的名字结构，从上到下查询，最终都能找到要查询的名字所在的 DNS 服务器，从而找到名字所对应的 IP 地址。

这时，又有一个问题，本地 DNS 服务器如何知道负责根域的 DNS 服务器的 IP 地址？实际上，在全球范围内目前有 13 台根域服务器，由 InterNIC 负责管理。这些服务器的 IP 地址相对固定，在许多系统的实现中，这些根域 DNS 服务器的 IP 地址都已写入到系统中，不需要用户设置。根域服务器在整个域名系统中是最核心的部分，如果根域服务器不能正常工作，那么全球的域名系统将不能正常工作。

8.2.6　IPv6 简介

IPv6 也被称做下一代互联网协议，今天的互联网大多数应用的是 IPv4 协议。IPv4 是 20 世纪 70 年代研制的，由于网络规模和速度发展的要求现在已经显得很不适应，特别是在 32 位

IP 地址数量不足以及网络协议安全性差这两个方面的问题显得特别突出。因此，IETF（互联网工程任务组，Internet Engineering Task Force）在 1992 年 6 月提出并制定了下一代 IP 协议的标准 IPv6。

1. IPv6 地址

IPv6 将现有的 IP 地址长度扩大 4 倍，由当前 IPv4 的 32 位扩充到 128 位，以支持大规模数量的网络结点。IPv4 地址表示为点分十进制格式，32 位的地址分成 4 个 8 位分组，每个 8 位写成十进制，中间用点号分隔。而 IPv6 的 128 位地址则是以 16 位为一分组，每个 16 位分组写成 4 个十六进制数，中间用冒号分隔，称为冒号分十六进制格式。例如:21DA:00D3:0000:2F3B:02AA:00FF:FE28:9C5A 是一个完整的 IPv6 地址。为了简化表示，地址中每个 16 位分组中的前导零位可以去除，但每个分组必须至少保留一位数字。如上例中的地址，去除前导零位后可写成:21DA3:0:2F3B:2AA:FF:FE28:9C5A。某些地址中可能包含很长的零序列，为进一步简化表示法，还可以将冒号十六进制格式中相邻的连续零位合并，用双冒号“::”表示。“::”符号在一个地址中只能出现一次，该符号也能用来压缩地址中前部和尾部的相邻的连续零位。例如地址 1080:0:0:0:8:800:200C:417A，0:0:0:0:0:0:0:1，0:0:0:0:0:0:0:0 分别可表示为压缩格式 1080::8:800:200C:417A，::1，::。

IPv6 定义了三种不同的地址类型，分别为单点传送地址（Unicast Address）、多点传送地址（Multicast Address）和任意点传送地址（Anycast Address）。所有类型的 IPv6 地址都是属于接口（Interface）而不是结点（Node）。一个 IPv6 单点传送地址被赋给某一个接口，而一个接口又只能属于某一个特定的结点，因此一个结点的任意一个接口的单点传送地址都可以用来标示该结点。

2. IPv6 的特点

IPv6 是为了解决 IPv4 所存在的一些问题和不足而提出的，同时它还在许多方面提出了改进，例如路由方面、自动配置方面。经过一个较长的 IPv4 和 IPv6 共存的时期，IPv6 最终会完全取代 IPv4 在互联网上占据统治地位。IPv6 具有如下一些显著的特点：

（1）层次化足够长的地址结构。

由于 IPv6 是 128 位地址，所以地址总数就大约有 3.4×10^{38} 个。平均到地球表面上来说，每平方米将获得 6.5×10^{23} 个地址。IPv6 支持更多级别的地址层次，IPv6 的设计者把 IPv6 的地址空间按照不同的地址前缀来划分，并采用了层次化的地址结构，以利于骨干网路由器对数据包的快速转发。

（2）即插即用的联网方式，

IPv6 把自动将 IP 地址分配给用户的功能作为标准功能。只要机器一连接上网络便可自动设定地址。它有两个优点：一是最终用户用不着花精力进行地址设定；二是可以大大减轻网络管理者的负担。IPv6 有两种自动设定功能：一种是和 IPv4 自动设定功能一样的名为“全状态自动设定”功能；另一种是“无状态自动设定”功能。在 IPv4 中，动态主机配置协议（Dynamic Host Configuration Protocol，DHCP）实现了主机 IP 地址及其相关配置的自动设置。一个 DHCP 服务器拥有一个 IP 地址池，主机从 DHCP 服务器租借 IP 地址并获得有关的配置信息（如缺省网关、DNS 服务器等），由此达到自动设置主机 IP 地址的目的。IPv6 继承了 IPv4 的这种自动配置服务，并将其称为全状态自动配置（Stateful Autoconfiguration）。在无状态自动配置（Stateless

Autoconfiguration）过程中，主机首先通过将它的网卡 MAC 地址附加在链接本地地址前缀 1111111010 之后，产生一个链路本地单点传送地址。接着主机向该地址发出一个被称为邻居发现（neighbor discovery）的请求，以验证地址的唯一性。如果请求没有得到响应，则表明主机自我设置的链路本地单点传送地址是唯一的。否则，主机将使用一个随机产生的接口 ID 组成一个新的链路本地单点传送地址。然后，以该地址为源地址，主机向本地链路中所有路由器多点传送一个被称为路由器请求（router solicitation）的配置信息。路由器以一个包含一个可聚集全球单点传送地址前缀和其他相关配置信息的路由器公告响应该请求。主机用它从路由器得到的全球地址前缀加上自己的接口 ID，自动配置全球地址，然后就可以与 Internet 中的其他主机通信了。使用无状态自动配置，无须手动干预就能够改变网络中所有主机的 IP 地址。例如，当企业更换了联入 Internet 的 ISP 时，将从新的 ISP 处得到一个新的可聚集全球地址前缀。ISP 把这个地址前缀从它的路由器上传送到企业路由器上。由于企业路由器将周期性地向本地链路中的所有主机多点传送路由器公告，因此企业网络中所有主机都将通过路由器公告收到新的地址前缀，此后，它们就会自动产生新的 IP 地址并覆盖旧的 IP 地址。

使用 DHCPv6 进行地址自动设定，连接于网络的机器需要查询自动设定用的 DHCP 服务器才能获得地址及其相关配置。可是，在家庭网络中，通常没有 DHCP 服务器，此外在移动环境中往往是临时建立的网络，在这两种情况下，当然使用无状态自动设定方法为宜。

（3）网络层的认证与加密。

安全问题始终是与 Internet 相关的一个重要话题。由于在 IP 协议设计之初没有考虑安全性，因而在早期的 Internet 上时常发生诸如企业或机构网络遭到攻击、机密数据被窃取等不幸的事情。为了加强 Internet 的安全性，从 1995 年开始，IETF 着手研究制定了一套用于保护 IP 通信的 IP 安全（IPSec）协议。IPSec 是 IPv4 的一个可选扩展协议，是 IPv6 的一个必须组成部分。

IPSec 的主要功能是在网络层对数据分组提供加密和鉴别等安全服务。它提供了两种安全机制：认证和加密。认证机制使 IP 通信的数据接收方能够确认数据发送方的真实身份以及数据在传输过程中是否遭到改动。加密机制通过对数据进行编码来保证数据的机密性，以防数据在传输过程中被他人截获而失密。IPSec 的认证报头（Authentication Header，AH）协议定义了认证的应用方法，安全负载封装（Encapsulating Security Payload，ESP）协议定义了加密和可选认证的应用方法。在实际进行 IP 通信时，可以根据安全需求同时使用这两种协议或选择使用其中的一种。AH 和 ESP 都可以提供认证服务，不过，AH 提供的认证服务要强于 ESP。作为 IPSec 的一项重要应用，IPv6 集成了虚拟专用网（VPN）的功能，使用 IPv6 可以更容易地实现更为安全可靠的虚拟专用网。

（4）服务质量的满足。

基于 IPv4 的 Internet 在设计之初，只有一种简单的服务质量，即采用“尽最大努力”（Best Effort）传输，从原理上讲服务质量 QoS 是无保证的。文本传输、静态图像等传输对 QoS 并无要求。随着 IP 网上多媒体业务增加，如 IP 电话、VoD、电视会议等实时应用，对传输延时和延时抖动均有严格的要求。

IPv6 数据包的格式包含一个 8 位的业务流类别（Class）和一个新的 20 位的流标签（Flow Label）。最早定义了 4 位的优先级字段，可以区分 16 个不同的优先级。后来在 RFC2460 里改为 8 位的类别字段。其数值及如何使用还没有定义，其目的是允许发送业务流的源结点和转发业务流的路由器在数据包上加上标记，并进行除默认处理之外的不同处理。一般来说，在所选择的链路上，可以根据开销、带宽、延时或其他特性对数据包进行特殊的处理。

一个流是以某种方式相关的一系列信息包，IP 层必须以相关的方式对待它们。决定信息包属于同一流的参数包括源地址、目的地址、QoS、身份认证及安全性。IPv6 中流的概念的引入仍然是在无连接协议的基础上的，一个流可以包含几个 TCP 连接，一个流的目的地址可以是单个结点也可以是一组结点。IPv6 的中间结点接收到一个信息包时，通过验证它的流标签，就可以判断它属于哪个流，然后就可以知道信息包的 QoS 需求，进行快速的转发。

（5）对移动通信更好的支持。

未来移动通信与互联网的结合将是网络发展的大趋势之一。移动互联网将成为我们日常生活的一部分，改变我们生活的方方面面。移动互联网不仅仅是移动接入互联网，它还提供一系列以移动性为核心的多种增值业务：查询本地化设计信息、远程控制工具、无限互动游戏、购物付款等。

移动 IPv6 的设计汲取了移动 IPv4 的设计经验，并且利用了 IPv6 的许多新的特征，所以提供了比移动 IPv4 更多的、更好的特点。移动 IPv6 成为 IPv6 协议不可划分的一部分。

3. IPv6 相较于 IPv4 的优势

通过以上 IPv6 特点的介绍，我们可以进一步总结一下相对于 IPv4，IPv6 的优势如下：

（1）地址容量大大扩展，由原来的 32 位扩充到 128 位，彻底解决 IPv4 地址不足的问题；支持分层地址结构，从而更易于寻址；扩展支持组播和任意播地址，这使得数据包可以发送给任何一个或一组结点。

（2）大容量的地址空间能够真正地实现无状态地址自动配置，使 IPv6 终端能够快速连接到网络上，无须人工配置，实现了真正的即插即用。

（3）报头格式大大简化，从而有效减少路由器或交换机对报头的处理开销，这对设计硬件报头处理的路由器或交换机十分有利。

（4）加强了对扩展报头和选项部分的支持，这除了让转发更为有效外，还对将来网络加载新的应用提供了充分的支持。

（5）流标签的使用让我们可以为数据包所属类型提供个性化的网络服务，并有效保障相关业务的服务质量。

（6）认证与私密性：IPv6 把 IPSec 作为必备协议，保证了网络层端到端通信的完整性和机密性。

（7）IPv6 在移动网络和实时通信方面有很多改进。特别地，不像 IPv4，IPv6 具备强大的自动配置能力，从而简化了移动主机和局域网的系统管理。

4. IPv6 中的域名系统

IPv6 网络中的域名系统与 IPv4 的域名系统在体系结构上是一致的，都是采用树形结构的域名空间。实际上 IPv4 协议与 IPv6 协议的不同并不意味着 IPv4 域名系统的体系和 IPv6 域名系统的体系需要各自独立，相反，DNS 的体系和域名空间必须一致，即 IPv4 和 IPv6 共同拥有统一的域名空间。在 IPv4 到 IPv6 的过渡阶段，域名可以同时对应于 IPv4 和 IPv6 的地址。以后随着 IPv6 网络的普及，域名或是完整主机名将只对应 IPv6 地址。

8.3 Internet 服务

随着 Internet 的迅速发展，Internet 中的用户越来越多，Internet 向用户提供的服务也越来越丰富，基于 Internet 的服务逐渐在改变人们的生活方式。有一台连接到 Internet 的计算机，你可以方便地通过 WWW 服务浏览网页看新闻，可以方便地利用搜索引擎搜索你想要的信息，可以通过文件传输服务发送和接收大量数据，可以方便地通过电子邮件系统收发邮件，更可以利用基于 Internet 的即时通信软件和远在异地他国的亲戚朋友聊天、通话、视频。基于 Internet 的服务逐渐进入人们日常生活的方方面面。

8.3.1 WWW 服务

WWW 全称 World Wide Web，中文又称为万维网，它的出现是 Internet 发展中的一个里程碑。WWW 服务是 Internet 上最方便、最受欢迎的服务类型，它的影响力已远远超出了专业技术范畴，并且进入电子商务、远程教育与信息服务等领域。

要想了解 WWW，首先要了解超文本（Hypertext）与超媒体（Hypermedia）的基本概念，因为它们是 WWW 的信息组织形式，也是 WWW 实现的关键技术之一。长期以来，人们一直在研究如何对信息进行组织，其中最常见的方式就是现有的书籍。书籍采用有序的方式来组织信息，它将所要讲述的内容按照章、节的结构组织起来，读者可以按照章节的顺序进行阅读。

1. 超文本与超媒体的概念

随着计算机技术的发展，人们不断推出新的信息组织方式，以方便对各种信息的访问。在 WWW 系统中，信息是按照超文本方式组织的。用户直接看到的是文本信息本身，在浏览文本信息的同时，随时可以选中其中的“热字”。热字往往是上下文关联的单词，通过选择热字可以跳转到其他的文本信息。超媒体进一步扩展了超文本所链接的信息类型。用户不仅能从一个文本跳转到另一个文本，而且可以激活一段声音，显示一个图形，甚至可以播放一段动画。在目前市场上，流行的多媒体电子书籍大都采用这种方式。例如，在一本多媒体儿童读物中，当读者选中屏幕上显示的老虎图片、文字时，可以播放一段关于老虎的动画。超媒体可以通过这种集成化的方式，将多种媒体的信息联系在一起。

2. WWW 服务的工作原理

WWW 服务是 Internet 上发展最快、最具创新精神的一部分。当我们使用 WWW 服务时，看到的是集成了文本、图形、声音和视频等多媒体信息的主页。WWW 服务利用超链接可以从一个主页跳转到另一个主页。WWW 服务使用的语言是超文本标记语言（HTML，Hypertext Makeup Language），它使我们可以通过超文本来访问与浏览主页。WWW 服务使用的通信协议是超文本传输协议（HTTP，Hypertext Transfer Protocal），它是客户端和 WWW 服务器之间相互通信的协议。

WWW 服务采用的是客户端/服务器工作模式，如图 8-17 所示。信息资源以主页的形式存储在 WWW 服务器中，用户通过客户端与 WWW 服务器建立 HTTP 连接，并向 WWW 服务器发出访问信息的请求；WWW 服务器根据客户端的请求找到被请求的主页、文档或对象，然后将得到的查询结果返回给客户端；客户端在接收到返回的数据后对其进行解释，就可以在本地计算机的屏幕上显示主页信息。当 WWW 服务器返回客户端请求的主页之后，WWW 服务器和客户端之间的 HTTP 连接被断开。

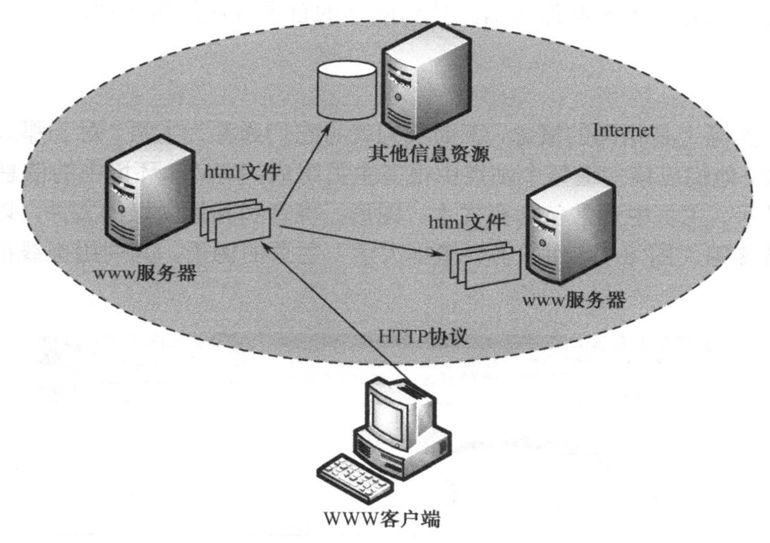

图 8-17 WWW 服务的工作原理

3. URL 与信息定位

在 Internet 中有如此众多的 WWW 服务器，而每台服务器中又包含很多的主页，我们如何来找到想看的主页呢？这时，就需要使用统一资源定位器（URL，Uniform Resource Locators）。

标准的 URL 由三部分组成：服务类型、主机名、路径及文件名。URL 的第一部分指出要检索的文件所使用的通信协议类型，超文本文档最常使用的通信协议是 HTTP 协议。URL 的第二部分指出要检索的文件所在的主机，也就是这个文件所在主机的域名，这部分总是放在 URL 的第一个双斜杠后面。URL 的第三部分指出在主机上存放文件的网站目录，这部分总是放在 URL 的第一个单斜杠后面，可以出现多级子目录结构，它表示的是存放网站的硬盘子目录和文件名。

用户通过 URL 地址可以指定要访问什么服务、哪台主机、主机中的哪个文件。如果用户希望访问某台 WWW 服务器中的某个页面，只要在浏览器中输入该页面的 URL。图 8-18 是典型的 URL 地址示意图，图中的 URL 地址为“http://www.nankai.edu.cn/index.html”其中，“http:”指出要使用 HTTP 协议，“www.nankai.edu.cn”指出要访问南开大学 WWW 服务器，“index.html”指出要访问主页的路径与文件名。

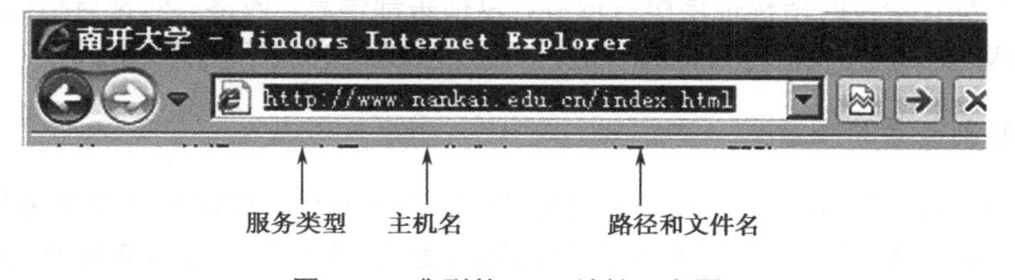

图 8-18 典型的 URL 地址示意图

从前面的例子中可以看出，文件名总是出现在 URL 地址的最后部分。如果在 URL 地址中没有列出文件名，WWW 服务器假设 index.html 文件中包含请求的主页。因此，在我们没有输入请求主页的文件名时，WWW 服务器默认将网站的首页发送给客户端。

4. 主页的概念

主页和网页实际上是相同的概念，下面我们就将它们通称为主页。对于那些访问过 WWW 站点的用户来说，他们应该知道每个站点由很多主页组成。WWW 环境中的信息以主页（Home Page）形式来显示。主页中通常包含有文本、图形、声音和其他多媒体文件，以及可以跳转到其他主页的超链接等。图 8-19 列举了“清华大学”主页的例子，其中用虚线框出的部分是主页的基本元素。

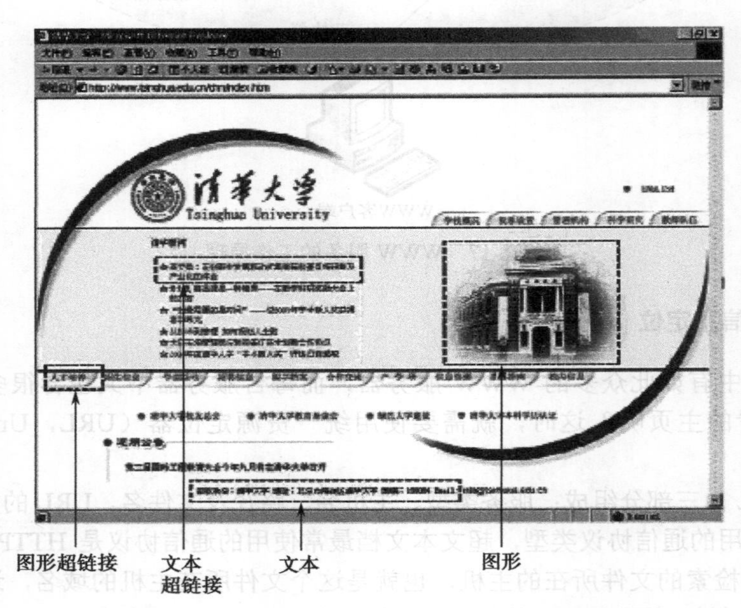

图 8-19　清华大学主页示例

主页包含以下几种基本元素：文本、图形和超链接。文本是主页中最基本的元素，就是我们通常所说的文字；图形也是主页中的基本元素，一般使用 GIF 与 JPEG 两种图像格式；超链接用来跳转到其他主页或资源，它一般建立在文本和图形两种载体上，因此又分为文本超链接和图形超链接。另外，主页中常用的元素还有表格。主页是用超文本标记语言（HTML）书写的，HTML 文档通常以.html 或.htm 作为文件扩展名。HTML 语言是一种结构化的编程语言，当我们用编辑工具打开一个 HTML 文档时，会发现文档的结构性非常明显。HTML 语言使用“＜标记＞…＜/标记＞”的结构描述所有内容，包括头部信息、段落、列表与超链接等。HTML 文档经过 WWW 浏览器的解释执行后，才能够将主页的内容显示在计算机上。

5. WWW 浏览器的概念

WWW 浏览器是用来浏览 Internet 上的主页的客户端软件。WWW 浏览器为用户提供了访问 Internet 上内容丰富、形式多样的信息资源的便捷途径。我们在使用 WWW 服务浏览主页时，在客户端的 WWW 浏览器上显示的是主页，在 WWW 服务器上主页是以 html 文件的形式存在的，这样在浏览主页的过程中就需要有人来沟通。图 8-20 描绘了 WWW 浏览器的工作原理。当我们要使用 WWW 服务来浏览主页时，首先由 WWW 浏览器与 WWW 服务器建立 HTTP 连接，然后向 WWW 服务器发出访问主页信息的请求；WWW 服务器根据客户的请求找到被请求的主页，然后将相应的 html 文件返回给 WWW 浏览器；WWW 浏览器对接收到的 html 文件进行解释，然后在本地计算机的屏幕上显示主页信息。

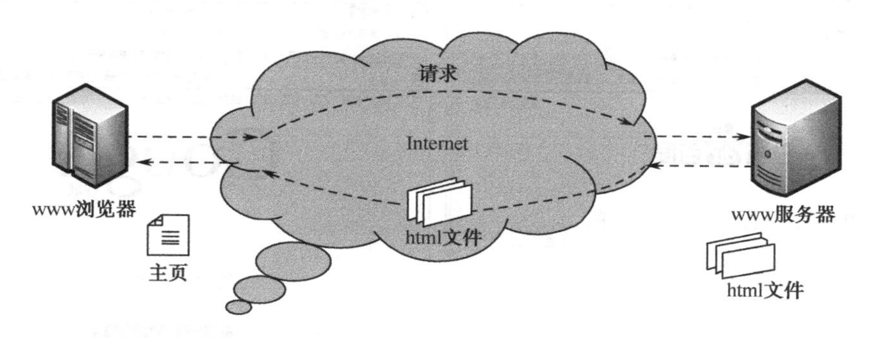

图 8-20　WWW 浏览器的工作原理

目前，各种 WWW 浏览器的功能都非常强大，利用它可以访问 Internet 上的各类信息。更重要的是，WWW 浏览器基本上都支持多媒体特性，可以通过浏览器来播放声音、动画与视频，使得 WWW 世界变得更加丰富多彩。目前，WWW 浏览器很多，其中 Windows 操作系统自带 Internet Explorer 8.0 浏览器，基于 IE8 核心二次开发的浏览器在国内互联网上也层出不穷，例如傲游浏览器、搜狗浏览器、360 安全浏览器等。

8.3.2　搜索引擎

Internet 中拥有数以百万计的 WWW 服务器，而且 WWW 服务器提供的信息种类也极为丰富。如果要求用户了解每台 WWW 服务器的主机名，以及它所提供的信息或资源的种类，这简直就是天方夜谭。那么，用户如何在数百万个网站中快速、有效地查找到想要得到的信息呢？这就需要借助于 Internet 中的搜索引擎。

搜索引擎是 Internet 上的一个 WWW 服务器，它的主要任务是在 Internet 中主动搜索其他 WWW 服务器中的信息并对其自动索引，然后将索引内容存储在可供查询的大型数据库中。因此，搜索引擎实际上是包含 Internet 各方面信息的庞大数据库。利用搜索引擎提供的分类目录和查询功能，用户可以轻松地找到自己需要查找的信息。目前，Internet 上有很多流行的搜索引擎，例如 Baidu、Yahoo、Google 和 Excite，如图 8-21。尽管这些搜索引擎的具体操作或多或少都有区别，但是它们通常都由三个部分组成：Web 蜘蛛、数据库和搜索工具。

其中，Web 蜘蛛负责在 Internet 上四处爬行收集信息，数据库负责存储 Web 蜘蛛收集到的信息，搜索工具为用户提供检索数据库的方法。搜索引擎必须不断地更新自己的数据库，以使它能够反映出 Internet 上的最新信息。每个搜索引擎都至少包含有一个 Web 蜘蛛，它按事先设定的规则来收集 Internet 中的特定信息。当 Web 蜘蛛发现了新的文档或 URL 地址时，就会通过自身的软件代理收集文档的信息和 URL，并将这些信息发送给搜索引擎的索引软件。索引软件从这些文档中摘录出需要建立索引的信息，并将这些信息存放在数据库中为它们建立索引。

索引类型决定了搜索引擎可以提供的搜索服务类型，以及返回的索引结果最终的显示方式。每种搜索引擎使用不同方法对数据库中的信息进行检索，有的搜索引擎对文档中的每个字词都进行检索，而有的搜索引擎只对文档中的 100 个关键字词进行检索。每种搜索引擎返回搜索结果的方式也不同，有的搜索引擎会对搜索结果的价值进行评价，有的搜索引擎会显示文档开头的几个句子，而有的搜索引擎会显示文档的标题以及 URL 地址。

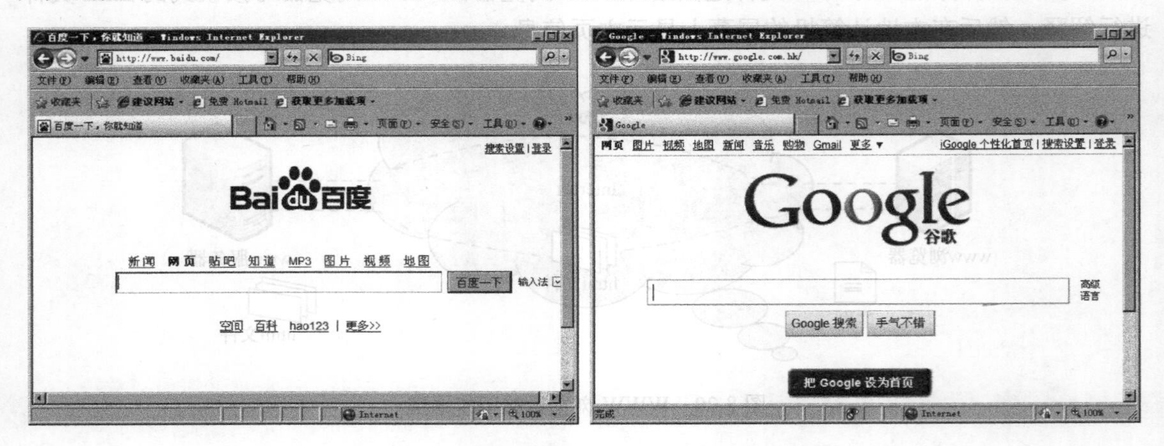

图 8-21 百度搜索引擎和 Google 搜索引擎

当我们在搜索引擎的主页中输入所需信息的关键字，搜索引擎将按照你指定的规则在数据库中搜索关键字，并将搜索结果通过包含搜索结果的网页来显示，如图 8-22 中，百度搜索引擎为我们列出了搜索“计算机网络基础”的结果。当我们用鼠标单击感兴趣的文档对应的链接时，就可以只跳转到这个文档所在的网页。但是，这个文档并没有存放在搜索引擎的数据库中，也没有存放在搜索引擎所在的站点中，而是仍在这个文档原来所在的站点中。

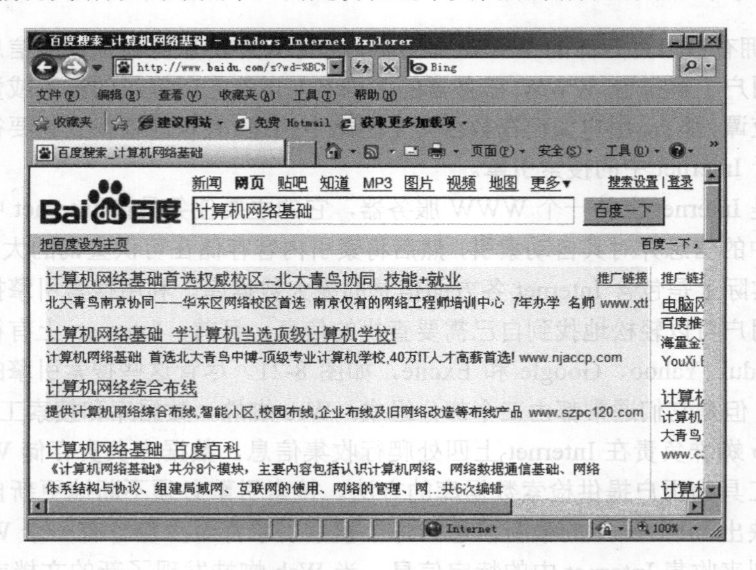

图 8-22 利用百度搜索“计算机网络基础”的结果

8.3.3 网络论坛（BBS）

网络论坛也叫做 BBS，其英文全称是 Bulletin Board System，翻译为中文就是“电子公告板”。BBS 最早是用来公布股市价格等信息的，当时 BBS 连文件传输的功能都没有，而且只能在苹果计算机上运行。早期的 BBS 与一般街头和校园内的公告板性质相同，只不过是通过电脑来传播或获得消息而已。一直到个人计算机开始普及之后，有些人尝试将苹果计算机上的 BBS 转移到个人计算机上，BBS 才开始渐渐普及开来。近些年来，由于爱好者们的努力，BBS 的功能得到了很大的扩充。

目前基于 Internet 的网络论坛成为多数组织和群体进行技术交流、交换信息的天地。基于 Internet 的网络论坛可以通过 IE 浏览器或其他一些浏览器访问，业界也经常把基于 Internet 的网络论坛看成是 WWW 服务的一个部分，通过 HTML 语言把论坛的内容展现在用户终端的屏幕上，用户通过网页的操作在论坛上进行发帖、回复等交流，如图 8-23 所示。

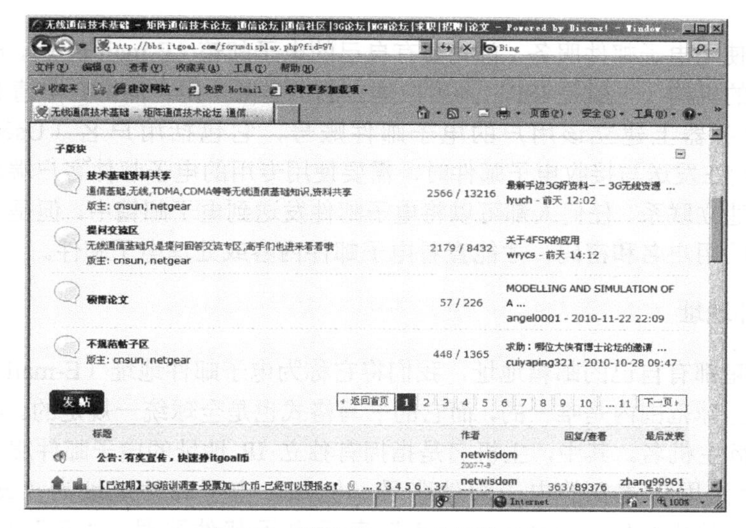

图 8-23　基于 Internet 的网络论坛

8.3.4　电子邮件服务（E-mail）

电子邮件服务是 Internet 服务的重要组成部分，Internet 的发展史中电子邮件的发展占有很重要的一席之地。电子邮件服务是 Internet 最早提供的服务之一，也是目前 Internet 中最常用的一种服务。世界上每时每刻都有数以亿计的人在使用电子邮件。

1. 电子邮件的概念

电子邮件服务又称为 E-mail 服务，它是指用户通过计算机和 Internet 发送信件。电子邮件为用户提供了一种方便、快速和廉价的通信手段。电子邮件服务在国际交流中发挥着重要作用，在传统通信中需要几天完成的传递过程，电子邮件系统仅用几分钟，甚至几秒钟就可以完成。目前，电子邮件不但可以传输文本信息，还可以传输图像、声音、视频等多媒体信息。

2. 邮件服务器

现实生活中存在的邮政系统已有近千年的历史。各国的邮政系统要在自己管辖的范围内设立邮局，要在用户家门口设立邮箱，要让一些人担任邮递员，负责接收与分发信件。各国的邮政部门要制订相应的通信协议与管理制度，甚至要规定信封按什么规则书写。正是由于有一套严密的组织体系与通信规程，才能保证世界各地的信件能够及时、准确地送达，世界范围的邮政系统有条不紊地运转着。电子邮件系统也具有与现实生活中的邮政系统相似的结构与工作规程。不同之处在于：现实生活中的邮政系统是由人在运转着，而电子邮件是在计算机网络中通过计算机、网络、应用软件与协议来协调、有序地运行着。电子邮件系统中同样设有邮局——电子邮件服务器；电子邮件系统中同样设有邮箱——电子邮箱，并有自己的电子邮件地址书写规则。

电子邮件服务器（E-mail Server）是电子邮件系统的核心，它的作用与日常生活中的邮局的作用相似。电子邮件服务器的主要作用是：接收用户发送来的电子邮件，并按收件人地址转发到对方的电子邮件服务器中；接收由其他电子邮件服务器发来的邮件，并按收件人地址分发到相应的电子邮箱中。

3. 电子邮箱

如果我们要使用电子邮件服务，首先要有自己的电子邮箱（E-mail Box）。电子邮箱是由提供电子邮件服务的机构（一般是 ISP）为用户建立的。当某个用户向 ISP 申请 Internet 账号时，ISP 会在邮件服务器上建立该用户的电子邮件账号，它包括用户名（Username）与密码（Password）。我们在发送与接收电子邮件时，需要使用专用的电子邮件客户端软件，通过它与电子邮件服务器建立联系。任何人都可以将电子邮件发送到电子邮箱中，但是只有电子邮箱的拥有者输入正确的用户名和密码，才能查看电子邮件内容或处理电子邮件。

4. 电子邮件地址

每个电子邮箱都有自己的邮箱地址，我们将它称为电子邮件地址（E-mail Address）。每个电子邮件地址在全球范围内是唯一的，而它的书写格式也是全球统一规定的。电子邮件地址的格式是：用户名@主机名。其中，主机名是指拥有独立 IP 地址的电子邮件服务器，用户名是指在该服务器上为用户建立的电子邮件账号。例如，电子邮件地址为“computer-network @dma800.com”，其中，“computer-network”表示电子邮件账号，“@”符号读做“at”，“dma800.com”表示电子邮件服务器名。因此，“computer-network @dma800.com”表示：在 dma800 的电子邮件服务器上，有一个名为 computer-network 的电子邮件账号。

5. 电子邮件的工作原理

电子邮件服务是最常用的 Internet 服务功能。电子邮件的发送方式与大部分 Internet 数据的发送方式相同，首先由 TCP 协议将电子邮件信息划分成分组，然后由 IP 协议将这些分组发送到正确的目的地址，最后由 TCP 协议在电子邮件服务器上重组这些分组，这时就可以恢复成原始的、可读的电子邮件。

（1）电子邮件服务系统结构。

电子邮件服务采用的是客户端/服务器工作模式。电子邮件系统可以分为两个部分：电子邮件服务器与电子邮件客户。电子邮件服务器是提供电子邮件服务的服务器端软件，它负责发送、接收、转发与管理电子邮件；电子邮件客户是使用电子邮件服务的本地计算机上的客户端软件。电子邮件服务使用的协议主要有三种：简单邮件传输协议（SMTP，Simple Mail Transfer Protocol）、邮局协议（POP3，Post Office Protocal）和交互式邮件存取协议（IMAP，Interactive Mail Access Protocol），它们是客户端和电子邮件服务器之间相互通信的协议。其中，SMTP 协议用来发送电子邮件，POP3 和 IMAP 协议用来接收电子邮件。

如图 8-24 所示的是电子邮件服务系统结构。在电子邮件服务器端，包括了用来发送电子邮件的 SMTP 服务器，用来接收电子邮件的 POP3 服务器或 IMAP 服务器，以及用来存储电子邮件的电子邮箱；在电子邮件客户端，包括了用来发送电子邮件的 SMTP 代理，用来接收电子邮件的 POP3 代理，以及为用户提供管理界面的用户接口程序。

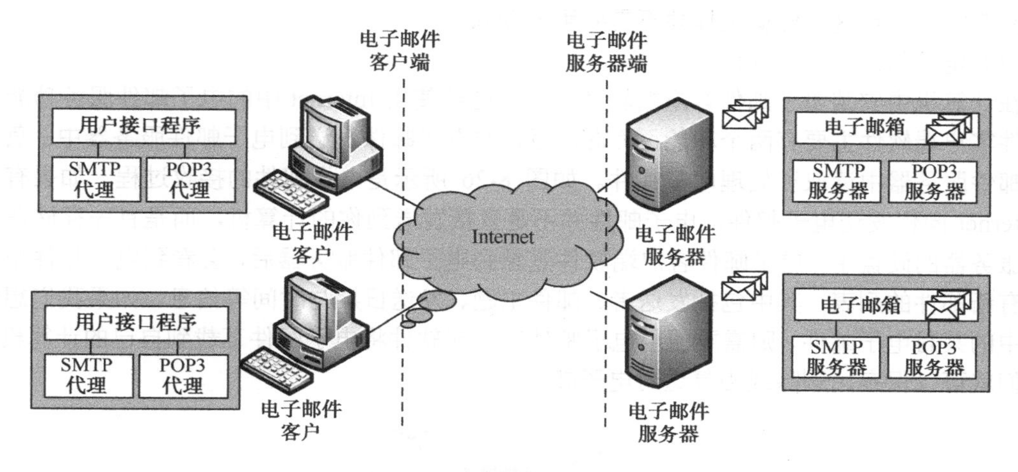

图 8-24　电子邮件服务系统结构

用户通过客户端访问电子邮件服务器中的电子邮件，电子邮件服务器根据客户端请求对电子邮箱中的电子邮件做适当处理。客户端使用 SMTP 协议向电子邮件服务器中发送电子邮件；客户端应用程序使用 POP3 协议或 IMAP 协议从电子邮件服务器中接收电子邮件。至于使用哪种协议接收电子邮件，取决于电子邮件服务器与客户端支持的协议类型，一般的电子邮件服务器与客户端至少会支持 POP3 协议。

（2）工作原理。

如图 8-25 所示是电子邮件服务的工作原理。发送方通过自己的电子邮件客户端，将电子邮件发送到接收方的邮件服务器，这是电子邮件的发送过程；接收方通过自己的电子邮件客户端，将从自己的电子邮件服务器下载电子邮件，这是电子邮件的接收过程。

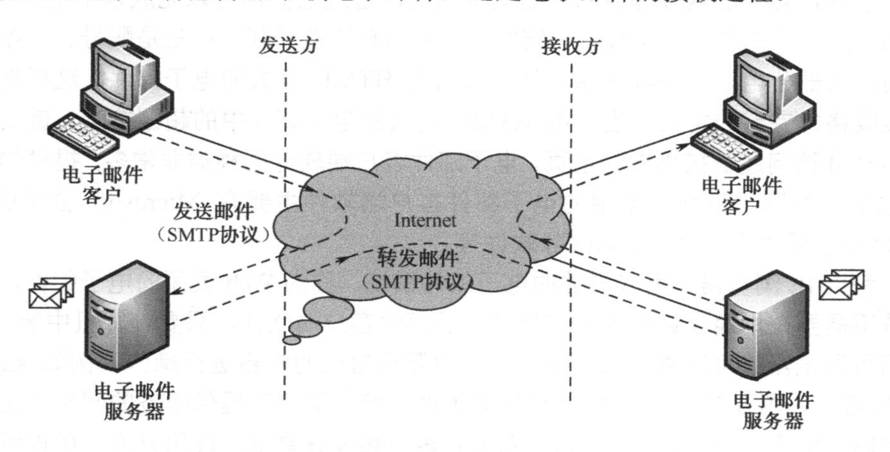

图 8-25　电子邮件服务的工作原理

如果发送方要发送电子邮件，首先通过电子邮件客户端书写电子邮件，然后将电子邮件发送给自己的电子邮件服务器；发送方的电子邮件服务器接收到电子邮件后，根据收件人地址发送到接收方的电子邮件服务器中；接收方的电子邮件服务器收到其他服务器发送的电子邮件后，根据收件人地址分发到收件人的电子邮箱中。如果接收方要接收电子邮件，首先通过电子邮件客户端访问电子邮件服务器，从自己的电子邮箱中读取电子邮件，然后可以对这些电子邮件进行相应的处理。至于电子邮件在 Internet 中如何传输到电子邮件服务器，整个传输过程是非常复杂的，但是这个传输过程并不需要用户介入。

（3）电子邮件客户端软件。

在计算机中安装电子邮件客户端软件后，就能够使用 Internet 中的电子邮件服务功能。电子邮件客户端软件主要有两个功能：负责将写好的电子邮件发送到电子邮件服务器中；负责从电子邮件服务器中读取和处理电子邮件。如图 8-26 所示是电子邮件的接收过程。如果有人通过 Internet 向你发送电子邮件，电子邮件并不是直接发送到你的计算机，而是首先存储在电子邮件服务器的硬盘中。电子邮件客户端软件登录到电子邮件服务器后，会看到电子邮件服务器中所有新邮件的列表，其中包括发送者、邮件主题、发送日期与时间等信息。如果我们想阅读列表中的某封电子邮件，则需要使用电子邮件客户端软件将电子邮件下载到自己的计算机，这时我们就可以保存、删除或回复这封电子邮件。

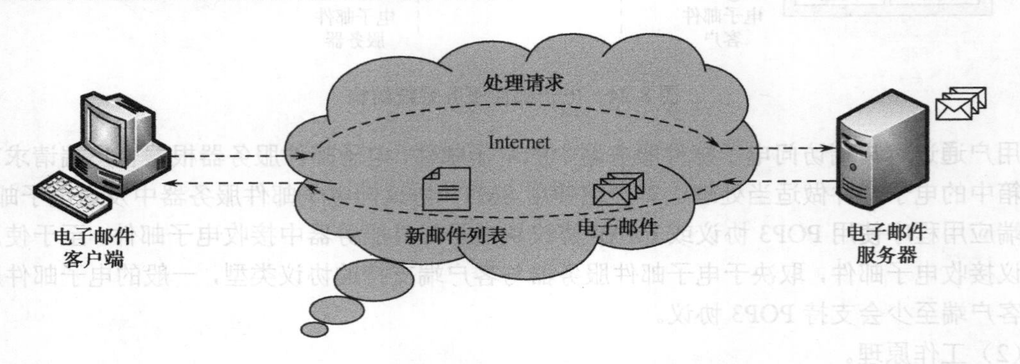

图 8-26　电子邮件的接收过程

电子邮件客户端软件可以运行在大多数操作系统平台上，包括 Windows、UNIX 与 Linux 等。各种电子邮件客户端软件提供的功能基本相同，通过它们都可以完成以下这些操作功能：一是书写与发送电子邮件；二是接收、转发、回复与删除电子邮件；三是账号、邮箱与通信簿管理。目前，大部分电子邮件客户端软件可以阅读 HTML 格式的电子邮件，这样就可以在电子邮箱中接收格式完整的主页。当单击 HTML 格式的电子邮件中的超链接时，就会自动启动 WWW 浏览器并访问超链接指向的主页。电子邮件客户端软件的种类非常多，提供的电子邮件处理功能也基本相同。目前，常用的电子邮件客户端软件主要有 Microsoft 公司的 Outlook Express 软件以及国内很有名的 Foxmail 软件等。

还有一种以 IE 浏览器作为客户端的电子邮件系统，称为 Web 页面的电子邮件，这样的电子邮件系统不需要在本地计算机中安装任何电子邮件客户端软件，只要计算机中装有 IE 浏览器或其他网页浏览器就可以直接在网站的页面中登录自己的邮箱进行操作，例如 sina、163、hotmail 的邮箱，如图 8-27 所示。使用这样的邮件系统，需要在提供服务的网站上注册用户名以及设置密码。由于 Web 页面电子邮件系统对客户端没有要求，使用方便，所以近年来受到用户广泛的青睐。通过浏览器登录方便地收发邮件已经成为多数 Internet 用户的第一选择。

需要指出的是，Web 页面电子邮件系统在工作原理以及邮件的传输方式上并没有发生改变，仍然采用了以上提到的三种电子邮件的协议（SMTP、POP3、IMAP）。

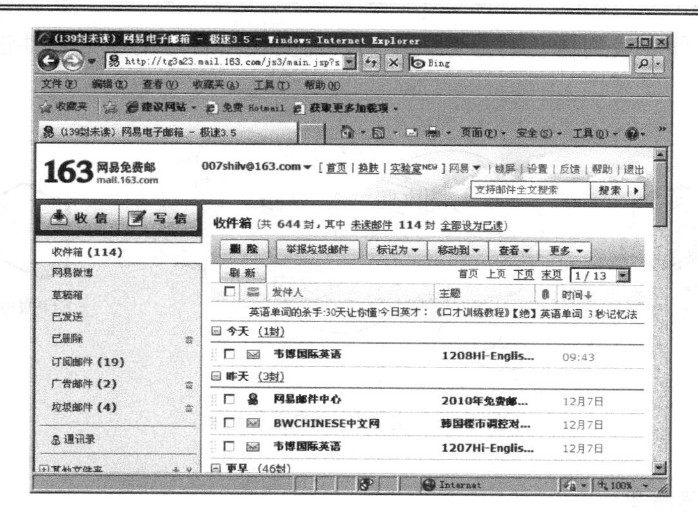

图 8-27 Web 页面电子邮件系统（163 邮箱）

8.3.5 文件传输服务（FTP）

文件传输服务是 Internet 中最重要的服务功能之一，它也是在早期 Internet 中文件存储以及传输的主要途径。虽然目前 P2P 的文件传输方式（将在 8.3.6 小节中介绍）非常流行，但仍然有约 30%的文件通过 FTP 的方式从 Internet 下载到用户的计算机中。

1. 文件传输的概念

文件传输服务又被称为 FTP 服务，这是因为它遵循 TCP/IP 协议簇中的文件传输协议（FTP，File Transfer Protocol）。FTP 服务允许用户将文件从一台计算机传输到另一台计算机中，并能保证文件在 Internet 中传输的可靠性。Internet 使用 TCP/IP 协议作为基本协议，无论两台计算机在地理位置上相距多远，只要这两台计算机都支持 FTP 协议，那么它们之间都可以相互传输文件。

2. 下载与上传

FTP 服务与其他 Internet 服务类型相似，也是采用客户端/服务器工作模式。FTP 服务器是指提供 FTP 服务的计算机；FTP 客户端是指用户的本地计算机。本地计算机中需要运行 FTP 客户端软件，由它负责与 FTP 服务器之间进行通信。如图 8-28 所示说明了下载与上传的概念。下载是指将文件从 FTP 服务器传输到 FTP 客户端；而上传是指将文件从 FTP 客户端传输到 FTP 服务器。

许多 Internet 主机中有数量众多的程序与文件，这是 Internet 庞大的、宝贵的信息资源，用户使用 FTP 服务可以方便地访问这些信息资源。如果用户使用 FTP 服务来传输文件，并不需要对文件进行复杂的转换工作，因此 FTP 服务的工作效率是比较高的。每个连接到 Internet 的计算机都可以使用 FTP 服务方便地传输文件，这相当于拥有一个相当庞大的文件存储库，这个优势是单个计算机所无法比拟的。在 Internet 中传输文件时经常会遇到一个问题，传输某些存储容量大的文件需要的时间很长，特别是使用 MODEM 访问 Internet 时问题更严重。为了提高文件传输速度与节省 FTP 服务器的存储空间，FTP 服务器中的文件通常使用压缩软件进行压缩。根据压缩软件与文件类型的不同，文件通常可以压缩到原来容量的 10%到 60%。当我们将压缩后的文件下载到自己的计算机中后，需要使用合适的压缩软件进行解压缩后才能使用。

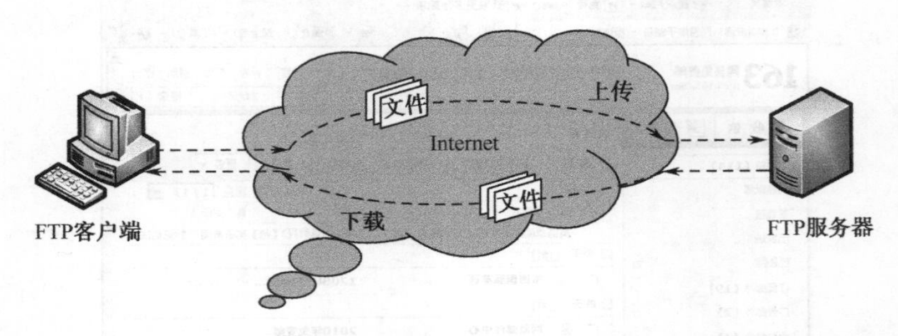

图 8-28　文件传输的工作过程

3. FTP 服务器账号

如果用户要使用 FTP 服务器提供的 FTP 服务，首先要从 FTP 客户端登录到 FTP 服务器上，这时就需要输入 FTP 服务器名或 IP 地址。每个 FTP 服务器都有自己的 FTP 服务器名，每个 FTP 服务器名在全球范围内是唯一的。图 8-29 列举了 FTP 服务器名的例子。图中的 FTP 服务器名为“ftp. tsinghua. edu. cn”。其中，“ftp”表示提供 FTP 服务，“tsinghua. edu. cn”表示清华大学的主机。因此，“ftp. tsinghua. edu. cn”表示清华大学的 FTP 服务器。另外，当用户要登录到某个 FTP 服务器时，还需要输入用户名（FTP 账号）与密码。Internet 中的一些 FTP 站点是专用的，只允许拥有合法账号的特定用户进入。

图 8-29　FTP 服务器名示例

目前，大多数 FTP 站点都提供匿名 FTP 服务，这类 FTP 站点被称为匿名 FTP 站点。匿名 FTP 服务的实质是：在 FTP 服务器上建立公开的用户名（一般为 anonymous），并给该用户赋予访问公共目录的权限。如果用户要访问这些匿名 FTP 站点，也需要输入合法的 FTP 账号与密码，这时可以使用“anonymous”作为用户名，使用自己的电子邮件地址作为密码。为了保证 FTP 服务器的安全，几乎所有匿名 FTP 站点都只提供文件下载服务。

4. FTP 服务的工作原理

FTP 服务采用的是客户端/服务器模式。FTP 服务器上运行着一个 FTP 守护进程（FTPDaemon），这个程序负责为用户提供下载与上传文件的服务。

（1）FTP 服务器目录结构。

FTP 服务器是指提供 FTP 服务的 Internet 主机，它通常是信息服务提供者的联网计算机，可以看做是一个非常大的文件仓库。文件在 FTP 服务器中是以目录结构保存的，用户在 FTP 服务器中需要打开一级级目录才能找到文件。如图 8-30 所示是 FTP 服务器的目录结构。例如，图 8-30 中的目录结构是“/movie/other/百家讲坛”，在“百家讲坛”子目录中保存着可供下载的文件。

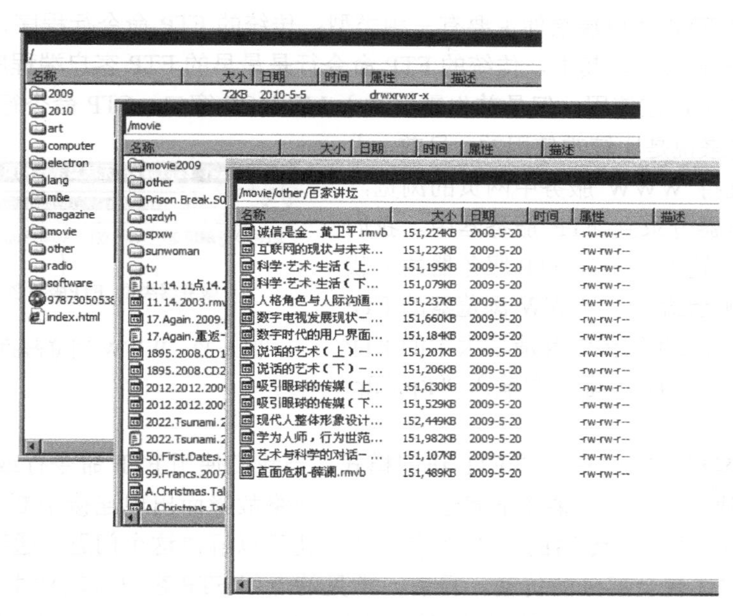

图 8-30　FTP 服务器的目录结构

（2）FTP 服务的工作原理。

如图 8-31 所示是 FTP 服务的工作原理。FTP 客户端向 FTP 服务器发出登录请求，FTP 服务器要求 FTP 客户端提供 FTP 账号与密码；当 FTP 客户端成功登录到 FTP 服务器后，FTP 客户端与 FTP 服务器之间建立了一条命令链路，FTP 客户端通过命令链路向 FTP 服务器发出命令，FTP 服务器也通过命令链路向 FTP 客户端返回响应信息。这时，FTP 客户端上看到的是 FTP 服务器中的目录结构。

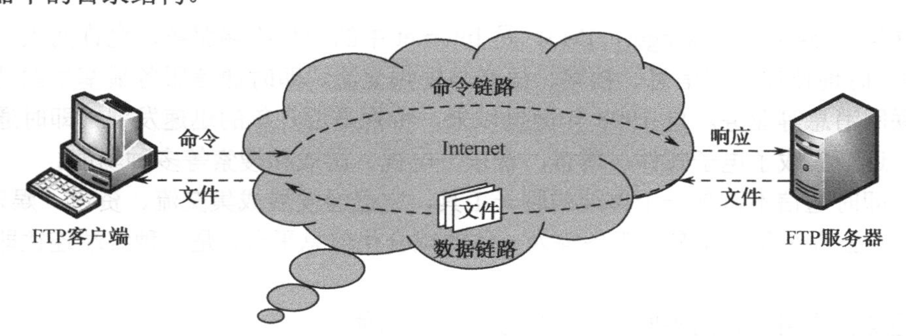

图 8-31　FTP 服务器的工作原理

如果用户想改变在 FTP 服务器中的当前目录，FTP 客户端通过命令链路向 FTP 服务器发出改变目录命令，FTP 服务器通过命令链路返回改变后的目录列表。如果用户想下载当前目录下的某个文件，FTP 客户端通过命令链路向 FTP 服务器发出下载文件命令，FTP 客户端与 FTP 服务器之间建立了一条数据链路。数据链路可以通过两种模式打开：ASCII 模式或二进制模式。

其中，ASCII 模式适合传输文本文件，二进制模式适合传输二进制文件。数据链路在文件下载完成后将自动关闭，而命令链路在登录结束后才会自动关闭。

5. FTP 客户端软件

目前，常用的 FTP 客户端软件主要有三种类型：传统的 FTP 命令行程序、WWW 浏览器与专用的 FTP 客户端软件。其中，传统的 FTP 命令行是最早的 FTP 客户端程序，它在早期的 Windows 操作系统中仍在使用，但是首先需要进入 MS-DOS 窗口。FTP 命令行包括了 50 多条命令，对于初学者来说是比较难使用的。目前，大多数浏览器不但支持 WWW 服务中网页的浏览，还可以直接从浏览器登录到 FTP 服务器中。我们可以通过 WWW 浏览器登录到 FTP 服务器并下载文件。如图 8-32 所示给出了 WWW 浏览器的 FTP 登录方式。例如，如果我们要访问清华大学的 FTP 服务器，只需要在 URL 地址栏中输入“ftp://ftp.tsinghua. edu. cn”。

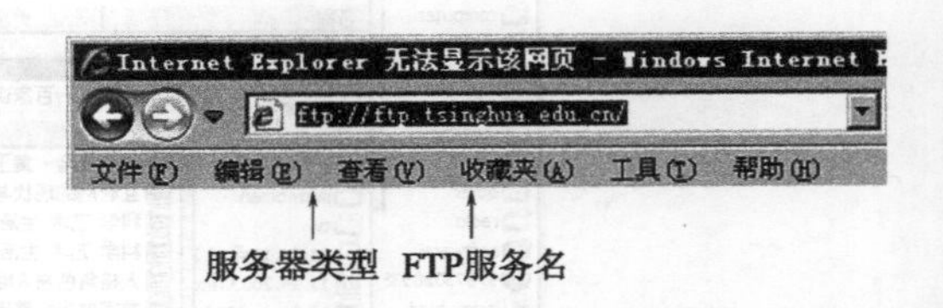

图 8-32 WWW 浏览器的 FTP 登录方式

专用的 FTP 客户端软件只支持 FTP 访问模式。当我们使用 FTP 命令行或 WWW 浏览器从 FTP 服务器下载文件时，如果在下载过程中由于网络故障而出现连接中断，那么已经下载完的那部分文件将会丢失。专用的 FTP 客户端软件就可以解决这个问题，通过断点续传功能就可以继续进行文件剩余部分的传输。目前，常见的专用 FTP 客户端软件主要有 CuteFTP、LeapFTP、AceFTP、BulleFTP 与 WS-FTP 等。其中，CuteFTP 是较早的一种 FTP 客户端软件，它的功能比较强大，支持断点续传、文件拖放与自动更名等功能。CuteFTP 的使用方法非常简单，但是使用它只能访问 FTP 服务器。CuteFTP 是一种共享软件，可以从很多提供共享软件的站点获得。

8.3.6 Internet 中的其他服务

1. 即时通信

即时通信（Instant Messenger，IM），是 Internet 中的一种终端服务，允许两人或多人使用 Internet 时即时地传递文字信息、档案、语音与视频交流。即时通信服务最基本的功能是发送和接收互联网消息等业务。自 1998 年面世以来，特别是近几年的迅速发展，即时通信的功能日益丰富，逐渐集成了电子邮件、博客、音乐、电视、游戏和搜索等多种功能。

如今，即时通信不再是一个单纯的聊天工具，它已经发展成集交流、资讯、娱乐、搜索、电子商务、办公协作和企业客户服务等为一体的综合化信息平台，是一种终端连往即时通信网络的服务。

即时通信按应用场景的不同，又可以分为如下几种。

（1）个人即时通信。

个人即时通信，主要是以个人（自然）用户使用为主，开放式的会员资料，非营利目的，方便聊天、交友、娱乐，如 QQ、雅虎通、网易 POPO、新浪 UC、百度 HI、盛大圈圈、移动飞信等。此类软件，以网站为辅、软件为主，免费使用为辅、增值收费为主。

（2）商务即时通信。

此处商务泛指买卖关系为主。商务即时通信软件包括 5107 网站伴侣、企业平台网的聚友中国、阿里旺旺贸易通、华夏易联 e-Link、通软联合 GoCom、北京和风清扬 CALLING、擎旗技术 UcSTAR、阿里巴巴、淘宝版、惠聪 TM、QQ（QQ 同时具备商务功能）、MSN、Skype、螺丝通（提供给螺丝行业人员的即时通信软件）。商务即时通信的主要功用是实现寻找客户资源或便于商务联系，以低成本实现商务交流或工作交流。此类以中小企业、个人实现买卖为主，外企方便跨地域工作交流为主。

（3）企业即时通信。

企业即时通信，一种是以企业内部办公为主，建立员工交流平台；另一种是以即时通信为基础、系统整合、边缘功能。由于企业对信息类软件的需求还在“探索”与“尝试”阶段，所以会导致很多系统不能“互通”，这也成了即时通信软件的一个使命。当信息软件被广泛使用之后，是否具备“互通”接口，将被作为软件被选用的重要条件。企业即时通信软件包括企业飞信、imo、互联网办公室、RTX、华夏易联 e-Link、北京点击、飞鸽传书、FreeEIM、华途 bigant 等。

（4）行业即时通信。

主要局限于某些行业或领域使用的即时通信软件，不被大众所知，如盛大圈圈（其中恒聚 ICC 为盛大开发了游戏客服即时通信系统），奥博即时通信，螺丝通，主要在游戏圈内小范围使用。也包括行业网站所推出的即时通信软件，如化工网或类似网站推出的即时通信软件。行业即时通信软件主要依赖于购买或定制软件，使用单位一般不具备开发能力。

2. IP 电话（VoIP）

IP 电话简称 VoIP，源自英语 Voice over Internet Protocol，又名宽带电话或网络电话，是近年来随 Internet 不断发展的一项新兴服务。过去 IP 电话主要应用在大型公司的内联网内，技术人员可以复用同一个网络提供数据及语音服务，除了简化管理，更可提高生产力。

简单来说 IP 电话就是通过 Internet 进行实时的语音传输服务。它是利用国际互联网为语音传输的媒介实现语音通信的一种全新的通信技术。由于其通信费用的低廉（每分钟互联网通信费用人民币 6 分 6 厘，而普通电话的国际通信费每分钟需十几元人民币），所以也有人称之为廉价电话。其原理是将普通电话的模拟信号进行压缩打包处理，通过 Internet 传输，到达对方后再进行解压，还原成模拟信号，对方用普通电话机等设备就可以接听。

最初的 IP 电话是个人计算机与个人计算机之间的通话。通话双方拥有电脑，并且可以上互联网，利用双方的电脑与调制解调器，再安装好声卡及相关软件，加上送话器和扬声器，双方约定时间同时上网，然后进行通话。随着 IP 电话的优点逐步被人们认识，许多电信公司在此基础上进行了开发，从而实现了通过计算机拨打普通电话。作为呼叫方的计算机，要求具备多媒体功能，能连接上 Internet，并且要安装 IP 电话软件。目前有多家网络电话服务商提供相应的 IP 电话服务以及软件客户端，例如 Skype、阿里通等，如图 8-33 所示。拨打从电脑到市话类型的电话的好处是显而易见的，被叫方拥有一台普通电话即可，但这种方式除了付上网费和市话费用外，还必须向 IP 电话软件公司付费。目前这种方式主要用于拨打到国外的电话，但是这种方式仍旧十分不方便，无法满足公众随时通话的需要。

随着 IP 电话的进一步发展，出现了 Phone to Phone 这种方式的 IP 电话，即“电话拨电话”，这样的 IP 电话和传统通过电信网传输语音数据的电话表面上没有区别，但需要专门的系统以及硬件的支持。IP 电话系统一般由三部分构成：电话、网关和网络管理者。电话是指可以通过本地电话网连到本地网关的电话终端；网关是 Internet 网络与电话网之间的接口，同时它还负责进行语音压缩；网络管理者负责用户注册与管理，具体包括对接入用户的身份认证、呼叫记录并有详细数据（用于计费）等。现在各电信营运商纷纷建立自己的 IP 网络来争夺国内市场，它们均以电话记账卡的方式实现从普通电话机到普通电话机的通话。这种方式在充分利用现有电话线路的基础上，满足了用户随时通信的需要，是一种比较理想的 IP 电话方式。

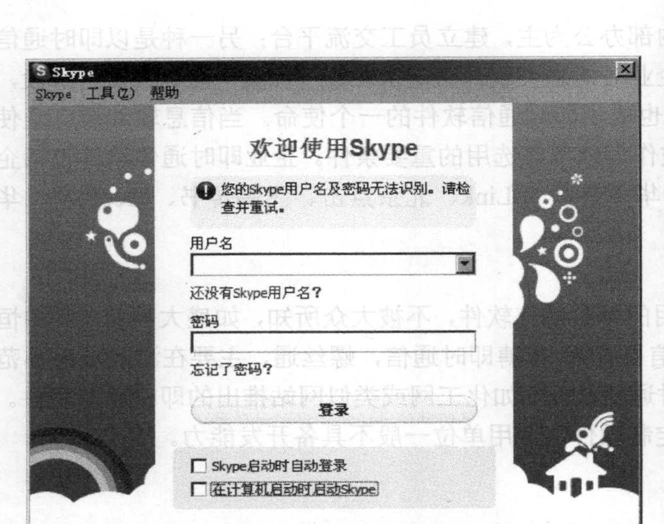

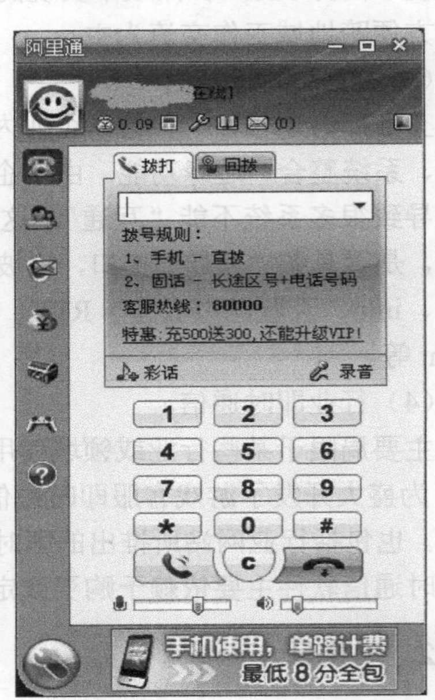

图 8-33　IP 电话客户端 Skype 与阿里通

3. 网络电视

网络电视（NTV，Network Television）是以 Internet 网络为载体，以视音频多媒体为形式，以互动个性化为特性，为所有 Internet 用户提供视频内容的一种新兴的 Internet 服务。网络电视是在数字化和网络化背景下产生的，是互联网技术与电视技术结合的产物。在整合电视与网络两大传播媒介过程中，网络电视既保留了电视形象直观、生动灵活的表现特点，又具有了互联网按需获取的交互特征，是综合两种传播媒介优势而产生的一种新的传播形式。

网络电视具有视频数字化、传输 IP 化、播放流媒体化这三个特点。所谓流媒体是指采用数据流传输的方式在 Internet 播放的媒体格式。它是指商家用一个视频传送服务器把节目当成数据包发出，用户通过解压设备对这些数据进行解压后，节目就会像发送前那样显示出来。从总体上讲，网络电视可根据终端分为三种形式，即计算机平台、TV（机顶盒、电信 iTV）平台和手机平台（移动网络）。

通过计算机收看网络电视是当前网络电视收视的主要方式，因为互联网和计算机之间的关系最为紧密。目前已经商业化运营的系统基本上属于此类。基于计算机平台的系统解决方案和产品已经比较成熟，并逐步形成了部分产业标准，各厂商的产品和解决方案有较好的互通性和替代性。这类的方案有 PPS、PPLive 等。

基于 TV（机顶盒）平台的网络电视以 IP 机顶盒为上网设备，利用电视作为显示终端。虽然电视用户大大多于 PC 用户，但由于电视机的分辨率低、体积大（不适宜近距离收看）等缘故，这种网络电视目前还处于推广阶段。目前较成功的案例是电信的 iTV，它通过 iTV 机顶盒和 Internet 将电视数据传输到普通电视上观看，用户还可以通过 iTV 机顶盒点播自己想看的电视内容，具有较强的互动性。

严格地说，手机上的网络电视是 Internet 终端多样化的一个体现，由于它可以随时随地收看，且移动终端用户基础巨大，所以可以说，随着第三代移动通信系统的普及，手机网络电视必然成为网络电视技术发展的一个热点。

4. P2P 数据传输

随着 Internet 的发展，网络中的用户数目不断增加，Internet 中的数据量也成几何级数增长。传统的 FTP 文件传输是基于 Server/Client 模式，即所有文件以及数据都存储在服务器上，用户需要使用数据或文件的时候统一从服务器上下载，由于用户的增多以及数据量的不断增加，使得服务器逐渐不堪重负，人们开始逐渐研究新的 Internet 数据传输模式。

P2P 是英文 Peer-to-Peer（对等）的简称，又被称为“点对点”。“对等”技术是一种网络新技术，依赖网络中参与者的计算能力和带宽，而不是把依赖都聚集在较少的几台服务器上。不管是技术还是思想，P2P 是直接将 Internet 上的终端联系了起来，让人们通过互联网在无须服务器的状态下直接交换数据。它使得网络上的沟通变得更容易、更直接，真正地消除中间环节。这听起来仿佛全新的概念，但其实并不是什么新鲜事。我们每天见面或者通过电话直接交流，都是 P2P 最直接的例子。P2P 将改变 Internet 以网站、服务器为数据中心的状态，重返“非中心化”，并把数据传输的权力和义务直接交还给用户，让互联网中的数据以最直接的方式传递到各个终端。它最符合互联网络设计者的初衷，给了人们一个完全自主的超级网络资源库。现在在业界，比较认同的 P2P 网络的目标主要有：信息和数据的共享与管理，通信协作，构建充当基层架构的互联系统。迅雷 7 是目前国内比较流行的利用 P2P 技术传输下载数据文件的软件，如图 8-34 所示。

图 8-34　P2P 文件以及数据传输软件“迅雷 7”

习　题

一、填空题

1．Internet 是由多个不同结构的网络，通过统一的协议和网络设备互相连接而成的、跨越国界的、世界范围的________互联网络。

2．IPv4 地址长度为________比特，通常用________个点分十进制数表示。

3．A 类地址的前________位代表网络地址，剩余的________位可由管理网络地址的管理用户来修改，代表在本网络内主机的地址。

4．当为子网中的计算机设置 IPv4 地址时，需要为这个 IP 地址指定一个________。

5．IPv4 地址由________和________两部分组成。常用的 IP 地址有________、________、________三类。

6．将两台主机的 IP 地址分别与它们的子网掩码进行“________”操作，若结果相同，则说明这两台主机在同一子网中。

7．整个 Internet 的域名空间由若干个层次的域组成，其中包括________、________、________、________、________。

8．邮件服务器使用的协议有________、________和________。

二、单选题

1．Internet 最早起源于美国国防部高级研究计划署（DARPA）的前身 ARPA 建立的________网络。

A．NSFnet　　B．Unix-net

C．ARPAnet　　D．Loop-net

2．以下 IP 地址中为 C 类 IP 地址的是________。

A．101.18. 20.1　　B．192.18. 0.1

C．129.18. 0.1　　D．0.0. 0.0

3．在设置以下子网掩码的网络中，正好容纳 6 台主机的为________。

A．255.255. 248.0　　B．255.255. 255.248

C．255.255. 0.0　　D．255.255. 255.224

4．MAC 地址是网卡的物理地址，从层次的角度看，物理地址是________。

A．数据链路层和物理层使用的地址　　B．数据链路层和网络层使用的地址

C．网络层和应用层使用的地址　　D．物理层和网络层使用的地址

5．域名空间树中，每一个结点称为域（Domain），结点的标志称为域名，叶子结点没有子域的域，其标志称为________。

A．根域　　B．顶级域　　C．主机名　　D．子域

6．以下域名中不属于顶级域的域名的是________。

A．CN　　B．ORG　　C．WWW　　D．EDU

7．以下不属于 IPv6 地址技术相较于 IPv4 地址技术的优点的是________。

A．地址容量大大扩展　　B．认证与私密性的提高

C．独立完备的域名技术　　D．报头格式大大简化

8．以下不属于标准的 URL 的组成部分的是______。

A．服务类型　　B．根域名　　C．主机名　　D．路径及文件名

9．以下不属于电子邮件服务使用的协议的是________。

A．IMAP　　B．SMTP　　C．POP3　　D．SIP

10．以下关于 FTP 说法错误的是________。

A．FTP 服务中文名叫做文件传输服务

B．FTP 服务采用客户端/服务器工作模式

C．FTP 上的资源不可以通过普通的浏览器访问

D．当需要从 FTP 服务器上获取资源的时候，可能需要提供用户名和密码

11．DNS 完成________的映射变换。

A．域名地址与 IP 地址之间　　B．物理地址到 IP 地址

C．IP 地址到物理地址　　D．主机地址到网卡地址

12．关于 WWW 服务，下列哪种说法是错误的？________

A．WWW 服务采用的主要传输协议是 HTTP

B．WWW 服务以超文本方式组织网络多媒体信息

C．用户访问 Web 服务器可以使用统一的图形用户界面

D．用户访问 Web 服务器不需要知道服务器的 URL 地址

13．假设一个主机的 IP 地址为 192.168.5.121，而子网掩码为 255.255.255.248，那么该主机的网络号部分（包括子网号部分）为________。

A．192.168.5.12　　B．192.168.5.121

C．192.168.5.120　　D．192.168.5.32

14．发送或接收电子邮件的首要条件是应该有一个电子邮件地址，它的正确形式是_____。

A．用户名@域名　　B．用户名#域名

C．用户名/域名　　D．用户名.域名

三、简答题

1．简述 Internet 在中国发展的三个阶段。

2．简述域名查询的主要步骤。

3．简述 IPv6 的主要特点及其优势。

4．简述任意一种 Internet 中的一种服务和应用及其特点。

5．已知网络中的一台主机 IP 地址和子网掩码为 172.31.128.255/18，试计算：

（1）该网络中子网数目；

（2）该网络中总的主机的数目；

（3）该主机所在子网的网络号以及广播地址；

（4）该子网中可分配 IP 的起止范围。

第9章 网 络 安 全

本章学习目标：

◆ 掌握网络安全的相关概念；
◆ 了解威胁网络安全的主要因素；
◆ 掌握加密技术的基本原理；
◆ 了解黑客攻击的步骤及防御方法；
◆ 掌握网络防病毒的基本方法；
◆ 了解防火墙的概念、类型和作用。

9.1 计算机网络安全概述

21 世纪是互联网时代，网络安全的内涵发生了根本性的变化。网络安全在信息领域中的地位从一般性的防卫手段变成了非常重要的安全防御措施；网络安全技术从之前只有少部分人研究的专门领域变成了生活中无处不在的普遍应用。当人类步入 21 世纪这一信息社会的时候，网络安全问题成为互联网的焦点，我们每个人都时刻关注着与自身密不可分的网络系统的安全。从应用和管理的角度建立起一套完整的网络安全体系无论对于单位还是个人都显得尤为重要，提高网络安全意识、掌握网络安全管理工具的使用逐步提到日程上来。

9.1.1 网络安全的概念

网络安全是指保护网络系统的软件、硬件及信息资源，使之免受偶然或恶意的破坏、篡改和泄露，保证网络的正常运行，以及网络服务不中断。网络安全从其本质上来讲就是网络上的信息安全。网络安全是一门涉及计算机科学、网络技术、通信技术、密码技术、信息安全技术、应用数学、数论、信息论等多种学科的综合性学科。

网络安全应具备五个特征。

（1）保密性：信息不泄露给非授权用户、实体或过程，或供其利用的特性。

（2）完整性：数据未经授权不能进行改变的特性，即信息在存储或传输过程中保持不被修改、不被破坏和丢失的特性。

（3）可用性：可以被授权实体访问并按需求使用的特性，即当需要时能否存取所需的信息。

（4）可控性：对信息的传播及内容具有控制能力。

（5）可审查性：对出现的安全问题提供调查的依据和手段。

9.1.2 威胁网络安全的因素

网络安全威胁是指对网络信息的一种潜在的侵害，威胁的实施称为攻击。计算机网络安全面临的威胁主要表现为以下几类：

（1）非授权访问：没有预先经过同意，就使用网络或计算机资源，如有意避开系统访问控制机制，对网络设备及资源进行非正常的使用，或擅自扩大权限，越权访问信息。如假冒、身份攻击、非法用户进入网络系统进行违法操作等都属于非授权访问。

（2）泄露信息：指敏感数据在有意或无意中被泄露或丢失，它包括信息在传输中丢失或泄露，信息在存储介质中丢失或泄露，如黑客通过各种手段截获用户的口令、账号等。

（3）破坏信息：以非法手段窃得对数据的使用权，删除、修改、插入、或重发某些重要信息，以取得有益于攻击者的响应；恶意添加，修改数据，以干扰用户的正常使用。

（4）拒绝服务：通过不断对网络服务系统进行干扰，影响正常用户的使用，甚至使合法用户被排斥而不能进入计算机网络系统或不能得到相应的服务。典型的拒绝服务有资源耗尽和资源过载。最早的拒绝服务攻击是“电子邮件炸弹”，它能使用户在短时间内收到大量电子邮件，使用户系统不能处理正常业务，严重时会使系统崩溃、网络瘫痪。

（5）网络病毒：通过网络传播计算机病毒，破坏性巨大，而且很难防范。

上述威胁有内部威胁也有外部威胁。内部威胁就如系统的合法用户以非授权方式访问系统，多数已知的计算机犯罪都和系统安全遭受损坏的内部攻击有密切的关系。外部威胁的实施也称远程攻击。外部攻击可以使用的办法有搭线（主动的和被动的）、截取辐射、冒充为系统的授权用户或冒充为系统的组成部分、为鉴别或访问控制机制设置旁路等。

9.1.3　网络安全机制

为了实现网络的安全，我们可以采用下面一些安全机制。

1. 交换鉴别机制

交换鉴别是以交换信息的方式来确认实体身份的机制。用于交换鉴别的技术有：口令（由发方实体提供，收方实体检测）、密码技术（将交换的数据加密，只有合法用户才能解密，得出有意义的明文）。在许多情况下，交换鉴别机制与其他技术一起使用，如时间标记和同步时钟，双方或三方“握手”，数字签名和公证机构。将来可能利用用户的实体特征或所有权——指纹识别和身份卡等进行交换鉴别。

2. 访问控制机制

访问控制是按事先确定的规则决定主体对客体的访问是否合法。如一个主体试图非法使用一个未经授权使用的客体时，该机制将拒绝这一企图，并附带向审计跟踪系统报告这一事件。审计跟踪系统将产生报警信号或形成部分追踪审计信息。

3. 加密机制

加密是提供数据保密的最常用方法。用加密的方法与其他技术相结合，可以提供数据的保密性和完整性。除了会话层不提供加密保护外，加密可在其他各层上进行。与加密机制伴随而来的是密钥管理机制。

4. 业务流量填充机制

这种机制主要是对抗非法者在线路上监听数据并对其进行流量和流向分析。一般方法是在保密装置无信息传输时，连续发出随机序列，使得非法者不知哪些是有用信息、哪些是无用信息。

5. 数据完整性机制

保证数据完整性的一般方法是：发送实体在一个数据单元上加一个标记，这个标记是数据本身的函数，它本身是经过加密的。接收实体有一个对应的标记，并将所产生的标记与接收的标记相比较，以确定在传输进程中数据是否被修改过。

6. 数字签名机制

数字签名是解决网络通信中特有的安全问题的有效方法。特别是针对当通信双方发生争执时可能产生的下面的安全问题：

否认——发送者事后不承认自己发送过接收者提交的文件。

伪造——接收者伪造一份文件，声称它来自发送者。

冒充——在网上的某个人冒充某一个用户身份接收或发送信息。

篡改——接收者对收到的信息进行部分篡改，破坏原意。

7. 路由控制机制

在一个大型网络中，自源结点到目的结点可能有多条线路，路由控制机制可使信息发送者选择安全的路由，以保证数据安全。

8. 公证机制

在一个大型网络中，使用这个网络的所有用户并不都是诚实可信的，同时也可能由于系统故障等原因使传输中的信息丢失、迟到等，这很可能引起谁承担责任的问题。解决这个问题，就需要有一个各方都信任的实体——公证机构，提供公证服务、仲裁出现的问题。一旦引入公证机制，通信双方进行数据通信时必须经过这个机构来转换，以确保公证机构能得到必要的信息，供以后仲裁。

9.2 数据加密技术

9.2.1 相关术语

明文（Plaintext）：能够被人们直接阅读的、需要被隐蔽的文字。

密文（Cipertext）：不能够被人们直接阅读的。

加密（Encryption）：用某种方法将文字转换成不能直接阅读的形式的过程。加密一般分为 3 类，对称加密，非对称加密以及单向散列函数。

解密（Decryption）：把密文转变为明文的过程。明文用 M 表示，密文用 C 表示，加密函数 E 作用于 M 得到密文 C，用数学表示如下：

$$E(M)=C$$

相反，解密函数 D 作用于 C 产生 M：

$$D(C)=M$$

密钥：是用来对数据进行编码和解码的一串字符。

加密算法：在加密密钥的控制下对明文进行加密的一组数学变换。

解密算法：在解密密钥的控制下对密文进行解密的一组数学变换。

现代加密算法的安全性基于密钥的安全性，算法是公开的，可以被所有人分析，只要保证密钥不被人知道，就可保证信息的安全。

9.2.2　加密技术的基本概念

加密技术又称为数据加密技术。加密就是把用户原始的数据（称为明文）采用数学方法进行函数转换，使之成为不可直接识别的数据（称为密文）。把密文转换成为明文叫做解密，如图 9-1 所示。加密和解密通常都是通过某种算法实现的，称为加/解密算法。加密和解密算法中所使用的关键数据叫做密钥。得知密文而不知道密钥，通过计算或猜测得到密钥进而解密的过程称为“破译”。

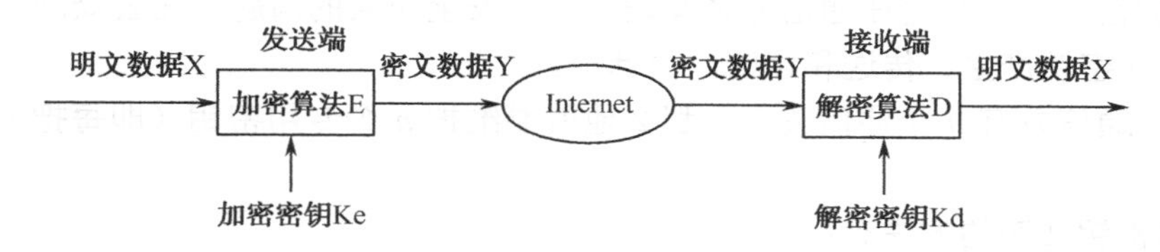

图 9-1　信息加密传递过程

加密的目的是使第三方不能了解对话双方所传输的内容。对于传输内容加密所得的结果有两种，一种叫做密文，另外一种叫做密语。密语也叫做暗语，它是一种经双方事先约定的、和原有意思毫不相干的词或者是短语。使用密语的目的是使得局外人极难了解信息传递者所表达的内容。

加密算法的好坏可以用三个指标来衡量。一个是加密（解密）时间代价，第二个是破译时间代价，第三个是破译代价与密文中的信息代价之比。第一个越小越好，第二个越大越好，第三个要求大于 1 且越大越好。正是由于某些情况下信息具有不可估量的价值，大的可以影响国家的形势，小的可以决定企业的命运，所以绝不可以掉以轻心。在信息的传输过程中一定要注意加密问题！

加密技术包括两个元素：算法和密钥。算法是一些公式、法则或程序，它规定明文和密文之间的变换方法；密钥可以看成算法中的参数。数据加密的技术分为两类，即对称加密（私人密钥加密）和非对称加密（公开密钥加密）。对称加密的加密密钥和解密密钥相同，而非对称加密的加密密钥和解密密钥不同；加密密钥可以公开，而解密密钥需要保密。

9.2.3　对称加密技术

对称密钥加密又称常规密钥加密、传统密钥加密、私钥加密、专用密钥加密，即信息的发送方和接收方用同一个密钥去加密和解密数据。对称密钥加密及解密过程如图 9-2 所示。

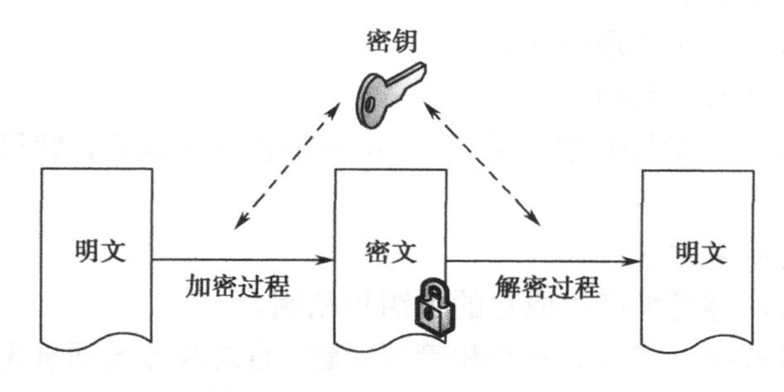

图 9-2　对称密钥加密及解密

使用对称密钥加密技术进行通信，通信者都必须完全信任且彼此了解，而每一位参与者都保有一把密钥复本。使用对称加密方法简化了加密的处理，每个通信方都不必彼此研究和交换专用的加密算法，而是采用相同的加密算法并只交换共享的专用密钥。传送者和接收者在交换信息之前，必须分享相同的密钥。而在协调产生密钥的过程中，任何有关密钥产生的信息都必须保证不会被窃听（透过安全通道来分配）。一旦密钥被第三者取得或算出，则信息的机密不保。

优点：加/解密速度快，适合对大量数据进行加密。

缺点：

① 对称加密技术存在着在通信方之间确保密钥安全交换的问题。在公众网络上通信方之间的密钥分配（密钥产生、传送和存储）很麻烦。

② 当某一通信方有 n 个通信关系，那么他就要维护 n 个专用密钥（即每把密钥对应一个通信方）。

常用对称密钥加密的方法有：

（1）数据加密标准 DES。

最常使用的对称密钥加密法是数据加密标准（Data Encryption Standard，DES）。DES 算法是 IBM 公司于 1972 年研制成功的，后被美国国家标准局和国家安全局选为数据加密标准，并于 1977 年颁布使用，ISO 也已将 DES 作为数据加密标准。

DES 是一种分组加密算法。它把一长串的数字信号，每 64 位分为一组，采用古老的替换和移位的方法，并且反复地迭代使用这些方法，而且不仅对数据，甚至对密钥也使用了这些方法。DES 的每一次迭代称为 1 轮，一共要做 16 轮。使用的密钥为 64 位，实际密钥长度为 56 位（有 8 位用于奇偶校验）。解密时的过程和加密时相似，但密钥的顺序正好相反。

DES 算法曾经过广泛的分析和测试，被认为是一种非常安全的系统。其保密性仅取决于对密钥的保密，而算法是公开的。

（2）RC5。

RC5 是 RSA Security 公司拥有专利的加密方法，也是一种分组加密算法。

9.2.4　非对称加密技术

非对称密钥加密又称公开密钥加密（Public Key Encryption），由美国斯坦福大学赫尔曼教授于 1977 年提出。它最主要的特点就是加密和解密使用不同的密钥，每个用户保存着一对密钥：公钥和私钥，公钥对外公开，私钥由个人秘密保存；用其中一把密钥来加密，就只能用另一把密钥来解密。非对称密钥加密及解密过程如图 9-3 所示。

公开密钥算法的特点如下：

（1）加密算法和解密算法都是公开的；

（2）不能根据公钥计算出私钥；

（3）公钥和私钥均可以作为加密密钥，用其中一把密钥来加密，就只能用另一把密钥来解密，具有对应关系；

（4）加密密钥不能用来解密；

（5）在计算机上可以容易地产生成对的公钥和私钥。

公开密钥加密技术解决了密钥的发布和管理问题，通信双方无须事先交换密钥就可以建立安全通信，广泛应用于身份认证、数字签名等信息交换领域。例如，商户可以公开其公钥，而保留其私钥；客户可以用商户的公钥对发送的信息进行加密，安全地传送到商户，然后由商户用自己的私钥进行解密，从而保证了客户的信息机密性。因此，公开密钥体制的建设是开展电子商务的前提。

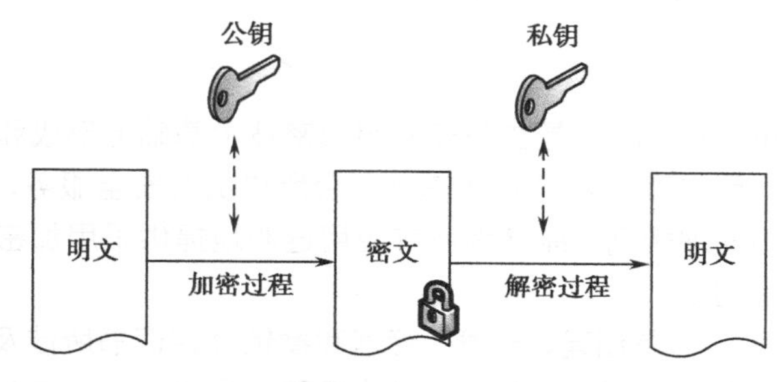

图 9-3　非对称密钥加密及解密

公开密钥加密法虽然没有密钥分配的问题，但是加、解密计算较费时间，比较适合用来加密摘要数据，或者采用混合加密法（即采用公开密钥加密法来分配对称密钥加密法的密钥）来提升加、解密的速度。另外，放于网络上的公钥有被非法更改的可能。因此，在电子商务的应用中，必须有数字证书及可靠第三者的配合来提高安全性及可靠性。

非对称加密体系一般建立在某些已知的数学难题之上，是计算机复杂性理论发展的必然结果。最具有代表性的是 RSA 公钥密码体制。

RSA 算法是 Rivest、Shamir 和 Adleman 于 1977 年提出的第一个完善的公钥密码体制，其安全性是基于分解大整数的困难性。在 RSA 体制中使用了这样一个基本事实：到目前为止，无法找到一个有效的算法来分解两大素数之积。

我们常说数字证书采用 512 位、1024 位等，指的就是公钥的长度。位数越大，计算量越大，解密也更困难。按现在的计算机硬件水平，解密 512 位 RSA 公钥，最快的计算机可能需要 48 小时，而解密 1024 位 RSA 公钥需要 48×2512 小时，这已是一个天文数字。因此，只要计算机的性能没有质的飞跃，在目前和将来它都是足够安全的。

9.2.5　数字签名

数字签名技术是实现交易安全的核心技术之一，它的实现基础就是加密技术。数字签名能够实现电子文档的辨认和验证。数字签名是传统文件手写签名的模拟，能够实现用户对电子形式存放消息的认证。

基本原理：使用一对不可互相推导的密钥，一个用于签名（加密），一个用于验证（解密），签名者用加密密钥（保密）签名（加密）文件，验证者用（公开的）解密密钥解密文件，确定文件的真伪。数字签名与加、解密过程相反。散列函数是数字签名的一个重要辅助工具。

基本要求：

（1）可验证。签名是可以被确认的，对于签名的文件，一旦发生纠纷，任何第三方都可以准确、有效地进行验证。

（2）防抵赖。这是对签名者的约束，签名者的认同、证明标记是不可否认的，发送者事后不能不承认发送文件并签名。

（3）防假冒。攻击者冒充发送者向收方发送文件。

（4）防篡改。文件签名后是不可改变的，这保证了签名的真实性、可靠性。

（5）防伪造。签名是签名者对文件内容合法性的认同、证明、和标记，其他人签名无效。

（6）防重复。签名需要时间标记，这样可以保证签名不可重复使用。

9.2.6　PKI 技术

PKI（Public Key Infrastructure）是在公开密钥加密技术基础上形成和发展起来的提供安全服务的通用性基础平台，用户可以利用 PKI 基础平台所提供的安全服务，在网上实现安全的通信。PKI 采用标准的密钥管理规则，能够为所有应用透明地提供采用加密和数字签名等密码服务所需要的密钥和证书管理。

也有人将 PKI 定义为：它是创建、颁发、管理和撤销公钥证书所涉及的所有软件、硬件系统，以及所涉及的整个过程安全策略规范、法律法规和人员的集合。其中证书是 PKI 的核心元素，CA 是 PKI 的核心执行者。

使用基于 PKI 基础平台的用户建立安全通信相互信任的基础是：

（1）网上进行的任何需要提供安全服务的通信都是建立在公钥基础之上的，公钥是可以对外公开的。

（2）与公钥成对的私钥（私有密钥）只能掌握在它们与之通信的另一方，私钥必须自己严密保管，不得泄露。

（3）这个信任的基础是通过公钥证书的使用来实现的。公钥证书就是一个用户在网上的身份证明，是用户身份与他所持有公钥的绑定结合，在这种绑定之前，由一个可信任的认证机构 CA 来审查和证实用户的身份，然后认证机构 CA 将用户身份及其公钥结合起来，形成数字证书，并进行数字签名，实现证书和身份唯一对应，以证明该证书的有效性，同时证明了网上身份的真实性。

9.2.7　加密技术的应用

加密技术的应用是多方面的，但最为广泛的还是在电子商务和 VPN 上的应用。

1．在电子商务方面的应用

电子商务（E-business）要求顾客可以在网上进行各种商务活动，不必担心自己的信用卡会被人盗用。在过去，用户为了防止信用卡的号码被窃取，一般是通过电话订货，然后使用用户的信用卡进行付款。现在人们开始用 RSA 的加密技术，提高信用卡交易的安全性，从而使电子商务走向实用成为可能。

许多人都知道 NETSCAPE 公司是 Internet 商业中领先技术的提供者，该公司提供了一种基于 RSA 和保密密钥的应用于因特网的技术，被称为安全插座层（Secure Sockets Layer，SSL）。

也许很多人知道 Socket，它是一个编程界面，并不提供任何安全措施，而 SSL 不但提供编程界面，而且向上提供一种安全的服务。SSL3.0 现在已经应用到了服务器和浏览器上，SSL2.0 则只能应用于服务器端。

SSL3.0 用一种电子证书（electric certificate）来实行身份验证后，双方就可以用保密密钥进行安全的会话了。它同时使用“对称”和“非对称”加密方法，在客户与电子商务的服务器进行沟通的过程中，客户会产生一个 Session Key，然后客户用服务器端的公钥将 Session Key 进行加密，再传给服务器端，在双方都知道 Session Key 后，传输的数据都是以 Session Key 进行加密与解密的，但服务器端发给用户的公钥必需先向有关发证机关申请，以得到公证。

基于 SSL3.0 提供的安全保障，用户就可以自由订购商品并且给出信用卡号了，也可以在网上和合作伙伴交流商业信息并且让供应商把订单和收货单从网上发过来，这样可以节省大量的纸张，为公司节省大量的电话、传真费用。在过去，电子信息交换（Electric Data Interchange，EDI）、信息交易（information transaction）和金融交易（financial transaction）都是在专用网络上完成的，使用专用网的费用大大高于互联网。正是这样巨大的诱惑，才使人们开始发展因特网上的电子商务，但不要忘记数据加密。

2. 加密技术在 VPN 中的应用

现在，越多越多的公司走向国际化，一个公司可能在多个国家都有办事机构或销售中心，每一个机构都有自己的局域网 LAN（Local Area Network）。但在当今的网络社会人们的要求不仅如此，用户希望将这些 LAN 连接在一起组成一个公司的广域网，这个在现在已不是什么难事了。

事实上，很多公司都已经这样做了，但他们一般通过租用专用线路来连接这些局域网，他们考虑的就是网络的安全问题。现在具有加密/解密功能的路由器已到处都是，这就使人们通过互联网连接这些局域网成为可能，这就是我们通常所说的虚拟专用网（Virtual Private Network，VPN）。当数据离开发送者所在的局域网时，该数据首先被用户端连接到互联网上的路由器进行硬件加密，数据在互联网上是以加密的形式传送的，当到达目的 LAN 的路由器时，该路由器就会对数据进行解密，这样目的 LAN 中的用户就可以看到真正的信息了。

9.3　防火墙技术

随着 Internet 在全世界的迅速发展和普及，Internet 中出现的信息泄密、数据篡改及服务拒绝等网络安全问题也变得越来越严重。为解决这些问题出现了很多网络安全技术和方法，防火墙技术是其中最为成功的一种。

防火墙（FireWall）是一种重要的网络防护设备，是一种保护计算机网络、防御网络入侵的有效机制。

9.3.1　防火墙的概念

本意上的防火墙是挡在建筑物中用于防止火灾从大厦的一部分传播到另一部分所设置的隔离带。也就是说，防火墙的原意是指容易发生火灾的区域与拟保护的区域之间设置的一堵墙，将火灾隔离在保护区之外，保护拟保护区的安全。在网络中，防火墙是指一种将内部网和公众访问网（如 Internet）分开的方法，它实际上是一种隔离技术。如图 9-4 所示，所谓防火墙指的是一个由软件和硬件设备组合而成，在内部网和外部网之间、专用网与公共网之间的界面上构造的保护屏障。这道屏障的作用是阻断来自外部网络对本网络的威胁和入侵，提供保证本网络的安全和审计的唯一关卡。

防火墙是控制从网络外部访问本网络的设备，通常位于内网与 Internet 的连接处（网络边界），充当访问网络的唯一入口（出口），用来加强网络之间的访问控制，防止外部网络用户以非法手段通过外部网络进入内部网络，访问内部网络资源，从而保护内部网络设备。防火墙根据过滤规则来判断是否允许某个访问请求。

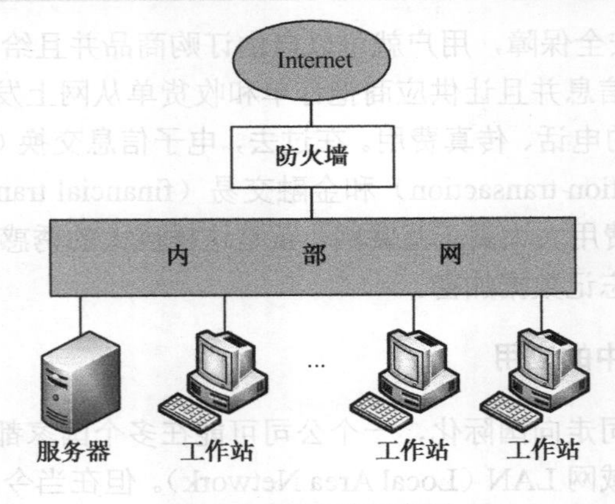

图 9-4 防火墙示意图

9.3.2 防火墙的基本类型

根据防火墙的外在形式可以分为：软件防火墙、硬件防火墙、主机防火墙、网络防火墙、Windows 防火墙、Linux 防火墙等。

根据防火墙所采用的技术可以分为：包过滤型、NAT、代理型和监测型防火墙等。

1. 包过滤型

包过滤防火墙的原理：监视并且过滤网络上流入/流出的 IP 数据包，拒绝发送可疑的数据包。包过滤防火墙设置在网络层，可以在路由器上实现包过滤。首先应建立一定数量的信息过滤表。数据包中都会包含一些特定信息，如源 IP 地址、目的 IP 地址、传输协议类型（TCP、UDP、ICMP 等）、源端口号、目的端口号、连接请求方向等。当一个数据包满足过滤表中的规则时，则允许数据包通过，否则便会将其丢弃。

先进的包过滤型防火墙可以判断这一点，它可以提供内部信息以说明所通过的连接状态和一些数据流的内容，把判断的信息同规则表进行比较，在规则表中定义了各种规则来表明是否同意或拒绝包的通过。包过滤防火墙检查每一条规则直至发现包中的信息与某规则相符。如果没有一条规则能符合，防火墙就会使用默认规则，一般情况下，默认规则就是要求防火墙丢弃该包。其次，通过定义基于 TCP 或 UDP 数据包的端口号，防火墙能够判断是否允许建立特定的连接，如 Telnet、FTP 连接。

包过滤技术的优缺点如下：

（1）优点。简单实用，实现成本较低，在应用环境比较简单的情况下，能够以较小的代价在一定程度上保证系统的安全。

（2）缺点。包过滤技术是一种完全基于网络层的安全技术，无法识别基于应用层的恶意侵入，如图 9-5 所示。

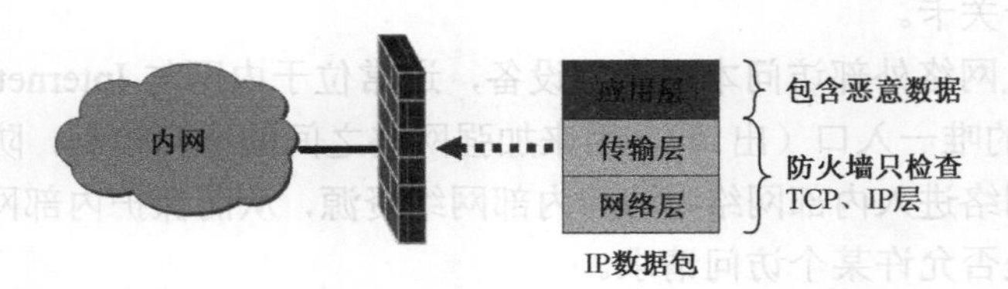

图 9-5 包过滤技术

2. NAT（网络地址转换）

NAT 是一种用于把私有 IP 地址转换成公有 IP 地址的技术。它允许具有私有 IP 地址的内部网络访问互联网。

当受保护网连到 Internet 上时，受保护网用户若要访问 Internet，必须使用一个合法的 IP 地址。但由于合法 Internet IP 地址有限，而且受保护网络往往有自己的一套 IP 地址规划（非正式 IP 地址）。网络地址转换器就是在防火墙上装一个合法 IP 地址集。当内部某一用户要访问 Internet 时，防火墙动态地从地址集中选一个未分配的地址分配给该用户，该用户即可使用这个合法地址进行通信。同时，对于内部的某些服务器如 Web 服务器，网络地址转换器允许为其分配一个固定的合法地址。外部网络的用户就可通过防火墙来访问内部的服务器。这种技术既缓解了少量的 IP 地址和大量的主机之间的矛盾，又对外隐藏了内部主机的 IP 地址，提高了安全性。

3. 代理型

代理型防火墙由代理服务器和过滤路由器组成。代理服务器位于客户机与服务器之间。从客户机来看，代理服务器相当于一台真正的服务器；而从服务器来看，代理服务器又是一台真正的客户机。当客户机访问服务器时，首先将请求发给代理服务器，代理服务器再根据请求向服务器读取数据，然后再将读来的数据传给客户机。由于代理服务器将内网与外网隔开，从外面只能看到代理服务器，因此外部的恶意入侵很难伤害到内网系统。

代理型防火墙的优缺点如下：

（1）优点。安全性较高，可以针对应用层进行侦测和扫描，对付基于应用层的侵入和病毒都十分有效，如图 9-6 所示。

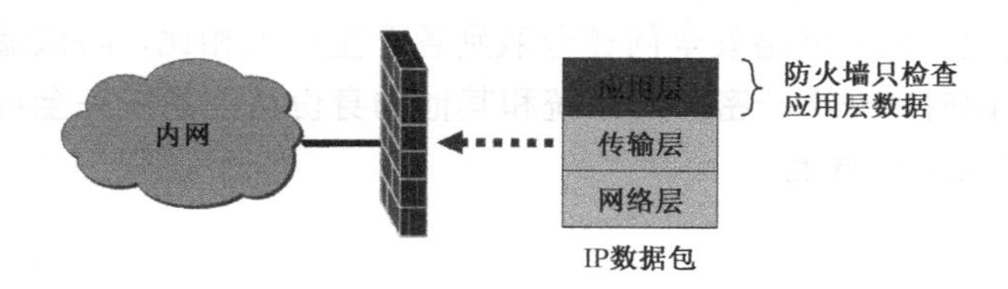

图 9-6　代理型防火墙

（2）缺点。对系统的整体性能有较大的影响，而且代理服务器必须针对客户机可能产生的所有应用类型逐一进行设置，大大增加了系统管理的复杂性。

4. 监测型

监测型防火墙是第三代网络安全技术。监测型防火墙能够对各层的数据进行主动的、实时的监测，如图 9-7 所示，在对这些数据加以分析的基础上，监测型防火墙能够有效地判断出各层中的非法入侵。虽然监测型防火墙在安全性上已超越了包过滤型和代理服务器型防火墙，但由于监测型防火墙技术的实现成本较高，也不易管理，所以目前在实用中的防火墙产品仍然以第二代代理型产品为主，但在某些方面也已经开始使用监测型防火墙。

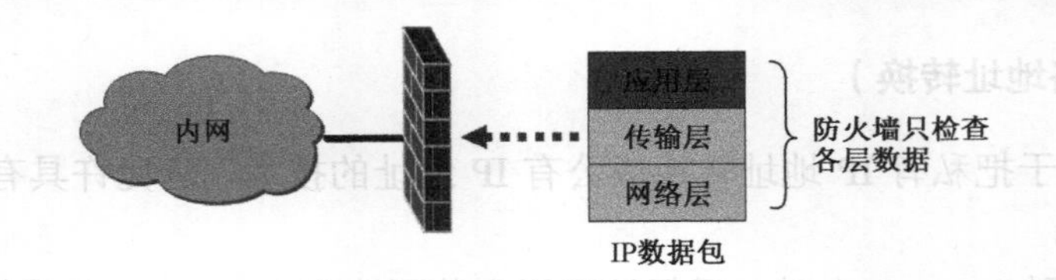

图 9-7　监测型防火墙

9.3.3　防火墙的作用

防火墙对流经它的网络通信进行扫描，这样能够过滤掉一些攻击，以免其在目标计算机上被执行。防火墙还可以关闭不使用的端口。而且它还能禁止特定端口的流出通信，封锁特洛伊木马。最后，它可以禁止来自特殊站点的访问，从而防止来自不明入侵者的所有通信。

1. 网络安全的屏障

一个防火墙（作为阻塞点、控制点）能极大地提高一个内部网络的安全性，并通过过滤不安全的服务而降低风险。由于只有经过精心选择的应用协议才能通过防火墙，所以网络环境变得更安全。如防火墙可以禁止诸如众所周知的不安全的 NFS 协议进出受保护网络，这样外部的攻击者就不可能利用这些脆弱的协议来攻击内部网络。防火墙同时可以保护网络免受基于路由的攻击，如 IP 选项中的源路由攻击和 ICMP 重定向中的重定向路径。防火墙应该可以拒绝所有以上类型攻击的报文并通知防火墙管理员。

2. 强化网络安全策略

通过以防火墙为中心的安全方案配置，能将所有安全软件（如口令、加密、身份认证、审计等）配置在防火墙上。与将网络安全问题分散到各个主机上相比，防火墙的集中安全管理更经济。例如在网络访问时，一次一密口令系统和其他的身份认证系统完全可以不必分散在各个主机上，而集中在防火墙一身上。

3. 监控审计

如果所有的访问都经过防火墙，那么防火墙就能记录下这些访问并做出日志记录，同时也能提供网络使用情况的统计数据。当发生可疑动作时，防火墙能进行适当的报警，并提供网络是否受到监测和攻击的详细信息。另外，收集一个网络的使用和误用情况也是非常重要的。首先的理由是可以清楚防火墙是否能够抵挡攻击者的探测和攻击，并且清楚防火墙的控制是否充足。而网络使用统计对网络需求分析和威胁分析等而言也是非常重要的。

4. 防止内部信息的外泄

通过利用防火墙对内部网络的划分，可实现内部网重点网段的隔离，从而限制了局部重点或敏感网络安全问题对全局网络造成的影响。再者，隐私是内部网络非常关心的问题，一个内部网络中不引人注意的细节可能包含了有关安全的线索而引起外部攻击者的兴趣，甚至因此而暴露了内部网络的某些安全漏洞。使用防火墙就可以隐蔽那些透露内部细节如 Finger、DNS 等服务。Finger 显示了主机的所有用户的注册名、真名、最后登录时间和使用 shell 类型等。但是 Finger 显示的信息非常容易被攻击者所获悉。攻击者可以知道一个系统使用的频繁程度，这个系统是否有用户正在连线上网，这个系统是否在被攻击时引起注意等。防火墙可以同样阻塞有关内部网络中的 DNS 信息，这样一台主机的域名和 IP 地址就不会被外界所了解。除了安全作用，防火墙还支持具有 Internet 服务特性的企业内部网络技术体系 VPN（虚拟专用网）。

9.3.4　防火墙的局限性

防火墙并不是万能的，也就是说，有了防火墙就高枕无忧是绝对错误的。防火墙不能够解决所有的网络安全问题，它只是网络安全策略中的一个组成部分，防火墙有它自身的局限性及本身的一些缺点。

（1）防火墙主要是保护网络系统的可用性，不能保护数据的安全，缺乏一整套身份认证和授权管理系统。

防火墙对用户的安全控制主要是识别和控制 IP 地址，不能识别用户的身份，并且它只能保护网络的服务，却不能控制数据的存取。

（2）防火墙不能防范不经过它本身的攻击。

防火墙最主要的特点是防外不防内。也就是说，它无法防范来自防火墙以外的通过其他途径刻意进行的人为攻击，对于内部用户的攻击或者用户的操作以及病毒的破坏都会使防火墙的安全防范功亏一篑。据统计，网络上有 70%以上的安全攻击来自网络的内部，所以防火墙很难解决内部网络人员的安全问题。

（3）防火墙只是实现粗粒度的访问控制，不能防备全部的威胁。

防火墙只是实现粗粒度、泛泛的访问控制，不能与内部网络的其他访问控制集成使用。因此我们必须为内部的数据库单独地提供身份验证和访问控制管理，并且防火墙只能防范已知的威胁，它不能自动地防御所有的新的威胁。

（4）防火墙难于管理和配置.

防火墙的管理和配置是相当复杂的，要想很好地根据自己的网络安全实际情况进行配置，就要求网络管理员必须对网络安全有相当深入的了解及精湛的网络技术。如果对防火墙配置不当或者配置错误，就会对网络安全造成更加严重的漏洞，给攻击者带来可乘之机。

9.4　网　络　黑　客

9.4.1　关于黑客

随着互联网的迅速发展，黑客也就随之诞生，黑客成就了互联网，同时也成就了自由软件，黑客成为计算机和互联网发展过程中一个重要的角色。

黑客（Hacker）是一个喜欢用智力通过创造性方法来挑战脑力极限的人，特别是他们所感兴趣的领域，例如电脑编程或电器工程。黑客最早源自英文 Hacker，早期在美国的电脑界是带有褒义的，原指热心于计算机技术，水平高超的电脑专家，尤其是程序设计人员。但到了今天，黑客一词已被用于泛指那些专门利用电脑网络搞破坏或恶作剧的人。对这些人的正确英文叫法是 Cracker，有人翻译成“骇客”。

黑客和骇客根本的区别是：黑客们建设，而骇客们破坏。也有人称黑客为 Hacker。

9.4.2　黑客攻击的动机与步骤

1. 黑客攻击的动机

黑客的类型不同，所以他们的动机也不尽相同，有的黑客纯粹是恶作剧，有的黑客是为了窃取、修改或者删除系统中的相关信息，有的黑客是为了显示自己的网络技术，有的黑客是为了商业利益，而有的黑客是出于政治目的等。

2. 黑客攻击的步骤

黑客入侵一个系统的最终目标一般是获得目标系统的超级用户（管理员）权限，对目标系统进行绝对控制，窃取其中的机密文件等重要信息。黑客入侵的步骤如图 9-8 所示，一般可以分为 3 个阶段：确定目标与收集相关信息、获得对系统的访问权力、隐藏踪迹。

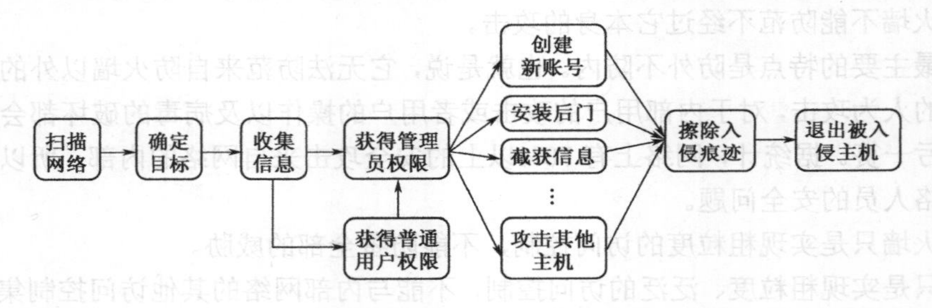

图 9-8　黑客入侵的步骤

（1）确定目标与收集相关信息。

黑客对一个大范围的网络进行扫描以确定潜在的入侵目标，锁定了目标后，还要检查要被入侵目标的开放端口，并且进行服务分析，获取目标系统提供的服务和服务进程的类型和版本、目标系统的操作系统类型和版本等信息，看是否存在能够被利用的服务，以寻找该主机上的安全漏洞或安全弱点。

（2）获得对系统的访问权力。

当黑客探测到了足够的系统信息，对系统的安全弱点有了了解后就会发动攻击，不过黑客会根据不同的网络结构、不同的系统情况而采用不同的攻击手段。

黑客利用找到的这些安全漏洞或安全弱点，试图获取未授权的访问权限，比如利用缓冲区溢出或蛮力攻击破解口令，然后登录系统。再利用目标系统的操作系统或应用程序的漏洞，试图提升在该系统上的权限，获得管理员权限。

黑客获得控制权之后，不会马上进行破坏活动，不会立即删除数据、涂改网页等。一般入侵成功后，黑客为了能长时间保留和巩固他对系统的控制权，为了确保以后能够重新进入系统，黑客会更改某些系统设置、在系统中置入特洛伊木马或其他一些远程控制程序。

黑客下一步可能会窃取主机上的软件资料、客户名单、财务报表、信用卡号等各种敏感信息，也可能什么都不做，只是把该系统作为他存放黑客程序或资料的仓库。黑客也可能会利用这台已经攻陷的主机去继续下一步的攻击，比如继续入侵内部网络，或者将这台主机作为 DDoS 攻击的一员。

（3）隐藏踪迹。

一般入侵成功后，黑客为了不被管理员发现，会清除日志、删除复制的文件，隐藏自己的踪迹。日志往往会记录一些黑客攻击的蛛丝马迹，黑客会删除或修改系统和应用程序日志中的数据，或者用假日志覆盖它。

9.4.3 黑客工具

1. 扫描器

在 Internet 安全领域，扫描器是最出名的破解工具。所谓扫描器，实际上是自动检测远程或本地主机安全性弱点的程序。扫描器选通 TCP/IP 端口和服务，并记录目标机的回答，以此获得关于目标机的信息。理解和分析这些信息，就可能发现破坏目标机安全性的关键因素。常用的扫描器有很多，如 NSS（网络安全扫描器）、Strobe（超级优化 TCP 端口检测程序）、SATAN（安全管理员的网络分析工具）、Jakal、IdengTCPScan、CONNECT、FSPScan、XSCAN、SAFESuite 等。扫描器还在不断发展变化，每当发现新的漏洞，检查该漏洞的功能就会被加入已有的扫描器中。扫描器不仅是黑客用作网络攻击的工具，也是维护网络安全的重要工具。系统管理人员必须学会使用扫描器。

2. 口令入侵

所谓口令入侵，是指破解口令或屏蔽口令保护。但实际上，真正的加密口令是很难逆向破解的。黑客们常用的口令入侵工具所采用的技术是仿真对比，利用与原口令程序相同的方法，通过对比分析，用不同的加密口令去匹配原口令。

黑客们破解口令的过程大致如下：首先将大量字表中的单词用一定规则进行变换，再用加密算法进行加密。看是否与 etc/password 文件中加密口令相匹配者：若有，则口令很可能被破解。单词变换的规则一般有：大小写交替使用；把单词正向、反向拼写后，接在一起（如 cannac）；在每个单词的开头和/或结尾加上数字 1 等等。同时，在 Internet 上有许多字表可用。如果用户选择口令不恰当，口令落入了字表库，黑客们获得了 etc/password 文件，基本上就等于完成了口令破解任务。

3. 特洛依木马

所谓特洛依程序是指任何提供了隐藏的、用户不希望的功能的程序。它可以以任何形式出现，可能是任何由用户或客户引入到系统中的程序。特洛依程序提供或隐藏了一些功能，这些功能可以泄漏一些系统的私有信息，或者控制该系统。

特洛依程序表面上是无害的、有用的程序，但实际上潜伏着很大的危险性。如在 Wuarchive FTP daemon（ftpd）2.2 版中发现有特洛依程序，该特洛依程序允许任何用户（本地的和远端的）以 Root 账户登录 UNIX。这样的特洛依程序可以导致整个系统被侵入，因为它很难被发现，在它被发现之前，可能已经存在几个星期甚至几个月了；而且在这段时间内，具备了 Root 权限的入侵者，可以将系统按照他的需要进行修改。这样即使这个特洛依程序被发现了，在系统中也留下了系统管理员可能没有注意到的漏洞。

4. 网络嗅探器

Sniffer 用来截获网络上传输的信息，用在以太网或其他共享传输介质的网络上。在以太网上放置 Sniffer，可使网络接口处于广播状态，从而截获网上传输的信息。利用 Sniffer 可截获口令、秘密的和专有的信息，用来攻击相邻的网络。Sniffer 的威胁还在于被攻击方无法发现，因为 Sniffer 是被动的程序，本身在网络上不留下任何痕迹。

5. 破坏系统

常见的破坏装置有邮件炸弹和病毒等。其中邮件炸弹的危害性较小，而病毒的危害性则很大。邮件炸弹是指不停地将无用信息传送给被攻击方，填满对方的邮件信箱，使其无法接收有用信息。另外，邮件炸弹也可以导致邮件服务器的拒绝服务。

9.4.4 防范黑客的原则

随着互联网的日益普及，网上的一些站点公然讲解一些黑客课程，开辟黑客讨论区，发布黑客攻击经验，使得黑客攻击技术日益公开化，攻击站点变得越来越容易了。加之有些管理员认为可以借助各种技术措施，如计算机反病毒程序和网络防御系统软件，阻止黑客的非法进攻，保证计算机信息安全。但是构筑信息安全的防洪堤坝依然不能放松警惕，不能对破坏计算机信息安全的事例熟视无睹，还应结合各种安全管理的手段和制度扼制黑客的攻击，防患于未然。

（1）加强监控能力。系统管理员要加强对系统的安全检测和控制能力，检测安全漏洞及配置错误，对已发现的系统漏洞，要立即采取措施进行升级、改造，做到防微杜渐。

（2）加强安全管理。在确保合法用户的合法存取的前提下，本着最小授权的原则给用户设置属性和权限，加强网络访问控制，做好用户上网访问的身份认证工作，对非法入侵者以物理隔离方式，可阻挡绝大部分黑客非法进入网络。

（3）集中控制。对网络实行集中统一管理和集中监控机制，建立和完善口令，使用和分级管理制度，重要口令由专人负责，从而防止内部人员越级访问和越权采集数据。

（4）多层次防御和部门间的物理隔离。可以在防火墙的基础上实施对不同部门之间的由多级网络设置隔离的小网络，根据信息源的性质，尽量对公众信息和保密信息实施不同的安全策略和多级别保护模式。

（5）要随时跟踪最新网络安全技术，采用国内外先进的网络安全技术、工具、手段和产品。同时，一旦防护手段失效时，要有先进的系统恢复、备份技术。总之，只要把安全管理制度与安全管理技术手段结合起来，整个网络系统的安全性才有保证，网络破坏活动才能够被阻挡于门户之外。

9.5 网络病毒

9.5.1 病毒的概念

计算机病毒（Computer Virus）在《中华人民共和国计算机信息系统安全保护条例》中被明确定义，病毒指“编制或者在计算机程序中插入的破坏计算机功能或者破坏数据，影响计算机使用并且能够自我复制的一组计算机指令或者程序代码”。而在一般教科书及通用资料中被定义为：利用计算机软件与硬件的缺陷，由被感染机内部发出的破坏计算机数据并影响计算机正常工作的一组指令集或程序代码。计算机病毒最早出现在 20 世纪 70 年代 David Gerrold 科幻小说 When H.A.R.L.I.E. was One 中。最早的科学定义出现在 1983：在 Fred Cohen（南加大）的博士论文“计算机病毒实验”中定义的“一种能把自己（或经演变）注入其他程序的计算机程序”。

计算机病毒具有以下几个特点。

1. 寄生性

计算机病毒寄生在其他程序之中，当执行这个程序时，病毒就起破坏作用，而在未启动这个程序之前，它是不易被人发觉的。

2. 传染性

传染性是计算机病毒的一个重要特点。计算机病毒可以在计算机与计算机之间、程序与程序之间、网络与网络之间相互进行传染。计算机病毒是一段人为编制的计算机程序代码，这段程序代码一旦进入计算机并得以执行，它会搜寻其他符合其传染条件的程序或存储介质，确定目标后再将自身代码插入其中，达到自我繁殖的目的。只要一台计算机染毒，如不及时处理，那么病毒会在这台机子上迅速扩散，其中的大量文件（一般是可执行文件）会被感染。而被感染的文件或计算机又成了新的传染源，再与其他机器进行数据交换或通过网络接触，病毒会继续进行传染。

正常的计算机程序一般是不会将自身的代码强行连接到其他程序上的，而病毒却能使自身的代码强行传染到一切符合其传染条件的未受到传染的程序之上。计算机病毒可通过各种可能的渠道，如软盘、光盘、计算机网络去传染其他计算机。当在一台机器上发现了病毒时，往往曾在这台计算机上用过的软盘也已感染上了病毒，而与这台机器联网的其他计算机也可能被该病毒侵染了。是否具有传染性是判别一个程序是否为计算机病毒的最重要条件。

3. 潜伏性

有些病毒像定时炸弹一样，让它什么时间发作是预先设计好的。比如黑色星期五病毒，不到预定时间一点都觉察不出来，等到条件具备的时候一下子就爆炸开来，对系统进行破坏。一个编制精巧的计算机病毒程序，进入系统之后一般不会马上发作，可以在几周或者几个月内甚至几年内隐藏在合法文件中，对其他系统进行传染，而不被人发现，潜伏性越好，其在系统中的存在时间就会越长，病毒的传染范围就会越大。潜伏性的第一种表现是指，病毒程序不用专用检测程序是检查不出来的，因此病毒可以静静地躲在磁盘或磁带里待上几天，甚至几年，一旦时机成熟，得到运行机会，就又要四处繁殖、扩散，继续为害。潜伏性的第二种表现是指，计算机病毒的内部往往有一种触发机制，不满足触发条件时，计算机病毒除了传染外不做什么破坏。触发条件一旦得到满足，有的在屏幕上显示信息、图形或特殊标识，有的则执行破坏系统的操作，如格式化磁盘、删除磁盘文件、对数据文件做加密、封锁键盘以及使系统死锁等。

4. 隐蔽性

计算机病毒具有很强的隐蔽性，有的可以通过病毒软件检查出来，有的根本就查不出来，有的时隐时现、变化无常，这类病毒处理起来通常很困难。

5. 破坏性

计算机中毒后，可能会导致正常的程序无法运行，将计算机内的文件删除或受到不同程度的损坏。通常表现为增、删、改、移。

6. 可触发性

病毒因某个事件或数值的出现，诱使病毒实施感染或进行攻击的特性称为可触发性。为了隐蔽自己，病毒必须潜伏，少做动作。如果完全不动，一直潜伏的话，病毒既不能感染也不能进行破坏，便失去了杀伤力。病毒既要隐蔽又要维持杀伤力，它必须具有可触发性。病毒的触发机制就是用来控制感染和破坏动作的频率的。病毒具有预定的触发条件，这些条件可能是时间、日期、文件类型或某些特定数据等。病毒运行时，触发机制检查预定条件是否满足，如果满足，启动感染或破坏动作，使病毒进行感染或攻击；如果不满足，使病毒继续潜伏。

9.5.2 病毒的分类

根据多年对计算机病毒的研究，按照科学的、系统的、严密的方法，计算机病毒可按照计算机病毒属性的方法进行分类。计算机病毒可以根据下面的属性进行分类：

1. 按病毒存在的媒体

根据病毒存在的媒体，病毒可以划分为网络病毒、文件病毒、引导型病毒。网络病毒通过计算机网络传播感染网络中的可执行文件，文件病毒感染计算机中的文件（如 COM、EXE、DOC 等），引导型病毒感染启动扇区（Boot）和硬盘的系统引导扇区（MBR）。还有这三种情况的混合型，例如，多型病毒（文件和引导型）感染文件和引导扇区两种目标，这样的病毒通常都具有复杂的算法，它们使用非常规的办法侵入系统，同时使用了加密和变形算法。

2. 按病毒传染的方法

根据病毒传染的方法可分为驻留型病毒和非驻留型病毒。驻留型病毒感染计算机后，把自身的内存驻留部分放在内存（RAM）中，这一部分程序挂接系统调用并合并到操作系统中去，处于激活状态，一直到关机或重新启动。非驻留型病毒在得到机会激活时并不感染计算机内存，一些病毒在内存中留有小部分，但是并不通过这一部分进行传染，这类病毒也被划分为非驻留型病毒。

3. 按病毒破坏的能力

（1）无害型：除了传染时减少磁盘的可用空间外，对系统没有其他影响。

（2）无危险型：这类病毒仅仅是减少内存、显示图像、发出声音及同类音响。

（3）危险型：这类病毒在计算机系统操作中造成严重的错误。

（4）非常危险型：这类病毒删除程序、破坏数据、清除系统内存区和操作系统中重要的信息。这些病毒对系统造成的危害，并不是本身的算法中存在危险的调用，而是当它们传染时会引起无法预料的和灾难性的破坏。由病毒引起其他的程序产生的错误也会破坏文件和扇区，这些病毒也按照它们引起的破坏能力划分。一些现在的无害型病毒也可能会对新版的 DOS、Windows 和其他操作系统造成破坏。例如，在早期的病毒中，有一个“Denzuk”病毒在 360KB 磁盘上很好地工作，不会造成任何破坏，但是在后来的高密度软盘上却能引起大量的数据丢失。

4. 按病毒的算法

（1）伴随型病毒。这一类病毒并不改变文件本身，它们根据算法产生 EXE 文件的伴随体，具有同样的名字和不同的扩展名（COM）。例如，XCOPY.EXE 的伴随体是 XCOPY.COM。病毒把自身写入 COM 文件并不改变 EXE 文件，当 DOS 加载文件时，伴随体优先被执行到，再由伴随体加载执行原来的 EXE 文件。

（2）“蠕虫”型病毒。这种病毒的前缀是 Worm。其共有特性是通过网络或者系统漏洞进行传播，很大部分的蠕虫病毒都有向外发送带毒邮件、阻塞网络的特性，比如冲击波（阻塞网络）、小邮差（发带毒邮件）等。蠕虫病毒通过计算机网络传播，不改变文件和资料信息。有时它们在系统中存在，一般除了内存不占用其他资源。

（3）寄生型病毒。除了伴随和“蠕虫”型，其他病毒均可称为寄生型病毒，它们依附在系统的引导扇区或文件中，通过系统的功能进行传播。按其算法不同可分为：练习型病毒，病毒自身包含错误，不能进行很好的传播，例如一些病毒在调试阶段；诡秘型病毒：它们一般不直接修改 DOS 中断和扇区数据，而是通过设备技术和文件缓冲区等 DOS 内部修改，不易看到资源，使用比较高级的技术，利用 DOS 空闲的数据区进行工作；变型病毒（又称幽灵病毒）：这一类病毒使用一个复杂的算法，使自己每传播一份都具有不同的内容和长度，它们一般的做法是由一段混有无关指令的解码算法和被变化过的病毒体组成。

9.5.3 网络病毒

1. 网络病毒的识别

一般认为，网络病毒具有病毒的一些共性，如传播性、隐藏性、破坏性等。同时具有自己的一些特征，如不利用文件寄生（有的只存在于内存中），对网络造成拒绝服务，以及与黑客技术相结合等。在产生的破坏性上，网络病毒都不是普通病毒所能比拟的，网络的发展使得病毒可以在短短的时间内蔓延至整个网络，造成网络瘫痪。

网络病毒大致可以分为两类：一类是面向企业用户和局域网的，这种病毒利用系统漏洞，主动进行攻击，可能造成使整个互联网瘫痪的后果，以“红色代码”、“尼姆达”以及“sql 蠕虫王”为代表；另外一类是针对个人用户的，通过网络（主要是以电子邮件、恶意网页的形式）迅速传播的蠕虫病毒，以爱虫病毒、求职信病毒为代表。在这两类病毒中，第一类具有很大的主动攻击性，而且爆发也有一定的突然性，但相对来说，查杀这种病毒并不是很难。第二类病毒的传播方式比较复杂和多样，少数利用了微软的应用程序漏洞，更多的是利用社会工程学（如利用人际关系、虚假信息或单位管理的漏洞等）对用户进行欺骗和诱惑，这样的病毒造成的损失是非常大的，同时也是很难根除的。

网络病毒与一般的病毒有很大的差别。一般的病毒是需要寄生的，它可以通过自己指令的执行，将自己的指令代码写到其他程序的体内，而被感染的文件就被称为“宿主”。例如，Windows 下可执行文件的格式为 PE 格式，当需要感染 PE 文件时，将病毒代码写入宿主程序中或修改程序入口点等。这样，宿主程序执行的时候，就可以先执行病毒程序，病毒程序运行完之后，再把控制权交给宿主原来的程序指令。可见，一般病毒主要是感染文件，当然也还有像 DIRII 这种链接型病毒，还有引导区病毒。引导区病毒感染磁盘的引导区，如果是软盘被感染，这张软盘用在其他机器上后，同样也会感染其他机器，所以传播方式也是用软盘等方式。网络病毒在采取利用 PE 格式插入文件的方法的同时，还复制自身并在互联网环境下进行传播。病毒的传染能力主要是针对计算机内的系统文件而言，如蠕虫病毒的传染目标是互联网内的所有计算机、局域网条件下的共享文件夹。E-mail、网络中的恶意网页、大量存在着漏洞的服务器等都成为蠕虫传播的良好途径。表 9-1 比较了一般病毒与网络病毒的差异。

表 9-1　一般病毒与网络病毒的差异比较

	一 般 病 毒	网 络 病 毒
存 在 形 式	寄存文件	独立程序
传 染 机 制	宿主程序运行	主动攻击
传 染 目 标	本地文件	网络资源

2. 网络病毒的预防

相对于单机病毒的防护来说，网络病毒的防范具有更大的难度，网络病毒的防范应与网络管理集成。网络防病毒的最大优势在于网络的管理功能，如果没有把管理功能加上，很难完成网络防毒的任务。只有管理与防范相结合，才能保证系统的良好运行。管理功能就是管理全部的网络设备与操作，从 Hub、交换机、服务器到 PC，包括软盘的存取、局域网上的信息互通、与 Internet 的接驳等所有病毒能够感染和传播的途径。

在网络环境下，病毒传播扩散快，仅用单机反病毒产品已经难以清除网络病毒，必须有适用于局域网、广域网的全方位反病毒产品。

在选用反病毒软件时，应选择对病毒具有实时监控能力的软件，这类软件可以在第一时间阻止病毒感染，而不是靠事后去杀毒。要养成定期升级防病毒软件的习惯，并且间隔时间不要太长，因为绝大部分反病毒软件的查毒技术都是基于病毒特征码的，即通过对已知病毒提取其特征码，并以此来查杀同种病毒。对于每天都可能出现的新病毒，反病毒软件会不断更新其特征码数据库。

要养成定期扫描文件系统的习惯；对软盘、光盘等移动存储介质，在使用之前应进行查毒；对于从网上下载的文件和电子邮件附件中的文件，在打开之前也要先杀毒。另外，由于防病毒软件总是滞后于病毒的，因此它通常不能发现一些新的病毒。因此，不能只依靠防病毒软件来保护系统。在使用计算机时，还应当注意以下几点：

（1）不使用或下载来源不明的软件。

（2）不轻易上一些不正规的网站。

（3）提防电子邮件病毒的传播。一些邮件病毒会利用 ActiveX 控件技术，当以 HTML 方式打开邮件时，病毒可能就会被激活。

（4）经常关注一些网站、BBS 发布的病毒报告，这样可以在未感染病毒时做到预先防范。

（5）及时更新操作系统，为系统漏洞打上补丁。

（6）对于重要文件、数据做到定期备份。

9.5.4　蠕虫病毒

从 1988 年 11 月 2 日 Robert Morris Jr 编写的第一个基于 BSD UNIX 的“Internet Worm”蠕虫病毒以来，计算机蠕虫病毒以其快速、多样化的传播方式不断给网络世界带来灾害。Internet

安全威胁事件每年以指数增长，特别是网络的迅速发展使得蠕虫造成的危害日益严重，比如 2001 年 7、8 月份的“Code Red”蠕虫，在爆发后的 9 小时内就攻击了 25 万台计算机。2003 年 8 月 12 日的冲击波“Blaster”蠕虫的大规模爆发也给互联网用户带来了极大的损失。

1. 蠕虫病毒的基本概念

蠕虫是计算机病毒的一种，是利用计算机网络和安全漏洞来自我复制的一小段代码，蠕虫代码可以扫描网络来查找具有特定安全漏洞的其他计算机，然后利用该安全漏洞获得计算机的部分或全部控制权并且将自身复制到计算机中，然后又从新的位置开始进行复制。

注意：蠕虫是互联网最大的威胁，因为蠕虫在自我复制的时候将会耗尽计算机的处理器时间以及网络的带宽，并且它们通常还有一些恶意目的，蠕虫的超大规模爆发能使网络逐渐陷于瘫痪状态。如果有一天发生网络战争，蠕虫将会是网络世界中的原子弹。

2. 蠕虫的工作流程

蠕虫程序的工作流程可以分为漏洞扫描、攻击、传染、现场处理 4 个阶段。蠕虫程序随机选取某一段 IP 地址（也可以采取其他的 IP 生成策略），对这一地址段上的主机进行扫描，扫描到有漏洞的计算机系统后，就开始利用自身的破坏功能获取主机的相应权限，并且将蠕虫主体复制到目标主机。然后，蠕虫程序进入被感染的系统，对目标主机进行现场处理，现场处理部分的工作包括隐藏和信息搜集等。同时，蠕虫程序生成多个程序副本，重复上述流程，将蠕虫程序复制到新主机并启动。

3. 蠕虫的危害

蠕虫的危害有两个方面。

（1）蠕虫大量而快速的复制使得网络上的扫描数据包迅速增多，占用大量带宽，造成网络拥塞，进而使网络瘫痪。

（2）网络上存在漏洞的主机被扫描到以后，会被迅速感染，可能造成管理员权限被窃取。

4. 蠕虫病毒的一般防治方法

使用具有实时监控功能的杀毒软件，不要轻易打开不熟悉电子邮件的附件等。

9.5.5 特洛伊木马

特伊洛木马（Trojan Horse）源于古希腊特洛伊战争中著名的“木马屠城记”，传说古希腊有大军围攻特洛伊城，数年不能攻下。后来想出了一个木马计，制造一只高二丈的大木马假装作战马神，让士兵藏匿于巨大的木马中。攻击数天后仍然无功，大部队假装撤退而将木马摈弃于特洛伊城下，城中敌人得到解围的消息，将木马作为战利品拖入城内，全城饮酒狂欢。木马内的士兵则乘夜晚敌人庆祝胜利、放松警惕的时候从木马中爬出来，开启城门及四处纵火，与城外的部队里应外合而攻下了特洛伊城。后来称这只木马为“特洛伊木马”。

1. 特伊洛木马的定义

在计算机领域，特洛伊木马只是一个程序，它驻留在目标计算机中，随计算机启动而自动启动，并且在某一端口进行监听，对接收到的数据进行识别，然后对目标计算机执行相应的操作。特伊洛木马一般是指利用系统漏洞或通过欺骗手段被植入到远程用户的计算机系统中的，通过修改启动项或捆绑进程方式自动运行，并且具有控制该目标系统或进行信息窃取等功能，运行时一般用户很难察觉。特洛伊木马不会自动进行自我复制。

特洛伊木马实质上只是一种远程管理工具，本身没有伤害性和感染性，因此不能称之为病毒，不过也有人称之为第二代病毒，原因是如果有人使用不当，其破坏力可能比病毒更强。另外，特洛伊木马与病毒和恶意代码不同的是，木马程序隐蔽性很强。

特洛伊木马包括两个部分：被控端和控制端。

（1）被控端。又称服务端，将其植入要控制的计算机系统中，用于记录用户的相关信息，比如密码、账号等，相当于给远程计算机系统安装了一个后门。

（2）控制端。又称客户端，黑客用来发出控制命令，比如传输文件、屏幕截图、键盘记录，甚至是格式化硬盘等。

2. 特伊洛木马的类型

常见的特伊洛木马有：正向连接木马和反向连接木马。

（1）正向连接木马。

正向连接木马是在中木马者的机器中开个端口，黑客去连接这个端口，前提条件是要知道中木马者的 IP 地址。

但是，由于现在越来越多的人使用宽带上网，并且还可能使用了路由器，这就造成了正向连接木马的使用困难。具体原因如下：

① 宽带上网。每次上网的 IP 地址不同（DHCP），就算对方中了木马，但是中木马者下次上网时 IP 地址又改变了。

② 路由器。多个电脑共用一条宽带，假如路由器的 IP 地址是 210.12.24.34，内网电脑的 IP 地址是 192.168.×.×，外界是无法访问 192.168.×.×的，就算中了木马也没用。

（2）反向连接木马。

为了解决正向连接木马的不足，出现了反向连接木马。

反向连接木马让中木马者来连接黑客，不管中木马者的 IP 地址如何改变，都能够被控制。但是，如果黑客的 IP 地址改变了，中木马者就不能连接黑客的计算机了，解决该问题的方法是中木马者通过域名来连接黑客的计算机，只要黑客申请一个域名即可。

3. 木马的一般防治方法

（1）安装杀毒软件和个人防火墙，并及时升级。

（2）使用安全性比较好的浏览器和电子邮件客户端工具。

（3）将 Windows 资源管理器配置成始终显示扩展名。因为一些扩展名为：VBS、SHS、PIF 的文件多为木马病毒的特征文件，更有些文件为又扩展名，那更应重点查看，一经发现要立即删除，千万不要打开，只有时时显示了文件的全名才能及时发现。

（4）不要随便下载软件，特别是不可靠的小 FTP 站点、公众新闻级、论坛或 BBS 上，因为这些地方正是新病毒发布的首选之地。

（5）不要轻易打开广告邮件中的附件或点击其中的链接，因为广告邮件也是那些黑客程序依附的重要对象，特别是其中的一些链接。

（6）运行反木马实时监控程序。

习　　题

一、填空题

1．网络安全是指网络系统的硬件、__________________及其系统中的数据受到保护。

2．网络攻击分为______________和被动攻击。

3．从明文转化为密文的过程被称为_____________。

4．_________是控制从网络外部访问本网络的设备，通常位于内网与 Internet 的连接处，充当访问网络的唯一入口（出口）。

二、选择题

1．信息不泄露给非授权用户、实体或过程，或供其利用的特性是指网络安全的________。

A．保密性　　B．完整性

C．可用性　　D．可控性

2．PKI 采用的算法是___________。

A．对称加密算法　　B．非对称加密算法

C．数字证书算法　　D．电子口令算法

3．下面哪个不属于典型的防火墙的功能？____________

A．网络安全的屏障　　B．强化网络安全策略

C．监控审计　　D．病毒防护

4．关于计算机病毒的特点，以下哪个不是正确的？_____________

A．寄生性　　B．传染性

C．潜伏性　　D．可见性

5．__________机制是防止网络通信中否认、伪造和冒充的方法。

A．加密　　B．数字签名

C．访问控制　　D．路由控制

6．__________可以证明通信双方的身份。

A．公开密钥　　B．数字签名

C．数字证书　　D．数字信封

三、简答题

1．威胁网络安全的因素有哪些？

2．对称加密和非对称加密的区别是什么？

3．阐述黑客攻击的一般步骤。

4．什么是特洛伊木马？

第 10 章　网络规划与设计

本章学习目标：

- ◆ 了解网络规划的基本原则；
- ◆ 了解网络规划的主要步骤；
- ◆ 了解网络设计的主要内容；
- ◆ 了解网络系统集成的主要内容和实施步骤。

10.1　网 络 规 划

网络是计算机技术与通信技术结合的产物，已经成为计算机应用中不可缺少的重要方面。按照广义观点的定义，计算机网络就是利用通信设备和线路将地理位置不同的、功能独立的多个计算机系统互联起来，以功能完善的网络软件（即网络通信协议、信息交换方式及网络操作系统等）实现网络中资源共享和信息传递的系统。网络规划即是在网络搭建前，对整体网络的进行合理的分析、统筹安排网络的搭建。缺乏规划的网络必然是失败的网络。其稳定性、扩展性、安全性、可管理性没有保证。通过科学合理的规划能够用最低的成本建立最佳的网络，达到最高的性能，提供最优的服务。

10.1.1　网络规划的基本原则

网络规划原则要体现对用户网络技术和服务上的全面支持，这些原则应该以用户为中心，包括下面几个方面。

1. 可靠性原则

具有容错功能，管理、维护方便。对网络的设计、选型、安装和调试等各个环节进行统一的规划和分析，确保系统运行可靠，需从设备本身和网络拓扑两方面考虑。

2. 可扩展性原则

为了保证用户的已有投资以及用户不断增长的业务需求，网络和布线系统必须具有灵活的结构，并留有合理的扩充余地，既能满足用户数量的扩展，又能满足因技术发展需要而实现低成本的扩展和升级的需求。需从设备性能、可升级的能力和 IP 地址、路由协议规划等方面考虑。

3. 可运营性原则

仅仅提供 IP 级别的连通是远远不够的，网络还应能够提供丰富的业务，足够健壮的安全级别，对关键业务的 QoS（Quality of Service，服务质量）保证。搭建网络的目的是真正能够给用户带来效益。

4. 可管理原则

提供灵活的网络管理平台，利用一个平台实现对系统中各种类型的设备进行统一管理；提供网管对设备进行拓扑管理、配置备份、软件升级、实时监控网络中的流量及异常情况。

10.1.2　网络规划的主要步骤

1. 需求分析

需求分析是从软件工程和管理信息系统引入的概念，是任何一个工程实施的第一个环节，也是关系到一个网络工程成功与否的最重要砝码。需求分析阶段主要完成用户方网络系统调查，了解用户方建设网络的需求，或用户方对原有网络升级改造的要求。需求分析包括以下 6 个方面。

（1）用户建网的目的和基本目标：了解用户需要通过组建网络解决什么样的问题，用户希望网络提供哪些应用和服务。

（2）网络的物理布局：充分考虑用户的位置、距离、环境，并到现场进行实地查看。

（3）用户的设备要求和现有的设备类型：了解用户数目、现有物理设备情况以及还需配置设备的类型、数量等。

（4）通信类型和通信负载：根据数据、语音、视频，以及多媒体信号的流量等因素对通信负载进行估算。

（5）网络安全程度：了解网络在安全性方面的要求有多高，以便根据需要选用不同类型的防火墙以及采取必要的安全措施。

（6）网络总体设计：网络总体设计是网络设计的主要内容，关系到网络建设质量的关键，包括局域网技术选型、网络拓扑结构设计、地址规划、广域网接入设计、网络可靠性与容错设计、网络安全设计和网络管理设计等。

2. 综合布线系统

综合布线系统是一种模块化的、灵活性极高的建筑物内或建筑群之间的信息传输通道。综合布线符合楼宇管理自动化、办公自动化、通信自动化和计算机网络化等多种需要，能支持文本、语音、图形、图像、安全监控、传感等各种数据的传输，支持光纤、UTP、STP、同轴电缆等各种传输介质，支持多用户多类型产品的应用，支持高速网络的应用。

3. 设备选型

在完成需求分析、网络设计与规划之后，就可以结合网络的设计功能要求选择合适的传输介质、集线器、路由器、服务器、网卡、配套设备等各种硬件设备。硬件设备选型应遵从以下原则：必须综合考虑网络的先进合理性、扩展性和可管理性等要素；设备要既具有先进性，又具有可扩展性和技术成熟性。

因此，对所选设备既要看其可扩充性和内核技术的成熟性，还要具备较高的性能价格比。同时，在设计方案中应对设备产品的主要技术性能指标做详细的分析解释。

4. 系统软件及应用系统

目前国内流行的网络操作系统有 Windows Server 系列、Linux、UNIX 等，它们的应用层次各有不同。UNIX 主要应用于高端服务器环境，其操作系统的安全性能级别高于其他操作系统。UNIX 通常被用在系统集成的后台，用于管理数据服务。系统集成前台或者一般的局域网环境可采用 Linux 和 Windows Server 系列等网络操作系统，选用哪种操作系统，还要根据用户的应用环境来确定。另外，还要根据网络操作系统及相关应用环境来选择数据库系统等系统软件。

一般的网络系统的基本应用包括数据共享、门户网站、电子邮件和办公自动化系统等。不同性质的用户需求也不尽相同，如校园网的网络教学系统和数字化图书馆系统、企业的电子商务系统、政府的电子政务系统等。目前的应用系统都是基于服务器的，有 C/S（客户机/服务器模式）和 B/S（浏览器/服务器模式）两种模式。

5. 投资预算

网络投资预算包括硬件设备、软件购置、网络工程材料、网络工程施工、安装调试、人员培训、网络运行维护等所需的费用。需要仔细分析预算成本，考虑如何满足应用需求，又要把成本降到最低。

6. 工程实施步骤

根据用户的网络应用需求和用户投资情况，分期分批制定网络基础设施建设和应用系统开发的工作安排。

7. 培训方案

计算机网络是高新技术，建设单位不一定有足够的技术人员。为了让用户能够管理好、使用好计算机网络系统，在设计方案时，必须列出详细的网络管理与维护人员的技术培训计划。

8. 测试与验收

网络系统的测试与验收是保证工程质量的关键步骤。测试与验收包括开工前的检查、施工过程中的测试与验收，以及竣工测试与验收 3 个阶段。通过各个阶段的测试与验收，可以及时发现工程中存在的问题，并由施工方立即纠正。测试与验收一般由用户方、设计方、施工方和第三方人员组织。

10.2 网络设计

网络设计是网络规划能否成功的关键性环节。在设计时要了解系统集成的一般规律，理解计算机网络的体系结构、协议和标准，掌握计算机网络的技术、发展的现状和趋势。这样才能够根据用户的需求设计出符合建网目标的网络方案，指导网络工程的实施。网络设计主要分为以下几个方面。

10.2.1 局域网设计

以太网技术是目前局域网设计的主要选择。当然在一些特殊场合还可能用到 FDDI、ATM 或者几种技术的混合应用。网络技术的发展比较迅速，所以，在进行局域网设计时要注重以后网络升级时还能够使用现有的网络技术和产品，否则将会带来极大的资金浪费。

以太网技术就实现了技术的平滑升级。目前使用的有 10Mb/s、100Mb/s、1Gb/s、10Gb/s 的以太网 4 种。一般来说，目前连接桌面的网络大多是 100 Mb/s 以太网，关键是网络主干的选择，应根据用户的计算机及网络的应用水平、业务需求、技术条件和费用预算等，选择合理的以太网技术，目前校园网络的主干技术大多已选择 10Gb/s 以太网技术，从而形成 10Gb/s-1Gb/s-100Mb/s 的分层网络结构。

10.2.2　网络拓扑结构设计

大型网络的设计是把整个计算机网络划分为核心层、汇聚层、接入层。网络的层次化设计具有以下优点。

（1）结构简单：通过网络分成许多小单元，降低了网络的整体复杂性，使故障排除或扩展更容易，能隔离广播风暴的传播、防止路由循环等潜在问题。

（2）升级灵活：网络容易升级到最新的技术，升级任意层的网络不会对其他层造成影响，无须改变整个网络环境。

（3）易于管理：层次结构降低了设备配置的复杂性，使网络更容易管理。

通常将网络中直接面向用户连接或访问网络的部分称为接入层。接入层目的是允许终端用户连接到网络，提供了带宽共享、交换带宽、MAC 层过滤和网段划分等功能。接入层交换机具有低成本和高端口密度的特点，考虑采用可网管、可堆叠的接入级交换机。交换机的高速端口用于上连高速率的汇聚层交换机，普通端口直接与用户计算机相连，以有效地缓解网络骨干的瓶颈。

位于接入层和核心层之间的部分称为分布层或汇聚层。汇聚层交换层是多台接入层交换机的汇聚点，它必须能够处理来自接入层设备的所有通信量，并提供到核心层的上行链路，因此汇聚层交换机与接入层交换机比较，需要更高的性能、更少的接口和更高的交换速率。汇聚层的设计要满足核心层、汇聚层交换机和服务器集合环境对千兆端口密度、可扩展性、高可用性以及多层交换的不断增长的需求，支持大用户量、多媒体信息传输等应用。

网络主干部分称为核心层。核心层的主要目的在于通过高速转发通信，提供可靠的骨干传输结构，因此核心层交换机应拥有更高的可靠性，更快速率的链路连接技术，并且能快速适应网络的变化。性能和吞吐量应根据不同层次用不同的要求设计网络，并且使用冗余组件来设计，在与汇聚层交换机相连时要考虑采用建立在生成树基础上的多链路冗余连接，以保证与核心层交换机之间存在备份连接和负载均衡，完成高带宽、大容量网络层路由交换功能。

10.2.3　地址设计

在网络规划中，IP 地址方案的设计至关重要，好的 IP 地址方案不仅可以减小网络负荷，还能为以后的网络扩展打下良好的基础。

1. IP 地址分配和管理应遵循的原则

（1）唯一性。被分配出去的 IP 地址必须保证在全球范围内是唯一的，以保证每台主机都能被正确地识别。

（2）可记录性。已分配出去的地址块必须记录在数据库中，为定位网络故障提供依据。

（3）可聚集性。地址空间应该尽量划分为层次，以保证聚集性，缩短路由表长度。同时，对地址的分配要尽量避免地址碎片出现。

（4）节约性。地址申请者必须提供完整的书面报告，证明它确实需要这么多地址。同时，应该避免闲置被分配出去的地址。

（5）公平性。所有团体，无论其所处地理位置或所属国家，都具有公平地使用IPv6全球单播地址的权利。

（6）可扩展性。考虑到网络的高速增长，必须在一段时间内留给地址申请者足够的地址增长空间，而不需要它频繁地向上一级组织申请新的地址。

2. IP地址的划分方法

（1）根据地理范围进行划分，为在地理上属于同一范围的所有子网分配共同的网络前缀。

（2）根据组织范围进行划分，为属于同一组织的所有团体分配共同的网络前缀。

（3）根据服务类型进行划分，为预定义好的服务（如：VoIP，QoS等）分配特定的网络前缀。

理论上，基于地理位置的前缀划分方法具有方向性，最容易找到最短路径，且相对其他两种方案更具有稳定性。但是从历史上来看，IPv4地址是根据组织范围进行划分的方案来分配的，而且由于广泛采用无类域间路由，使得IPv4在地理分布上更加具有无序性。因此，若单纯采用基于地理位置的前缀划分方法，当向IPv6过渡时，就需要对IPv4地址进行重新编号；或者是保留额外的路由器专门进行这类地址的处理，同时还将导致路由算法的复杂化。

根据组织范围进行前缀划分的方案实际上是把前缀划分的权力交给了各级运营商，最大好处是使运营商可以自由选择对自己最有利的分配方法，便于管理。但是该方案一方面维护了运营商的利益，使其进行网络升级的难度降低，另一方面却可能损害最终用户的利益。由于前缀划分的权力掌握在运营商手里，它必然选择对自身商业价值最高的划分方案，而不是采用对用户最有利的方案。目前全球可聚单播地址分配实际上是一种根据组织范围进行划分的方案。

根据服务类型进行划分的方案最大的缺点在于无法充分体现路由信息。此外，如何划分服务类型也是一个难点。

综上所述，3种地址规划方案各有优劣，在提出地址划分方案时可以考虑综合使用各种方法，达到各方利益的相对平衡，才能利于网络的长期健康发展。

10.2.4 Internet接入设计

网络接入是网络总体设计中的重要内容。除Internet接入外，很多分布较广的大型企业还存在广域网连接的问题。相对于高速的局域网来说，接入速率是一个瓶颈。在网络的总体设计中，需要从网络的整体目标和当地网络接入市场的状况等情况出发对网络接入技术做出选择，规划内部网络和服务商的广域网之间的连接方式。在选择接入方式时，最重要的是要考虑网络带宽、可连接性、地址的识别和转换、互操作性，以及安全性。

10.2.5 网络安全设计

网络安全是指网络系统的硬件、软件及其系统中的数据受到保护，不因偶然的或者恶意的原因而遭受到破坏、更改、泄露，系统连续可靠正常地运行，网络服务不中断。网络的安全主要体现在4个方面：信息保密、网络系统的安全、数据安全、病毒防护。

1. 信息保密

工程的实施重点主要体现在网络的以下方面，包括内部业务共享区与外部网之间、内部业务局域网与内网共享区之间、内网共享区与广域网之间信息的分级保密等。

在内部业务共享区网与外部网之间、内部业务局域网与内网共享区之间、内网共享区与广域网之间采用硬件或软件防火墙。

在网络操作系统或防火墙中建立网络 CA 系统，构建基于 PKI 的鉴别及证书系统，为应用安全系统提供鉴别和证书及密钥分发等基本安全服务，设置口令加密传输和对重要数据进行链路层数据加密措施。

在服务器设置监测和自动恢复功能，并建立审计记录，提供针对用户网络操作的监视和统计，对用户身份和活动进行审计，对信息资源的访问进行控制及计费等。

在网络交换及路由设备中设置三层交换协议，即路由功能，对不同网络区域的用户和不同网段的用户进行身份和权限设置，对信息资源的访问进行级别控制等。

2. 网络系统的安全

要解决外部网的用户对系统的威胁，内部网用户对系统的泄密等问题。设置具体内容如下：安全策略的制定、实施及修改；抵御非法用户对局域网的攻击；控制内部用户对外部的访问；对网络传输的信息内容的检查；软硬件防火墙的设置；远程用户账号和数据加密传输，以防外人窃取。

要确保接入 Internet 的安全性，采取多层防火墙保证各级网络的安全性。在接入路由器上采用了 Cisco IOS 包过滤防火墙系统和网络地址翻译（NAT）代理服务器，即在 Cisco 路由器上设置防火墙，通过地址过滤提供基本的防火墙功能，配置访问控制、身份认证、日志和入侵检测功能，以防止非法及恶意的用户入侵。

要确保通信信道的安全性，同样采取多层防火墙以保证国家局一省局，省一地（市），地（市）一区（县）各级网络的通信系统的安全性。在各级接入路由器上，特别是国家局一省局、省一地（市）路由设备前端采用硬件防火墙系统，以确保非法及恶意的用户入侵。

3. 数据安全

网络控制中心服务器的性能好坏直接关系到网络信息访问速度及数据文件的安全。对数据安全部分采用双机热备份、磁盘冗余阵列（RAID）、磁带机备份等多种手段，确保数据的安全。

双机热备份可采用双机双控的服务器集群技术，保障操作系统及数据系统平台的高可靠性、高安全性、高可用性、抗灾难性。

4. 病毒防护

为了防止病毒对系统安全的威胁，选用性能优越的网络版杀毒软件负责内部网络系统服务器及单机的病毒防护、查杀工作。同时利用防火墙的设置对病毒的入侵进行有效的防范。

10.3　网络系统集成

10.3.1　什么是网络系统集成

计算机网络系统集成（Computer Network System Integration）通过结构化的综合布线系统和计算机网络技术，将各个分离的设备（如个人计算机）、功能和信息等集成到相互关联的、统一和协调的系统之中，使资源达到充分共享，实现集中、高效、便利的管理。系统集成应采用功能集成、网络集成、软件界面集成等多种集成技术。系统集成实现的关键在于解决系统之间的互联和互操作性问题，它是一个多厂商、多协议和面向各种应用的体系结构。这需要解决各类设备、子系统间的接口、协议、系统平台、应用软件等与子系统、建筑环境、施工配合、组织管理和人员配备相关的一切面向集成的问题。

网络系统集成的主要内容一般包括：网络系统总体方案设计、综合布线系统设计与施工、网络设备架设、各种网络服务系统架设、网络后期维护等。

10.3.2 网络系统集成的主要任务

1. 技术集成

技术集成是网络系统集成的核心。需要根据用户需求的特点，结合网络技术发展的变化，合理选择所采用的各项技术，为用户提供解决方案和网络系统设计方案。

2. 软硬件产品集成

软硬件产品集成是系统集成最终和最直接的体现形式。它要求系统集成商根据用户需求和费用的承受能力，把不同类型、不同厂商和能实现不同应用目的的计算机设备与软件有机地组合在一起，为用户建设一个性价比相对最优的计算机网络系统。

3. 应用集成

应用集成就是将用户的实际需求和不同应用功能在同一系统中实现，为用户的各种应用需求提供一体化的解决方案，并付诸实施。

10.3.3 网络系统集成的具体内容和实施步骤

1. 网络系统集成的具体内容

（1）需求分析：了解用户建设网络系统的目的和具体应用需求，主要包括应用类型、网络覆盖区域、区域内建筑物布局与周边环境、用户带宽要求、各应用部门的流量特征等分析。

（2）技术方案设计：确定网络主干和分支所采用的网络技术、进行网络拓扑结构设计、地址分配方案设计、冗余设计、网络安全设计，以及网络资源配置和接入方式选择等。

（3）产品选型：根据技术方案进行设备选型，包括网络设备选型、服务器设备选型以及其他设备选型。

（4）综合布线系统设计与网络施工：包括综合布线系统设计、综合布线系统施工、网络设备安装与调试。

（5）软件平台搭建：包括网络操作系统安装、数据库系统安装、网络基础服务平台搭建、网络安全系统安装等。

（6）应用软件开发：根据用户需求购买或开发各种应用软件。

（7）网络系统测试与验收：包括综合布线系统测试、网络设备测试、网络基础服务平台测试、网络运行状况测试、网络安全测试、配合建设方和监督方完成验收等。

（8）用户培训：对网络系统管理员、网络业务用户进行系统应用与维护方面的培训。

（9）网络运行技术支持：根据双方合同约定，对用户网络系统应用过程中的技术问题和系统故障进行维护和技术咨询。

2. 网络系统集成的实施步骤

网络系统集成的实施步骤如图 10-1 所示。

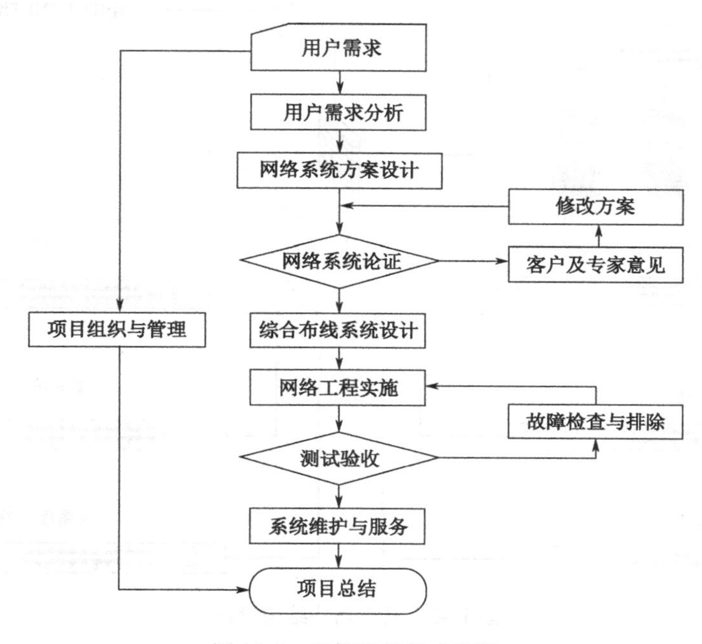

图 10-1　网络系统集成步骤

10.4　网络规划与设计实例

10.4.1　需求分析

某高校要把教学楼、实验楼、科研楼、办公室、图书馆、家属楼和宿舍楼连接起来，建成一个 Internet 模式的，具有信息管理、信息发布的园区网。

为提高网络可靠性及安全性，需要在主干网采用光纤布线。校园网应实现虚拟局域网（VLAN）的功能，以保证全网的良好性能及网络安全性。主干网交换机应具有很高的包交换速度，整个网络应具有高速的三层交换功能。主干网络应该采用成熟的、可靠的快速以太网和千兆位以太网技术作为校园网主干。

10.4.2　方案设计

1. 网络拓扑结构设计

园区网一般采用三层架构模式。目前，网络主干主要采用环形和星形两种拓扑结构，环形拓扑结构一般用于地理范围较大的校园网，通过多个结点进行汇聚；星形拓扑结构用于规模不大的校园网，星形拓扑由于在管理和维护上十分简单，因而成为目前最常见的拓扑结构。对于接入层客户端来讲，一般采用星形拓扑结构，因为星形拓扑结构简单明了，易于管理维护，系统容易扩展，可实现带电接入与拆除，并且对整个网络运行无任何影响。因此，整个校园网是由多个星形组成的树状拓扑，桌面计算机是叶子结点，如图 10-2 所示。对于园区网而言，核心交换机必须具有 3 层功能，接入层交换机没有特殊要求。

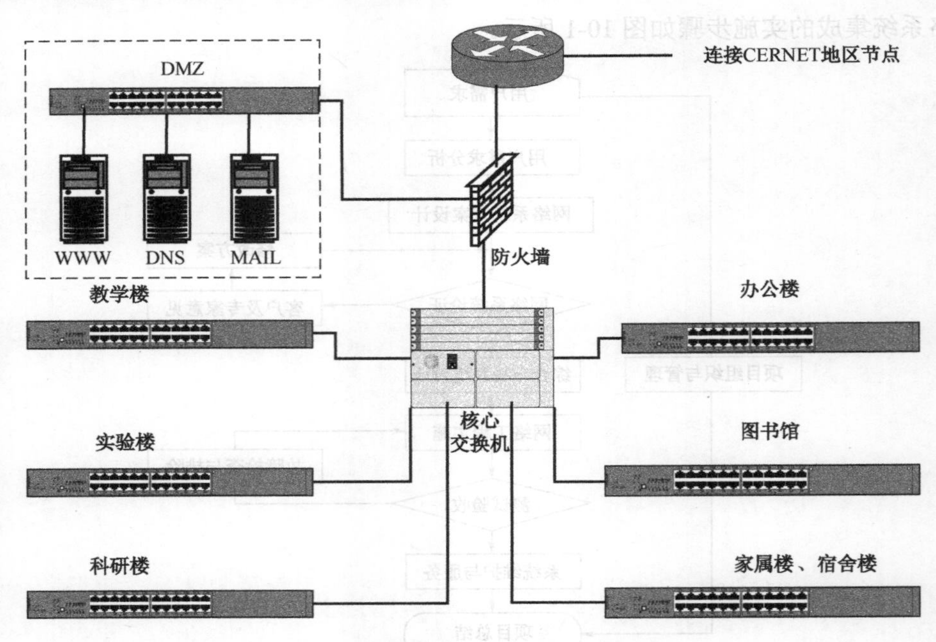

图 10-2　网络拓扑结构设计

目前在企业或校园这样的园区网中，普遍采用无可争议的千兆以太网作为主干网技术，即所有二级结点（楼宇）都采用多模或单模光纤进行千兆连接，不仅保证了主干带宽，也保证了可靠性。楼内局域网采用快速以太网通过超五类双绞线按照星形拓扑结构进行连接。为了对操作平台和应用软件有大量的支持，以及为了和 Internet 实现连接，应选择 TCP/IP 协议作为整个网络的通信协议。

2. 地址设计

一个规模较大的园区网，下属很多二级单位，为保证对不同院系和处级单位进行管理的方便性、安全性以及整体网络运行的稳定性，一般采用 VLAN 技术，按照二级部门划分成多个相对独立的虚拟局域网。在有 3 层交换功能的大型园区网中，通常按部门分成若干个 VLAN。

3. 网络安全设计

防火墙的设置是园区网中安全防御的基本手段。为了解决安装防火墙后外部网络不能访问内部网络服务器的问题，一些必须公开的服务器可以放在 DMZ（隔离区），如 WWW 服务器、DNS 服务器和 EMAIL 服务器等。通过这样一个 DMZ 区域，更加有效地保护了内部网络，因为这种网络部署，比起一般的防火墙方案对攻击者来说又多了一道关卡。

习　　题

一、填空题

1. 大型网络一般采用三层架构模式，即把整个网络划分为_______、_______和 _______ 。
2. 网络的安全性主要体现在 4 个方面：________、_________ 、_________和________ 。

二、简答题

1. 网络规划的原则是什么？
2. 简述网络规划的主要步骤。
3. 简述网络设计的主要内容？
4. 什么是网络系统集成？

第二部分

实　训　篇

实训一　整体认识校园网与拓扑图绘制

【实训目的】

（1）了解校园网的拓扑结构；

（2）掌握使用 Visio 绘图软件绘制网络拓扑图。

【实训原理】

网络拓扑结构是指网络电缆与物理设备连接的布局特征，抽象地讨论网络系统中各个端点相互连接的方法、形式与几何形状，可表示出网中服务器、工作站、网络设备的网络配置和相互之间的连接。

网络拓扑包括物理拓扑和逻辑拓扑。物理拓扑是指物理结构上各种设备和传输介质的布局。逻辑拓扑定义了发送数据的主机访问传输介质的方式。网络拓扑图是指用传输介质互连各种设备的物理布局。

某校园网的拓扑结构如图 T1-1 所示。

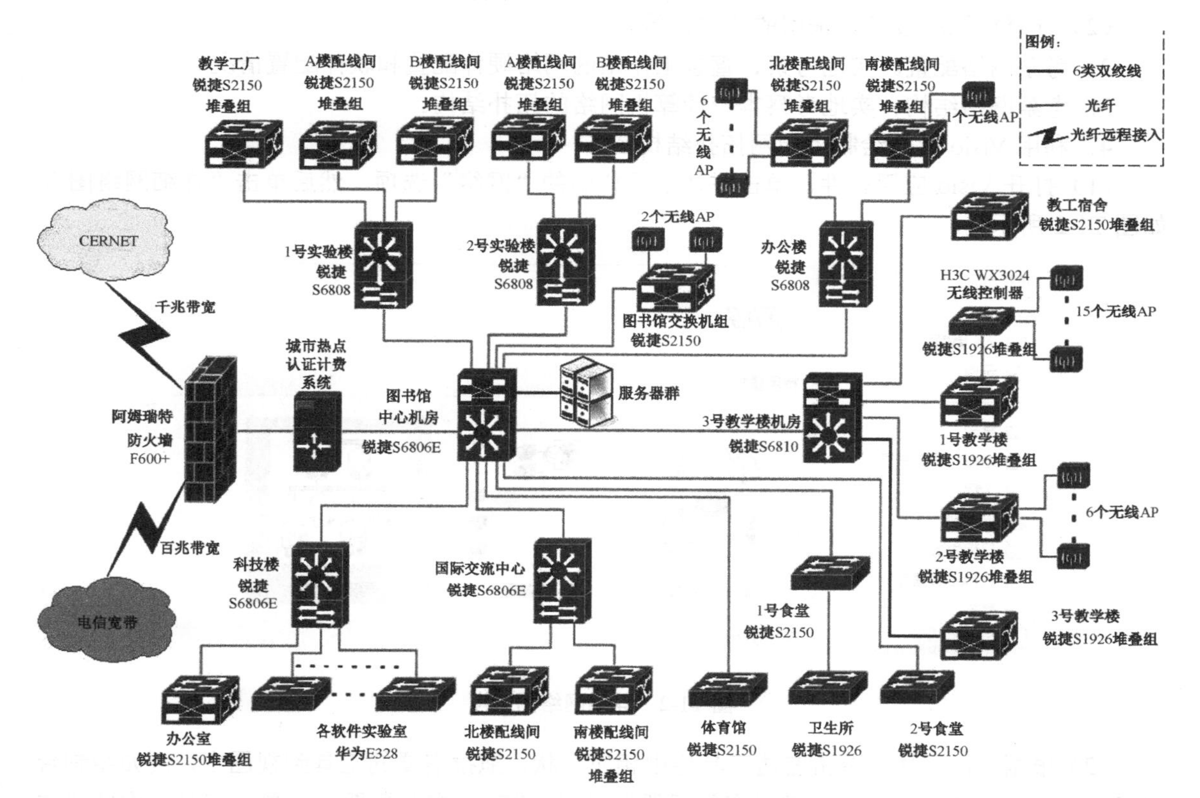

图 T1-1　某校园网拓扑结构图

具体的设备连接方式为：核心设备（称之为核心层）放在图书馆的中心机房内，从图书馆拉出光纤，与各实验楼、办公楼、教学楼、宿舍等各独立建筑物相连，每一栋建筑物内放置有一个三层交换机（称之为汇聚层设备，在一个专门的设备间存放），从汇聚层设备再引出连接线到各房间（或机房）内的普通交换机上（称之为接入层设备），再接入用户的电脑。

Visio软件是微软公司开发的高级绘图软件，可以绘制流程图、网络拓扑图、组织结构图、机械工程图、流程图等。它可以帮助网络工程师创建商业和技术方面的图形，对复杂的概念、过程及系统进行组织和文档备案。

【实训内容】

1．考察校园网的规模、基本设计思想、用户需求、软、硬件配置情况以及产品的型号参数等。

2．考察校园网使用的网络传输技术、网络布线、物理拓扑结构、逻辑拓扑结构。

3．考察实现网络资源共享的方法，认识常见的网络设备。

4．使用Visio软件绘制校园网的拓扑结构图。

【实训步骤】

1．考察网络设备。实地考察网络实训中心或网络中心的计算机网络设备，具体包括内容：

（1）计算机网络设备的种类、类型、功能作用等。

（2）计算机网络设备所采用的传输介质。

2．考察网络配置。实地考察、查看工作站的网络硬件配置和软件配置情况。

3．考察网络结构。实地考察本校计算机网络的拓扑结构。

4．利用Visio软件绘制校园网拓扑结构图。

（1）打开Visio应用软件，单击左边工具栏中的“网络”选项，然后单击“详细网络图”，如图T1-2所示。

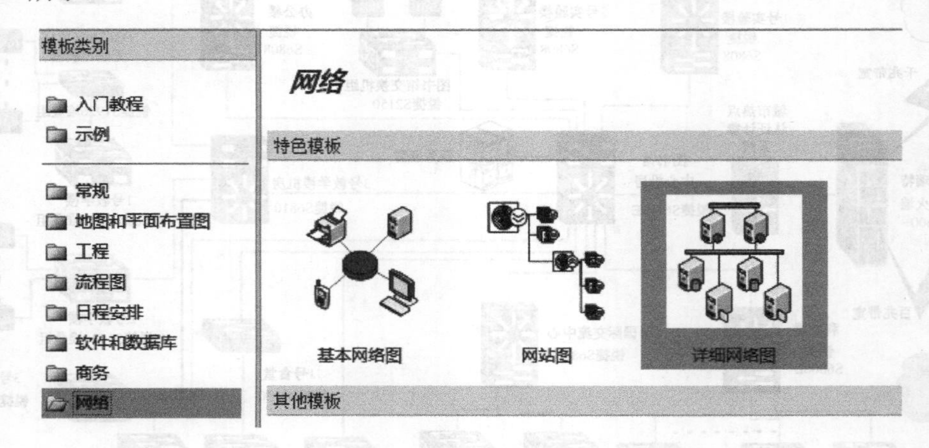

图T1-2　详细网络图选项

（2）根据绘图要求，单击左边工具栏中相应形状，拖拉需要的工具到视图中，例如绘制台式机，单击左边工具栏中“计算机和显示器”，拖拉PC到右侧视图中，单击工具栏中的“文本工具”按钮对设备进行标注，如图T1-3所示。

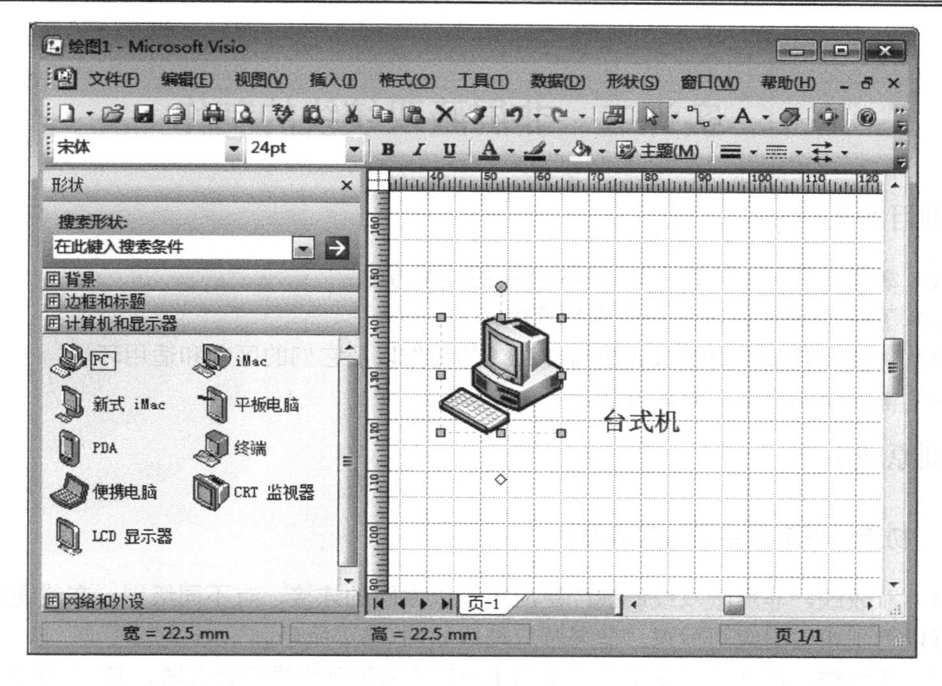

图 T1-3　示例图

（3）根据实训步骤 3 的考察结果，绘制本校校园网的拓扑图。

【实训思考】

1. 一个小型的网络环境，必须有哪些网络设备？
2. 画出所在机房的网络拓扑结构，并说出其优缺点。

实训二　非屏蔽双绞线的制作

【实训目的】

（1）掌握非屏蔽双绞线与其 RJ45 接头的连接方法；

（2）了解 T568B 标准线序的排列顺序；

（3）掌握非屏蔽双绞线直通缆与交叉缆的制作以及它们的区别和适用环境；

（4）掌握线缆测试的简单方法。

【实训原理】

1. 初步认识实验需要的实验器材

（1）双绞线。非屏蔽双绞线被广泛应用于以太网的连接，有不同级别，在线缆的外皮上，我们可以看到相应的级别标识。非屏蔽双绞线如图 T2-1 所示。

（2）压线钳。压线钳的主要功能是将 RJ45 接头和双绞线咬合夹紧。有些功能较完整的，除可以压制 RJ45 接头外，还可以压制 RJ11（用于普通电话线）接头。如图 T2-2 所示的是一把普通的压线钳，其主要的部分包括剥线口、切线口和压线模块。可以完成剥线、切线和压线 RJ45 接头的功能。

图 T2-1　非屏蔽双绞线

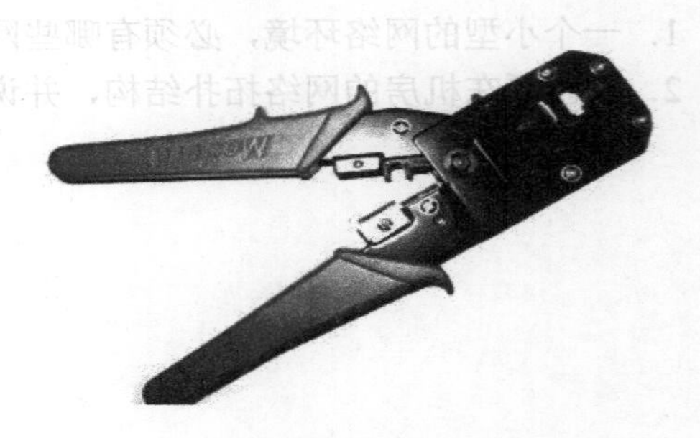

图 T2-2　压线钳

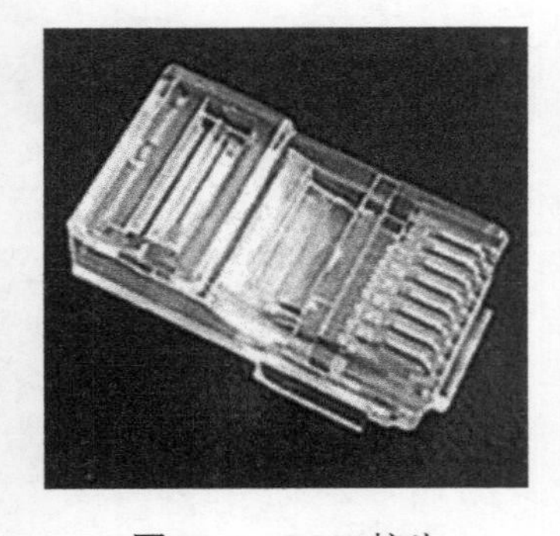

图 T2-3　RJ45 接头

（3）RJ45 接头。RJ45 接头是被压接在双绞线线端的连接模块，用来将双绞线连接到网络设备的接口上（如网卡）。RJ45 接头的一面有 8 个金属插脚，分别对应双绞线中的 8 根线芯。另一面有一个卡榫，用来防止接头从接口中脱落。RJ45 接头如图 T2-3 所示。

2. 双绞线的制作标准

UTP 是由 8 线 4 对呈螺旋排列、两根导线相互绞在一起，并由坚韧外皮包裹组成的。其中 8 根导线以不同颜色区分，橙白与橙为一对，用作发送线对（TD+、TD−）；绿白与绿为一对，用作接收线对（RD+、RD−）；蓝白与蓝为一对，棕白与棕为一对，这两对没用，作为预留对。因此国际上有两种制线标准：T568A 和 T568B。其排线顺序详见表 T2-1。

表 T2-1　双绞线制作标准

标准	1	2	3	4	5	6	7	8
T568A	绿白	绿	橙白	蓝	蓝白	橙	棕白	棕
T568B	橙白	橙	绿白	蓝	蓝白	绿	棕白	棕

由表可见，两者的主要区别在于：第 1 根线和第 3 根线，以及第 2 根线和第 6 根线之间位置的互换。标准中描述的序号按照水晶头中接触点的顺序表示，如图 T2-4 所示。

3. 直通线和交叉线的制作规范以及各自的作用

直通双绞线：两端都采用 T568B 的标准排线，如图 T2-5 所示。

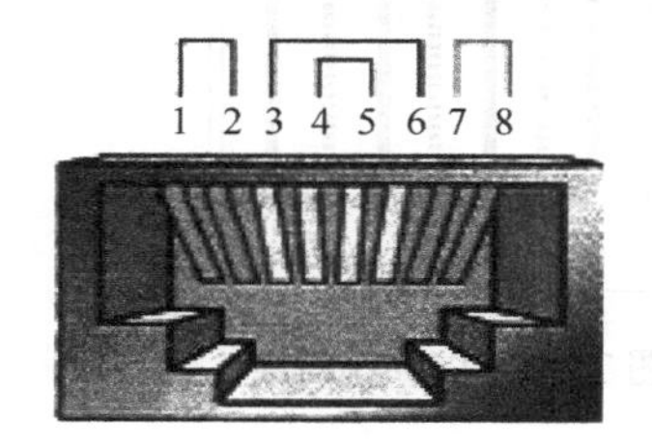

图 T2-4　水晶头中接触点排序

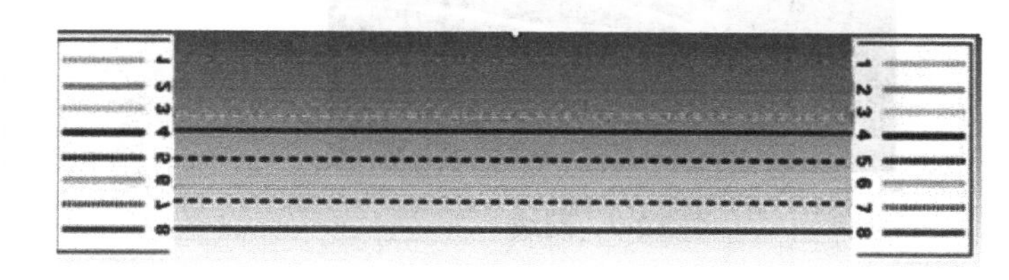

图 T2-5　直通双绞的连接方式

交叉双绞线：一端采用 T568A 标准，另外一端采用 T568B 标准来排线，如图 T2-6 所示。

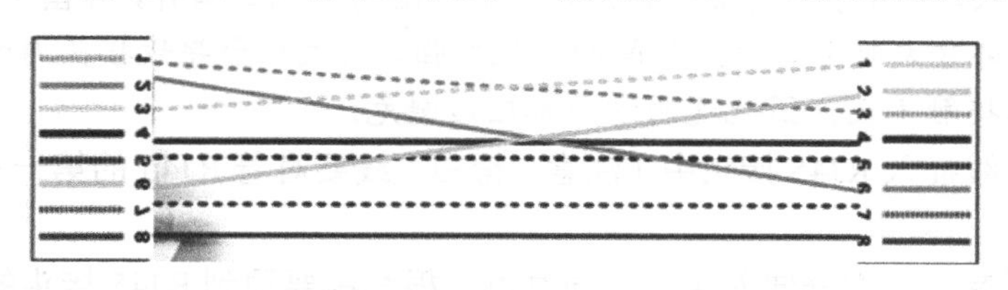

图 T2-6　交叉双绞线的连接方式

直通双绞线的作用：一般用于计算机和集线器（或交换机）的连接；当集线器级联时，用于集线器的级联端口和其普通端口相连的情况。

交叉双绞线的作用：一般用于计算机和计算机的连接；当集线器级联时，用于集线器的普通端口和其普通端口相连的情况。

【实训内容】

（1）制作一根直通缆，并用测试器测试其连通性。

（2）制作一根交叉缆，并用测试器测试其连通性。

【实训步骤】

1. 用 T568B 线序制作直通缆

（1）剪线。利用压线钳的切线口剪下所需要的双绞线长度。

提示： 线缆的长度取决于连接点的实际距离，考虑到结点的位置可能变化或因某些原因需重做 RJ45 接头，通常在实际使用时要尽量留有余量，但不能超出线缆的最大传输距离。

（2）剥线。利用压线钳的剥线口或专用剥线钳，将双绞线的外皮剥去 2～3cm，露出里面的 4 个线对。注意剥线时要注意控制力度，不能伤到里面的线对。其次不要将外皮剥去过多，满足要求即可。

（3）排线。按照标准排列线，将 4 个线对分离，可看到每个线对都由一根白线和一根彩线缠绕而成，彩线可分为橙、绿、蓝、棕四色，对应的白线分别为橙白、绿白、蓝白、棕白，如图 T2-7 所示。依次解开缠绕的线对，并按照标准的线序排列，本书以 T568B 标准为例，则自左到右依次为：橙白、橙、绿白、蓝、蓝白、绿、棕白、棕，如图 T2-8 所示。

图 T2-7　网线

图 T2-8　T568B 线序

注意白线的对应关系（在某些线缆中会在白线上掺杂彩色以示区分）。此外绿色线对应跨越蓝色线对，蓝色线对的顺序同其他线对相反。

（4）剪齐及插入。将 8 条线并成一排后，用压线钳的切线口剪齐，并留下约 14mm 的长度。

提示： 平行的部分太长会导致线芯间的干扰增强，而太短会导致接头内的金属脚无法完全接触到线芯而引起接触不良。因此这两方面都应该避免。

将并拢的双绞线插入 RJ45 接头中（注意“橙白”线要对着 RJ45 的第一只脚）并小心推送到接头的顶端。

线的外皮必须有一小部分伸入接头，同时每一根线都要顶到 RJ45 接头的顶端。

将 RJ45 接头放入压线器的压接槽中，通过线缆将接头推到压接槽的顶端并顶住（这样可保持线芯始终能顶到接头的顶部）。

（5）压线。用力将压线钳夹紧，并保持约 3 秒钟的时间。然后将压线钳松开并取出 RJ45 接头。此时可看到 RJ45 接头的 8 只金属脚已全部插入双绞线的 8 根线芯中，而接头的根部也有一个压块压住线缆的外皮。此时，双绞线一端的 RJ45 接头就压制完毕了。

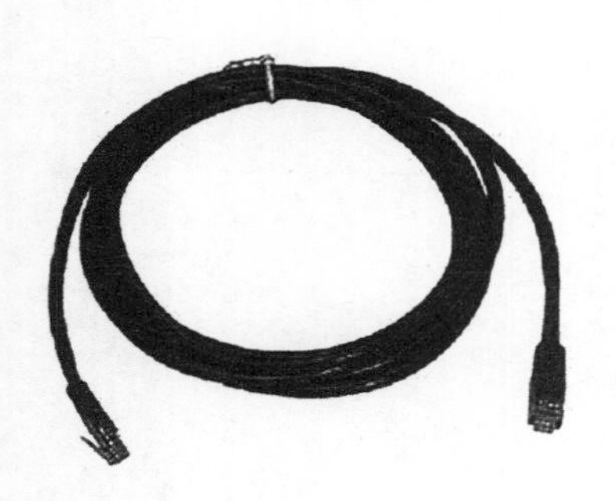

图 T2-9　网线

在线缆的另一端再压制一个 RJ45 接头，其步骤如（2）～（5）。至此，制作的网线，如图 T2-9 所示。

（6）测试连通性。现在我们已经拥有一条完全制作好的双绞线了，在实际用它连接设备之前，往往要先借助工具进行测试。这里采用一个简易测线仪来完成此项工作。

① 首先将双绞线的两个接头插入测线仪的两个 RJ45 接口中，如图 T2-10 所示。

② 打开测线仪的开关，此时应看到一个红灯闪烁，表示其已经开始工作，如图 T2-10 所示。

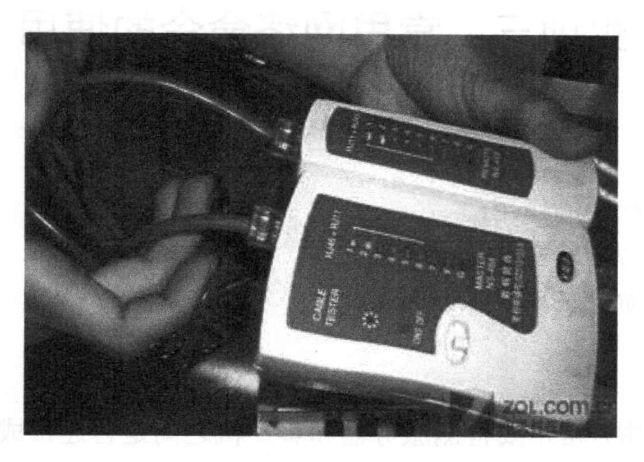

图 T2-10　测试网线

③ 观察测试仪面板上表示线对连接的绿灯，通常为 4 个，每线对一个。如绿灯顺序亮起，则表示该线缆制作成功；如有某个绿灯始终不亮，则表示有某一线对没有导通，此时需重做 RJ45 接头。

提示：简易测线仪只能简单测试线缆是否导通，而传输质量的好坏则取决于一系列的因素，如线缆本身的衰减值、串扰的影响等。在这些因素影响下，有时会出现线缆工作不稳定，甚至完全不能工作的情况。这时我们往往需要更复杂和高级的测试设备才能准确地判断故障的原因。如果网线等已经埋入墙壁或者线路很长，可能需要使用专门的测试设备来完成相关测试。

2. 交叉缆的制作

（1）剪取一段所需的线缆并在其一端压制 RJ45 接头，采用 T568B 标准。

（2）在另一端压制 RJ45 接头。此端的线序应按照 T568A 的标准排列，这也是交叉缆和直通缆的唯一不同。

提示：交叉缆多用于交换机、集线器间的级联，此外当需要将两台 PC 用一根线缆直接连到一起时，也使用交叉缆。需要注意的是，在很多集线器和交换机上有专用的级联口，当使用这种专用接口级联设备时，需要使用直通缆。交叉缆的制作方法同直通缆几乎完全相同，唯一不同的是其线序的排列。

（3）测试连通性。测试方法同直通缆相同，但需要注意的是测试交叉缆时，测线仪的绿灯是交替亮起的。

【实训思考】

1. 在双绞线上压制 RJ45 头时应注意哪些问题？
2. 使用测线仪测试线缆时，如何判断线缆是否导通？
3. 直通缆同交叉缆的使用环境有何区别，可不可以互换使用？

实训三　常用网络命令的使用

【实训目的】

（1）掌握各种网络命令的作用；
（2）掌握各种网络命令的主要测试方法；
（3）理解各种网络命令主要参数的含义。

【实训原理】

在网络调试的过程中，常常要检测服务器和客户机之间是否连接成功，检查本地计算机和某个远程计算机之间的路径，检查TCP/IP的统计情况，以及系统使用DHCP分配IP地址时掌握当前所有的TCP/IP网络配置情况，及时了解整个网络的运行情况，以确保网络的连通性，保证整个网络的正常运行。

TCP/IP协议常用以下工具命令：

（1）ping：用于测试计算机之间的连接，这也是网络配置中最常用的命令；
（2）ipconfig：用于查看当前计算机的TCP/IP配置；
（3）netstat：显示连接统计；
（4）tracert：进行源主机与目的主机之间的路由连接分析；
（5）arp：实现IP地址到物理地址的单向映射。

TCP/IP协议的许多常用命令都是在“命令提示符”窗口中运行的。在Windows操作系统中，人们通常利用鼠标在图形界面中完成各种操作。

打开“命令提示符”窗口的方式：选择“开始”菜单中的“运行”命令选项，打开“运行”窗口，输入“cmd”或“command”命令后，按【Enter】键，即可打开“命令提示符”窗口。在这个窗口中可运行各种命令。

【实训内容】

1. 利用ping命令测试网络的连通性和可达性。
2. 利用ipconfig命令显示本地计算机IP地址和网卡MAC地址。
3. 利用netstat命令显示网络连接信息。
4. 利用tracert命令判定数据包到达目的主机所经过的路径，显示数据包经过的中继结点清单和到达时间。
5. 利用arp命令显示修改ARP表项。

【实训步骤】

1. ping命令

ping命令用于确定网络的连通性。命令格式为：

```
ping  主机名/域名/IP地址
```

一般情况下，用户可以通过使用一系列 ping 命令来查找问题出在什么地方，或检验网络运行的情况。典型的检测次序及对应的可能故障如下：

（1）ping 127.0.0.1：如果测试成功，表明网卡、TCP/IP 协议的安装、IP 地址、子网掩码的设置正常。如果测试不成功，就表示 TCP/IP 的安装或运行存在某些最基本的问题。

（2）ping 本机 IP：如果测试不成功，则表示本地配置或安装存在问题，应当对网络设备和通信介质进行测试、检查并排除。

（3）ping 局域网内其他 IP：如果测试成功，表明本地网络中的网卡和载体运行正确。但如果收到 0 个回送应答，表示子网掩码不正确或网卡配置错误或电缆系统有问题。

（4）ping 网关 IP：如果应答正确，表示局域网中的网关或路由器正在运行并能够做出应答。

（5）ping 远程 IP：如果收到正确应答，表示成功使用了缺省网关。对于拨号上网的用户则表示能够成功访问 Internet。

（6）ping localhost：localhost 是系统的网络保留名，它是 127.0.0.1 的别名，每台计算机都应该能够将该名字转换成该地址。如果没有做到这点，则表示主机文件（/Windows/host）存在问题。

（7）ping www.163.com：对此域名执行 ping 命令，计算机必须先将域名转换成 IP 地址，通常是通过 DNS 服务器。如果这里出现故障，则表示本机 DNS 服务器的 IP 地址配置不正确，或 DNS 服务器有故障。

如果上面列出的所有 ping 命令都能正常运行，那么计算机进行本地和远程通信基本上就没有问题了。但是，这些命令的成功运行并不表示你所有的网络配置都没有问题。例如，某些子网掩码错误就可能无法用这些方法检测到。

ping 命令的常用参数选项如下：

ping IP -t：连续对 IP 地址执行 ping 命令，直到被用户按【Ctrl+C】组合键中断。

ping IP -l 2000：指定 ping 命令中的数据长度为 2000 字节，而不是缺省的 32 字节。

ping IP -n：执行特定次数的 ping 命令。

ping IP -f：强行不让数据包分片。

ping IP -a：将 IP 地址解析为主机名。

2. IP 配置程序 ipconfig

发现和解决 TCP/IP 网络问题时，先检查出现问题的计算机上的 TCP/IP 配置。可以使用 ipconfig 命令获得主机 TCP/IP 配置信息，包括 IP 地址、子网掩码和默认网关。命令格式为

```
ipconfig/options
```

其中 options 选项如下：

/?：显示帮助信息。

/all：显示全部配置信息。

/release：释放指定网络适配器的 IP 地址。

/renew：刷新指定网络适配器的 IP 地址。

/flushdns：清除 DNS 解析缓存。

/registerdns：刷新所有 DHCP 租用和重新注册 DNS 名称。

/displaydns：显示 DNS 解析缓存内容。

使用带/all 选项的 ipconfig 命令时，将给出所有接口的详细配置报告，包括任何已配置的

串行端口。使用 ipconfig/all 可以将命令重定向输出到某个文件，并将输出粘贴到其他文档中，也可以用该输出确认网络上每台计算机的 TCP/IP 配置，或者进一步调查 TCP/IP 网络问题。例如，若计算机配置的 IP 地址与现有的 IP 地址重复，则子网掩码显示为 0.0.0.0。图 T3-1 是使用 ipconfig/all 命令输出示例，显示了当前计算机配置的 IP 地址、子网掩码、默认网关以及 DNS 服务器地址等相关的 TCP/IP 信息。

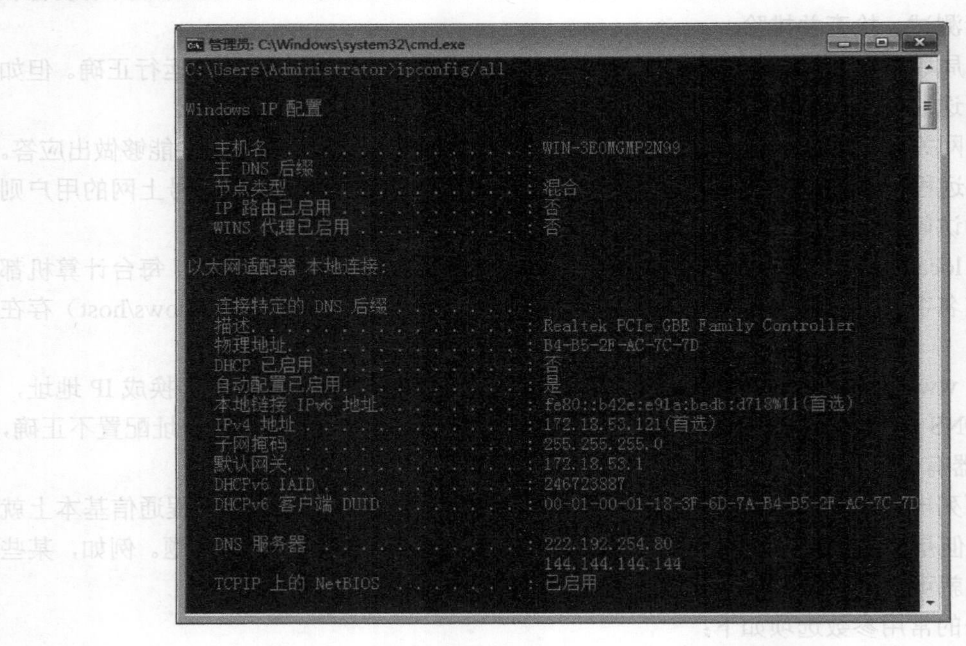

图 T3-1　使用 ipconfig/all 命令查看 TCP/IP 配置示例

3. 显示网络连接程序 netstat

netstat 命令的功能是显示网络连接、路由表和网络接口信息，可以让用户得知目前都有哪些网络连接正在运作，其命令格式为：

```
netstat [-a] [-e] [-n] [-s] [-p protocol] [-r] [interval]
```

参数说明如下：

（1）netstat -s：-s 选项能够按照各个协议分别显示其统计数据。这样就可以看到当前计算机在网络上存在哪些连接，以及数据包发送和接收的详细情况等。如果应用程序（如 Web 浏览器）运行速度比较慢，或者不能显示 Web 页之类的数据，那么可以用本选项来查看一下所显示的信息。仔细查看统计数据的各行，找到出错的关键字，进而确定问题所在。

（2）netstat -e：-e 选项用于显示关于以太网的统计数据。它列出的项目包括传送的数据报的总字节数、错误数、删除数、数据报的数量和广播的数量。这些统计数据既有发送的数据报数量，也有接收的数据报数量。使用这个选项可以统计一些基本的网络流量。

（3）netstat -r：-r 选项可以显示关于路由表的信息，类似后面所讲使用 route print 命令时看到的信息。除了显示有效路由外，还显示当前有效的连接。

（4）netstat -a：-a 选项显示一个所有的有效连接信息列表，包括已建立的连接（ESTABLISHED），也包括监听连接请求（LISTENING）的那些连接，如图 T3-2 所示。

（5）netstat -n：显示所有已建立的有效连接，以数字格式显示地址和端口号。

图 T3-2　使用 netstat 命令显示网络连接示例

（6）netstat -p protocol：显示由 protocol 指定的协议的连接。protocol 可以是 TCP 或 UDP。如果与-s 选项并用显示每个协议的统计，protocol 可是 TCP、UDP、ICMP 或 IP。

（7）netstat interval：重新显示所选的统计，在每次显示之间暂停 interval 秒。按【Ctrl+B】组合键停止，重新显示统计。如果省略该参数，netstat 将打印一次当前的配置信息。

当前最为常见的木马通常是基于 TCP/UDP 协议进行 Client 端与 Server 端之间的通信的，既然利用到这两个协议，就不可避免要在 Server 端（就是被种了木马的机器）打开监听端口来等待连接。例如“冰河”使用的监听端口是 7626，“Back Orifice 2000”则使用 54320 端口等。我们可以利用 netstat 命令查看本机开放端口的方法来检查自己是否被种了木马或其他黑客程序。

4．路由分析诊断程序 tracert

这个应用程序主要用来显示数据包到达目的主机所经过的路径。通过执行一个 tracert 到对方主机的命令之后，结果返回数据包到达目的主机前所经历的路径详细信息，并显示到达每个路径所消耗的时间。

这个命令同 ping 命令类似，但它所看到的信息要比 ping 命令详细得多，它能反馈显示送出的到某一站点的请求数据包所走的全部路径，以及通过该路由的 IP 地址，通过该 IP 的时间是多少。tracert 命令还可以用来查看网络在连接站点时经过的步骤或采取哪种路线，如果是网络出现故障，就可以通过这条命令来查看在哪儿出现了问题。例如，运行 tracert www.sohu.com，将看到网络在经过几个连接之后所到达的目的地，也就知道网络连接所经历的过程。

路由分析诊断程序 tracert 通过向目的地发送具有不同生存时间的 ICMP 回应报文，以确定至目的地的路由。也就是说，tracert 命令可以用来跟踪一个报文从一台计算机到另一台计算机所走的路径。命令格式如下：

```
tracert [-d] [-h maximum_hops] [-j host-list] [-w timeout] target_name
```

参数说明如下：

-d：不进行主机名称的解析。

-h maximum_hops：最大的到达目标的跃点数。

-j host-list：根据主机列表释放源路由。

-w timeout：设置每次回复所等待的毫秒数。

比如用户在上网时，想知道从自己的计算机如何进入到网易主页，可在 MS-DOS 方式下输入命令 tracert www.163.com，进行查看，如图 T3-3 所示。

图 T3-3　使用 tracert 命令示例

最左边的数字称为“hops”，是该路由经过的计算机数目和顺序。“<1 ms”是向经过的第一个计算机发送报文的往返时间，单位为 ms。由于每个报文每次往返时间不一样，tracert 将显示三次往返时间。如果往返时间以“*”显示，而且不断出现“Request timed out”的提示信息，则表示往返时间太长，此时可按下【Ctrl＋C】键离开。要是看到 4 次“Request timed out”信息，则极有可能遇到拒绝 tracert 询问的路由器。在时间信息之后，是计算机的名称信息，是便于人们阅读的域名格式，也有 IP 地址格式。它可以让用户知道自己的计算机与目的计算机在网络上距离有多远，要经过几步才能到达。

tracert 最多会显示 30 段“hops”，上面会同时指出每次停留的响应时间，以及网站名称和沿路停留的 IP 地址。一般来说，上网速度是由连接到主机服务器的整个路径上所有相应节点的反应时间总和决定的，这就是为什么一个经过 5 段跳接的路由器 hops，如果需要 1s 来响应的话，会比经过 9 段跳接但只需要 200 ms 响应的路由器 hops 来得糟糕。通过 tracert 所提供的资料，可以精确指出到底连接哪一个服务器比较划算。但是，tracert 是一个运行得比较慢的命令（如果用户指定的目标地址比较远），每个路由器用户大约需要给它 15s 来发送报文和接收报文。

5. ARP 地址解析协议

arp 是 TCP/IP 协议簇中的一个重要协议，用于把 IP 地址映射成对应网卡的物理地址。使用 ARP 命令，能够查看本地计算机或另一台计算机的 ARP 高速缓存中的当前内容。

使用 arp 命令可以人工方式设置静态的网卡物理/IP 地址对，使用这种方式可以为缺省网关和本地服务器等常用主机进行本地静态配置，这有助于减少网络上的信息量。

按照缺省设置，ARP 高速缓存中的项目是动态的，每当发送一个指定地点的数据报并且此时高速缓存中不存在当前项目时，ARP 便会自动添加该项目。

arp 命令有以下三种用法：

（1）arp -a [inet_addr] [-N if_addr]

（2）arp -s inet_addr eth_addr if_addr]

（3）arp -d inet_addr [if_addr]

arp 命令常用命令选项：

（1）arp -a：用于查看高速缓存中的所有项目。

（2）arp -a IP：如果有多个网卡，那么使用 arp -a 加上接口的 IP 地址，就可以只显示与该接口相关的 ARP 缓存项目。

（3）arp -s IP 物理地址：向 ARP 高速缓存中人工输入一个静态项目。该项在计算机引导过程中将保持有效状态，或者在出现错误时，人工配置的物理地址将自动更新该项目。

（4）arp -d IP：使用本命令能够人工删除一个静态项目。

图 T3-4 是带参数的 arp 命令简单实现示例。

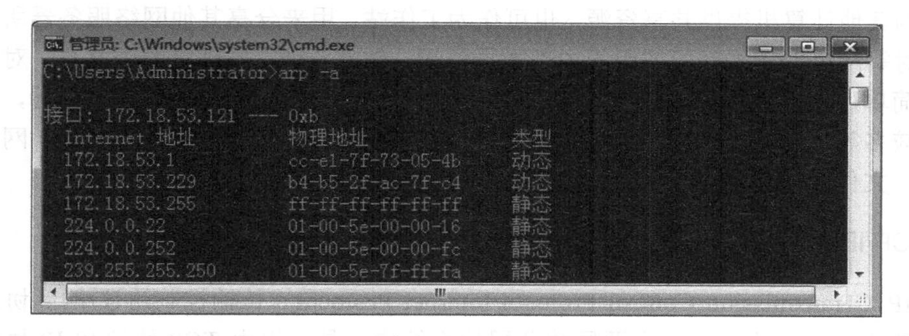

图 T3-4　arp 命令中-a 的运用示例

【实训思考】

1. 一般可用 ping 命令来判断几种网络故障？

2. 用 tracert 命令来判定数据包到达目的主机所经过的路径，如测试结果出现星号代表什么含义？

实训四　对等网的组建

【实训目的】

（1）通过对等网组建，了解对等网络的基本组成、设备用途及实现资源共享的方法途径；
（2）熟练掌握硬件设备连接、以及网络协议配置的基本方法与步骤。

【实训原理】

1. 对等网

对等网也称工作组网，在这种体系架构下，网内成员地位都是对等的，网络中不存在管理或服务核心的主机，即各个主机间无主从之分，并没有客户机和服务器的区别。在对等网中没有域，只有工作组。由于工作组的概念没有域的概念那样广，因此在对等网组建时不需要进行域的配置，而只需对工作组进行配置。对等网中所包含的计算机数量一般不多，通常限制在一个小型机构或部门内部，各主机之间对等交换数据和信息。网络中任一台计算机既可作为网络服务器，为其他计算机提供共享资源，也可作为工作站，用来分享其他网络服务器所共享的资源。通过对等网可以实现部门或组织内部数据资源、软件资源、硬件资源的共享。对等网网络具有结构简单，易于实现，网络成本低，网络建设和维护简单，网络组建方式灵活，可选用的传输介质较多等优点。其不足之处在于网络支持的用户数量较少，网络性能较低，网络安全及保密性差，文件管理分散，计算机资源占用大。

2. TCP/IP 协议

TCP/IP（Transmission Control Protocol/Internet Protocol）传输控制协议/网际协议，也称为网络通信协议。该协议是一个四层的分层体系结构，是一组由 TCP 协议和 IP 协议以及其他的协议组合在一起构成的协议簇，是 Internet 最基本的协议之一。TCP/IP 协议定义了电子设备如何接入因特网，以及数据在网络之间传输的标准。在该协议中，传输控制协议（TCP，Transmission Control Protocol）是面向连接的，能够提供可靠的交付，该协议负责收集文件信息或者将大的文件拆分成适合在网络上传输的包，当数据通过网络传到接收端的 TCP 层，接收端的 TCP 层根据协议规定将包还原为原始文件。网际协议（IP，Internet Protocol）通过处理每个 IP 包的地址信息，进行路由选择，使这 IP 数据包正确地到达目的地。TCP/IP 协议使用客户端/服务器模式进行通信。用户数据包协议（UDP）、Internet 控制信息协议（ICMP）、内部网关协议（IGP）、外部网关协议（EGP）、边界网关协议（BGP）与 TCP 协议、IP 协议等共同组成 TCP/IP 协议簇。

【实训内容】

某办公室现有计算机 3 台，还有 1 台打印机，小张想将 3 台计算机互连起来，都能够相互共享软硬件资源，以提高资源的利用率，同时提高工作效率。请帮他设计一下。

【实训步骤】

1. 实训拓扑

按照图 T4-1 所示的拓扑结构图连接设备。用直通缆将 3 台计算机连接到交换机（由 3 台计算机构成的对等网），从而完成网络硬件的连接。

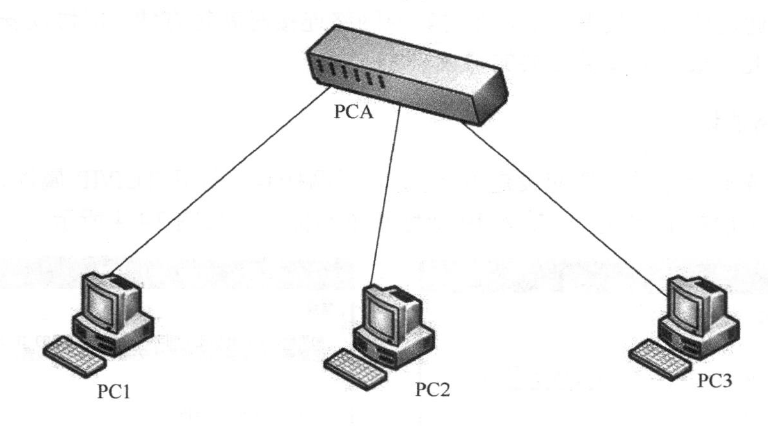

图 T4-1　三台计算机组成的对等网

2. 安装网卡驱动程序

目前，由于 Windows 自带的网卡驱动程序较多，大多数情况下用户无须手动安装驱动程序，而由系统自动识别并自动安装驱动程序。是否正确安装好网卡驱动程序，可以通过“计算机管理”中的“设备管理器”查看，正确安装网卡驱动后的设备管理器如图 T4-2 所示。

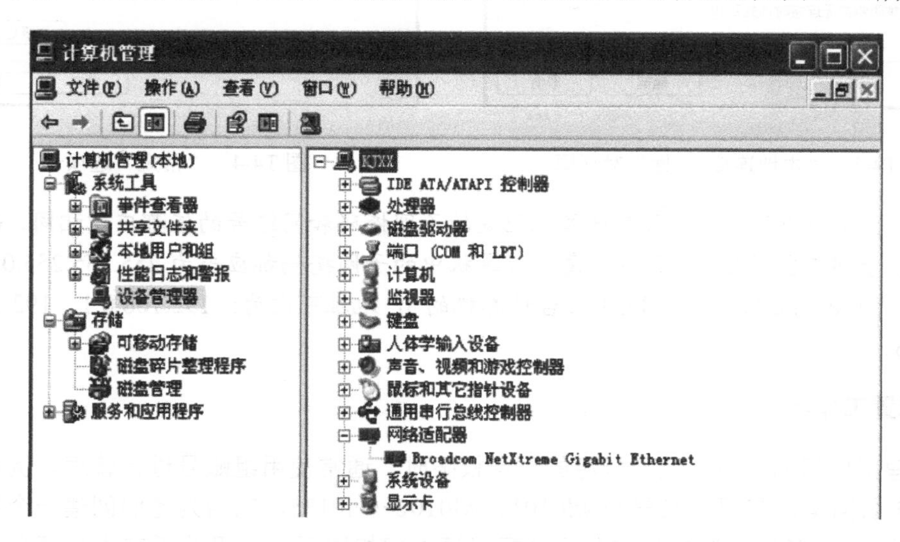

图 T4-2　正确安装网卡驱动示意图

3. 设置网络组建

在网络中有许多组件，但是，最基本的网络组件就是协议、客户和服务。

（1）协议：是通信的语言和基础，它是网络结点相互通信的规程和约定。

（2）客户：该组件提供了网络资源访问的条件。

（3）网络服务：该组件是网络中可以提供给用户的各种网络功能。在微软中提供了以下两种基本的服务类型，其中最基本的是“网络的文件和打印机共享”服务。

TCP/IP 协议，被广泛用于访问 Internet，并且是对等网络推荐使用的协议。在缺省情况下，TCP/IP 协议自动在安装过程中对你的网络进行配置。

通常，网络通信协议安装得越多，在与其他网络连接时就越方便。但协议安装多了系统速度就会下降。因此，最好只安装必要的协议。

4. 配置网络协议

在对等网互连通信之前，还应设定 IP 地址和子网掩码。打开 TCP/IP 属性，如图 T4-3 所示。选择“使用下面的 IP 地址”，输入 IP 地址和子网掩码，如图 T4-4 所示。

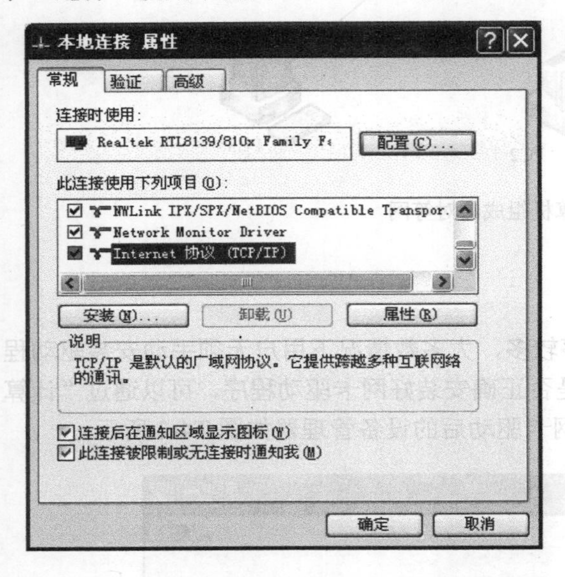

图 T4-3　“本地连接 属性”对话框

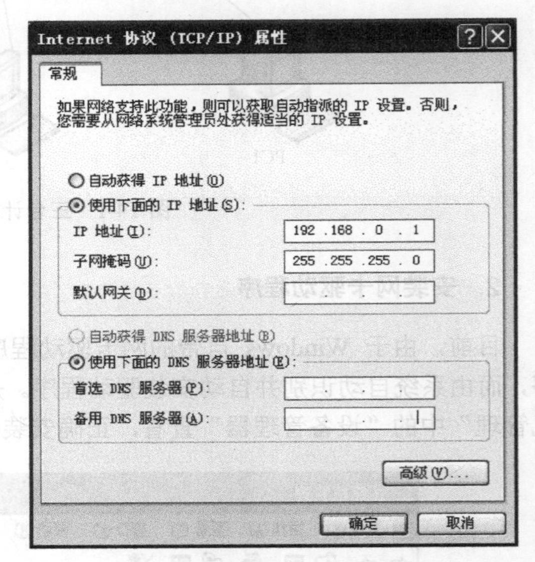

图 T4-4　“常规”选项卡

注意：在同一个子网中，所有计算机配置的子网掩码和网络号的值都应该相同，而每个计算机的主机号都应当不相同。因此，每台计算机中的子网掩码都应当为 255.255.255.0，网络地址为 192.168.0.0，PC1、PC2、PC3 三台计算机的 IP 地址可设为：192.168.0.1、192.168.0.2、192.168.0.3。

5. 配置工作组

在管理工作组网络时，赋予资源的访问权限时，通常使用组账号进行管理。例如，网络 01 班有 35 名同学，其用户账户为 wl0101、wl0102…wl0135，应当为他们创建一个包含所有成员的组账户“wl01”，这样为该分组分配资源访问权限后，该组的所有成员都会具有相同的权限。

这种分组方法可以帮助用户方便地找到网络上的其他计算机。在安装网络软件的过程中，计算机会提示你为计算机确定名字、工作组网络密码。

每台计算机应该具有彼此不同的计算机名，再将其加入工作组中，避免网络冲突，以便其他用户可以在网络上看到它。计算机名在其他用户浏览整个网络时显示出来。要确保为每台计算机起一个相同的工作组名，以便于通过工作组管理计算机及共享组内计算机的软、硬件资源。

计算机名、工作组名可以在安装系统时完成设定，也可以在操作系统安装完毕后，通过鼠标右键单击“我的电脑”图标，打开“系统属性”对话框，如图 T4-5 所示，单击“计算机名”选项卡，再单击“更改”按钮，根据相关提示完成操作，就能实现更名和加入工作组。

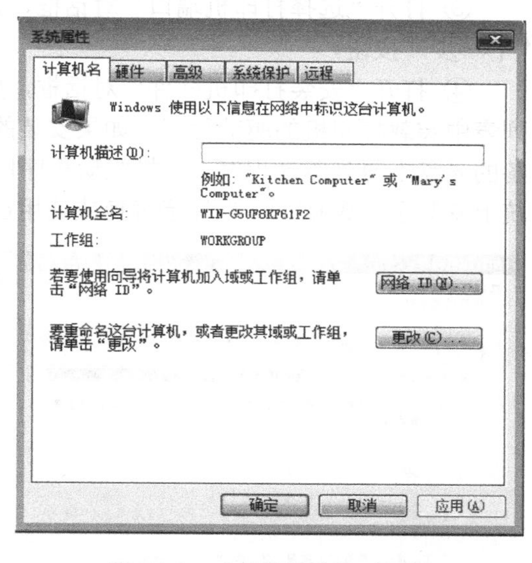

图 T4-5　“系统属性”对话框

6. 用 ping 命令测试网络连通性

在 PC1 上，切换到 MS-DOS 方式运行 ping 命令：ping 192.168.0.2，如果能够 ping 通，则表示 PC1 和 PC2 连通正常，如果网络不通，则会出现信息：Request timed out。

三台计算机相互测试，保证网络连通。

7. 设置文件和打印共享

（1）文件夹共享。鼠标右击某文件夹图标，在弹出的快捷菜单中选择“共享与安全”项，在打开的文件夹或打印机属性对话框中，确定共享选项及其权限，再单击“确定”按钮，完成设置。

（2）打印机共享，具体操作步骤如下。

步骤 1：在 PC1 上安装本地接口打印机。

① 打开“打印机和传真”窗口。

② 单击“添加打印机”图标。打开“本地或网络打印机”对话框，如图 T4-6 所示。向导询问安装本地打印机或是网络打印机。选择“本地打印机”，如果第一次设置即插即用的打印机，可以选择“即插即用”选项。如果手动安装，清除该复选框。单击“下一步”按钮。

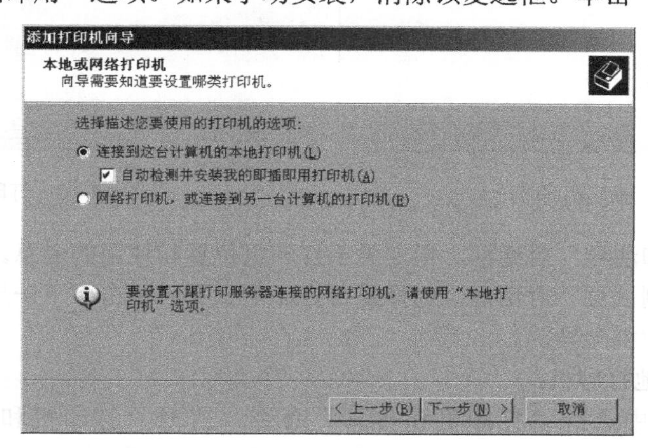

图 T4-6　添加本地或网络打印机

③ 打开“选择打印机端口”对话框，如图 T4-7 所示。使用推荐的打印机端口即可，单击“下一步”按钮。

④ 打开“安装打印机软件”对话框，如图 T4-8 所示。选择打印机厂商和类型，从生产商列表中装载打印机的驱动程序。如果安装的打印机不在列表中，需要从 Internet 上或打印机配备的光盘上得到驱动程序。选择驱动程序以后，单击“下一步”按钮。如果驱动程序已经在系统上安装了，Windows 将提示替换或使用已存在的驱动程序。

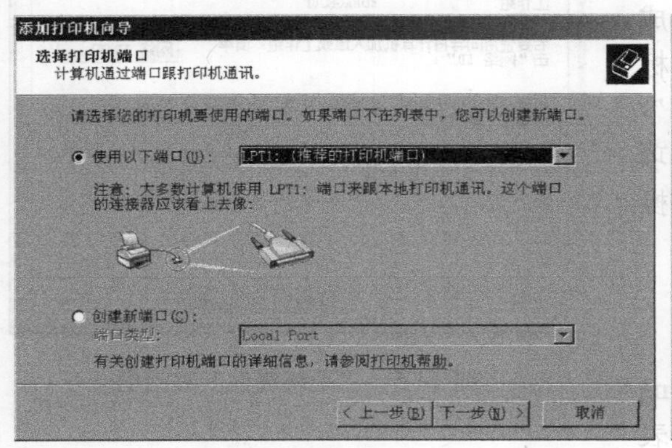

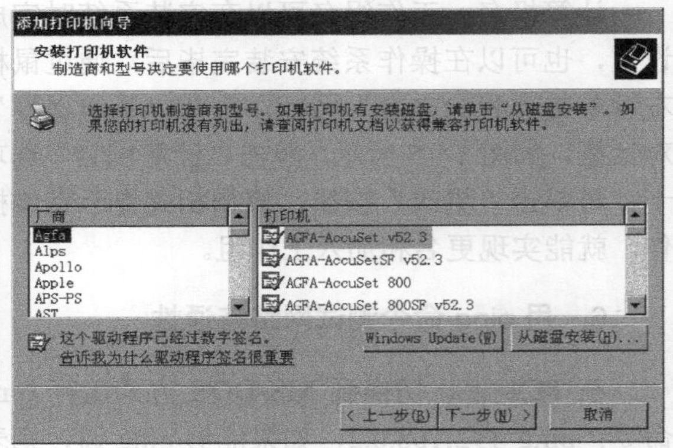

图 T4-7　选择打印机端口　　　　图 T4-8　安装打印机软件

⑤ 打开“命名打印机”对话框，如图 T4-9 所示。指定用于显示的打印机名称，单击“下一步”按钮。

⑥ 打开“打印机共享”对话框，如图 T4-10 所示。选择共享打印机，然后单击“下一步”按钮。

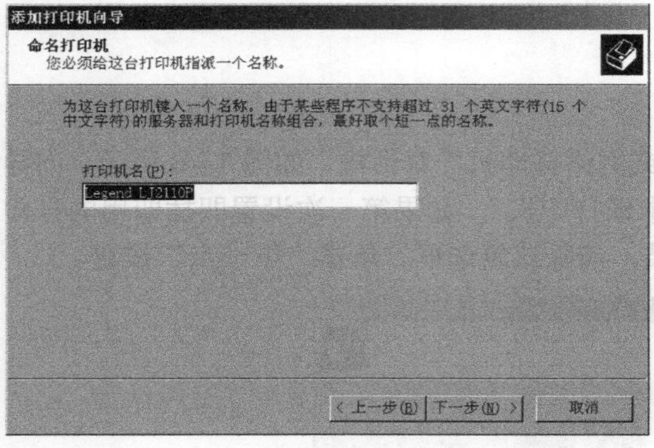

图 T4-9　命名打印机　　　　图 T4-10　打印共享

⑦ 打开“位置和注释”对话框，指定关于打印机位置和使用的信息。

⑧ 打开“打印测试页”对话框，选择是否打印测试页，单击“下一步”按钮。

⑨ 完成添加打印机向导。

步骤 2：共享本地打印机。

① 在开始菜单中选择“打印机和传真”命令，打开“打印机和传真”窗口，右击“LegendLJ2210P”选项，在弹出的快捷菜单中选择“共享”选项，打开“LegendLJ2210P 属性”

对话框。

② 双击“网络安装向导”链接，打开“网络安装向导”对话框，按照提示一步一步进行操作，单击“下一步”按钮，打开“选择连接方法”对话框，选择计算机连接到 Internet 的方法。

③ 单击“下一步”按钮，直到打开“文件和打印机共享”对话框，选中“启用文件和打印机共享”单选按钮，单击“下一步”按钮，再单击“完成”按钮，系统进行配置。

④ 打开“LegendLJ2210P 属性”对话框，选择“共享”选项卡。选中“共享这台打印机”单选按钮，在“共享名”文本框中输入共享的打印机名，也可选用默认名称。

⑤ 设置完成后，在此打印机的图标下会显示共享标记。

步骤 3：PC2、PC3 安装网络打印机。

① 打开“打印机和传真”窗口，单击“添加打印机”，打开“添加打印机向导”对话框，单击“下一步”按钮，打开“本地或网络打印机”对话框，选中“网络打印机或连接到其他计算机的打印机”单选按钮。

② 单击“下一步”按钮，打开“指定打印机”对话框，如图 T4-11 所示。

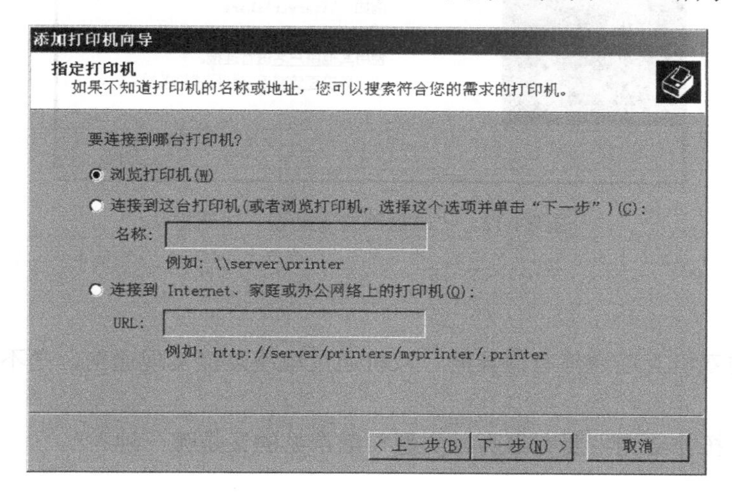

图 T4-11　指定打印机

③ 选中“浏览打印机”单选按钮，单击“下一步”按钮，打开“浏览打印机”对话框，在“共享打印机”列表框中选择需要连接的打印机。单击“下一步”按钮，然后单击“完成”按钮即可。

④ 可在图 T4-11 中选中“连接到 Internet、家庭或办公网络上的打印机”单选按钮，在“名称”框中直接输入网络上可共享的打印机，如\\192.168.0.1\Legend LJ。

⑤ 单击“下一步”按钮，会在“打印机和传真”窗口添加网络上的打印机。

8. 使用共享资源的方法

共享的资源开放后，网络中的用户就可以使用共享的资源了。使用共享资源的方法有许多，这里仅介绍 3 种。

（1）直接使用。在 Windows 计算机的“网上邻居”中，可以直接浏览工作组中各计算机已经开放的共享资源。但是，访问这些计算机共享资源的用户会被要求输入具有资源访问许可的“用户账号”和“密码”，输入并通过验证之后，就可以根据所具有的权限来使用已共享的资源了。

（2）快速使用。打开运行窗口输入：\\对方 IP 地址（也可以是计算机名），输入完成后，单击底部的“确定”按钮即可直接快速打开共享文件夹。

（3）映射使用。在“资源管理器”窗口中，选择“工具”菜单中的“映射网络驱动器”选项，打开“映射网络驱动器”对话框，如图 T4-12 所示，单击“浏览”按钮，在打开的“浏览文件夹”对话框中，直接浏览网上的各个计算机，并显示其所有的共享资源。选中要使用的共享资源后，单击“确定”按钮，返回图 T4-12 所示的对话框，单击“完成”按钮，完成映射任务。

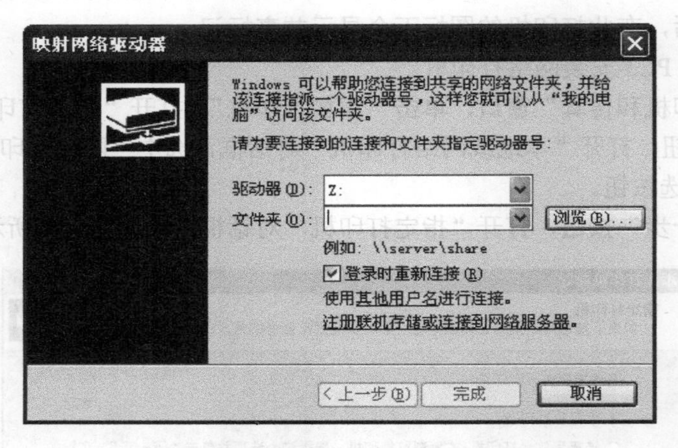

图 T4-12　“映射网络驱动器”对话框

【实训思考】

1．对等网与双机互连通信有何异同？双机通过电缆连接实现通信，是不是一个最小的对等网？

2．对等网的拓扑结构主要有哪两种类型？最常见的又是哪一种？

实训五　静态路由配置

【实训目的】

（1）掌握路由器的基本工作原理和配置方法；

（2）掌握静态路由的配置方法。

【实训原理】

路由器是实现网络互联的关键设备，它工作在OSI参考模型的网络层，它以分组作为数据交换的基本单位，属于通信子网的最高层设备。路由器是局域网到广域网的接入以及局域网之间互联时所需要的设备。

广域网数据包的路由是通过路由进程来实现的，路由进程确定路径的方法有如下两种：

一种是通过配置写好的路由表来传送，路由器之间不需要进行路由信息的交换。这种由系统管理员手工配置路由表并指定每条路由的方法称为静态路由。

另一种是由路由器按指定的路由协议格式在网上广播和接收路由信息，通过路由器不断交换路由信息，动态地更新和确定路由表，并随时向附近的路由器广播，这种自动调整方法称为动态路由。动态路由由于具有灵活、使用配置简单，适应大型网络环境。

在静态路由配置中，由于相关的路由信息是由手工输入的，系统无法自动根据网络的变化进行变动，因而具有较高的安全系数，并且通常不向外广播。静态路由选择效率高、占用系统资源较少、配置简单、维护方便，所以应用较为广泛。目前，多数局域网之间的远距离连接，以及局域网接入Internet时，多使用静态路由。但是，对于结构复杂的大型网络来说，网络管理人员难以全面了解整个网络的拓扑结构，并且网络拓扑结构和链路状态可能会经常进行改变，这时静态路由是不适宜的，它主要用于网络结构比较简单且相对稳定的网络中。

在Cisco路由器上可以配置3种路由，即静态路由、动态路由和默认（缺省）路由。默认路由是指当数据包到达路由器时，如果路由器根据数据包的源地址或目的地址在路由表项中没有找到与之相匹配的转发路径时，路由器按照一个预先设定好的路径转发该数据包。通常情况下，路由进程查找路由的顺序为静态路由、动态路由。在所有的路由中，静态路由优先级别最高。当动态路由与静态路由发生冲突时，以静态路由为准，当静态路由表和动态路由表中没有合适的路由时，则由默认路由将数据包传输出去。

Packet Tracer是由Cisco公司发布的一个辅助学习工具，为学习思科网络课程的初学者去设计、配置、排除网络故障提供了网络模拟环境，是一个功能强大的网络仿真程序。本次实训借助Packet Tracer实现。

【实训内容】

1．某学校3个分院的网络是独立的，现在要用3台路由器将3个分院的网络连接起来，实现3个分院网络之间的相互通信和资源共享。

2．根据图T5-1所示，完成整个实训过程。

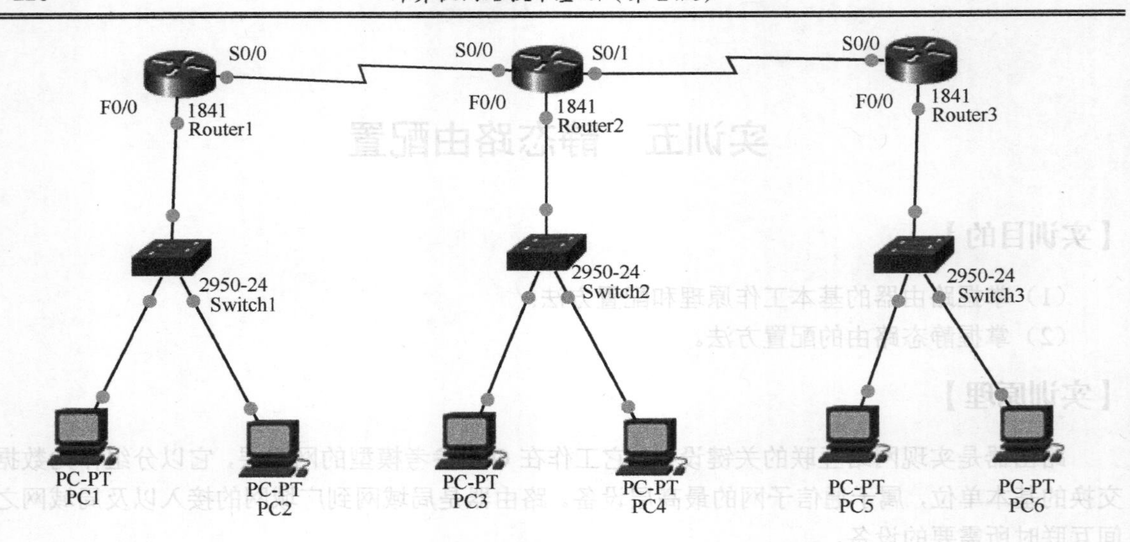

图 T5-1　实训拓扑图

3．IP 地址分配，见表 T5-1 和表 T5-2。

表 T5-1　PC 的 IP 地址分配表

名称	接口	IP 地址	子网掩码	默认网关
PC1	e0/0	192.168.5.2	255.255.255.0	192.168.5.1
PC2	e0/0	192.168.5.3	255.255.255.0	192.168.5.1
PC3	e0/0	192.168.4.2	255.255.255.0	192.168.4.1
PC4	e0/0	192.168.4.3	255.255.255.0	192.168.4.1
PC5	e0/0	192.168.3.2	255.255.255.0	192.168.3.1
PC6	e0/0	192.168.3.3	255.255.255.0	192.168.3.1

表 T5-2　路由器 IP 地址分配表

名称	接口	IP 地址	子网掩码
Router1	f0/0	192.168.5.1	255.255.255.0
Router1	s0/0	192.168.1.1	255.255.255.0
Router2	f0/0	192.168.4.1	255.255.255.0
Router2	s0/0	192.168.1.2	255.255.255.0
Router2	s0/1	192.168.2.1	255.255.255.0
Router3	f0/0	192.168.3.1	255.255.255.0
Router3	s0/0	192.168.2.2	255.255.255.0

【实训步骤】

1．根据图 T5-1 在 Packet Tracer 中搭建实训环境。

2．为 PC 配置 IP 地址。根据表 T5-1 为 PC1～PC6 分别设置 IP 地址、子网掩码和默认网关。下面以 PC1 为例，具体配置如图 T5-2 所示。

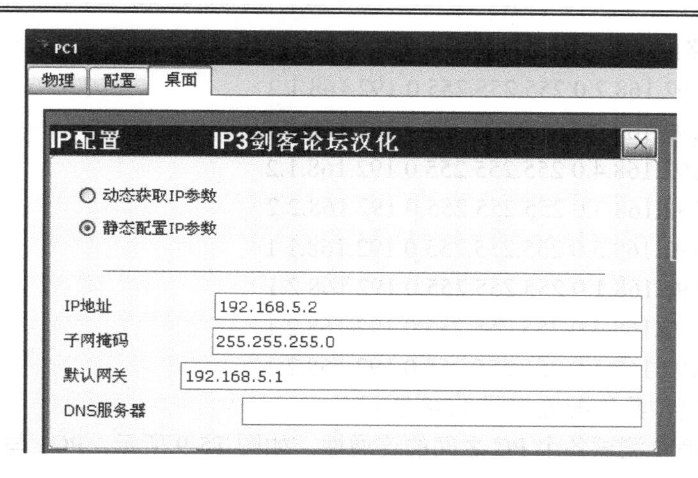

图 T5-2 PC1 的 IP 地址配置

3．路由器增加模块。Router1 增加一个 WIC-1T 模块，Router2 增加一个 WIC-2T 模块，Router3 增加一个 WIC-1T 模块后，如图 T5-3～图 T5-5 所示。

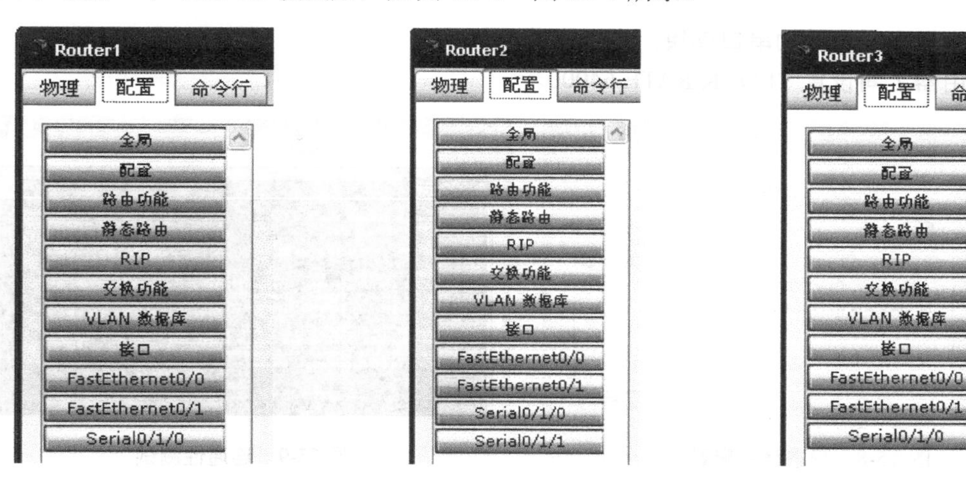

图 T5-3 Router1　　图 T5-4 Router2　　图 T5-5 Router3

4．配置路由器。根据表 T5-2 为 Router1～Router3 配置地址，以 Router1 为例，具体配置如图 T5-6 和图 T5-7 所示。

图 T5-6 Router1 F0/0 地址设置

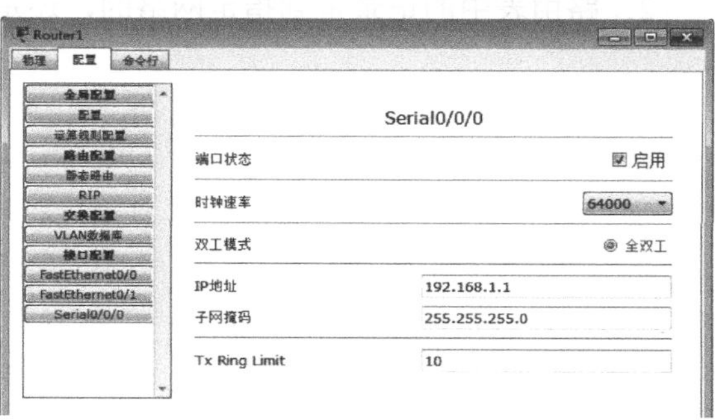

图 T5-7 Router1 S0/0 地址设置

5. 配置静态路由表。

① Router1：192.168.2.0 255.255.255.0 192.168.1.2
192.168.3.0 255.255.255.0 192.168.1.2
192.168.4.0 255.255.255.0 192.168.1.2

② Router2：192.168.3.0 255.255.255.0 192.168.2.2
192.168.5.0 255.255.255.0 192.168.1.1

③ Router3：192.168.1.0 255.255.255.0 192.168.2.1
192.168.4.0 255.255.255.0 192.168.2.1
192.168.5.0 255.255.255.0 192.168.2.1

以 Router1 为例，具体配置如图 T5-8 所示。

6. 通过 ping 命令测试各个 PC 之间的连通性，如图 T5-9 所示，PC1 与 PC6 测试连通性。

7. 注意事项：

① Packet Tracer 中路由器每个端口默认都是 shutdown 状态，请启动；

② 确认使用的线缆正确，路由器和路由器之间必须使用串行端口相连，并且使用 DCE 串口线；

③ 路由器中需要添加串口模块；

④ 路由器之间设置 CLOCK RATE 64000。

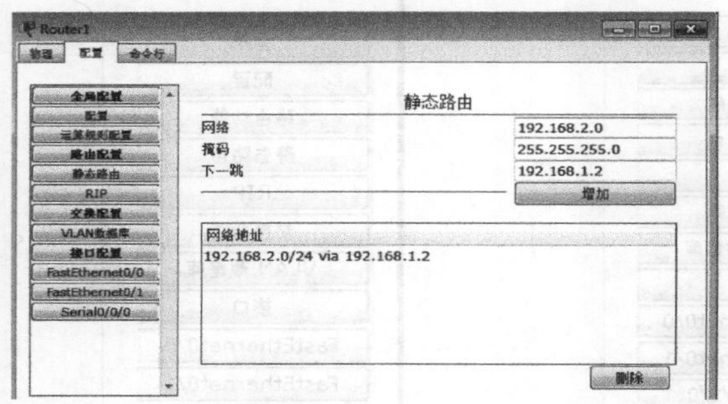

图 T5-8　静态路由配置

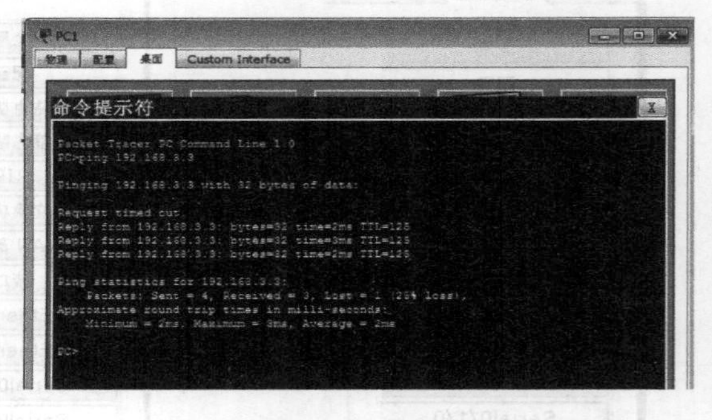

图 T5-9　连通性测试

【实训思考】

1. 主机的网关应该怎样设置？

2. 路由表中的记录是到指定网络的，还是到目的主机的？

实训六　无线网络配置

【实训目的】

（1）掌握无线 AP 的配置方法；

（2）掌握无线路由器上网的基本配置，实现安全接入；

（3）掌握无线局域网的安全配置。

【实训原理】

无线局域网是计算机网络和无线通信技术相结合的产物。具体来说就是在组建局域网时不再使用传统的电缆线而通过无线的方式以红外线、无线电波等作为传输介质来进行连接，提供有线局域网的所有功能。无线局域网的基础还是传统的有线局域网，是有线局域网的扩展和替换，它是在有线局域网的基础上通过无线集线器、无线访问点、无线网桥、无线网卡等设备实现无线通信。

无线 AP 就是传统有线网络中的 HUB，也是组建小型无线局域网时最常用的设备。AP 相当于一个连接有线网和无线网的桥梁，其主要作用是将各个无线网络客户端连接到一起，然后将无线网络接入以太网。

无线路由器（Wireless Router）好比将单纯性无线 AP 和宽带路由器合二为一的扩展型产品，它不仅具备单纯性无线 AP 所有功能，如支持 DHCP 客户端、支持 VPN、防火墙、支持 WEP 加密等，而且还包括网络地址转换（NAT）功能，可支持局域网用户的网络连接共享。可实现家庭无线网络中的 Internet 连接共享，实现 ADSL、Cable modem 和小区宽带的无线共享接入。无线路由器可以与所有以太网接的 ADSL MODEM 或 CABLE MODEM 直接相连，也可以在使用时通过交换机/集线器、宽带路由器等局域网方式再接入。

DNS（Domain Name Server，域名服务器）是进行域名和与之相对应的 IP 地址转换的服务器。WEB 服务器也称为 WWW（WORLD WIDE WEB）服务器，主要功能是提供网上信息浏览服务。

【实训内容】

如图 T6-1 所示，ISG 模拟公司内网路由器，在公司的路由器背后接了一台 T300n 的无线路由器，下面 3 台 PC，通过添加了无线网卡和有线网卡，连接到无线路由器上，然后通过公司内部的路由器访问外面的 WEB 服务器。并且无线路由器采用 WEP 安全模式。

【实训步骤】

1．根据图 T6-1 在 Packet Tracer 中搭建实训环境。

2．内网路由器 ISG 的配置。路由器添加串口模块，先关闭电源，再添加一个串口模块。配置接口 F0/0 和 S0/0，如图 T6-2 所示。

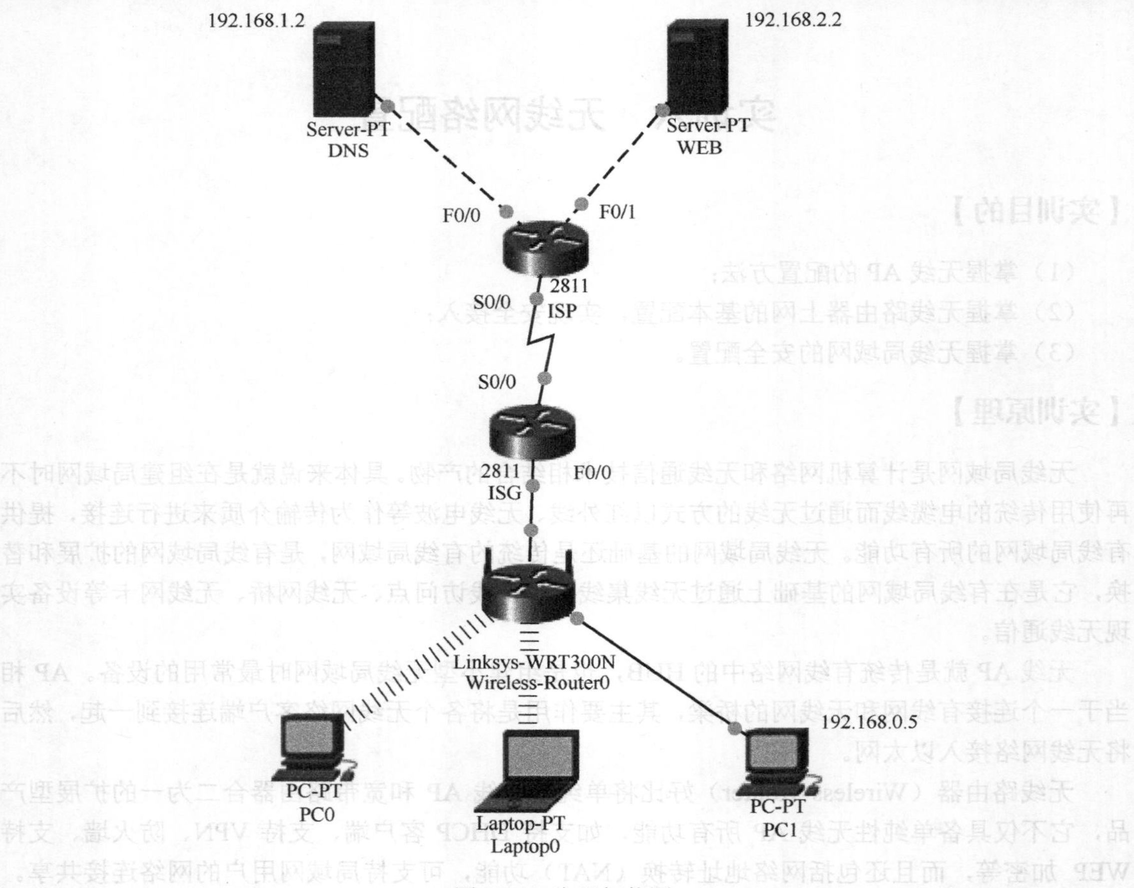

图 T6-1　实训拓扑图

图 T6-2　ISG 路由器接口设置

ISG 路由配置如图 T6-3 所示。这里采用 RIP（路由信息协议）配置。RIP 是一个最简单的距离矢量路由协议，非常适用于小型网络的应用。

3．外网路由器 ISP 的配置。路由器添加串口模块，先关闭电源，再添加一个串口模块。配置接口 F0/0、F0/1 和 S0/0，配置路由，具体设置参考路由器 ISG 的配置。

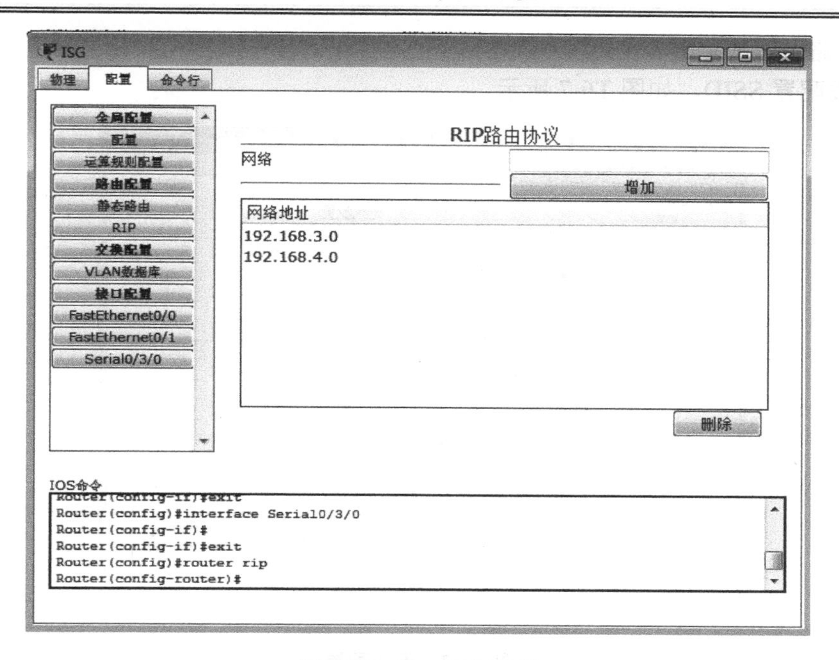

图 T6-3　ISG 路由配置

4. 配置 DNS 服务器，设置 IP 地址，如图 T6-4 所示，设置 DNS 服务，如图 T6-5 所示。

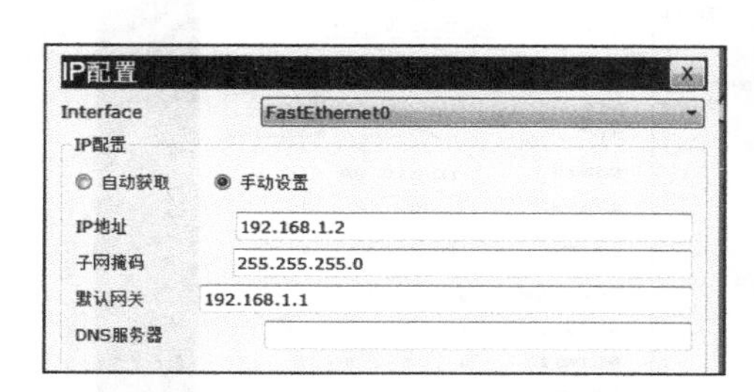

图 T6-4　DNS 服务器 IP 配置

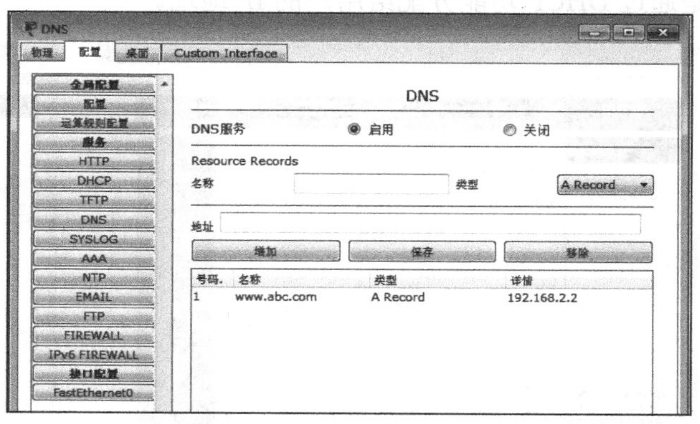

图 T6-5　DNS 服务器 DNS 配置

公司内部 PC 通过“www.abc.com”这个名称去访问 Web 服务器。

5. 配置 Web 服务器，设置 IP 地址，如图 T6-6 所示。

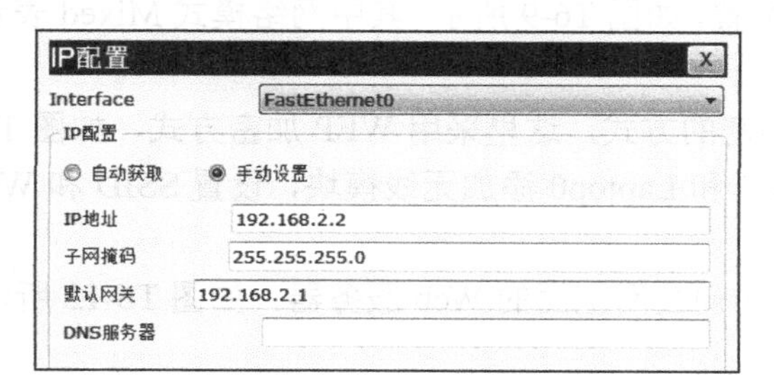

图 T6-6　Web 服务器 IP 配置

6．无线路由器的配置。

（1）无线配置 SSID，如图 T6-7 所示。

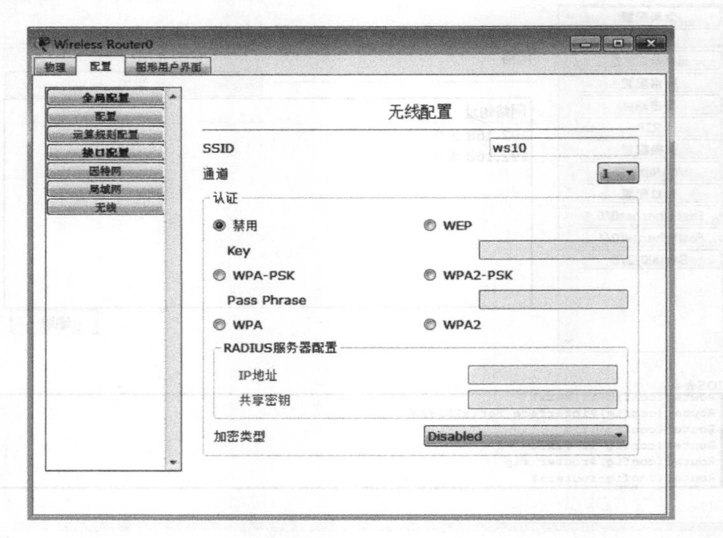

图 T6-7　无线配置

（2）基本地址配置，如图 T6-8 所示，其中 192.168.4.2 是路由器的管理地址，192.168.0.x 是通过 DHCP 功能分配给用户的 IP 地址。

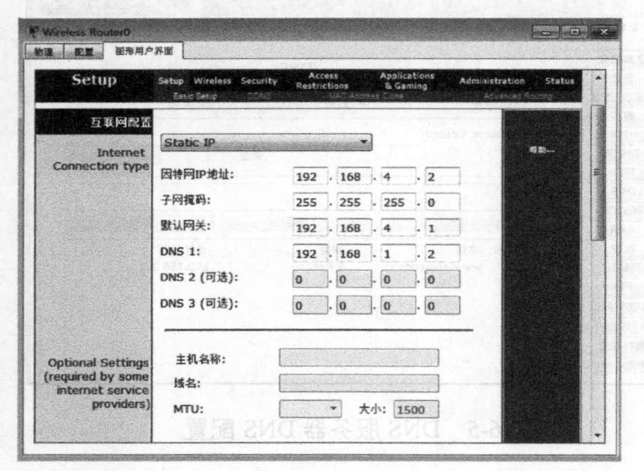

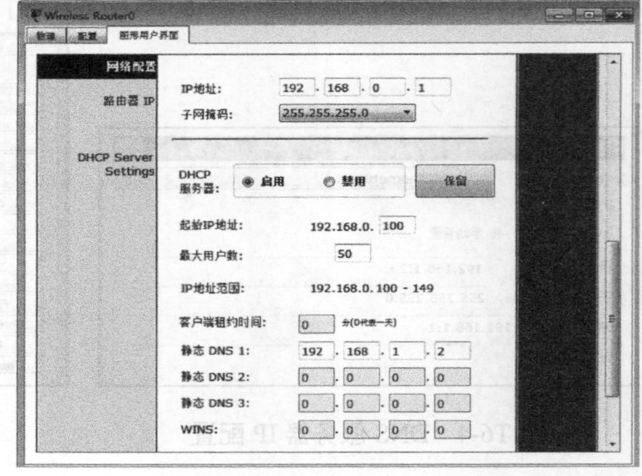

图 T6-8　基本配置

（3）“Wireless”无线配置，如图 T6-9 所示，其中网络模式 Mixed 表示混合型，无论是 A/B/G 哪种类型都可以使用。

（4）设置无线网络加密的方式，这里采用 WEP 加密方式，如图 T6-10 所示。

7．配置内网 PC。PC0 和 Laptop0 添加无线模块，设置 SSID 和 WEP 密码。PC1 的设置如图 T6-11 所示。

8．测试。在 PC0 上访问公网上面的 Web 服务器，如图 T6-12 所示。

图 T6-9　无线配置

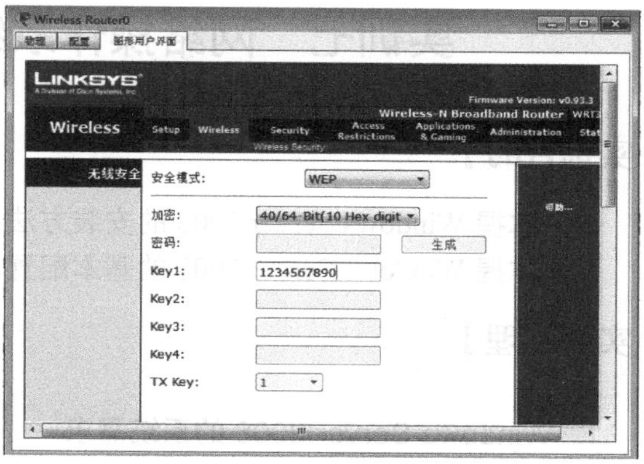

图 T6-10　WEP 加密

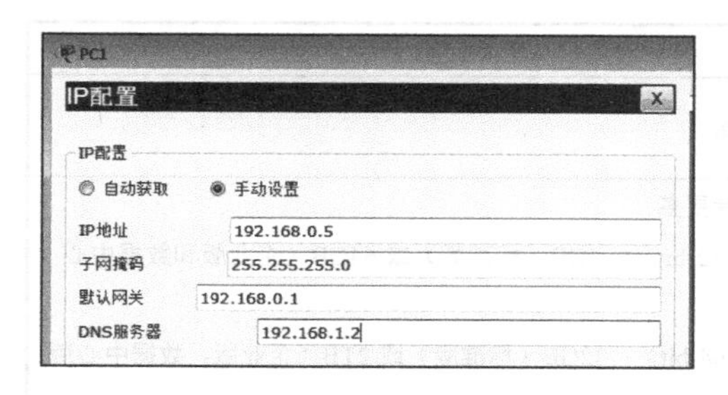

图 T6-11　配置 PC1

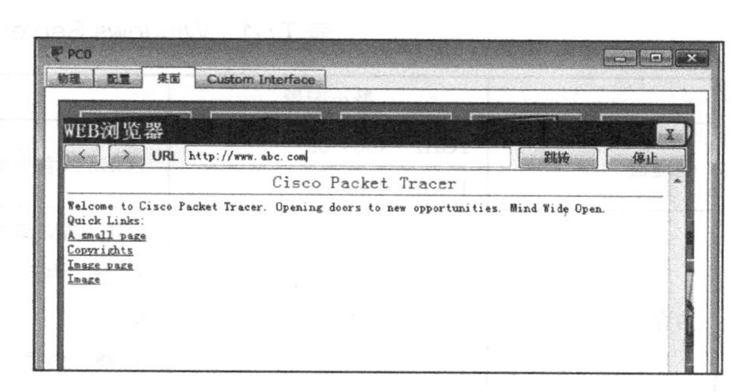

图 T6-12　测试

【实训思考】

1. 如果路由器采用静态路由配置协议，该如何设置？
2. PC0 和 PC1 的 IP 设置是否相同？如果不同，区别在哪里？

实训七　网络操作系统的安装与基本配置

【实训目的】

（1）掌握 Windows Server 2008 的安装方法；
（2）掌握 Windows Server 2008 的基本配置。

【实训原理】

1. Windows Server 2008 的系统需求

Windows Server 2008 的系统需求具体见表 T7-1。

表 T7-1　Windows Server 2008 的系统需求

	最小配置	建议配置
处理器	1GHz（x86）or 1.4GHz（x64）	2 GHz 或者更高
内存	512MB RAM	2 GB RAM 或者更多 • 最大内存（32-bit）：4GB（标准版）或 64GB（企业版和数据中心版） • 最大内存（64-bit）：32GB（标准版）或 2TB（企业版，数据中心版和 Itanium-Based 版）
显示卡和显示器	Super VGA（800×600）	Super VGA（800×600） 或者更高分辨率
磁盘可用空间	10GB	40GB 或者更多
驱动器	DVD-ROM	DVD-ROM 或者更快
其他设备	键盘和鼠标	键盘和鼠标

2. 安装模式

Windows Server 2008 可以采取多种方式安装，不同的安装方式分别适用于不同的环境，选择合适的安装方式，可以更加顺利地安装好系统，一般情况下可以通过以下几种方法安装 Windows Server 2008 操作系统。

（1）全新安装。删除计算机上原来安装的操作系统，或者在没有安装操作系统的硬盘或分区上进行安装。

（2）升级安装。如果计算机中原来安装的是 Windows Server 2000 或 Windows Server 2003 等操作系统，则可直接升级成 Windows Server 2008，此时不需要卸载原来的 Windows 系统，只要在原来系统的基础上进行升级安装即可，而升级后可保留原来的设置和应用程序。

（3）通过 Windows 部署服务器远程安装。和 Windows 2000/2003 一样，Windows Server 2008 也支持通过网络从 Windows 部署服务器远程安装，并且可以通过应答文件实现自动安装。当然，服务器网卡必须具有 PXE（预引导执行环境）功能，可以从远程引导。

（4）Server Core。Server Core 是微软公司在 Windows Server 2008 中推出的革命性的功能

部件，是不具备图形用户界面、纯命令行的服务器操作系统，只安装了系统核心基础服务，减少了被攻击的可能性，因此更加安全、稳定并可靠。除 Windows Server 2008 安腾版以外，其他版本的 Windows Server 2008 都支持 Server Core 的安装。

【实训内容】

1. 在 VMware 虚拟机上安装 Windows Server 2008。
2. 对 Windows Server 2008 进行简单的配置。

【实训步骤】

1. 操作系统安装

（1）使用 Windows Server 2008 安装光盘启动计算机，进入安装向导。设置安装语言和键盘的输入方法，使用默认设置即可。如图 T7-1 所示。

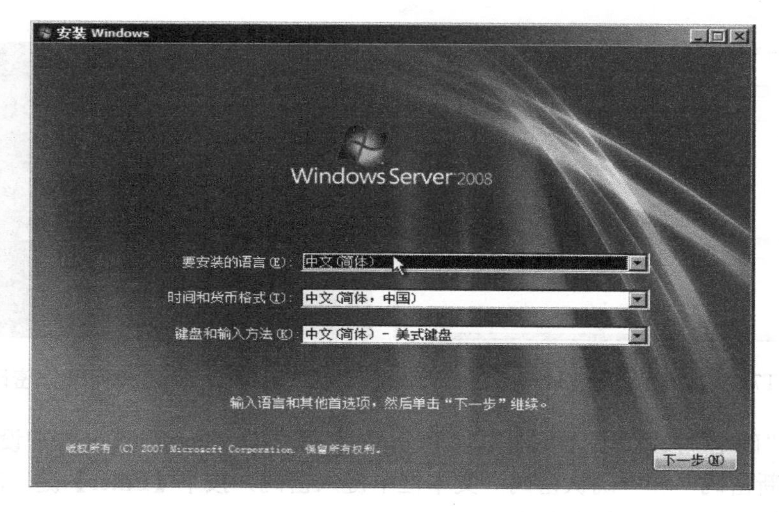

图 T7-1 设置语言、时间和键盘方式

（2）单击“现在安装”，开始安装 Windows Server 2008。

（3）在“选择要安装的操作系统”对话框中，选择要安装的操作系统版本。这里选择“Windows Server 2008 Enterprise（完全安装）”，即可安装 Windows Server 2008 企业版，如图 T7-2 所示。

（4）接受软件许可条款后单击“下一步”按钮，继续安装。

（5）安装类型选择自定义安装即可。如图 T7-3 所示。

（6）在“您想将 Windows 安装到何处”对话框中，可以为硬盘进行分区。单击“驱动器选项（高级）”链接，可以进行分区、格式化及删除分区等操作。单击“新建”按钮，在“大小”文本框中选择第一个分区的大小，例如 20 000MB。

（7）单击“应用”按钮，第 1 个分区完成，如图 T7-4 所示。选择“磁盘 0 未分配空间”选项，并单击“新建”按钮，可继续将剩余空间再划分为其他分区。

（8）选择第一个分区，单击“下一步”按钮，即可开始复制文件并安装 Windows Server 2008。

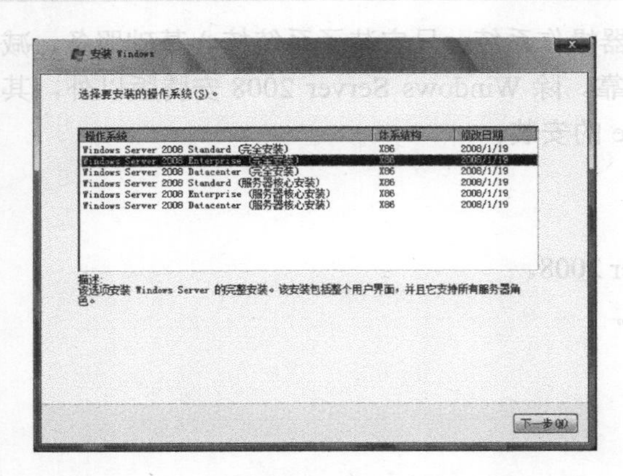

图 T7-2　“选择要安装的操作系统”对话框

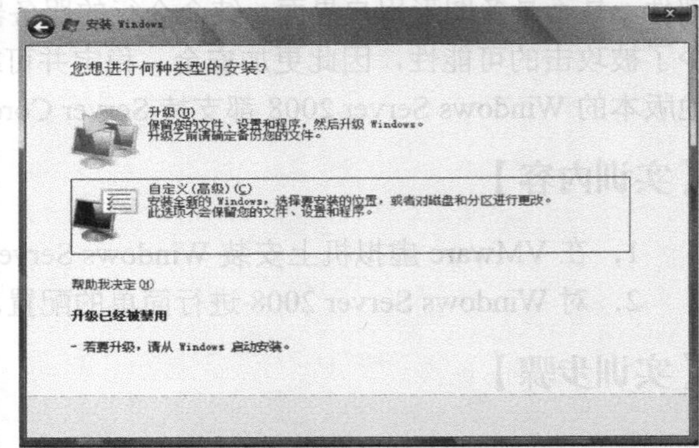

图 T7-3　“您想进行何种类型安装？”对话框

（9）系统安装完成后，显示图 T7-5 所示界面，提示第一次登录之前必须更改密码。

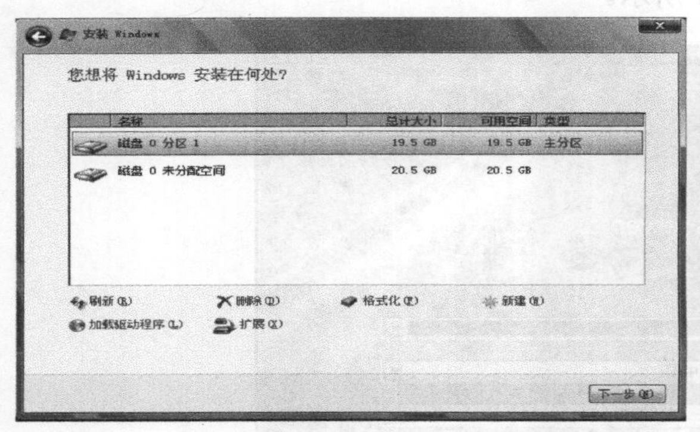

图 T7-4　第一个分区完成

图 T7-5　提示更改密码

（10）单击“确定”按钮，显示如图 T7-6 所示界面，需要为 Administrator 账户设置一个新密码。

（11）在“新密码”和“确认密码”文本框中键入密码，按下【Enter】键，密码更改成功。这样，就可以使用新密码登录系统了。

注意：*在 Windows Server 2008 中，必须设置强密码，否则将提示“无法更新密码。为新密码提供的值不符合域的长度、复杂性或历史要求”。*

（12）在登录界面中“密码”文本框中键入新密码，按下【Enter】键，即可登录到 Windows Server 2008 系统桌面，默认自动启动“初始配置任务”窗口，如图 T7-7 所示。

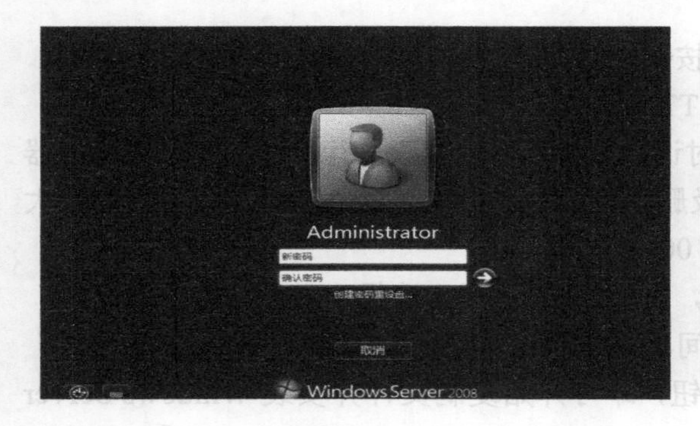

图 T7-6　Windows Server 2008 界面

图 T7-7　Windows Server 2008 操作系统界面

2. Windows Server 2008 的基本设置

（1）更改计算机名。

① 单击“开始→所有程序→管理工具→服务管理器”，打开“服务器管理器”窗口，如图 T7-8 所示。

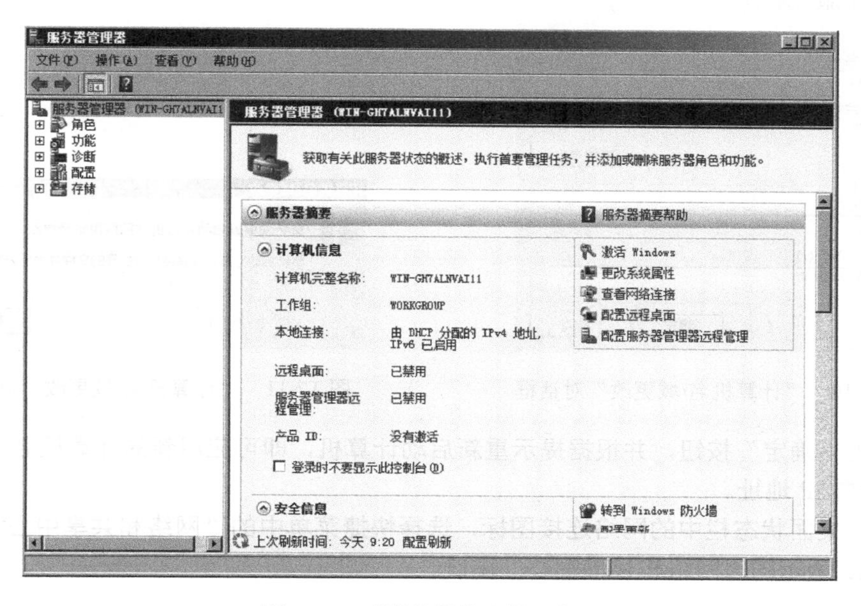

图 T7-8 “服务器管理器”窗口

② 在“服务器管理器”窗口的“计算机信息”区域中，单击“更改系统属性”超级链接，显示“系统属性”对话框，如图 T7-9 所示。

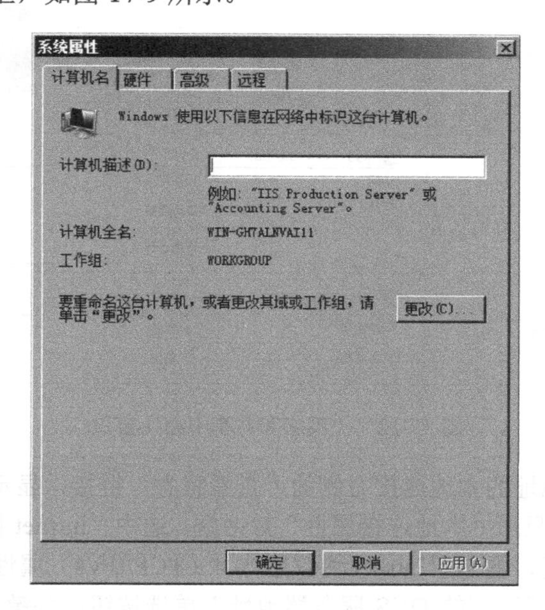

图 T7-9 “系统属性”对话框

③ 单击“更改”按钮，显示“计算机名/域更改”对话框，在“计算机名”文本框中键入

一个新的计算机名，如图T7-10所示。

④ 单击“确定”按钮，显示如图T7-11所示的“计算机名/域更改”提示框，提示必须重新启动计算机才能应用更改。

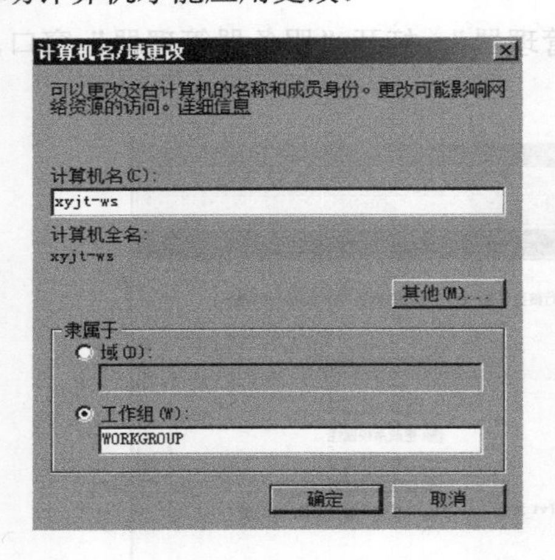

图T7-10 “计算机名/域更改”对话框

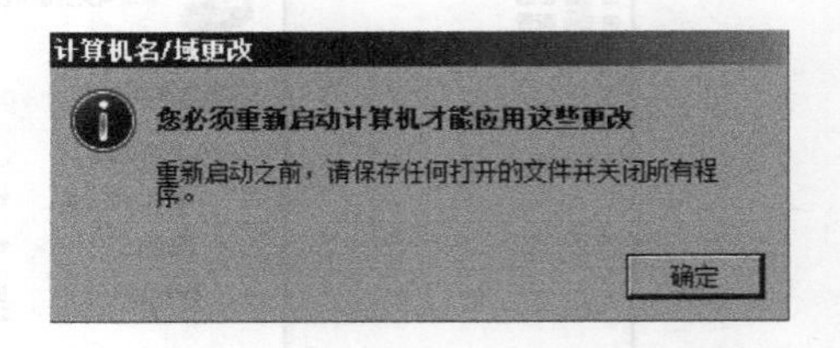

图T7-11 “计算机名/域更改”提示框

⑤ 单击“确定”按钮，并根据提示重新启动计算机，即可应用新的计算机名。

（2）设置IP地址。

① 右击桌面状态栏中的网络连接图标，选择快捷菜单中的“网络和共享中心”选项，显示如图T7-12所示的“网络和共享中心”窗口。

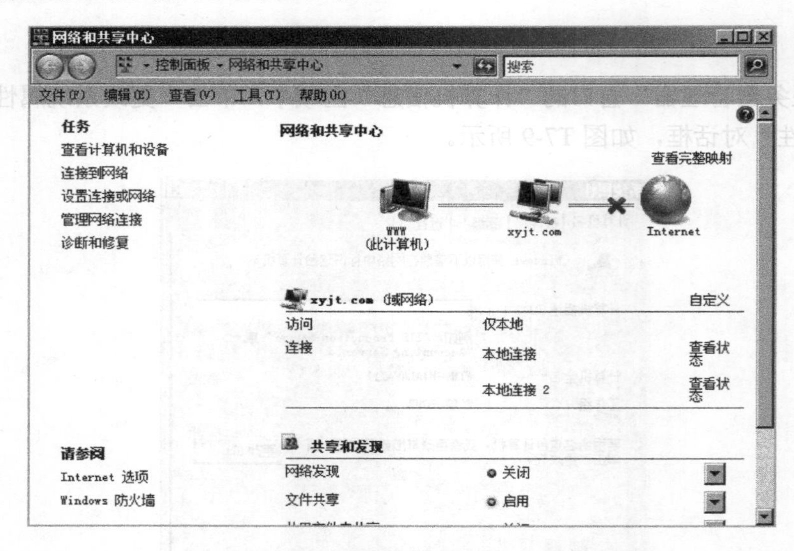

图T7-12 “网络和共享中心”窗口

② 单击欲设置IP地址的本地连接右侧的“查看状态”链接，显示“本地连接状态”对话框。单击“属性”按钮，显示“本地连接属性”对话框。选中“Intrnet协议版本4（TCP/IPv4）”选项，单击“属性”按钮，显示“Intrnet协议版本4（TCP/IPv4）属性”对话框。选择“使用下面的IP地址”和“使用下面的DNS服务器地址”单选按钮，并键入IP地址、子网掩码、默认网关、首选DNS服务器和备用DNS服务器，如图T7-13所示。

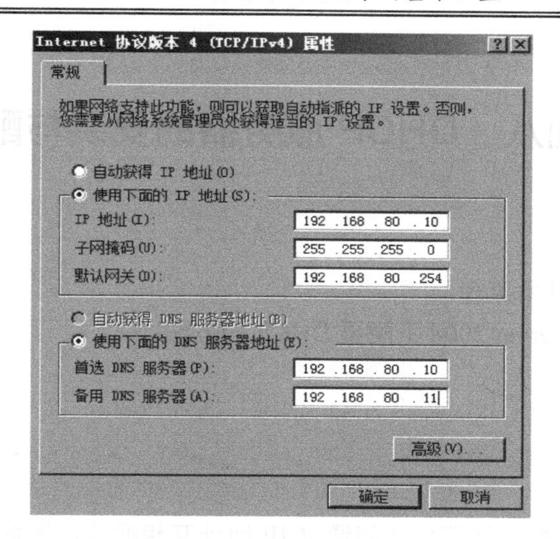

图 T7-13　设置 IP 地址

注意：网络中安装有 DHCP 服务器，可以选择默认的“自动获取 IP 地址”单选按钮，自动从 DHCP 服务器获取并分配 IP 地址。

③ 依次单击“确定”按钮保存，IP 地址信息设置完成。

【实训思考】

1．Windows Server 2008 有哪些特殊功能？

2．Windows Server 2008 与其他网络操作系统相比的优势在哪里？

实训八　DHCP 服务器的安装与配置

【实训目的】

（1）掌握 DHCP 的基本原理；

（2）掌握 Windows Server 2008 下配置 DHCP 的方法。

【实训原理】

1. DHCP 服务概述

在 TCP/IP 协议网络中，计算机之间通过 IP 地址互相通信，因此管理、分配与设置客户端 IP 地址的工作非常重要。以手工方式设置 IP 地址，不仅非常费时、费力，而且也非常容易出错，尤其在大中型网络中，手工设置 IP 地址更是一项非常复杂的工作。如果让服务器自动为客户端计算机配置 IP 地址等相关信息，就可以大大提高工作效率，并减少 IP 地址故障的可能性。

DHCP 是动态主机分配协议（Dynamic Host Configuration Protocol）的简称，是一个简化主机 IP 地址分配管理的 TCP/IP 标准协议。管理员可以利用 DHCP 服务器，从预先设置的 IP 地址池中，动态地给主机分配 IP 地址，不仅能够保证 IP 地址不重复分配，也能及时回收 IP 地址，以提高 IP 地址的利用率。

2. 使用 DHCP 的优点

作为优秀的 IP 地址管理工具，DHCP 具有以下优点。

（1）提高效率：计算机将自动获得 IP 地址信息并完成配置，减少了由于手工设置而可能出现的错误，并极大地提高了工作效率，降低了劳动强度。

（2）便于管理：当网络使用的 IP 地址段改变时，只需修改 DHCP 服务器的 IP 地址池即可，而不必逐台修改网络内的所有计算机地址。

（3）节约 IP 地址资源：在 DHCP 系统中，只有当 DHCP 客户端请求时才由 DHCP 服务器提供 IP 地址，而当计算机关机后，又会自动释放该 IP 地址。通常情况下，网络内的计算机并不都是同时开机，因此，较小数量的 IP 地址，也能够满足较多计算机的需求。

从以上的讨论中，可以看到 DHCP 可以提高 IP 地址的利用率，减少 IP 地址的管理工作量，便于移动用户的使用。但要注意的是由于客户端每次获得的 IP 地址不是固定的（当然现在的 DHCP 已经可以针对某一计算机分配固定的 IP 地址），如果想利用某主机对外提供网络服务（如 Web 服务、DNS 服务）等，动态的 IP 地址是不可行的，这时通常要求采用静态 IP 地址配置方法。此外对于一个只有几台计算机的小型网络，DHCP 服务器则显得有点多余。

3. DHCP 服务工作原理

（1）DHCP 允许有三种类型的地址分配：

- 自动分配方式：当 DHCP 客户端第一次成功从 DHCP 服务器端租用到 IP 地址之后，就永远使用这个地址。
- 动态分配方式：当 DHCP 第一次从 HDCP 服务器端租用到 IP 地址之后，并非永久使用该地址，只要租约到期，客户端就释放这个 IP 地址，以给其他工作站使用。当然，客户端可以比其他主机更优先更新租约，或是租用其他的 IP 地址。
- 手工分配方式：DHCP 客户端的 IP 地址是由网络管理员指定的，DHCP 服务器只是把指定的 IP 地址告诉客户端。
- 动态地址分配是 DHCP 最重要和新颖的功能，动态 IP 地址分配不是一对一的映射，服务器事先并不知道客户端的身份。

（2）几个术语：

- 作用域：作用域是用于网络的 IP 地址的完整连续范围。作用域通常定义提供 DHCP 服务的网络上的单独物理子网。作用域还为服务器提供管理 IP 地址的分配和指派以及与网上客户相关的任何配置参数的主要方法。
- 超级作用域：超级作用域是可用于支持相同物理子网上多个逻辑 IP 子网的作用域的管理性分组。
- 排除范围：排除范围是作用域内从 DHCP 服务中排除的有限 IP 地址序列。排除范围确保在这些范围中的任何地址都不是由网络上的服务器提供给 DHCP 客户机的。
- 地址池：在定义 DHCP 作用域并应用排除范围之后，剩余的地址在作用域内形成可用地址。
- 租约：租约是客户机可使用指派的 IP 地址期间 DHCP 服务器指定的时间长度。租用给客户时，租约是活动的。
- 租期：租期是指 DHCP 客户端从 DHCP 服务器获得的完整 TCP/IP 配置后对该 TCP/IP 配置的使用时间。
- 保留：使用保留可以创建通过 DHCP 服务器的永久地址租约指派。
- 动态地址与静态地址：由系统管理员在每一台计算机上手工设置的固定的 IP 地址称为静态 IP 地址。计算机在开机时自动获得的 IP 地址，称为动态地址。
- DHCP 客户端与服务器：DHCP 是采用客户端/服务器（Client/Server）模式，有明确的客户端和服务器角色的划分。分配到 IP 地址的计算机被称为 DHCP 客户端（DHCP Client），负责给 DHCP 客户端分配 IP 地址的计算机称为 DHCP 服务器。

（3）DHCP 的工作过程，如图 T8-1 所示。

① DHCP 客户机启动时，客户机在当前的子网中广播 DHCPDISCOVER 报文向 DHCP 服务器申请一个 IP 地址。

② DHCP 服务器收到 DHCPDISCOVER 报文后，它将从针对那台主机的地址区间中为它提供一个尚未被分配出去的 IP 地址，并把提供的 IP 地址暂时标记为不可用。服务器以 DHCPOFFER 报文送回给主机。如果网络里包含有不止一个 DHCP 服务器，则客户机可能收到好几个 DHCPOFFER 报文，客户机通常只承认第一个 DHCPOFFER。

③ 客户端收到 DHCPOFFER 后，向服务器发送一个含有有关 DHCP 服务器提供的 IP 地址的 DHCPREQUEST 报文。如果客户端没有收到 DHCPOFFER 报文并且还记得以前的网络配置，此时使用以前的网络配置（如果该配置仍然在有效期限内）。

④ DHCP 服务器向客户机发回一个含有原先被发出的 IP 地址及其分配方案的一个应答报

文（DHCPACK）。

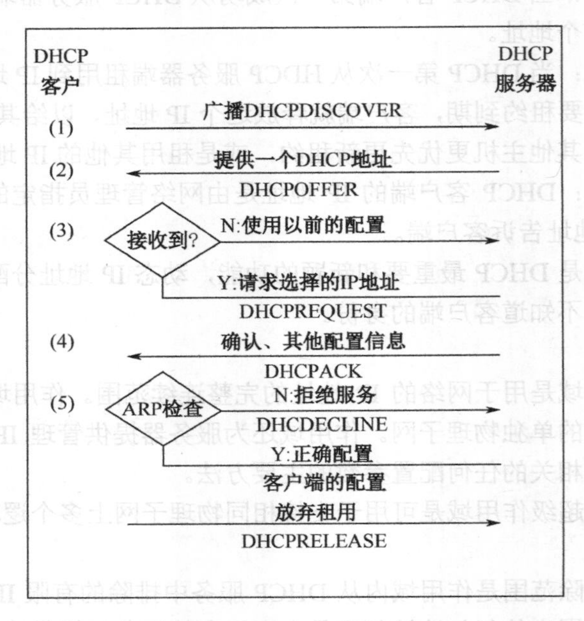

图 T8-1 DHCP 工作过程

⑤ 客户端接收到包含了配置参数的 DHCPACK 报文，利用 ARP 检查网络上是否有相同的 IP 地址。如果检查通过，则客户机接受这个 IP 地址及其参数，如果发现有问题，客户机向服务器发送 DHCPDECLINE 信息，并重新开始新的配置过程。服务器收到 DHCPDECLINE 信息，将该地址标为不可用。

DHCP 服务器将 IP 地址分配给 DHCP 客户后，有租用时间的限制，DHCP 客户必须在该次租用过期前对它进行更新。客户机在 50%租借时间过去以后，每隔一段时间就开始请求 DHCP 服务器更新当前租借，如果 DHCP 服务器应答则租用延期。如果 DHCP 服务器始终没有应答，在有效租借期的 87.5%，客户应该与任何一个其他的 DHCP 服务器通信，并请求更新它的配置信息。如果客户机不能和所有的 DHCP 服务器取得联系，租借时间到后，它必须放弃当前的 IP 地址并重新发送一个 DHCPDISCOVER 报文开始上述的 IP 地址获得过程。

⑥ 客户端可以主动向服务器发出 DHCPRELEASE 报文，将当前的 IP 地址释放。

【实训内容】

由于公司采用笔记本计算机办公的员工日趋增多，公司规模不断扩大，公司业务洽谈频繁，需要和合作伙伴一起在公司会议室进行专题讨论。为了方便正常上网和减少 IP 地址冲突不能上网的可能性，需要架设 DHCP 服务器，实现 IP 地址的动态管理。

【实训步骤】

1. DHCP 服务器的规划

按照 IP 地址的规划，DHCP 服务器的规划如表 T8-1 所示。

表 T8-1 DHCP 服务器规划

名　称	内　容	名　称	内　容
服务器名称	dc-server.xyjt.com	DHCP 的 IP 地址范围	192.168.10.1～192.168.10.253
IP 地址	192.168.10.10	排除 IP 地址	
网关	192.168.10.254	租约	12 小时
DNS	192.168.80.10	DHCP 网关	192.168.10.254
子网掩码	255.255.255.0	作用域名	dhcp.xyjt.com

2. 安装并授权 DHCP

（1）在“服务器管理器”控制台中运行“添加角色向导”，在“选择服务器角色”对话框中选中“DHCP 服务器”复选框，如图 T8-2 所示。

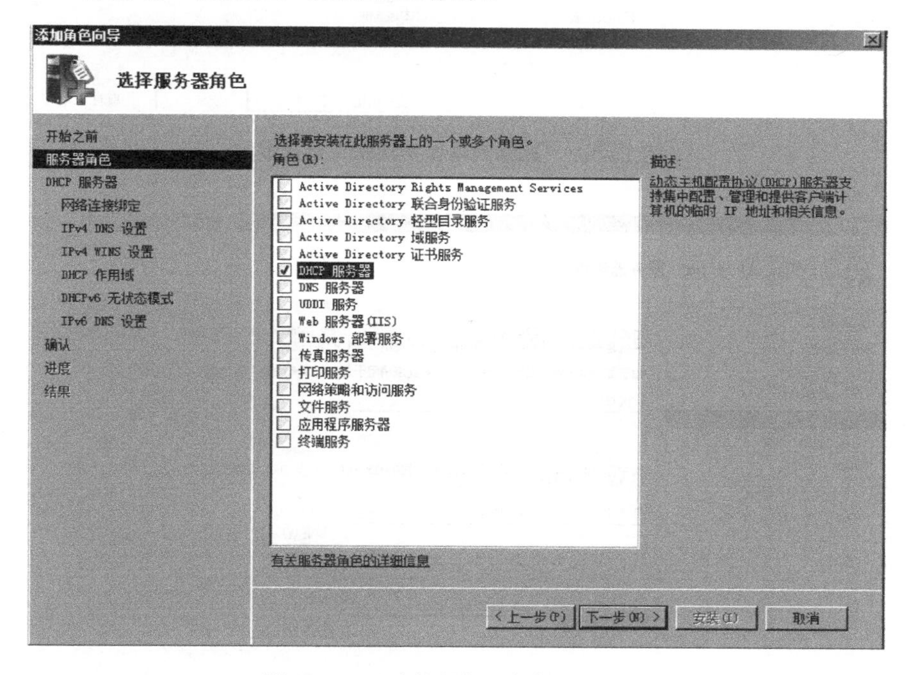

图 T8-2 “选择服务器角色”对话框

（2）在“选择网络连接绑定”对话框中，选择向客户端提供 DHCP 服务的网络连接，如图 T8-3 所示。

（3）在“指定 IPv4 DNS 服务器设置”对话框中的“父域”文本框中键入当前域的域名，在“首选 DNS 服务器 IPv4 地址”和“备用 DNS 服务器 IPv4 地址”文本框中键入本地网络所使用的 DNS 服务器 IPv4 地址，如图 T8-4 所示。

（4）在“指定 IPv4 WINS 服务器设置”对话框中选择是否要使用 WINS 服务。在“添加或编辑 DHCP 作用域”对话框中，单击“添加”按钮弹出“添加作用域”对话框，设置该作用域的名称、起始和结束 IP 地址、子网掩码、默认网关以及子网类型，如图 T8-5 所示。

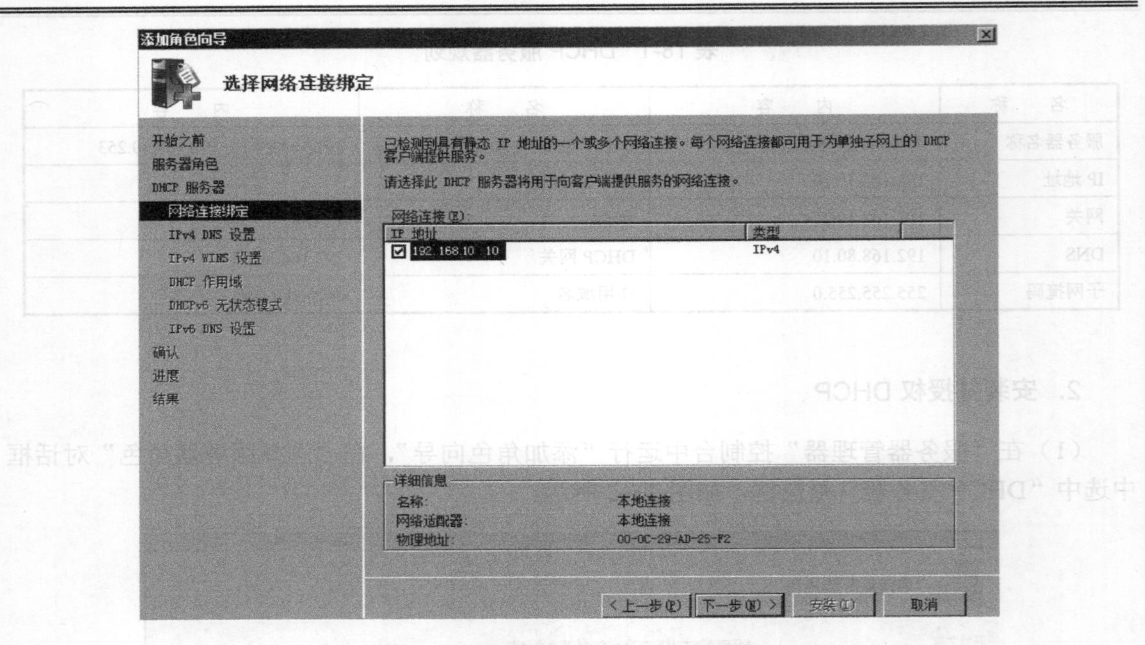

图 T8-3　“选择网络连接绑定”对话框

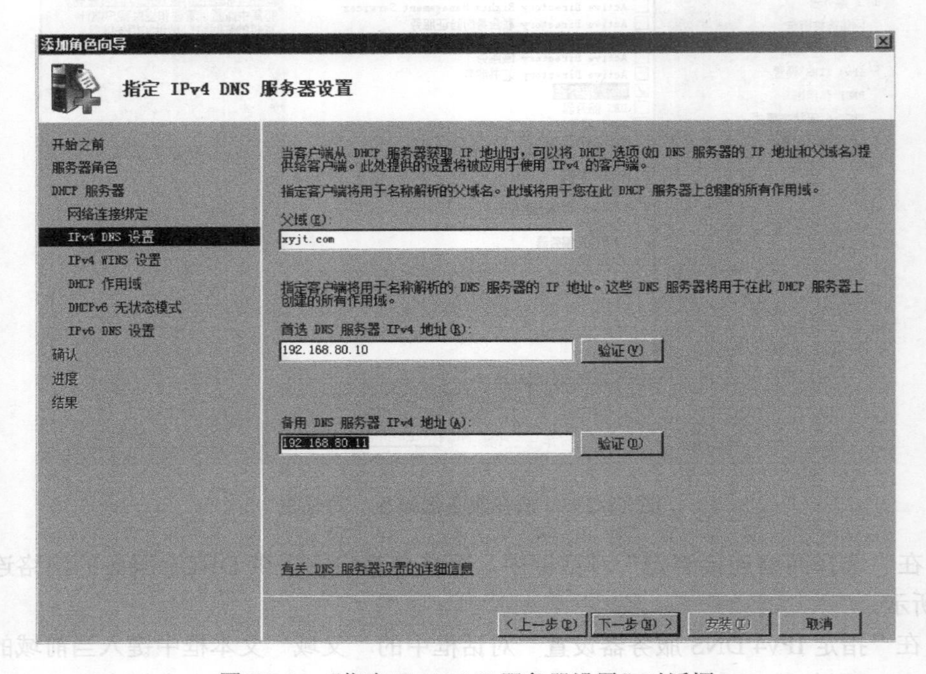

图 T8-4　“指定 IPv4 DNS 服务器设置”对话框

（5）在“配置 DHCPv6 无状态模式”对话框中，选择“对此服务器禁用 DHCPv6 无状态模式”单选按钮，如图 T8-6 所示。如果是 AD 域环境，则需在弹出的“授权 DHCP 服务器”对话框中，选择“使用当前凭据”单选按钮，使用当前登录账户授权。

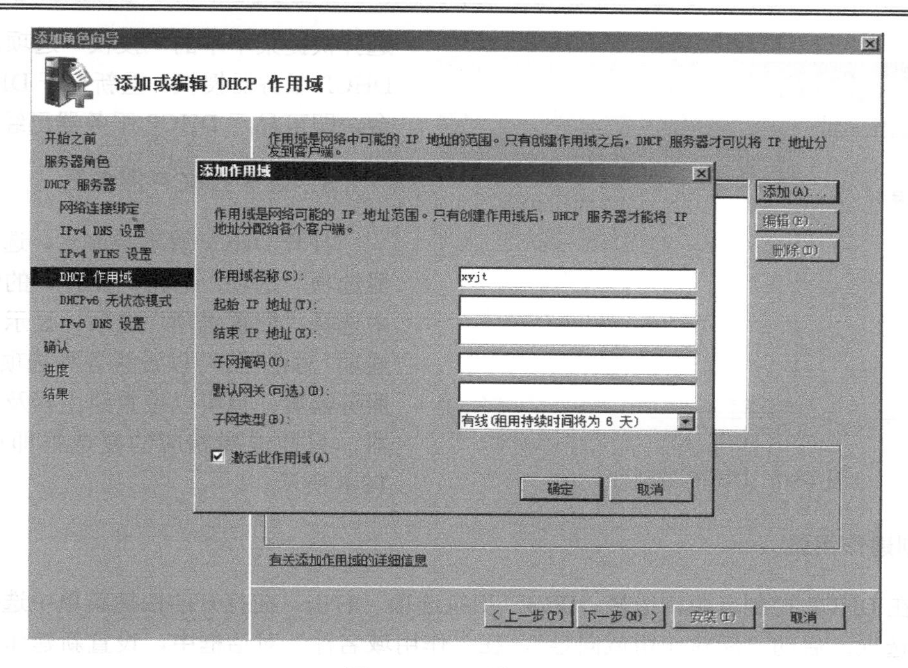

图 T8-5　设置作用域

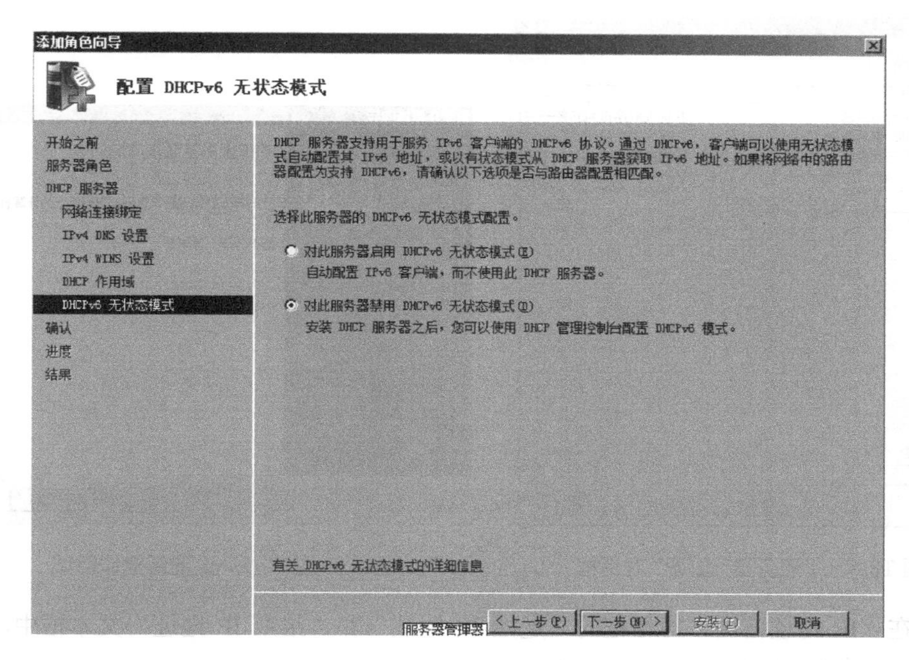

图 T8-6　“配置 DHCPv6 无状态模式”对话框

（6）连续单击“下一步”按钮，DHCP 服务器即可安装成功。

DHCP 服务器安装完成以后，依次打开“开始”→“管理工具”→“DHCP”，显示 DHCP 控制台，如图 T8-7 所示，即可配置和管理 DHCP 服务器。

（7）如果是 AD 域环境，若 DHCP 服务器在安装 DHCP 服务过程中没有选择授权，那么在安装完后就无法为客户端计算机提供 IP 地址，必须先进行授权。此时，右击 DHCP 服务器，

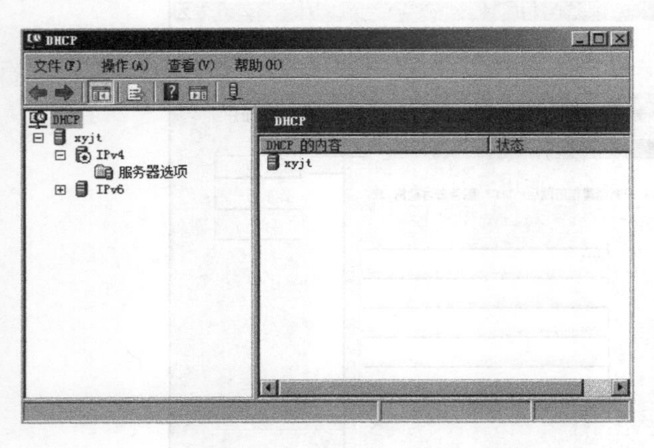

图 T8-7　DHCP 控制台

选择快捷菜单中的“授权”选项，即可为 DHCP 服务器授权。重新打开 DHCP 控制台，即可显示 DHCP 服务器已经授权。

3. 设置 DHCP 服务器

打开 DHCP 管理控制台，选择“服务器选项”选项，右击，在打开的快捷菜单中选择“配置选项”选项，显示“服务器选项”对话框。可以设置各种选项，如 DNS 服务器等。也可以设置路由器及其他服务器，只需选择相应的复选框即可，如图 T8-8 所示。

4. 创建作用域

（1）在 DHCP 控制台中，选择“IPv4”下拉选项，右击，在打开的快捷菜单中选择“新建作用域”选项，启动“新建作用域向导”。在“作用域名称”对话框中，设置新建作用域的名称及描述，如图 T8-9 所示。

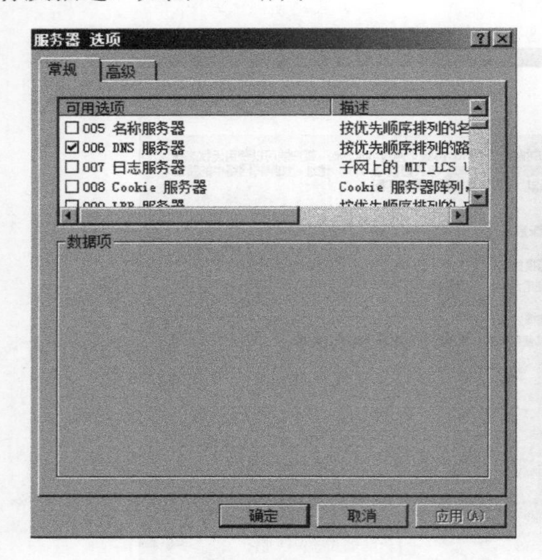

图 T8-8　“服务器 选项”对话框

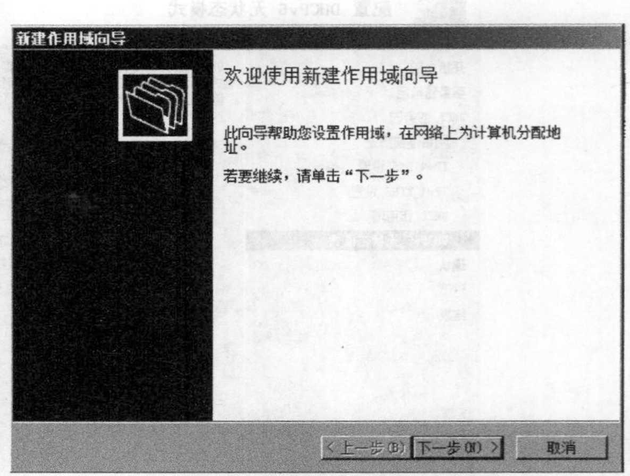

图 T8-9　设置新建作用域

（2）在“IP 地址范围”对话框的“起始 IP 地址”和“结束 IP 地址”文本框中，键入 IP 地址范围，如图 T8-10 所示。

（3）在“添加排除”对话框中的“起始 IP 地址”和“结束 IP 地址”文本框中键入欲排除的 IP 地址或 IP 地址段，单击“添加”按钮添加到列表框，如图 T8-11 所示。

（4）在“租用期限”对话框中，设置客户端从此作用域所租用 IP 地址的时间。在“配置 DHCP 选项”对话框中，选择默认的“是，我想现在配置这些选项”单选按钮，如图 T8-12 和图 T8-13 所示。

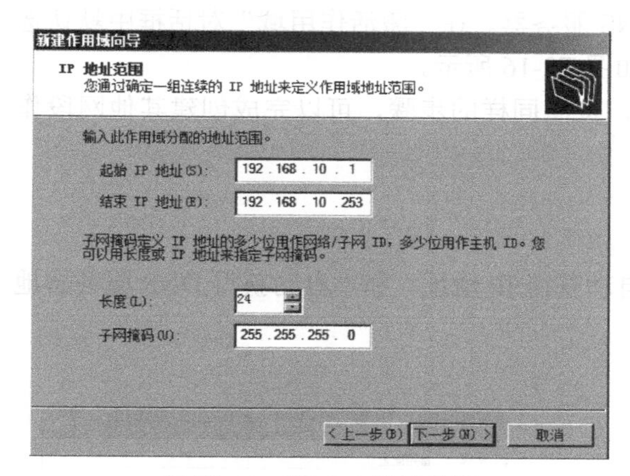

图 T8-10　设置 IP 地址范围

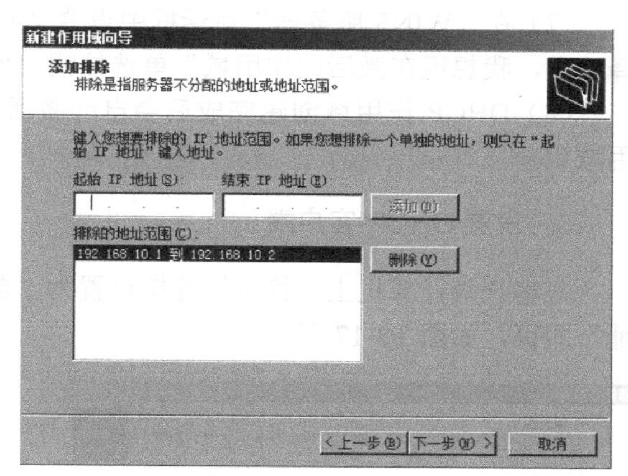

图 T8-11　“添加排除”对话框

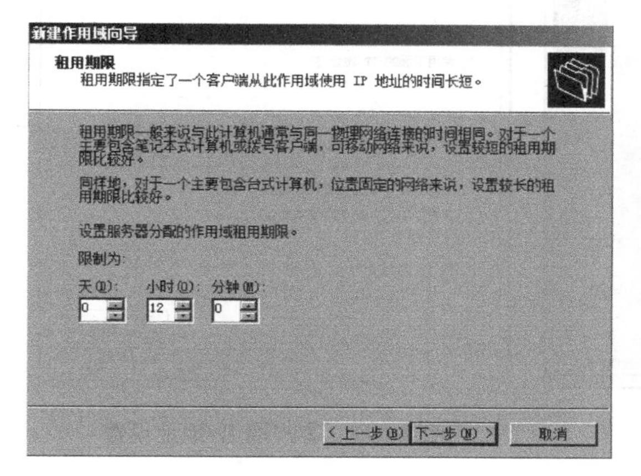

图 T8-12　设置租约期限

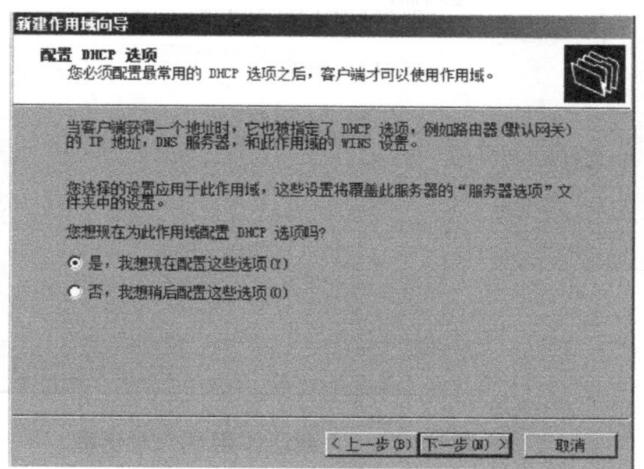

图 T8-13　“配置 DHCP 选项”对话框

（5）在“路由器（默认网关）”对话框中的“IP 地址”文本框中键入此作用域要分配的网关，单击“添加”按钮，将其添加到列表框中，如图 T8-14 所示。

（6）在“域名称和 DNS 服务器”对话框中的“父域”文本框中键入 DNS 解析时使用的父域，在“IP 地址”文本框中键入 DNS 服务器的 IP 地址，单击“添加”按钮，将其添加到列表框中，如图 T8-15 所示。

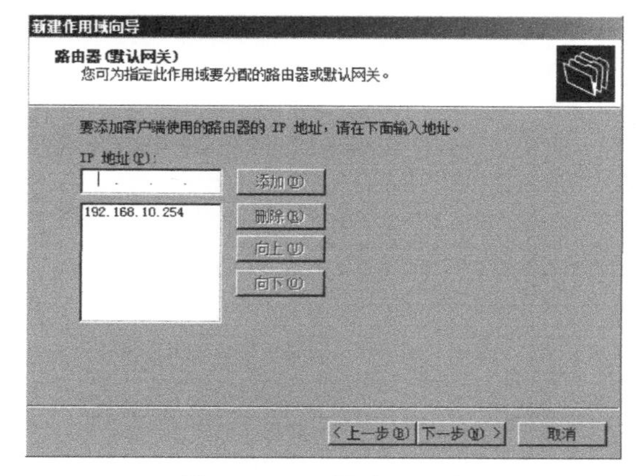

图 T8-14　配置默认网关

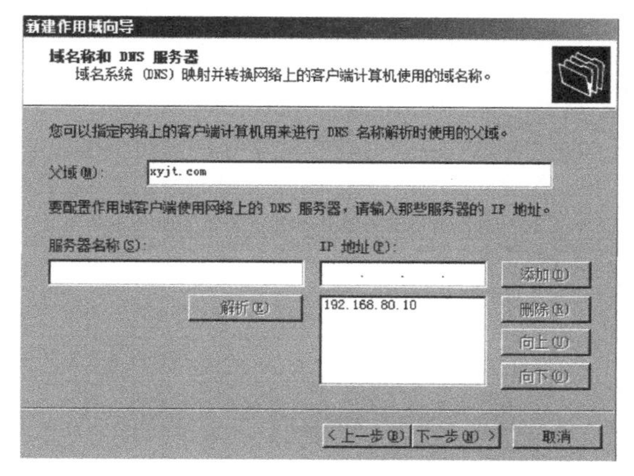

图 T8-15　“域名称和 DNS 服务器”对话框

（7）在“WINS 服务器”对话框中设置 WINS 服务器。在“激活作用域”对话框中默认选择“是，我想现在激活此作用域”单选按钮，如图 T8-16 所示。

（8）DHCP 作用域创建完成后会自动激活，按照同样的步骤，可以完成创建其他网段作用域。

5. 设置 DHCP 客户端

在客户端计算机上，将本地连接设置为“自动获得 IP 地址”和“自动获得 DNS 服务器地址”即可，如图 T8-17 所示。

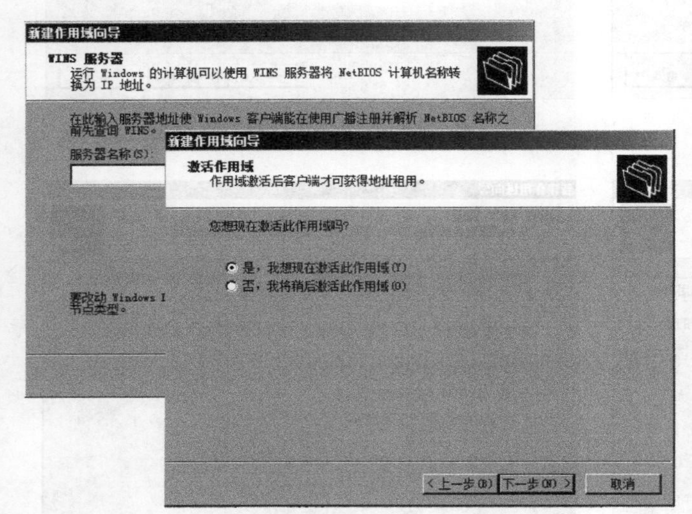

图 T8-16　“激活作用域”对话框

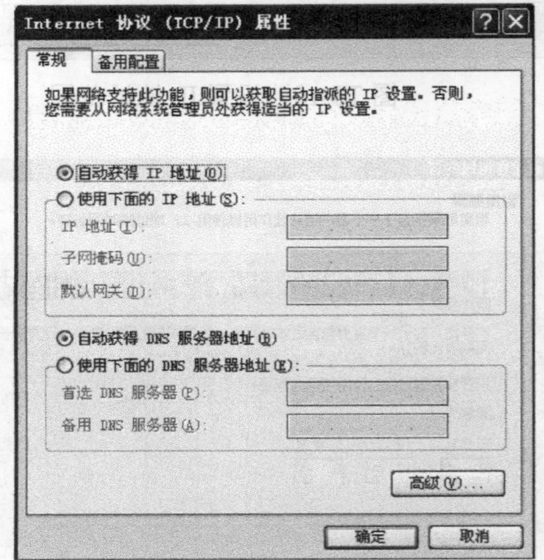

图 T8-17　客户端 IP 地址设置

如果没有从 DHCP 服务器正确获得 IP 地址，就需要运行“ipconfig /release”命令释放原来的 IP 地址，再运行“ipconfig /renew”命令从 DHCP 服务器获得新的 IP 地址。

【实训思考】

1. DHCP 服务器的主要作用是什么？
2. 如何在客户端查看获取的 IP 地址？

实训九　简单 VLAN 配置

【实训目的】

（1）了解计算机网络互连设备的基本操作界面，命令配置的方法；
（2）掌握如何在交换机上划分基于端口的 VLAN、如何给 VLAN 内添加端口；
（3）理解跨交换机之间 VLAN 的特点，理解 VLAN 和子网之间的关系。

【实训原理】

VLAN（Virtual Local Area Network，虚拟局域网）是指在一个物理网段内，进行逻辑划分，划分成若干个虚拟局域网。

VLAN 最大的特性是不受物理位置的限制，可以进行灵活的划分。VLAN 具备了一个物理网段所具备的特性。相同 VLAN 内的主机可以互相直接访问，不同 VLAN 间的主机之间互相访问必须经由路由设备进行转发。广播数据包只可以在本 VLAN 内进行传播，不能传输到其他 VLAN 中。

Port Vlan 是实现 VLAN 的方式之一，Port Vlan 是利用交换机的端口进行 VLAN 的划分，一个端口只能属于一个 VLAN。Tag Vlan 是基于交换机端口的另外一种类型，主要用于实现跨交换机的相同 VLAN 内主机之间可以直接访问，同时对于不同 VLAN 的主机进行隔离。Tag Vlan 遵循了 IEEE802.1q 协议的标准。在利用配置了 Tag vlan 的接口进行数据传输时，需要在数据帧内添加 4 个字节的 802.1q 标签信息，用于标识该数据帧属于哪个 VLAN，以便于对端交换机接收到数据帧后进行准确的过滤。

【实训内容】

（1）假设某企业有两个主要部门：销售部和技术部，其中销售部门的个人计算机系统连接在不同的交换机上，它们之间需要相互进行通信，但为了数据安全起见，销售部和技术部需要进行相互隔离，现要在交换机上做适当配置来实现这一目标。

（2）根据如图 T9-1 所示拓扑，完成整个实训过程，如图 T9-1 所示。

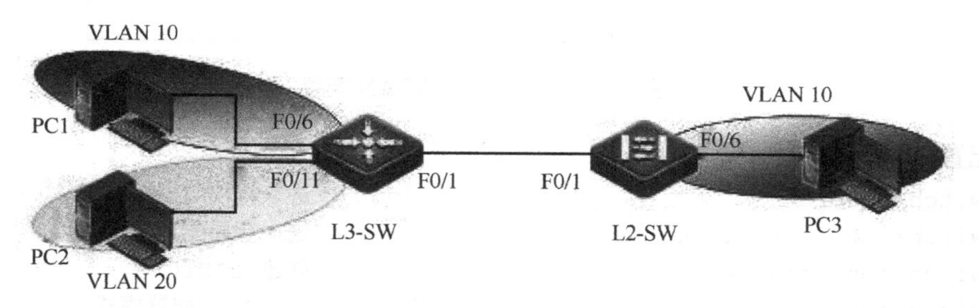

图 T9-1　实训拓扑图

【实训步骤】

1．根据图 T9-1，在 Packet Tracer 中把实训环境搭建好。

2．配置三层交换机：

```
switch>enable                                    进入特权用户模式
switch#configure terminal                        进入全局配置模式
switch(config)#vlan 10                           创建VLAN10
switch(config-vlan)#exit                         退出VLAN 配置模式
switch(config)#vlan 20                           创建VLAN20
switch(config-vlan)#exit                         退出VLAN 配置模式
switch(config)#interface FastEthernet0/6         进入6号端口
switch(config-if)#switchport mode access         强制接口成为access接口
switch(config-if)#switchport access vlan 10      将6号端口加入到VLAN10中
switch(config-if)#exit                           退出接口配置模式
switch(config)#interface FastEthernet0/11        进入11号端口
switch(config-if)#switchport mode access         强制接口成为access接口
switch(config-if)#switchport access vlan 20      将11号端口加入到VLAN10中
switch(config-if)#exit                           退出接口配置模式
switch(config)#interface FastEthernet0/1         进入1号端口
switch(config-if)#switchport mode trunk          强制接口成为Trunk接口
switch(config-if)#exit                           退出接口配置模式
```

3．查看三层交换机 VLAN 的配置，如图 T9-2 所示。

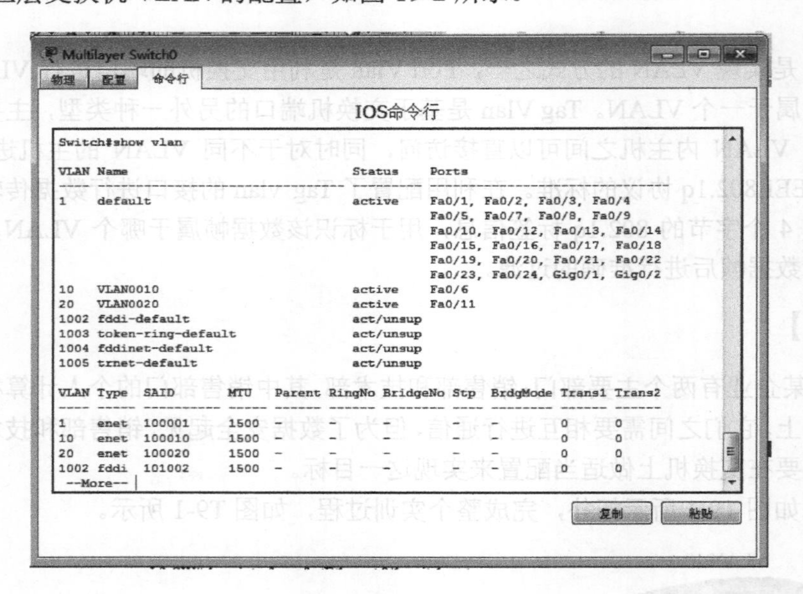

图 T9-2　三层交换机 VLAN 配置

4．配置二层交换机：

```
switch>enable                                    进入特权用户模式
switch#configure terminal                        进入全局配置模式
switch(config)#vlan 10                           创建VLAN10
switch(config-vlan)#exit                         退出VLAN配置模式
switch(config)#interface FastEthernet0/6         进入6号端口
switch(config-if)#switchport mode access         强制接口成为access接口
switch(config-if)#switchport access vlan 10      将6号端口加入到VLAN10中
switch(config-if)#exit                           退出接口配置模式
switch(config)#interface FastEthernet0/1         进入1号端口
```

```
switch(config-if)#switchport mode trunk        强制接口成为Trunk接口
switch(config-if)#exit                         退出接口配置模式
```

5．查看二层交换机 VLAN 的配置，如图 T9-3 所示。

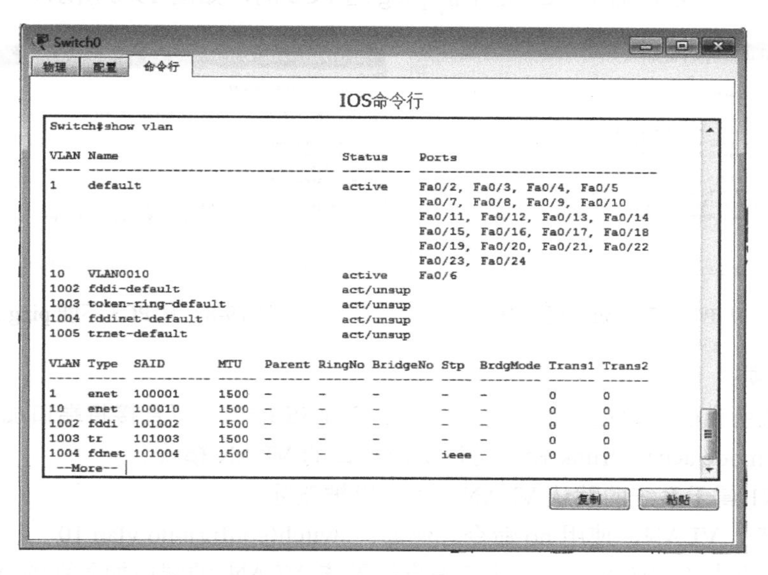

图 T9-3　二层交换机 VLAN 配置

6．验证配置。

（1）分别为 PC1、PC2、PC3 设置地址，如图 T9-4 至图 T9-6 所示。

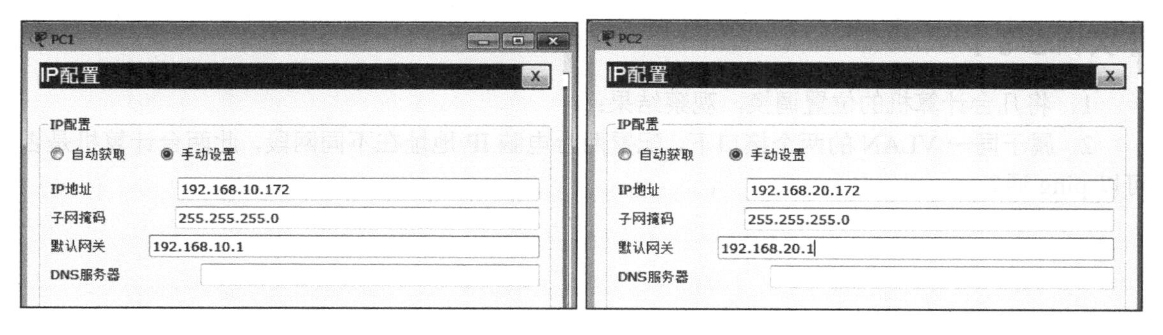

图 T9-4　PC1 地址　　　　图 T9-5　PC2 地址

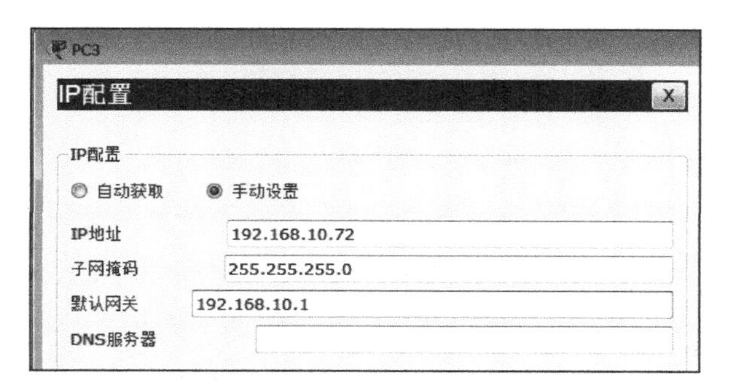

图 T9-6　PC3 地址

（2）PC3 和 PC1 都属于 VLAN 10，它们的 IP 地址都在 C 类网络 192.168.10.0/24 内，PC2 属于 VLAN 20，它的 IP 地址在 C 类网络 192.168.20.0/24 内，可以看到从 PC3 是可以 ping 通 PC1 的，如图 T9-7 所示，而从 PC3 是不能 ping 通 PC2 的，如图 T9-8 所示。

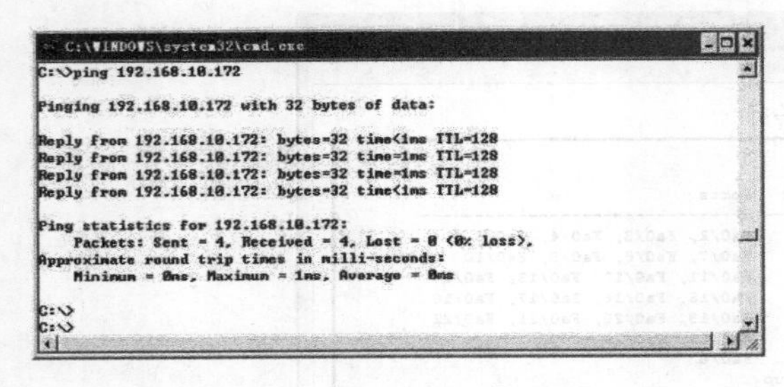

图 T9-7　从 PC3 可以 ping 通 PC1

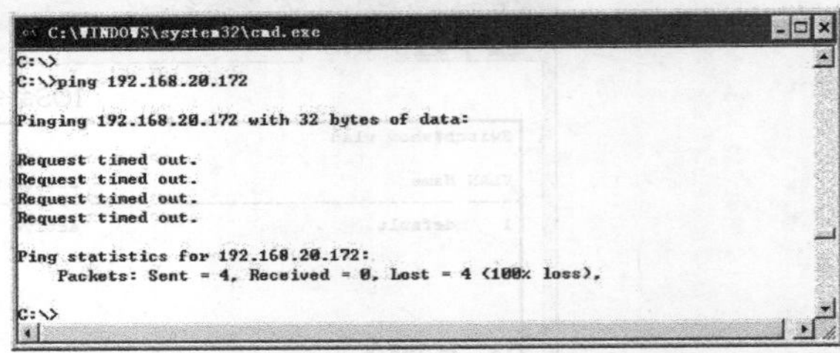

图 T9-8　从 PC3 不能 ping 通 PC2

7．注意事项：

（1）交换机所有的端口在默认情况下属于 ACCESS 端口，可直接将端口加入某一 VLAN。利用 switchport mode access/trunk 命令可以更改端口的 VLAN 模式。

（2）VLAN1 属于系统的默认 VLAN，不可以被删除。

（3）删除某个 VLAN，使用 no 命令。例如：switch(config)#no vlan 10

（4）删除当前某个 VLAN 时，注意先将属于该 VLAN 的端口加入别的 VLAN，再删除 VLAN。

（5）两台交换机之间相连的端口应该设置为 tag vlan 模式。

（6）Trunk 接口在默认情况下支持所有 VLAN 的传输。

【实训思考】

1．将几台计算机的位置调换，观察结果；

2．属于同一 VLAN 的两个接口下，配置两台电脑 IP 地址在不同网段，此两台计算机是否可以 ping 通？

实训十　WWW 服务配置

【实训目的】

（1）掌握 WWW 的工作原理；
（2）掌握利用 IIS 配置 WWW 服务的步骤。

【实训原理】

1. IIS 服务概述

IIS 是 Internet Information Services 的缩写，是由微软公司提供的基于运行 Microsoft Windows 的互联网基本服务。IIS 意味着你能发布网页，并且由 ASP、Java、VBScript 产生页面，有着一些扩展功能。IIS 是一种服务，不同于一般的应用程序，它就像驱动程序一样是操作系统的一部分，具有在系统启动时被同时启动的服务功能。

2. WWW 服务

万维网 WWW（World Wide Web）服务，又称为 Web 服务，采用客户/服务器工作模式，客户机即浏览器（Browser），服务器即 Web 服务器，它以超文本标记语言（HTML）和超文本传输协议（HTTP）为基础，为用户提供界面一致的信息浏览系统。

WWW 服务系统由 Web 服务器、客户端浏览器和通信协议三个部分组成，如图 T10-1 所示。

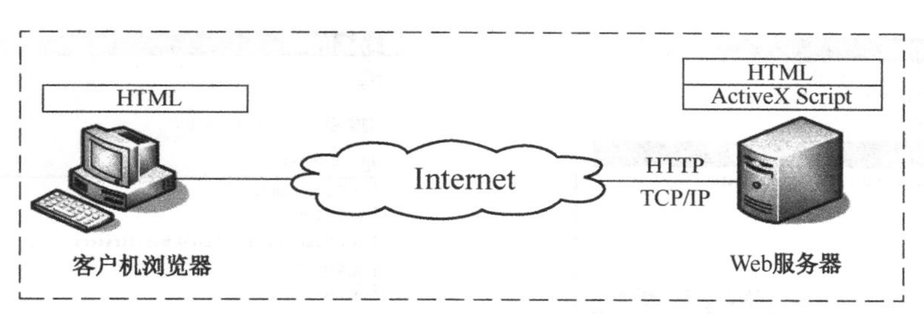

图 T10-1　WWW 服务系统

【实训内容】

某公司为了宣传自身的企业形象，决定搭建一台 Web 服务器。根据公司的需求，可以直接选择 Windows Server 2008 服务器自带的 IIS7.0 组件来架设 Web 服务器并发布公司网站。

【实训步骤】

1. 安装 IIS

IIS 具体安装过程见第 7 章。Web、FTP 服务器安装完成后，依次打开“开始”→“管理工具”→“Internet 信息服务（IIS）管理器”，打开 IIS 管理器，可以看到默认创建的“Default Web Site”站点，如图 T10-2 所示。

图 T10-2　Internet 信息服务（IIS）管理器

2. 创建一个 Web 站点

（1）新建网站的文件夹。

“默认 Web 站点”的文件夹是在系统盘目录 C:\inetpub \wwwroot 下，如果创建的 Web 站点不是此文件夹，则必须重新创建。

在 C 盘根目录下创建网站的主目录文件夹 C:\web\xyjt，设置 C:\web\xyjt 文件夹的访问权限为 Everyone 有读取权限，如图 T10-3 所示。

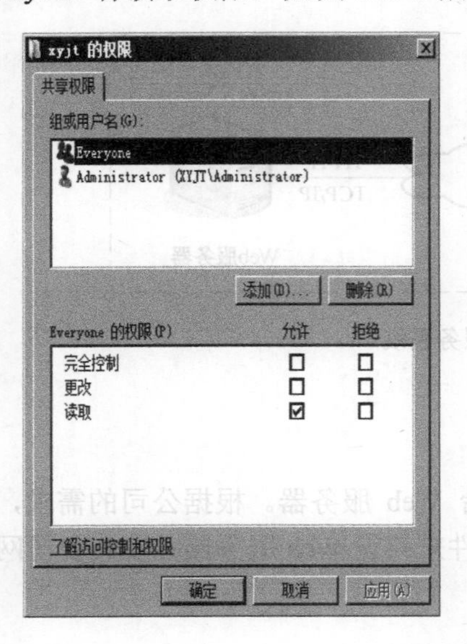

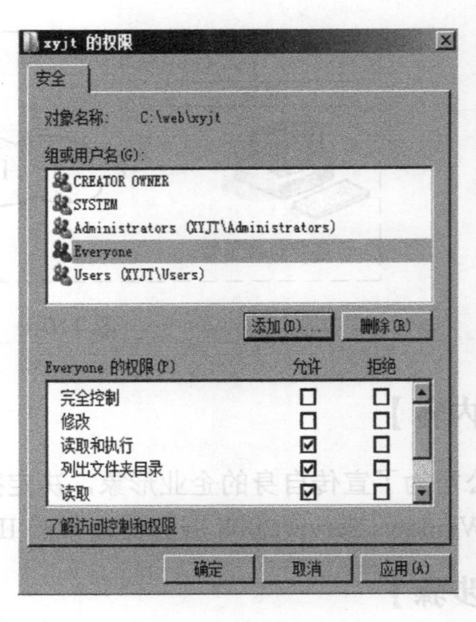

图 T10-3　建立网站文件夹

（2）发布 Web 站点。

① 在 IIS 管理器中，选择默认站点“Default Web Site”，右击，在打开的快捷菜单中选择

实训十　WWW 服务配置

【实训目的】

（1）掌握 WWW 的工作原理；

（2）掌握利用 IIS 配置 WWW 服务的步骤。

【实训原理】

1. IIS 服务概述

IIS 是 Internet Information Services 的缩写，是由微软公司提供的基于运行 Microsoft Windows 的互联网基本服务。IIS 意味着你能发布网页，并且由 ASP、Java、VBScript 产生页面，有着一些扩展功能。IIS 是一种服务，不同于一般的应用程序，它就像驱动程序一样是操作系统的一部分，具有在系统启动时被同时启动的服务功能。

2. WWW 服务

万维网 WWW（World Wide Web）服务，又称为 Web 服务，采用客户/服务器工作模式，客户机即浏览器（Browser），服务器即 Web 服务器，它以超文本标记语言（HTML）和超文本传输协议（HTTP）为基础，为用户提供界面一致的信息浏览系统。

WWW 服务系统由 Web 服务器、客户端浏览器和通信协议三个部分组成，如图 T10-1 所示。

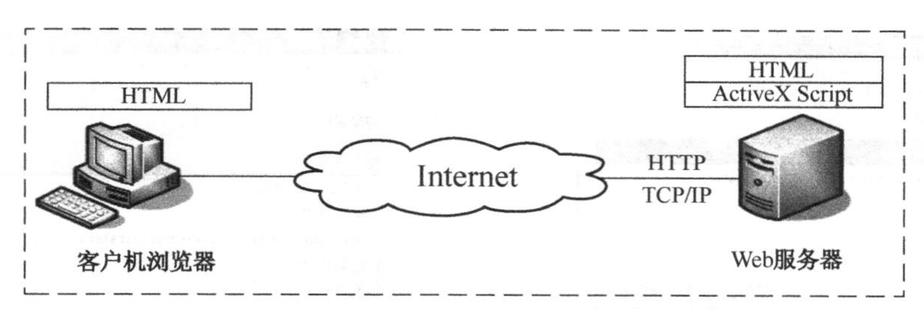

图 T10-1　WWW 服务系统

【实训内容】

某公司为了宣传自身的企业形象，决定搭建一台 Web 服务器。根据公司的需求，可以直接选择 Windows Server 2008 服务器自带的 IIS7.0 组件来架设 Web 服务器并发布公司网站。

【实训步骤】

1. 安装 IIS

IIS 具体安装过程见第 7 章。Web、FTP 服务器安装完成后，依次打开“开始”→“管理工具”→“Internet 信息服务（IIS）管理器”，打开 IIS 管理器，可以看到默认创建的“Default Web Site”站点，如图 T10-2 所示。

图 T10-2　Internet 信息服务（IIS）管理器

2. 创建一个 Web 站点

（1）新建网站的文件夹。

“默认 Web 站点”的文件夹是在系统盘目录 C:\inetpub \wwwroot 下，如果创建的 Web 站点不是此文件夹，则必须重新创建。

在 C 盘根目录下创建网站的主目录文件夹 C:\web\xyjt，设置 C:\web\xyjt 文件夹的访问权限为 Everyone 有读取权限，如图 T10-3 所示。

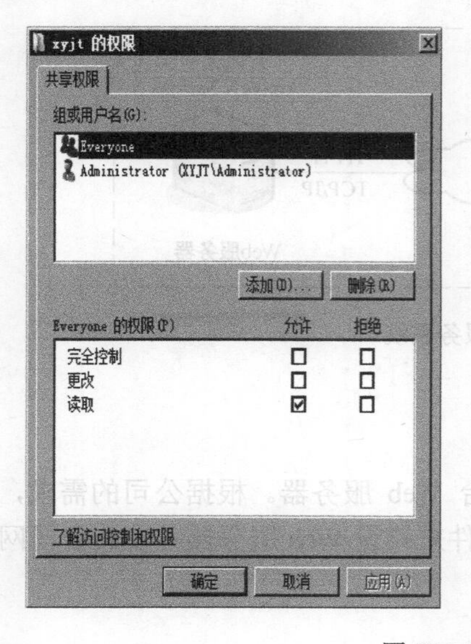

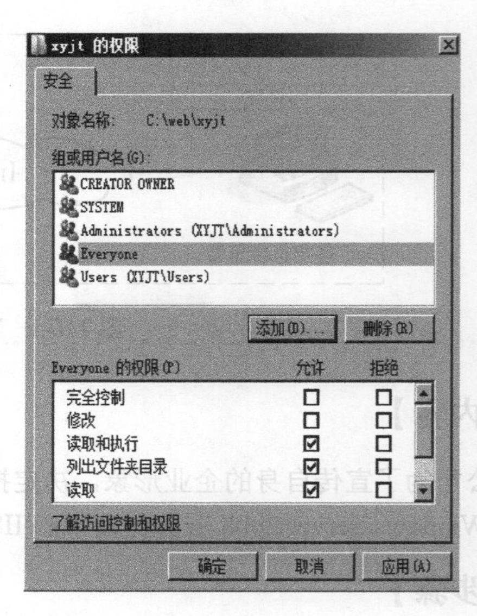

图 T10-3　建立网站文件夹

（2）发布 Web 站点。

① 在 IIS 管理器中，选择默认站点“Default Web Site”，右击，在打开的快捷菜单中选择

“编辑绑定”选项，弹出“网站绑定”对话框。默认端口为80，IP地址显示为“*”，表示绑定所有IP地址，如图T10-4所示。

② 单击“编辑”按钮，弹出如图T10-5所示的“编辑网站绑定”对话框。在“IP地址”下拉列表中，选择欲指定的IP地址，这里Web站点的IP地址是192.168.80.10，在“端口”文本框中键入Web站点的端口号，通常使用默认的80端口即可。设置完成后关闭。此时，只能使用指定的IP地址和端口访问Web网站。

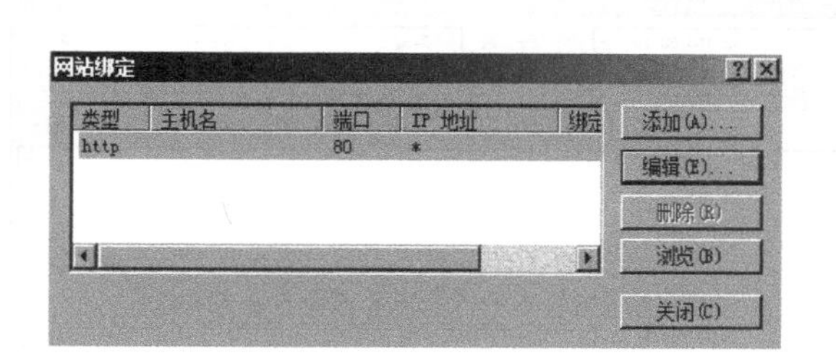

图T10-4 “网站绑定”对话框

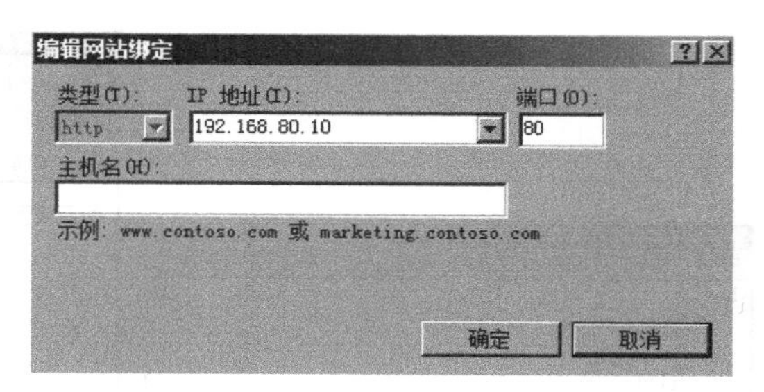

图T10-5 “编辑网站绑定”对话框

③ 选择Web站点，在右侧的“操作”栏中单击“基本设置”超级链接，弹出如图T10-6所示的“编辑网站”对话框。在“物理路径”文本框中键入Web站点的新主目录路径，或者单击“浏览”按钮进行选择。单击“确定”按钮保存。

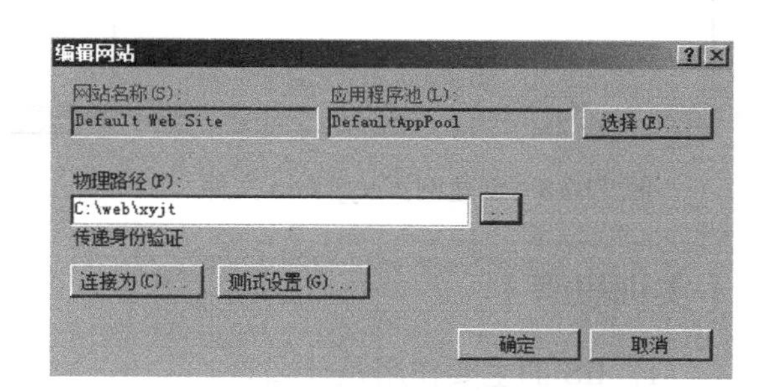

图T10-6 设置网站主目录

④ 在IIS管理器中选择默认的Web战点，在“Default Web Site主页”窗口中，双击选项区域的“默认文档”图标，打开“默认文档”窗口。单击“添加”按钮，即可添加该默认文档，如图T10-7所示。新添加的默认文档自动排列在最上方，可通过“上移”和“下移”操作来调整各个默认文档的顺序。

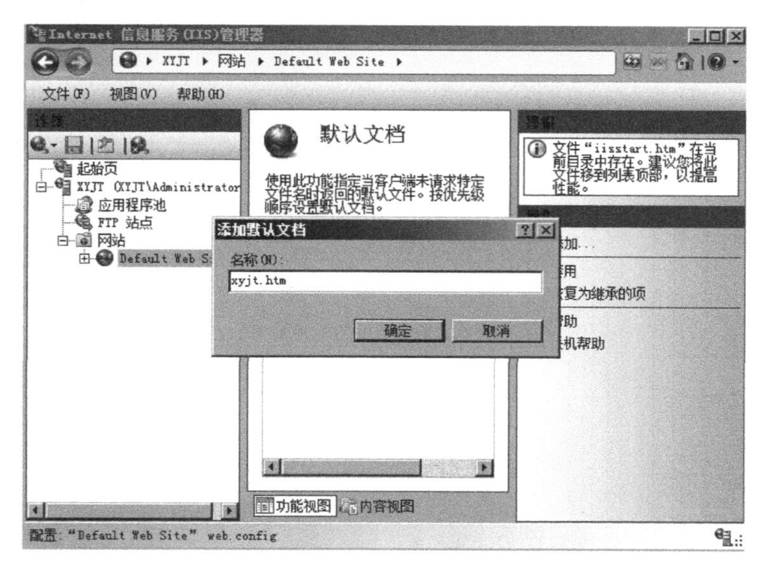

图T10-7 设置默认文档

3. Web 站点的访问方法

（1）登录到 Windows Server 2008，用记事本在 C:\web\xyjt 下创建一个网页 xyjt.htm，如图 T10-8 所示。

（2）打开浏览器，在地址栏中输入 http://192.168.80.10，就可以看到显示的网页，如图 T10-9 所示。

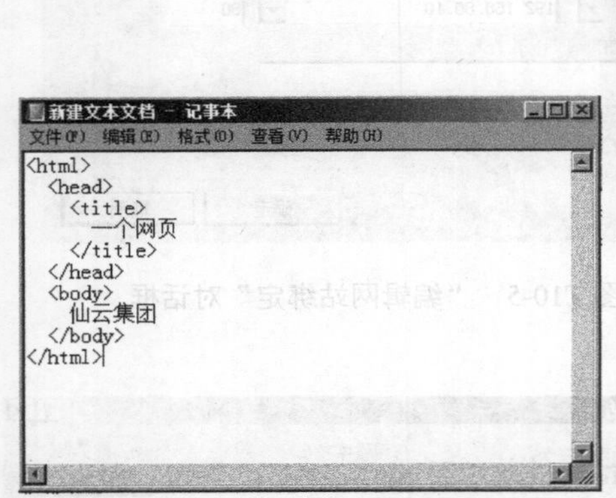

图 T10-8　创建网页 xyjt.htm 文件

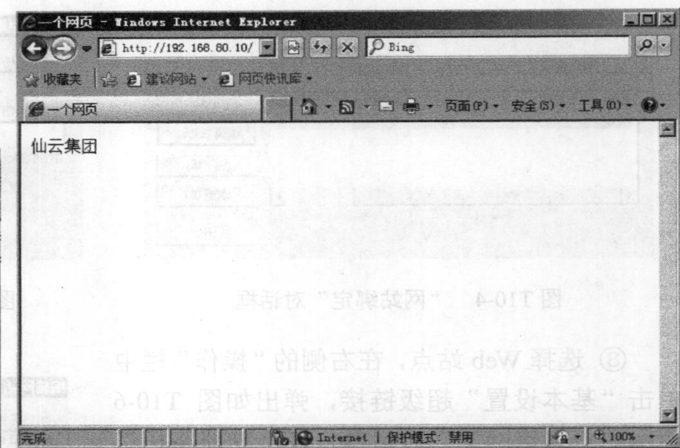

图 T10-9　用 IP 地址访问网站

【实训思考】

1. IIS 的主要作用是什么？
2. 如何使用 IIS 发布多个站点？

参 考 文 献

[1] 章春梅．计算机网络技术基础．北京：电子工业出版社，2011.8
[2] 谢希仁．计算机网络（第 3 版）．大连：大连理工大学出版社，2000.6
[3] 李志球．计算机网络基础（第 3 版）．北京：电子工业出版社，2010.2
[4] 吴功宜．计算机网络（第 2 版）．北京：清华大学出版社，2007.3
[5] 孙波．计算机网络技术．北京：机械工业出版社，2010.5
[6] 王巧莲，方风波．计算机网络基础与实训．北京：科学出版社，2006.8
[7] 张曾科．计算机网络（第 2 版）．北京：清华大学出版社，2005.9
[8] 姚幼敏，袁志秀．计算机网络技术基础．广州：华南理工大学出版社，2005.9
[9] 蔡开裕等．计算机网络（第 2 版）．北京：机械工业出版社，2009.1
[10] 尚晓航．计算机网络技术基础（第 3 版）．北京：高等教育出版社，2008.8
[11] 李云峰，李婷．计算机网络基础实训．北京：中国水利水电出版社，2010.1
[12] 韩希义．计算机网络技术基础．北京：机械工业出版社，2010.4

反侵权盗版声明

举报电话：（010）88254396；（010）88258888

传　　真：（010）88254397

E-mail:　　dbqq@phei.com.cn

通信地址：北京市万寿路173信箱

电子工业出版社总编办公室

邮　　编：100036